U0429084

“十四五”国家重点出版物
出版规划项目

固体废物处理与资源化技术进展丛书

Odorous Pollution and Control Technology of
Waste Treatment Facilities

垃圾处理设施恶臭污染与控制

陆文静　赵 岩　等 编著

化学工业出版社
·北 京·

内容简介

本书以生活垃圾处理设施的恶臭污染与控制为主线，主要介绍了生活垃圾处理设施恶臭污染的危害与评估指标体系及测定技术、生活垃圾处理设施恶臭污染释放特征、生活垃圾处理设施恶臭物质迁移转化特征及扩散模拟、生活垃圾处理设施恶臭污染评估技术、生活垃圾处理设施恶臭污染控制技术；既包括了生活垃圾处理设施的恶臭释放源强确定方法、迁移扩散数值模拟方法、基于概率的恶臭污染评估方法，又包括了典型处理设施的恶臭污染监测、评估和控制技术实例，旨在为我国生活垃圾处理设施的恶臭污染防护和环境风险管理提供系统全面的参考。

本书具有较强的专业性和技术性，并注重理论结合实践，可供从事生活垃圾处理处置和系统管理、恶臭污染控制和风险评估等领域的工程技术人员、科研人员及管理人员参考，也可供高等学校环境科学与工程、市政工程及相关专业师生参阅。

图书在版编目（CIP）数据

垃圾处理设施恶臭污染与控制 / 陆文静等编著. 北京 ：化学工业出版社，2024. 8. --（固体废物处理与资源化技术进展丛书）. -- ISBN 978-7-122-46353-1

Ⅰ. X799.305

中国国家版本馆 CIP 数据核字第 202471ZH89 号

责任编辑：卢萌萌　刘兴春
文字编辑：王云霞
责任校对：李露洁
装帧设计：王晓宇

出版发行：化学工业出版社
（北京市东城区青年湖南街 13 号　邮政编码 100011）
印　　装：北京盛通数码印刷有限公司
787mm×1092mm　1/16　印张 21¼　彩插 8　字数 477 千字
2025 年 6 月北京第 1 版第 1 次印刷

购书咨询：010-64518888
售后服务：010-64518899
网　　址：http://www.cip.com.cn
凡购买本书，如有缺损质量问题，本社销售中心负责调换。

定　　价：168.00 元

《垃圾处理设施恶臭污染与控制》
编著者名单

陆文静　赵　岩　王洪涛　赵思岚　刘彦君

袁嘉翼　李　翔

前言

人类社会的发展，尤其是工业化、城市化进程的极大推进与现代科技的日新月异，使人类不断突破自然设置的边界而创造了辉煌文明与巨大的物质财富，但也对人类生存环境产生了日益严重的威胁。固体废物产生于人类的生产生活活动，来源广泛、体系复杂，且会对大气环境、自然水体、土壤等重要环境介质造成风险，可能滋生生物污染并在多种感官层面产生令人不快的效应，对生态环境造成了沉重压力。当前，固体废物处理处置与资源化已成为环境污染治理的重要内容。然而，随着人民对美好生活需求的不断提高和环境标准的不断细化和提升，对固体废物处理处置工艺的过程管理与调控也亟须前沿理论与技术的指导。当前城市生活垃圾处理处置过程中存在的一个重要问题是：垃圾中含有的有机物和其他污染物经过降解和挥发，在收集、转运、生物处理和填埋处置等过程中均会释放大量含硫化合物、含氮化合物、含氧化合物、芳香族化合物、烃类化合物、卤素及其衍生物等恶臭物质，对周边人群造成感官刺激并影响人体健康和环境安全。对恶臭污染的监测与控制研究已成为固体废物处理处置与管控面临的重要课题。

我国正面临“两个一百年”重要历史交汇点，高质量发展将成为我国新时代发展战略与生产活动的共同核心。当前，我国城市生活垃圾的产生量随着人口的急剧增加、经济的飞速发展和城镇化进程的加快逐年递增。国家统计局公开数据显示，2012~2021 年我国产出城市生活垃圾总量从 1.71 亿吨增长至 2.49 亿吨，增长率为 45.6%。城镇人口人均日产量增长 15.4%。与此同时，城市垃圾处理处置设施的数目和处理量也与日俱增。以卫生填埋场为例，自 1991 年第一座规范化的卫生填埋场落成，至 2012 年底，卫生填埋场数量激增至 540 座，日处理能力增加至 310927t，此后直至 2020 年前基本保持稳定。而近年来，城市垃圾处理处置设施日渐饱和，诸多设施建设粗放的问题也逐渐暴露，生活垃圾转运站、堆肥厂、填埋场等处理处置设施，已成为城市重要的恶臭污染源。然而，生活垃圾源的恶臭污染显著区别于其他一般工业污染源，垃圾处理处置设施的工艺特点不一，恶臭物质释放特征的时空波动极大，污染范围与程度的影响因素众多，控制技术的效果与适用性不同，给生活垃圾处理处置设施恶臭污染的监测、评估和控制带来了极大困难。

基于上述情况，将当前垃圾处理设施恶臭污染与控制的重要研究成果汇编成书以供广大环境保护工作者参考势在必行，并将对我国固体废物处理处置工艺优化升级具有重要指导意义。笔者基于对生活垃圾处理设施恶臭污染监测、评估与控制的十余年研究成果，总结了各类生活垃圾处理设施的恶臭释放特征、迁移扩散模拟方法、恶臭风险评估和污染控制技术，旨在为我国生活垃圾处理设施的恶臭污染防护和环境风险管理提供系统全面的参考。本书内容共分为5章。第1章概述了我国生活垃圾处理设施恶臭污染的危害、表征、评估指标体系与测定技术。第2章系统总结了生活垃圾转运站、填埋场、堆肥厂和生化处理设施的恶臭污染释放特征，并介绍了利用人工神经网络模型进行典型恶臭物质释放源强估算的方法，为恶臭污染的评估与控制提供了数据基础。第3章详细阐述了生活垃圾处理设施恶臭物质迁移转化特征及扩散模拟方法，特别介绍了基于有限差分三维数值模拟的恶臭污染扩散模型，为恶臭污染和风险评估提供了技术方法。第4章针对不同类型生活垃圾处理设施的污染源特征，提供了基于迁移扩散和概率统计的恶臭污染评估技术和具体应用实例，并总结了恶臭污染物的健康风险评估方法，为相应恶臭污染控制与管理提供了科技支撑。第5章则系统汇总了生活垃圾处理设施恶臭污染控制技术，从不同技术原理和类别介绍了生物滤池、生物覆盖层、半透膜和等离子体等典型恶臭污染控制技术案例。

本书具有以下4个特点。

（1）时效性。本书所引述政策、标准、技术规范均为成书之时现行有效，所引述数据均从官方公布的最新文件获取，贴合行业现状与国家需求，具有重要参考意义。

（2）前沿性。本书注重将机器学习、数值模拟等热点研究方法以及多种前沿控制技术引入本领域理论研究与工艺开发，具备较强的前瞻性。

（3）可操作性。本书研究案例与实施案例丰富，为广大从业人员提供切实可靠的抓手。

（4）系统性。本书汇总呈现了多设施、多节点、多维度的垃圾处理设施恶臭污染与控制知识，对该领域进行了全面系统的阐述。

本书由陆文静、赵岩等编著，具体分工如下：前言及第1章由陆文静编著；第2章由赵岩、赵思岚编著；第3章由陆文静、王洪涛编著；第4章由刘彦君、袁嘉翼编著；第5章由陆文静、李翔编著。全书最后由陆文静统稿并定稿。

本书融入了笔者以及清华大学和北京师范大学环境学院多年的相关研究成果，也涵盖了多名博士研究生和硕士研究生的科研工作。另外，本书还结合了天津市环境保护科学研究院、国家环境保护恶臭污染控制重点实验室、丹麦技术大学、中国科学院地理科学与资源研究所等单位的研究成果。对于他们对本书的编著、材料的提供和整理所做的贡献，在此表示衷心的感谢。

限于编著者水平及编著时间，书中存在不足和疏漏之处在所难免，敬请广大读者提出修改建议。

编著者

2024年5月

目录

第 5 章 生活垃圾处理设施恶臭污染控制技术 310

第1章 概论

- 我国生活垃圾产生及处置现状
- 恶臭与恶臭物质的定义及危害
- 恶臭污染的特征和表征参数
- 恶臭污染的评估指标体系与测定技术

1.1 我国生活垃圾产生及处置现状

我国城市生活垃圾的产生量随着人口的急剧增加、经济的飞速发展和城镇化进程的加快，呈现逐年递增的趋势。根据世界银行 2012 年度报告，2004 年以来，我国的生活垃圾产生量已经超过美国，成为世界生活垃圾产生量最大的国家。据国家统计局统计，我国城市生活垃圾产量由 2004 年的 15509 万吨增长至 2021 年的 24869 万吨（表 1-1）。近年来，随着城市基础设施的不断完善，生活垃圾的无害化处理量也在逐年增加，但相较总清运量仍有较大缺口。越来越多的城市甚至包括农村地区正面临着“垃圾围城”的困境，由此带来的一系列社会、环境问题也日益凸显。

表 1-1　中国城市生活垃圾产出及处理统计数据

年份	产量/万吨	城镇人口/万人	人均日产量/kg	无害化处理		卫生填埋		焚烧		其他	
				处理量/万吨	处理率/%	处理量/万吨	占比/%	处理量/万吨	占比/%	处理量/万吨	占比/%
2004	15509	54283	0.78	8088.7	52.1	6888.9	85.2	449.0	5.6	750.8	9.3
2005	15577	56212	0.76	8051.1	51.7	6857.1	85.2	791.0	9.8	403.0	5.0
2006	14841	58288	0.70	7872.6	53.0	6408.2	81.4	1137.6	14.5	326.8	4.2
2007	15215	60633	0.69	9437.7	62.0	7632.7	80.9	1435.1	15.2	369.9	3.9
2008	15438	62403	0.68	10306.6	66.8	8424.0	81.7	1569.7	15.2	312.9	3.0
2009	15734	64512	0.67	11232.3	71.4	8898.6	79.2	2022.0	18.0	311.7	2.8
2010	15805	66978	0.65	12317.8	77.9	9598.3	77.9	2316.7	18.8	402.8	3.3
2011	16395	69927	0.64	13089.6	79.7	10063.7	76.9	2599.3	19.9	426.6	3.3
2012	17081	72175	0.65	14489.5	84.8	10512.5	72.6	3584.1	24.7	392.9	2.7
2013	17239	74502	0.63	15394.0	89.3	10492.7	68.2	4633.7	30.1	267.6	1.7
2014	17860	76738	0.64	16393.7	91.8	10744.3	65.5	5329.9	32.5	319.5	1.9
2015	19142	79302	0.66	18013.0	94.1	11483.1	63.7	6175.5	34.3	354.4	2.0
2016	20362	81924	0.68	19673.8	96.6	11866.4	60.3	7378.4	37.5	429.0	2.2
2017	21521	84343	0.70	21034.2	97.7	12037.6	57.2	8463.3	40.2	533.3	2.5
2018	22802	86433	0.72	22565.4	99.0	11706.0	51.9	10184.9	45.1	674.4	3.0
2019	24206	88426	0.75	24012.8	99.2	10948.0	45.6	12174.2	50.7	890.6	3.7
2020	23512	90220	0.71	23452.3	99.7	7771.5	33.1	14607.6	62.3	1073.2	4.6
2021	24869	91425	0.75	24839.3	99.9	5208.5	21.0	18019.7	72.5	1611.1	6.5

城市生活垃圾产生于人们的日常生活及为日常生活提供服务的诸多活动中，其成分复杂且变化较大，常规组分通常包括可回收物（如纸、塑料、纺织品、金属、玻璃、绿化废物）；厨余垃圾等有机物、灰分等无机物及少部分建筑垃圾（通常来源于居民房屋装修等过程，在垃圾分类意识不高的地区更容易出现）。城市生活垃圾组分可能受到诸多因素的影响，包括自然条件、气候、居民消费习惯、经济发展状况等。我国地域辽阔，各个城市气候条件、经济发展水平等不尽相同，生活垃圾组分因此存在显著差异。以长江为界，按照南方城市和北方城市进行粗分类，北方城市的生活垃圾含水率在 30%～50%之间，而南方城市则在 40%～60%之间。中国几个典型城市填埋场的垃圾组分见表 1-2。

表 1-2 中国几个典型城市填埋场的垃圾组分 单位：%（湿基百分比）

城市	年份	厨余	灰土	木竹	砖瓦	金属	纸	塑料	玻璃	织物	其他
北京	2012	53.96	2.15	3.08	0.57	0.26	17.64	18.67	2.07	1.55	0.05
上海	2016	60.40	0.02	1.95	0.41	1.08	11.88	17.56	3.57	2.85	0.28
杭州	2010	58.15	2.00	2.61	—	0.96	13.27	18.81	2.73	1.47	0.00
深圳	2010	44.10	—	1.41	1.85	0.47	15.34	21.72	2.53	7.40	5.18
青岛	2009	64.68	6.30	0.30	0.31	0.88	9.48	8.38	2.17	3.03	4.47
重庆	2011	72.97	1.48	1.91	0.92	0.36	9.34	8.40	1.46	3.16	0.00
洛阳	2012	87.40	—	1.00	—	—	2.80	2.10	—	0.50	6.20
大同	2011	88.74	3.90	0.10	0.56	0.10	4.00	2.00	0.20	0.10	0.30
拉萨	2014	89.88	—	1.31	—	0.08	—	0.59	—	0.12	8.02

从表 1-2 中可以看出，我国城市生活垃圾组分中，餐厨垃圾等有机质的比例极高，这使得我国生活垃圾含水率显著高于欧美其他国家，为后续处理带来了一系列的挑战。

当前，我国生活垃圾无害化处理主要有卫生填埋、焚烧以及堆肥等其他无害化手段三种方式。表 1-1 给出了我国 2004～2021 年三种无害化处理方式的占比变化情况。由于具有成本较低、对垃圾组分无特殊要求、无需前处理、技术相对成熟等优点，卫生填埋技术一直是我国主要的垃圾处理方式，被大中小城市广泛采用。自 1991 年建成了第一座规范化的卫生填埋场——杭州天子岭垃圾填埋场，至 2012 年底，卫生填埋场数量激增至 540 座，日处理能力从 2001 年的 180000t 增加到 2012 年的 310927t，此后直至 2020 年前基本保持稳定。然而，卫生填埋存在空间利用率低的天然缺陷，随着旧填埋场饱和封场，新填埋场选址愈发困难将成为必然存在的问题。同时，随着近年来环境标准日益严格，部分不符合新时代要求的卫生填埋场被迫关闭，卫生填埋在我国垃圾无害化处理中的比重也有所降低。至 2021 年，卫生填埋场数量仅增加至 542 座，而日处理能力已下降至 261555t，这一下降趋势在近 5 年中愈发显著。可以预见，未来几十年中卫生填埋仍将是我国生活垃圾的主要无害化处置方式，而处理处置技术的发展与环境标准的要求会逐步稀释其重要性。

我国于 1988 年颁布的《城市生活垃圾卫生填埋技术标准》（CJJ 17—1988）中，规定了城市生活垃圾卫生填埋场的规划、设计、建设、运行及管理等相关标准，而随着全封闭作业、分期建设、使用高密度聚乙烯膜作为防渗与防臭材料等技术手段的普及，我国的填埋技术较之以前有了很大提升。CJJ 17—1988 标准也不断得到修订，于 2013 年颁布《生活垃圾卫生填埋处理技术规范》（GB 50869—2013）。然而，大多数填埋场的设计、建设和运行仍然存在诸多问题。一些旧的填埋场常出现场地防渗力度不够、渗滤液处理能力不达标、无法做到垃圾日覆盖等问题，从而给周边环境造成了恶劣的影响；一些中小型城镇自建的分散垃圾填埋场甚至没有环保措施，仅为简单堆放，其在使用过程中会对环境造成难以挽回的严重污染。另外，即使是严格按照标准要求建设的大型卫生填埋场，当运营管理不当时同样会出现许多问题，如恶臭污染等。事实上，随着人们对环境质量的日益关注，当前许多城市新建生活垃圾填埋场的选址已经成为社会敏感话题，而恶臭问题常常是引发居民抗议的重要原因。

1.2 恶臭与恶臭物质的定义及危害

恶臭是各种气味（异味）的总称，一般定义为：凡是能产生令人不愉快感觉的气体通称恶臭气体，简称恶臭。当环境中的异味达到一定程度时，会使人感觉不愉快，甚至对人产生心理影响和生理危害，称为恶臭污染。恶臭物质是指能够刺激人的嗅觉器官引起人们厌恶或不愉快的物质。

生活垃圾填埋场与堆肥厂、污泥处理设施等固体废物处理处置设施，均是恶臭的重要污染源。我国城市固体废物的产生量逐年增加，2022 年全国城市生活垃圾清运量为 2.44 亿吨，餐厨废物年产生量突破 1.2 亿吨，污水厂污泥每年产生量也近 5000 万吨（含水率 80%）。这些市政固体废物通常具有有机物含量高、含水率高等特点，特别是含有淀粉、蛋白质、油脂等易腐败的有机质，在收集、转运、贮存、生化处理、填埋等处理处置过程中均会产生大量恶臭气体，造成感官刺激，影响人体健康和环境安全。现行国家标准（GB 14554—1993）控制的恶臭物质只有 8 种，即氨、三甲胺、硫化氢、甲硫醇、甲硫醚、二甲二硫、二硫化碳、苯乙烯。但相关研究表明，生活垃圾产生的恶臭物质多达 4000 余种，分为含硫化合物、含氮化合物、含氧化合物、芳香族化合物、卤素及其衍生物五大类。Schuetz 等和 Dincer 等分别在生活垃圾填埋场中检出 37 种和 53 种恶臭物质，王连生等在天津市生活垃圾转运站、焚烧厂、填埋场等不同处理处置设施检测出的异味物质最多达 94 种，张红玉等在生活垃圾堆肥过程中检测到 50 种恶臭物质。

鉴于恶臭污染带来的不良影响，日本、美国等发达国家均投入了大量人力、物力，开展恶臭物质检测、控制、评价、法规等方面的研究。目前，恶臭污染研究大多只针对污水处理厂、养殖场、屠宰场等场所，重点考虑其对周边居民及环境的影响。然而恶臭物质种类众多，影响程度不一，为其监测、控制和影响评估带来了极大困难。对恶臭污染进行科学评估，是建立污染监测和控制技术体系的重要前提，国内研究者在这一领域也开展了诸多工作，但尚未形成系统科学的评估方法。固体废物处理处置设施的恶臭物质种类更为复杂、影响范围更广，对其进行定量化评估更加困难。本书针对市政固体废物处理处置设施的恶臭产生特性，建立其恶臭污染评估指标体系，为进一步开展设施恶臭污染评估、监测、模拟和控制奠定理论基础。

1.3 恶臭污染的特征和表征参数

1.3.1 恶臭污染的特征

作为世界七大公害之一，恶臭污染严重影响着人们的生活质量。恶臭污染本质上是大气污染，但其直接作用于人的嗅觉，并通过主观感觉加以表征，因此又属于感知污染。恶臭污染通常具有以下特点：

① 恶臭物质种类繁多，恶臭气体常以混合物的形式存在，各组分的嗅阈值相差较大，只要其中一种组分的浓度超过嗅阈值即可能产生强烈的恶臭。

② 恶臭是感觉性公害，其对人们的影响是一种心理反应，具有很强的主观性。人对恶臭浓度的感知量与恶臭物质的浓度的对数成正比，即当恶臭物质浓度减少 90%时，人所感觉到的恶臭浓度仅仅降低 50%。因此，恶臭污染的防治相比其他大气污染更为困难。

③ 恶臭污染的扩散不仅与风向、风速等大气条件有关，也与受体对恶臭物质的感知程度有很大关系。而人对恶臭的感知具有明显的个体差异，年龄、性别、身体状况乃至心情等不同都会影响人们对恶臭的感知程度。目前定量表征恶臭所带来的不快感或厌恶感还存在极大困难，恶臭测定标准方法的建立、恶臭环境标准的制定等工作也面临诸多挑战。

1.3.2 恶臭污染的表征参数

恶臭物质主要刺激人的嗅觉器官，可采用以下几项基本参数对其进行表征，是建立恶臭污染评估指标体系的基础。

（1）嗅阈值

恶臭物质主要刺激人的嗅觉器官，针对某种恶臭物质，引起嗅觉的最小物质浓度称为嗅阈值，一般分为检知阈值和确认阈值两种。前者是指能够勉强感到有气味而很难辨别种类时的物质浓度；后者指能够准确辨别出是什么气味时的物质浓度。通常所说的嗅阈值是指检知阈值。

通过大量文献调研总结，包括美国环境保护署（US EPA）和日本环境省（JPN MOE）等国外权威机构对恶臭物质嗅阈值的研究成果，明确了 262 种常见恶臭物质的嗅阈值。对比发现，美国环境保护署和日本环境省提供的部分恶臭物质的嗅阈值数据存在一定差异，主要是由于其数据获取方法分别采用的是动态嗅觉分析仪测定法和三点比较式臭袋法。由于我国对恶臭物质的标准分析方法与日本相同，因此在嗅阈值有差异时推荐使用日本环境省的测定值。

（2）恶臭物质嗅阈值确定

在充分研究了生活垃圾（含餐厨垃圾和污水厂污泥）处理设施的恶臭污染排放特征的基础上，按照我国相应标准《空气质量　恶臭的测定　三点比较式臭袋法》（GB/T 14675—1993）中规定的排放源臭气样稀释和测定方法，针对与相应垃圾处理设施密切相关的 22 种恶臭物质进行了嗅阈值的测定与研究，并对照美国环境保护署和日本环境省推荐的嗅阈值，为我国相关研究和标准制定提供符合我国国情的恶臭物质嗅阈值数据，如表 1-3 所列。

表 1-3　基于我国研究的 22 种恶臭物质的嗅阈值表

编号	物质名称	测定值/（×10⁻⁶）	编号	物质名称	测定值/（×10⁻⁶）
1	氨	0.3	12	对二甲苯	0.12
2	硫化氢	0.0012	13	乙醛	0.018
3	甲硫醇	0.000067	14	丙醛	0.016
4	甲硫醚	0.002	15	正丁醛	0.00085
5	二甲二硫醚	0.011	16	乙醇	0.10
6	二硫化碳	0.17	17	丙酮	7.2
7	甲苯	0.098	18	乙酸乙酯	0.84
8	乙苯	0.018	19	甲基乙基酮（2-丁酮）	0.17
9	苯乙烯	0.034	20	柠檬烯	0.016
10	邻二甲苯	0.28	21	α-蒎烯	0.001
11	间二甲苯	0.091	22	β-蒎烯	0.50

（3）臭气浓度与阈稀释倍数

①臭气浓度　是指用清洁空气稀释恶臭样品直至样品无味时所需的稀释倍数，是反映恶臭污染对人的嗅觉刺激程度的一项指标。

② 恶臭物质浓度　是指单位体积空气中恶臭物质的质量，具有明确物理意义。

③ 臭气强度　是指恶臭气体在未经稀释时对人体嗅觉器官的刺激程度。

④ 阈稀释倍数　是指恶臭气体中某种恶臭物质的物质浓度除以该成分的嗅阈值，是某种物质超出其嗅阈值的倍数，在恶臭混合气体中，恶臭物质的阈稀释倍数越高，其在臭气中的贡献值越大。因此，造成该臭气的主要物质不是物质浓度最高的恶臭物质，而是阈稀释倍数最大的恶臭物质。

关于臭气浓度与阈稀释倍数的关系，目前有两种计算方法。

一种认为恶臭气体的臭气浓度，等于各成分的阈稀释倍数的总和，简称总和模型法，即：

$$\text{臭气浓度} = \sum \text{各成分阈稀释倍数}$$

另一种认为恶臭气体的臭气浓度等于各成分阈稀释倍数中的最大值，简称最大值模型法，即：

$$\text{臭气浓度} = \text{Max}\,\text{各成分阈稀释倍数}$$

在恶臭污染控制工程中，后者通常更受关注。恶臭物质臭气浓度与阈稀释倍数实际的定量化关系十分复杂，总和模型法和最大值模型法是二者关系的简化表达，具有一定的物理意义，也便于模型运算。

1.4 恶臭污染的评估指标体系与测定技术

1.4.1 恶臭污染的评估指标体系

臭气浓度是依据嗅觉方法进行判定的物理指标，能够更直接地反映嗅觉感受，但受测试人员等不确定因素影响较大。臭气浓度需实际采样并测定，难以直接应用于相关预测、模拟或评估。阈稀释倍数可能与嗅觉感受不完全一致，是通过数学计算的物理指标，科学性和准确性更高，能够应用于恶臭物质产生、迁移、扩散等过程的预测、模拟和评估。因此，本书提出了基于阈稀释倍数的恶臭污染评估指标体系。

1.4.1.1 恶臭污染评估指标

阈稀释倍数作为单一恶臭物质的污染评估指标，其计算方法为：

$$D_i = \frac{C_i}{C_i^{\mathrm{T}}} \tag{1-1}$$

式中 D_i ——第 i 种恶臭物质的阈稀释倍数，无量纲；

C_i ——该种恶臭物质的物质浓度，10^{-6} 或 mg/L；

C_i^{T} ——该种恶臭物质的嗅阈值，10^{-6} 或 mg/L。

采用基于阈稀释倍数的理论臭气浓度作为恶臭污染的综合评估指标，综合总和模型法与最大值模型法，可建立某一气体样品或整个设施的恶臭污染评估指标，具体方法如下：

① 对于某样品中的全部恶臭物质，记为 m 种，分别测定其物质浓度 C_i；

② 对照第 i 种物质的嗅阈值 C_i^{T}，利用式（1-1）计算各恶臭物质的阈稀释倍数 D_i；

③ 忽略阈稀释倍数 D_i<1 的恶臭物质，大量研究表明阈稀释倍数小于 1 的物质几乎不造成恶臭污染；

④ 对于阈稀释倍数 $D_i \geqslant 1$ 的恶臭物质，按照阈稀释倍数由大到小排序，分别记为 $D_1 \sim D_m$；

⑤ 从阈稀释倍数最大值 D_1 开始，比较相邻恶臭物质的阈稀释倍数 D_i 与 D_{i+1}，直至第 n+1 项与第 n 项比值<5%时停止，将前 n 项恶臭物质记为样品的指标恶臭物质；

⑥ 对指标恶臭物质的阈稀释倍数进行总和模型法计算，如式（1-2）所示，即得到样品的理论臭气浓度（$\mathrm{OU_T}$）。

$$\mathrm{OU_T} = \sum_{i=1}^{n} D_i \tag{1-2}$$

利用这一方法确定的理论臭气浓度，一方面考虑了阈稀释倍数较大的恶臭物质对恶臭污染的贡献；另一方面，其与恶臭物质的浓度呈线性关系，可综合主要恶臭物质的浓度，参与恶臭污染的迁移、扩散等过程预测与模拟的计算。此外，理论臭气浓度作为恶臭污染的一项综合评估指标，能够实现不同样品间恶臭污染水平的定量比较，为恶臭污染的对比评估提供科学依据。

1.4.1.2 指标恶臭物质

除考虑恶臭强度对感官污染的贡献之外，污染物的化学浓度与健康毒性也是进行污染评估时的重要考察方面。因此，可根据基于臭气浓度计算得出的恶臭污染强度贡献大小，确定核心指标恶臭物质，同时将物质的化学浓度和健康毒性作为辅助依据，从而全面覆盖与恶臭相关的重要污染物。

（1）核心指标恶臭物质

对于单一臭气样品，确定其核心指标恶臭物质的方法与理论臭气浓度计算方法的①～⑤步相同，选定的前 n 项恶臭物质即为该样品的核心指标恶臭物质。

在此基础上，进一步提出固体废物处理处置设施的核心指标恶臭物质确定方法：

① 对该处理设施的恶臭污染源进行具有统计意义的采样或在线监测［可根据《恶臭污染环境监测技术规范》（HJ 905—2017）的相关要求进行监测］；

② 利用第 1.4.1.1 部分所述方法确定每组样品的指标恶臭物质；

③ 统计全部样品中指标恶臭物质的出现频次 P_i，并由大到小排序，选择出现频次最高的 j 种（通常可令 $j \leqslant 6$，特殊情况 $j \leqslant 10$）恶臭物质，作为该设施的核心指标恶臭物质。

（2）辅助指标恶臭物质

辅助指标恶臭物质主要以物质化学浓度和健康毒性两个参数为依据。

物质化学浓度方面，与核心指标恶臭物质筛选方法类似，对于单一臭气样品，选定物质化学浓度由大到小的前 10 项恶臭物质作为该样品的浓度指标恶臭物质；对于某固体废物处理处置设施，在样品监测基础上，选定浓度指标恶臭物质出现频次最高的 j 种（通常可令 $j \leqslant 6$，特殊情况 $j \leqslant 10$）恶臭物质，作为该设施的浓度指标恶臭物质。

健康毒性方面，对于单一臭气样品，选择检出物质中被列入《国家污染物环境健康风险名录》中的恶臭物质作为该样品的毒性指标恶臭物质；对于某固体废物处理处置设施，在样品监测基础上，选定毒性指标恶臭物质出现频次最高的 j 种（通常可令 $j \leqslant 6$，特殊情况 $j \leqslant 10$）恶臭物质，作为该设施的毒性指标恶臭物质。

在确定了某类固体废物处理处置设施的核心指标恶臭物质和辅助指标恶臭物质后，一方面可以指导该设施在后期运行中更有针对性地开展恶臭污染物监测，另一方面能够为同类处理处置设施的恶臭污染监测与评估提供定量化参考。

1.4.1.3 综合臭气指数

根据韦伯-费希纳公式，人的嗅觉感受与恶臭物质的刺激量的对数成正比，如式（1-3）所列：

$$S = k\lg R \tag{1-3}$$

式中 S——感觉强度；

R——刺激强度；

k——常数。

因此本小节提出，将第1.4.1.1部分计算获得的理论臭气浓度进行指数化，以反映恶臭污染对人类嗅觉感觉的影响。综合臭气指数（N）的计算方法如式（1-4）所列：

$$N = 10\times\lg \mathrm{OU_T} \tag{1-4}$$

式中 $\mathrm{OU_T}$——理论臭气浓度，无量纲。

综合臭气指数一方面可以减少以理论臭气浓度作为评估指标时的数值误差，另一方面更贴近人类对恶臭污染的嗅觉感官指标。

1.4.2 恶臭污染的测定技术

基于恶臭污染同时具有大气污染和感知污染双重属性，恶臭污染的测试技术也分为两种：一种是基于仪器分析的恶臭物质化学浓度测试法；另一种则是基于人体嗅觉反应的感官测试法。仪器分析法精度较高，配合样品预浓缩系统，能够检测体积分数为10^{-6}甚至10^{-9}数量级的物质，从而实现对恶臭物质各组分的精确定量，其结果具有高度的客观性和可重复性；对于环境要求较高的地区，还能够借助此类仪器实现在线监测。然而，仪器分析法所得到的结果无法反映人体感知到的恶臭浓度，在评价恶臭污染状况时存在诸多缺陷，因此基于人体感官来确定环境中恶臭浓度的测试法应用更为普遍。目前，世界各国尚未建立统一的恶臭测试方法以及恶臭污染评价标准。日本、韩国、中国等国家采用三点比较式臭袋法作为恶臭气体的标准监测方法；而欧美各国、澳大利亚、新西兰等国家则普遍基于动态嗅觉仪建立了恶臭污染测试标准。目前两种测试方法都已发展成熟，而且配有标准化的操作流程。嗅觉测试法适用于任何恶臭物质，并能够评价不同恶臭物质叠加后的恶臭浓度变化，且其结果与居民感觉一致，是一种可以被广泛采用的较为可靠的测试方法，但其缺陷是费时费力，需要由经过特殊培训的嗅辨员来进行测定，费用较高。

参考文献

赵岩，陆文静，王洪涛，等. 城市固体废物处理处置设施恶臭污染评估指标体系研究[J]. 中国环境科学，2014，34（7）：1804-1810.

第2章 生活垃圾处理设施恶臭污染释放特征

- 生活垃圾收集转运设施恶臭污染释放特征
- 生活垃圾填埋设施恶臭污染释放特征
- 生活垃圾堆肥设施恶臭污染释放特征
- 餐厨垃圾生化处理设施恶臭污染释放特征
- 基于人工神经网络的填埋场作业面恶臭释放强度预测

2.1 生活垃圾收集转运设施恶臭污染释放特征

2.1.1 现场监测方案

为尽可能覆盖生活垃圾初期降解全过程，明确生活垃圾初期降解的恶臭物质释放特点和指标污染物，选择 1～2 组垃圾收集车、转运站、运输车及焚烧厂贮存仓等排放源，现场监测其典型恶臭物质的组分、浓度和单位污染源强度。本章重点选择北京市某大型生活垃圾转运站 B 作为监测对象，并以南方某城市小型生活垃圾转运站 S 作为对照，同时对垃圾焚烧厂卸料坑、贮存仓等开展监测研究。具体监测方案如下。

（1）监测周期

对北京市某大型生活垃圾转运站 B 的监测周期为每年 4 次，春夏秋冬每季度典型时间各一次，具体监测时间为 1 月中上旬、4 月中上旬、7 月中上旬、10 月中上旬。由于北京市生活垃圾自产生至收集、中转、运输，直到处理，不过夜，整个流程不超过 1d，因此设定每批次的监测时长为 24h。

对南方某城市小型生活垃圾转运站 S 及大型垃圾焚烧厂的检测周期为每年 2 次，夏秋两季度典型时间各一次，具体监测时间为 7 月中上旬及 10 月中上旬。监测时长与北京市某大型生活垃圾转运站 B 一致。

（2）监测布点

由于垃圾中转站上下游分别衔接收集车辆和运输车辆，因此监测布点可涵盖生活垃圾收集、中转和运输环节。垃圾收集车与中转站卸料平台照片如图 2-1 所示。具体布点如下：

① 转运站内、车间外（背景值）；

② 收集车垃圾集装箱内；

③ 卸料坑口；

④ 压缩中转车间内；

⑤ 压缩打包出口；

⑥ 运输车（抵达填埋场）垃圾集装箱内。

（3）监测指标与方法

监测指标主要为恶臭污染物的化学浓度，获得相应数据后，可根据第 1 章所述的恶臭污染评估指标体系，计算并获取相应的恶臭污染评估指标和相应指标物质。样品的恶臭物质浓度监测主要采用气相色谱-质谱联用（GC-MS）技术进行全组分分析，必要时监测臭气浓度。

在生活垃圾初期降解恶臭物质排放特征研究中，共对 B 转运站不同工艺环节的恶臭污染进行了冬季、春季、夏季和秋季四期现场监测，对 S 转运站及垃圾焚烧厂不同工艺环节的恶臭污染进行了夏季和秋季两期现场监测，以反映初期降解的全年恶臭污染排放特征。

(a) 垃圾收集车

(b) 中转站卸料平台

图 2-1　垃圾收集车与中转站卸料平台照片

（4）北京市某生活垃圾转运站B的基础数据

B 转运站的垃圾来源主要为混合生活垃圾，有少量餐厨垃圾。转运站日压缩中转量约为 2500t，所用工艺为机械压缩中转，无分选设施。所用收集车辆以 6t 密封箱式垃圾车为主，另有 4t 挤压车。经过压缩的垃圾由载重 20t 的运输车运往大型生活垃圾填埋场进行处理处置，运输距离约 22km。所采用除臭设施为除臭剂喷雾设施，冬季时异味很小暂停使用。转运站暂无渗滤液处理设施。

（5）南方某城市小型生活垃圾转运站 S 及大型生活垃圾焚烧厂基础数据

作为对照的 S 转运站为三基站式小型转运站，规模为 100t/d，为半开放式。共有 3 个贮料仓，主要收集生活垃圾、餐厨垃圾和菜市场剩余物等。采用小型电瓶车收集居民点及街区、公园等地垃圾后运至中转站，在贮料仓内进行压缩后，由密闭式垃圾运输车集中运往大型生活垃圾焚烧厂进行处理。对该转运站的恶臭物质监测共两期，分别针对中转站内（背景值）、收集车集装箱内、卸料坑口、压缩车间内、压缩出口等环节进行了恶臭物质的浓度监测。

相应的大型生活垃圾焚烧厂采用炉排炉焚烧工艺，总处理能力为 3500t/d，共分三期建设，均已投入运营。监测期间进场垃圾量为 2500t/d，焚烧量为 2100t/d。垃圾从转运站运至焚烧厂后，首先进入贮料仓进行短期的贮存、发酵和脱水。该过程夏季约 2d，冬季 5～7d。发酵过程中，由抓斗进行简短的翻堆操作，以加速干燥、发酵过程。发酵后的垃圾含水率及热值基本能够满足焚烧要求，焚烧过程无需外加燃料。焚烧厂每个炉排炉运行周期约为 180d/a，其余时间对机器进行维护和检修。焚烧厂每天发电 140 万千瓦时，其中，进网 120 万千瓦时，厂内自用 20 万千瓦时。对该焚烧厂的恶臭物质监测共分两期，

分别针对卸料平台、卸料坑口、运输车集装箱内和垃圾贮存仓内等环节进行了恶臭物质的浓度监测。

2.1.2　北京市某大型生活垃圾转运站 B 恶臭物质排放特征分析

2.1.2.1　冬季生活垃圾初期降解恶臭物质排放特征分析

（1）转运站内（背景值）

冬季生活垃圾转运站内的空气背景值监测结果表明，就物质的浓度而言，乙醇具有最高的浓度，为 0.5523mg/m^3。然而由于乙硫醚的嗅阈值（以体积分数计）仅有 3.3×10^{-11}，虽然其物质的浓度仅为 0.0062mg/m^3（体积分数为 1.54×10^{-9}），其阈稀释倍数达到 46.7，成为转运站内背景空气中阈稀释倍数最高的物质，也是唯一阈稀释倍数>1 的物质，因此成为转运站内最重要的指标恶臭物质。

（2）收集车

对于垃圾收集车内的恶臭物质排放，由于北京市部分区域实行了垃圾分类收集，因此在监测和分析时也分为混合垃圾与餐厨垃圾收集车的恶臭物质监测与排放特征分析。根据全组分浓度分析结果，利用第 1 章提出的恶臭污染评估指标体系，计算不同组分的阈稀释倍数，将其中阈稀释倍数>1 的结果列入表 2-1 中（下同）。

表 2-1　冬季生活垃圾收集车恶臭物质监测与排放特征分析结果

分类	名称	物质的浓度 /（mg/m^3）	分子量	体积分数 /（$\times10^{-6}$）	嗅阈值 /（$\times10^{-6}$）	阈稀释倍数
混合垃圾	乙硫醚	0.0058	90	0.001447	0.000033	43.8
	二甲二硫醚	0.0147	94	0.003500	0.002200	1.6
	柠檬烯	0.3053	136	0.050276	0.038000	1.3
	对二乙苯	0.0053	134	0.000888	0.000390	2.3
餐厨垃圾	乙硫醚	0.0063	90	0.001565	0.000033	47.4
	二甲二硫醚	0.0132	94	0.003143	0.002200	1.4

根据前文的评估体系，混合垃圾中指标恶臭物质数量更多，除乙硫醚外，对二乙苯、二甲二硫醚和柠檬烯的阈稀释倍数均超过 1，其计算的臭气浓度达到 49。在混合垃圾中，异丁烷、丁烷、丙烷等烷烃类物质的浓度相对较高，但其阈稀释倍数相对较低（均<1），对恶臭污染的贡献并不明显。而餐厨垃圾中，指标恶臭物质种类单一，仅有乙硫醚，其计算的臭气浓度为 47；另外，二甲二硫醚的阈稀释倍数也超过 1，但由于其值小于乙硫

醚阈稀释倍数的 5%，在计算中予以忽略。

（3）卸料坑口

在中转站的垃圾卸料坑口，各类恶臭物质的浓度均有所升高，除前面涉及的乙硫醚、二甲二硫醚、对二乙苯等之外，乙醇的浓度很高，达到 4.5768mg/m^3，使其阈稀释倍数达到 4.3，成为除乙硫醚外的最重要的指标恶臭物质。阈稀释倍数超过 1 的恶臭物质监测与分析结果见表 2-2，其综合臭气浓度达到 61.5。

表 2-2　冬季生活垃圾转运站卸料坑口恶臭物质监测与排放特征分析结果

名称	物质的浓度 /（mg/m^3）	分子量	体积分数 /（$\times10^{-6}$）	嗅阈值 /（$\times10^{-6}$）	阈稀释倍数
乙硫醚	0.0065	90	0.001627	0.000033	49.3
二甲二硫醚	0.0299	94	0.007128	0.002200	3.2
柠檬烯	0.3972	136	0.065417	0.038000	1.7
乙醇	4.5768	46	2.228703	0.520000	4.3
对二乙苯	0.0069	134	0.001160	0.000390	3.0

根据上述结果，转运站卸料坑口的恶臭物质组分更加复杂，种类多样且浓度更高，是冬季转运站中最重要的恶臭污染源。

（4）车间内部和压缩出口

对于垃圾转运站压缩车间内部和压缩出口处，由于压缩转运过程全密闭操作，在车间内恶臭污染并不明显，指标恶臭物质种类单一，仅有乙硫醚，其阈稀释倍数为 47.3。而对于压缩出口，指标恶臭物质种类更多，重点包括了乙硫醚、柠檬烯、乙醇、二甲二硫醚、对二乙苯等，但不如卸料坑口种类多，综合臭气浓度达到 58.3。监测和排放特征分析如表 2-3 所列。

表 2-3　冬季生活垃圾转运站车间内部及压缩出口恶臭物质监测与排放特征分析结果

分类	名称	物质的浓度 /（mg/m^3）	分子量	体积分数 /（$\times10^{-6}$）	嗅阈值 /（$\times10^{-6}$）	阈稀释倍数
车间内部	乙硫醚	0.0063	90	0.001562	0.000033	47.3
	二甲二硫醚	0.0137	94	0.003274	0.002200	1.5
压缩出口	乙硫醚	0.0064	90	0.001602	0.000033	48.5
	二甲二硫醚	0.0201	94	0.004796	0.002200	2.2
	柠檬烯	0.7985	136	0.131520	0.038000	3.5
	乙醇	2.8157	46	1.371099	0.520000	2.6
	对二乙苯	0.0034	134	0.000568	0.000390	1.5

（5）卸料大厅排气筒

卸料大厅上方装有排风扇，大厅内气体经过除臭设施后从排气筒排出，成为恶臭气体的释放源。冬季从排气筒释放的主要恶臭物质是乙醇，其阈稀释倍数为 3.67。典型恶臭物质监测和分析结果如表 2-4 所列。

表 2-4　冬季生活垃圾转运站卸料大厅排气筒恶臭物质监测与排放特征分析结果

名称	物质的浓度 /（mg/m^3）	分子量	体积分数 /（$\times 10^{-6}$）	嗅阈值 /（$\times 10^{-6}$）	阈稀释倍数
乙醇	3.93000	46	1.910000	0.520000	3.67
甲硫醚	0.00023	62	0.000083	0.003000	0.03
二甲二硫醚	0.00318	94	0.000760	0.002200	0.35

（6）运输车

冬季垃圾运输车在从转运站抵达填埋场时，收集箱内恶臭物质种类很多，浓度很高。其中乙硫醚阈稀释倍数达到 391.4，甲硫醇阈稀释倍数达到 109.3，硫化氢、二甲二硫醚、柠檬烯、乙醇、甲硫醚和 α-蒎烯阈稀释倍数均超过 1。各指标恶臭物质的臭气浓度总和高达 632.6，表明冬季生活垃圾初期降解主要发生在运输阶段，降解的恶臭气体产物仍以有机硫化物为主。

监测与分析结果如表 2-5 所列。

表 2-5　冬季生活垃圾运输车恶臭物质监测与排放特征分析结果

名称	物质的浓度 /（mg/m^3）	分子量	体积分数 /（$\times 10^{-6}$）	嗅阈值浓度 /（$\times 10^{-6}$）	阈稀释倍数
硫化氢	0.0394	34	0.025958	0.000410	63.3
甲硫醇	0.0164	48	0.007653	0.000070	109.3
甲硫醚	0.0305	62	0.011019	0.003000	3.7
乙硫醚	0.0519	90	0.012917	0.000033	391.4
二甲二硫醚	0.2318	94	0.055237	0.002200	25.1
α-蒎烯	0.2020	136	0.033271	0.018000	1.8
柠檬烯	5.3535	136	0.881753	0.038000	23.2
乙醇	15.8236	46	7.705405	0.520000	14.8

上述结果表明，在冬季生活垃圾初期降解中，主要恶臭污染物为有机硫化物和简单苯系物。乙硫醚在初期降解整个过程中均会产生，并由于嗅阈值很低，是最主要的恶臭物质。对于餐厨垃圾，恶臭物质产生相对单一，除乙硫醚外还主要包括二甲二硫醚；而对于混合垃圾，对二乙苯、柠檬烯和二甲二硫醚均有明显贡献。随着混合垃圾的堆放和初期降解，恶臭气体中开始出现更高浓度的乙醇、甲苯等，在运输阶段则出现较高浓度的乙硫醚、甲硫醇、硫化氢、二甲二硫醚等硫化物。对于密封操作的垃圾压缩转运站，其冬季主要恶臭污染源在卸料坑口和压缩出口。

各流程单元的指标恶臭物质的阈稀释倍数如图 2-2 所示。

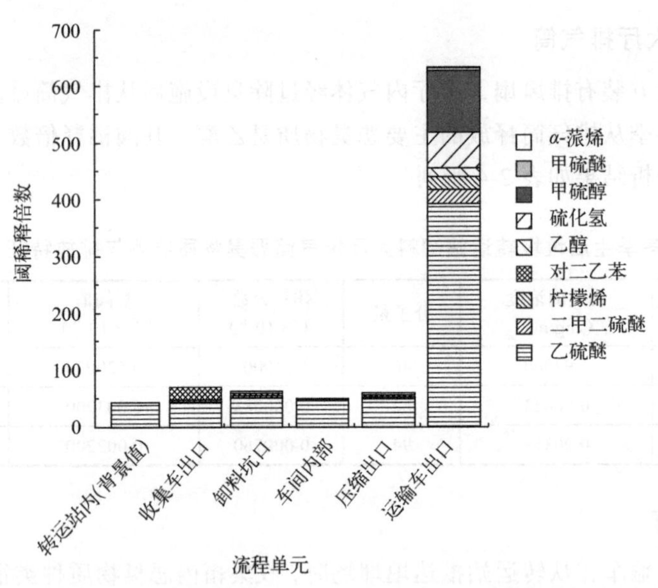

图 2-2　冬季生活垃圾初期降解各单元指标恶臭物质阈稀释倍数柱状图

2.1.2.2　春季生活垃圾初期降解恶臭物质排放特征分析

（1）转运站内（背景值）

与冬季结果类似，在转运站内的空气背景值中，乙硫醚的阈稀释倍数仍然较高，达到 92.2，而二甲二硫醚也超过了其嗅阈值浓度，阈稀释倍数为 2.9，是造成站内恶臭污染的主要因素。就物质浓度而言，浓度最高的物质是乙醇，达到 0.1368mg/m^3，但其阈稀释倍数仅为 0.13，基本不对恶臭污染产生贡献。

（2）收集车

在混合垃圾收集车中，乙醇仍然是浓度最高的物质，达到 6.6445mg/m^3，其次是苯、甲苯、乙酸乙酯等芳香族或酯类化合物，其浓度分别为 0.5584mg/m^3、0.4896mg/m^3 和 0.4335mg/m^3。但由于其嗅阈值相对较高，对恶臭污染的贡献并不明显。垃圾收集车中，乙硫醚是最主要的指标恶臭物质，其阈稀释倍数达到 186.7；除乙硫醚外，二甲二硫醚（9.3）、乙醇（6.2）、甲硫醚（2.3）和柠檬烯（1.6）的阈稀释倍数均超过 1。

具体监测和特征分析结果如表 2-6 所列。

表 2-6　春季生活垃圾收集车恶臭物质监测与排放特征分析结果

名称	物质的浓度 /（mg/m^3）	分子量	体积分数 /（$\times10^{-6}$）	嗅阈值 /（$\times10^{-6}$）	阈稀释倍数
甲硫醚	0.0189	62	0.006810	0.003000	2.3
乙硫醚	0.0248	90	0.006160	0.000033	186.7
二甲二硫醚	0.0855	94	0.020374	0.002200	9.3
柠檬烯	0.3612	136	0.059492	0.038000	1.6
乙醇	6.6445	46	3.235558	0.520000	6.2

（3）卸料坑口

相比收集车内，转运站卸料坑口恶臭物质组分更加复杂，种类多样。乙醇仍是浓度最高的物质，其浓度达到 9.1228mg/m^3。但与冬季结果不同，在卸料坑口主要恶臭物质（乙硫醚）的浓度比收集车有所降低，其阈稀释倍数为 97.3；同时，二甲二硫醚、乙醇、甲硫醚、柠檬烯和 α-蒎烯等物质仍对恶臭有所贡献，阈稀释倍数分别为 11.5、8.5、2.8、1.8 和 1.0。

春季卸料坑口的监测与排放特征分析结果如表 2-7 所列。

表 2-7　春季生活垃圾转运站卸料坑口恶臭物质监测与排放特征分析结果

名称	物质的浓度 /（mg/m^3）	分子量	体积分数 /（$\times10^{-6}$）	嗅阈值 /（$\times10^{-6}$）	阈稀释倍数
甲硫醚	0.0232	62	0.008382	0.003000	2.8
乙硫醚	0.0129	90	0.003211	0.000033	97.3
二甲二硫醚	0.1063	94	0.025337	0.002200	11.5
α-蒎烯	0.1113	136	0.018324	0.018000	1.0
柠檬烯	0.4145	136	0.068266	0.038000	1.8
乙醇	9.1228	46	4.442395	0.520000	8.5

（4）车间内部和压缩出口

由于垃圾压缩转运过程全密闭操作，在车间内和压缩出口处恶臭污染并不明显，指标恶臭物质种类相对单一，主要有乙硫醚、二甲二硫醚和乙醇。且恶臭物质浓度与转运站内背景值相差并不明显。

分析结果如表 2-8 所列。

表 2-8　春季生活垃圾转运站车间内部及压缩出口恶臭物质监测与排放特征分析结果

分类	名称	物质的浓度 /（mg/m^3）	分子量	体积分数 /（$\times10^{-6}$）	嗅阈值 /（$\times10^{-6}$）	阈稀释倍数
车间内部	间二甲苯	0.2917	106	0.061637	0.041000	1.5
	对二甲苯	0.2939	106	0.062107	0.058000	1.1
	乙硫醚	0.0125	90	0.003117	0.000033	94.5
	二甲二硫醚	0.0317	94	0.007554	0.002200	3.4
	乙醇	2.7918	46	1.359497	0.520000	2.6
压缩出口	乙硫醚	0.0126	90	0.003130	0.000033	94.8
	二甲二硫醚	0.0321	94	0.007649	0.002200	3.5
	乙醇	2.2511	46	1.096188	0.520000	2.1

（5）卸料大厅排气筒

卸料大厅排气筒春季排放的恶臭气体中，乙醇仍是浓度最高的物质，相比冬季而言，其阈稀释倍数有所上升，达到 8.9；二甲二硫醚也对恶臭有所贡献，其嗅阈值为 1.1。具体监测和特征分析结果如表 2-9 所列。

表 2-9　春季生活垃圾转运站卸料大厅排气筒恶臭物质监测与排放特征分析结果

名称	物质的浓度 /（mg/m³）	分子量	体积分数 /（×10⁻⁶）	嗅阈值 /（×10⁻⁶）	阈稀释倍数
乙醇	9.5400	46	4.6400	0.520000	8.9
甲硫醚	0.0066	62	0.0024	0.003000	0.8
二甲二硫醚	0.0100	94	0.0024	0.002200	1.1

（6）运输车

运输车在行驶至填埋场后进行倾倒的瞬间，恶臭物质的释放十分明显，其综合臭气浓度达到 254.0。主要指标恶臭物质为乙硫醚、甲硫醇、二甲二硫醚和乙醇等，阈稀释倍数分别达到 188.5、51.7、6.8 和 5.6，且浓度显著高于中转站各生产环节，甚至超过收集车内污染物浓度。甲硫醇浓度的显著升高，表明除乙硫醚外，在垃圾降解初期还将不断释放甲硫醇等含硫污染物，是造成该阶段恶臭污染的重要因素。具体结果见表 2-10。

春季生活垃圾初期降解恶臭物质排放特征分析结果表明，乙硫醚仍是最为突出的恶臭物质，对各个流程单元中的恶臭污染均有突出贡献。各流程单元的指标恶臭物质的阈稀释倍数如图 2-3 所示。

表 2-10　春季生活垃圾运输车恶臭物质监测与排放特征分析结果

名称	物质的浓度 /（mg/m³）	分子量	体积分数 /（×10⁻⁶）	嗅阈值 /（×10⁻⁶）	阈稀释倍数
甲硫醇	0.00775	48	0.003617	0.000070	51.7
甲硫醚	0.01160	62	0.004191	0.003000	1.4
乙硫醚	0.02500	90	0.006222	0.000033	188.5
二甲二硫醚	0.06270	94	0.014941	0.002200	6.8
乙醇	6.01005	46	2.926633	0.520000	5.6

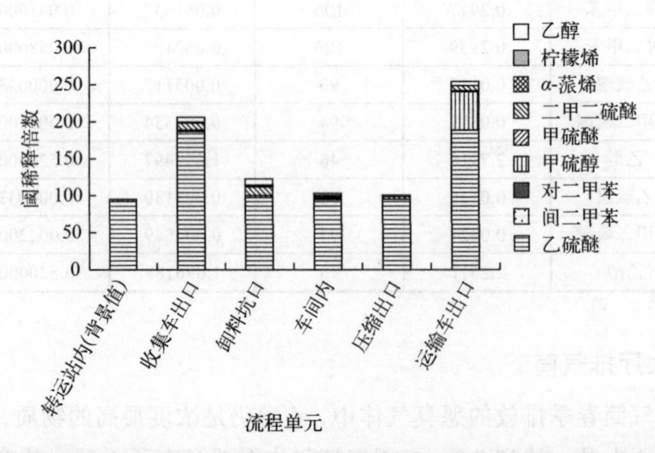

图 2-3　春季生活垃圾初期降解各单元指标恶臭物质阈稀释倍数柱状图

在春季流程中有两个恶臭源高峰，一是垃圾收集车出口；二是垃圾运输车出口，表明密闭厌氧环境易导致恶臭物质产生。在转运站内卸料坑处由于相对开放，恶臭物质浓度相对较低。而后续压缩转运密闭操作，对转运站内没有显著影响。运输车经过密闭运输，又会造成垃圾的厌氧发酵，产生恶臭气体。

和冬季相比发现，冬季时密闭收集车出口的恶臭物质并不明显，直到运输车出口处才有较高浓度的恶臭气体，表明较低的温度使得厌氧过程相对滞后；春季时在收集车出口厌氧过程已经较为明显，随后一直在进行。随着厌氧过程进行，甲硫醇产生量明显增大，在运输车出口处有较高浓度的甲硫醇，二甲二硫醚也有类似现象。除运输车出口外，春季恶臭物质水平普遍高于冬季 1 倍以上。

2.1.2.3　夏季生活垃圾初期降解恶臭物质排放特征分析

（1）转运站内（背景值）

夏季生活垃圾初期降解恶臭物质排放特征研究中，转运站内背景值没有阈稀释倍数>1 的恶臭物质，特别是甲硫醇、乙硫醚、二甲二硫醚等之前常见有机硫化物均未检出，主要原因是季节性气候条件有利于大气污染物的扩散。

（2）收集车

夏季生活垃圾初期降解的垃圾收集车内，餐厨垃圾比例高、含水率高，含硫化合物释放明显。甲硫醇由于嗅阈值很低，是最主要的指标恶臭物质，其阈稀释倍数达到 192.0。此外，二甲二硫醚、甲硫醚和对二乙苯阈稀释倍数均超过 10。指标恶臭物质的总阈稀释倍数达到 266.6，但前期的主要恶臭物质乙硫醚未检出。具体分析结果如表 2-11 所列。

表 2-11　夏季生活垃圾收集车恶臭物质监测与排放特征分析结果

名称	物质的浓度 /（mg/m^3）	分子量	体积分数 /（$\times 10^{-6}$）	嗅阈值 /（$\times 10^{-6}$）	阈稀释倍数
乙酸乙酯	3.8620	88	0.983055	0.87000	1.1
对乙基甲苯	0.0638	120	0.011909	0.00830	1.4
甲硫醇	0.0288	48	0.013440	0.00007	192.0
甲硫醚	0.1708	62	0.061708	0.00300	20.6
二甲二硫醚	0.3476	94	0.082832	0.00220	37.7
柠檬烯	0.3274	136	0.053925	0.03800	1.4
对二乙苯	0.0290	134	0.004848	0.00039	12.4

（3）卸料坑口

夏季转运站卸料坑口恶臭物质组分相对简单，乙醇仍是浓度最高的物质，达到 5.7330mg/m^3。主要恶臭物质为二甲二硫醚，阈稀释倍数为 16.1，乙醇和甲硫醚的阈稀释倍数也均>1。与春季结果相比，恶臭物质种类少、浓度低，且之前最主要的指标物质乙硫醚未检出。具体分析结果如表 2-12 所列。

表 2-12　夏季生活垃圾转运站卸料坑口恶臭物质监测与排放特征分析结果

名称	物质的浓度 /（mg/m³）	分子量	体积分数 /（$\times10^{-6}$）	嗅阈值 /（$\times10^{-6}$）	阈稀释倍数
甲硫醚	0.0398	62	0.014379	0.00300	4.8
二甲二硫醚	0.1484	94	0.035363	0.00220	16.1
乙醇	5.7330	46	2.791722	0.52000	5.4

（4）车间内部和压缩出口

同样，由于垃圾压缩转运过程全密闭操作，车间内恶臭污染并不明显，仅有甲硫醚和乙醇阈稀释倍数>1，略高于转运站背景值。而压缩出口指标恶臭物质种类单一，主要为甲硫醇，阈稀释倍数达到 108.0，另有甲硫醚和乙醇。之前检测的主要恶臭指标物质乙硫醇未检出。具体分析结果如表 2-13 所列。

表 2-13　夏季生活垃圾转运站车间内部及压缩出口恶臭物质监测与排放特征分析结果

分类	名称	物质的浓度 /（mg/m³）	分子量	体积分数 /（$\times10^{-6}$）	嗅阈值 /（$\times10^{-6}$）	阈稀释倍数
车间内部	甲硫醚	0.0132	62	0.004769	0.00300	1.6
	乙醇	1.9779	46	0.963151	0.52000	1.9
压缩出口	甲硫醇	0.0162	48	0.007560	0.00007	108.0
	甲硫醚	0.0320	62	0.011561	0.00300	3.9
	乙醇	7.0936	46	3.454275	0.52000	6.6

（5）卸料大厅排气筒

卸料大厅排气筒春季排放的恶臭气体中，主要恶臭物质有二甲二硫醚、甲硫醇和乙醇，阈稀释倍数分别为 15.9、4.9 和 1.9。夏季转运站恶臭污染主要由二甲二硫醚导致。和冬春两季相比，乙醇的浓度明显降低，可能是转运过程中大量垃圾堆积使得单位质量垃圾的氧气含量较低，在高温条件下微生物作用加强使得氧气快速消耗，形成了有利于乙醇转化和有机硫化物累积的缺氧条件。具体恶臭物质监测数据如表 2-14 所列。

表 2-14　夏季生活垃圾中转站卸料大厅排气筒恶臭物质监测与排放特征分析结果

名称	物质的浓度 /（mg/m³）	分子量	体积分数 /（$\times10^{-6}$）	嗅阈值 /（$\times10^{-6}$）	阈稀释倍数
乙醇	2.06	46	1.003	0.52	1.9
甲硫醚	0.0039	62	0.0014	0.003	0.5
二甲二硫醚	0.14728	94	0.035	0.0022	15.9
甲硫醇	0.00072	48	0.00034	0.00007	4.9

与冬季和春季分析结果不同，夏季生活垃圾初期降解过程中，乙硫醚未检出，而甲硫醇成为最突出的恶臭物质，如图 2-4 所示。可能是由于垃圾在不同条件下进行发酵的规律不同，但根据对恶臭物质的分类均以有机硫化物为最主要的恶臭物质。

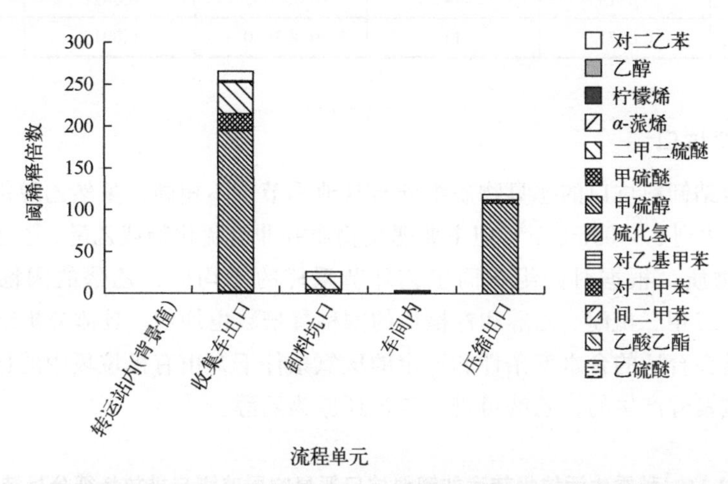

图 2-4　夏季生活垃圾初期降解各流程单元指标恶臭物质阈稀释倍数柱状图

在夏季流程中，垃圾收集车出口是恶臭污染的高峰，主要是密闭厌氧环境易导致恶臭物质产生。且夏季气温高、垃圾含水率高，厌氧发酵产生恶臭物质所需时间相对较短，在前期收集过程即会产生。与冬春季相比，冬季时运输车出口是恶臭气体产生的高峰，春季时在收集车出口和运输车出口均有较高浓度的有机硫化物产生。而夏季恶臭物质产生高峰主要集中在收集车出口，且浓度更高。

2.1.2.4　秋季生活垃圾初期降解恶臭物质排放特征分析

（1）转运站内（背景值）

与夏季研究结果类似，在秋季生活垃圾初期降解中，转运站内恶臭物质释放的背景值很低，仅有二甲二硫醚一种物质的阈稀释倍数>1，且仅为 1.7，这与季节气候和气象条件等均有关系。

（2）收集车

与夏季的生活垃圾相比，秋季生活垃圾的含水率相对较低，餐厨垃圾的比例有所下降，含硫化合物的释放也并不明显。在秋季现场监测结果中，未检出甲硫醇等夏季时典型的恶臭污染物，硫化物中仅有二甲二硫醚的阈稀释倍数>1，且相对较低（约为 3.5）。此外，监测样品中检出了一定浓度的乙醛，由于其相对较低的嗅阈值，乙醛的阈稀释倍数也>1。具体分析结果如表 2-15 所列。

表 2-15　秋季生活垃圾收集车恶臭物质监测与排放特征分析结果

名称	物质的浓度 /（mg/m^3）	分子量	体积分数 /（$\times 10^{-6}$）	嗅阈值 /（$\times 10^{-6}$）	阈稀释倍数
二甲二硫醚	0.0319	94	0.007602	0.0022	3.5
乙醛	0.0077	44	0.003920	0.0015	2.6

（3）卸料坑口

秋季转运站卸料坑口的恶臭物质组分与其他季节也不相同，虽然乙醇仍是浓度最高的物质，浓度达到 2.3903mg/m^3，但主要恶臭物质并非为硫化物或乙醇，乙醛成为阈稀释倍数最高的物质，根据对两组相同工艺环节采样的平均值，乙醛的阈稀释倍数达到 118.7。此外，二甲二硫醚、乙醇和柠檬烯的阈稀释倍数也均>1。具体分析结果如表 2-16 所列。乙醛是在合适的含水率条件和一定的厌氧条件下，由有机垃圾中的糖类物质经谷氨酸代谢缺氧发酵产生的，乙醛可进一步被还原为乙醇。

表 2-16　秋季生活垃圾转运站卸料坑口恶臭物质监测与排放特征分析结果

名称	物质的浓度 /（mg/m^3）	分子量	体积分数 /（$\times 10^{-6}$）	嗅阈值 /（$\times 10^{-6}$）	阈稀释倍数
二甲二硫醚	0.0646	94	0.015394	0.0022	7.0
乙醛	0.3499	44	0.178105	0.0015	118.7
柠檬烯	0.3395	136	0.055918	0.0380	1.5
乙醇	2.3903	46	1.163972	0.5200	2.2

（4）车间内部和压缩出口

与此前监测结果相似，在转运站车间内的恶臭污染并不明显，在秋季监测中仅有二甲二硫醚的阈稀释倍数>1，稍高于转运站背景值，这得益于垃圾压缩转运过程的全密闭操作。在压缩出口处，监测结果表明其恶臭物质的种类与卸料坑口类似，而浓度水平略低，主要的恶臭物质仍为乙醛，其阈稀释倍数达到 86.8，二甲二硫醚、乙醇和柠檬烯的阈稀释倍数也>1。具体分析结果如表 2-17 所列。

表 2-17　秋季生活垃圾转运站车间内部及压缩出口恶臭物质监测与排放特征分析结果

批次	名称	物质的浓度 /（mg/m^3）	分子量	体积分数 /（$\times 10^{-6}$）	嗅阈值 /（$\times 10^{-6}$）	阈稀释倍数
车间内部	二甲二硫醚	0.0303	94	0.007220426	0.0022	3.3
压缩出口	二甲二硫醚	0.0305	94	0.007268085	0.0022	3.3
	乙醛	0.2558	44	0.130200000	0.0015	86.8
	柠檬烯	0.2452	136	0.040385882	0.0380	1.1
	乙醇	1.7025	46	0.829043478	0.5200	1.6

（5）卸料大厅排气筒

秋季卸料大厅排气筒主要恶臭物质有乙醇、二甲二硫醚和甲硫醚，其阈稀释倍数分别为13.1、2.3和1.0。其中，与春夏冬三个季节相比，秋季卸料大厅排气筒乙醇的浓度达到最高。具体监测结果如表2-18所列。

表2-18 秋季生活垃圾转运站卸料大厅排气筒恶臭物质监测与排放特征分析结果

名称	物质的浓度/（mg/m^3）	分子量	体积分数/（$\times10^{-6}$）	嗅阈值/（$\times10^{-6}$）	阈稀释倍数
乙醇	14.03	46	6.83	0.52	13.1
甲硫醚	0.008	62	0.0029	0.003	1.0
二甲二硫醚	0.02154	94	0.0051	0.0022	2.3

与前文所述其他季节分析结果不同，秋季生活垃圾初期降解过程中，乙硫醚、甲硫醇等均未检出，而乙醛由于其浓度相对较高、嗅阈值相对较低，是秋季生活垃圾转运站释放的主要恶臭物质，如图2-5所示。二甲二硫醚和乙醇等也对恶臭污染做出一定贡献。根据秋季的监测结果，乙醛成为生活垃圾初期降解中一种新的指标恶臭物质。

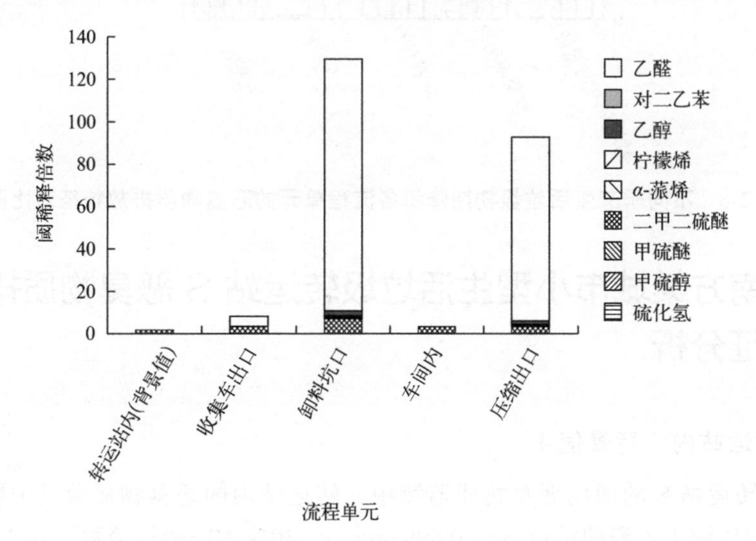

图2-5 秋季生活垃圾初期降解各流程单元指标恶臭物质阈稀释倍数柱状图

在秋季生活垃圾初期转运流程中，垃圾收集车出口不再是恶臭污染的高峰，而是在卸料坑口和压缩出口出现两个污染物释放的高峰。这主要是由于秋季生活垃圾的含水率没有夏季时高，厌氧条件并不严格，且气温相对较低，生活垃圾发生一定的兼性厌氧发酵，有如乙醛等不完全氧化产物产生，且所需时间与夏季相比略长，污染物释放高峰有所推后。

2.1.2.5 不同季节生活垃圾初期降解恶臭物质排放特征对比

图 2-6 显示了不同季节生活垃圾初期降解各个流程单元恶臭物质排放特征的对比。可以看出，冬季转运站各流程恶臭物质变化不大，污染水平均较低；春季在收集车出口污染相对较高，之后各流程保持中高水平；夏季收集车出口污染最高，中间流程相对较低，在压缩出口污染又较高；秋季则表现出卸料坑口和压缩出口两个高峰，与春季释放规律类似但有所推后。转运站恶臭污染在不同季节和操作流程均不同，随温度等气候条件的变化产生相应变化，但在区域尺度模拟中仍可视为时间变化的点源。

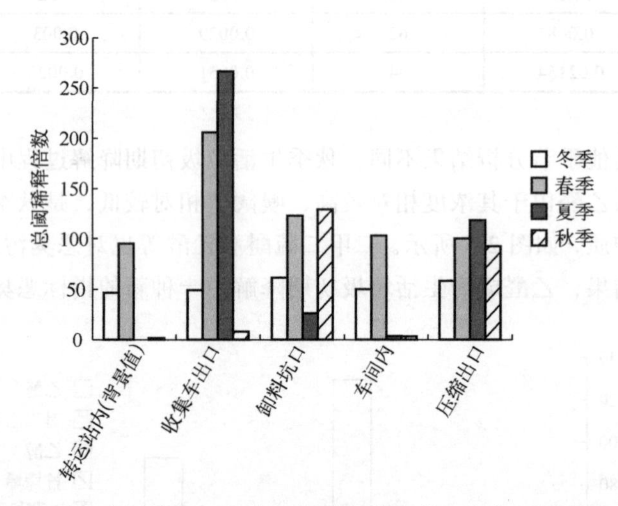

图 2-6 不同季节生活垃圾初期降解各流程单元的恶臭物质排放特征对比图

2.1.3 南方某城市小型生活垃圾转运站 S 恶臭物质排放特征分析

（1）转运站内（背景值）

在针对转运站 S 的两期恶臭物质监测中，转运站内的恶臭物质背景浓度均相对较低，仅有一期监测中乙醛的浓度达到 $0.0993mg/m^3$，相应的阈稀释倍数达到 33.7，是两期监测中唯一阈稀释倍数超过 1 的恶臭物质。表明开放式的转运站内恶臭物质能够快速扩散，不易形成积累。

（2）收集车

在两期监测中，生活垃圾收集车出口的恶臭物质排放表现出与北京市某大型生活垃圾转运站 B 相应环节类似的特征。在夏季的监测中，有机硫化物和乙醇对恶臭污染的贡献较为明显，其中甲硫醇的阈稀释倍数达到 50.0；而在秋季的监测中，乙醛为主要恶臭物质，其阈稀释倍数为 50.2，是该期监测中唯一阈稀释倍数超过 1 的恶臭物质。在两期监测中，阈稀释倍数超过 1 的几类恶臭物质及其排放特征分析结果见表 2-19。

表 2-19　南方小型生活垃圾转运站收集车恶臭物质监测与排放特征分析结果

批次	名称	物质的浓度 /（mg/m^3）	分子量	体积分数 /（$\times10^{-6}$）	嗅阈值 /（$\times10^{-6}$）	阈稀释倍数
夏季	甲硫醇	0.0075	48	0.003500	0.00007	50.0
	乙醇	4.0614	46	1.977725	0.52000	3.8
秋季	乙醛	0.1479	44	0.075301	0.00150	50.2

（3）卸料坑口

卸料坑口的恶臭物质组分也表现出了与转运站 B 相应环节类似的特征。两期监测的数据显示，夏季卸料坑口的恶臭物质浓度水平显著高于秋季，两期中分别以有机硫化物和乙醛为主要恶臭贡献物质。同时，生活垃圾卸料坑口恶臭物质的浓度较餐厨垃圾卸料坑口更低。具体分析结果如表 2-20 所列。

表 2-20　南方某城市小型生活垃圾转运站 S 卸料坑口恶臭物质监测与排放特征分析结果

批次	名称	物质的浓度 /（mg/m^3）	分子量	体积分数 /（$\times10^{-6}$）	嗅阈值 /（$\times10^{-6}$）	阈稀释倍数
夏季 生活垃圾	甲硫醇	0.0151	48	0.007047	0.00007	100.7
	甲硫醚	0.0115	62	0.004155	0.00300	1.4
	乙醛	0.4461	44	0.227105	0.00150	151.4
	柠檬烯	0.4226	136	0.069605	0.03800	1.8
	乙醇	2.4955	46	1.215200	0.52000	2.3
夏季 餐厨垃圾	硫化氢	0.0383	34	0.025233	0.00041	61.5
	甲硫醇	0.1422	48	0.066337	0.00007	947. 7
	甲硫醚	0.0108	62	0.003884	0.00300	1.3
秋季 生活垃圾	乙醛	0.1985	44	0.101061	0.00150	67. 4
	柠檬烯	0.3917	136	0.064507	0.03800	1.7
秋季 餐厨垃圾	二甲二硫醚	0.0137	94	0.003259	0.00220	1.5
	乙醛	0.4348	44	0.221327	0.00150	147.6
	柠檬烯	0.5933	136	0.097714	0.03800	2.6
	乙醇	1.2618	46	0.614442	0.52000	1.2

从表 2-20 可以看出，在夏季生活垃圾卸料坑口的恶臭物质中，虽然甲硫醚、柠檬烯和乙醇的阈稀释倍数超过 1，但与甲硫醇和乙醛的阈稀释倍数相比差异较大，根据第 1 章的恶臭污染评估指标体系，其不作为该样品的指标恶臭物质。夏季餐厨垃圾卸料坑口的恶臭物质中，甲硫醇的阈稀释倍数高达 947.7，与硫化氢共同成为该样品的指标恶臭物质。在秋季监测中，生活垃圾和餐厨垃圾卸料坑口的恶臭物质中，乙醛均成为最主要的贡献物质，阈稀释倍数分别为 67.4 和 147.6，符合前期监测研究中所体现的季节变化特征。

（4）车间内部

由于转运站 S 的压缩车间为半开放状态，卸料坑和压缩出口均靠近敞开部分，车间内部受垃圾降解产生的恶臭物质影响相对较小。主要恶臭物质的种类与垃圾卸料坑口基本一致，其中夏季监测以甲硫醇和硫化氢为主，阈稀释倍数分别为 25.7 和 21.6，秋季监测则以乙醛为主，阈稀释倍数为 28.8。具体结果如表 2-21 所列。

表 2-21　南方某城市小型生活垃圾转运站 S 车间内部恶臭物质监测与排放特征分析结果

批次	名称	物质的浓度 /（mg/m³）	分子量	体积分数 /（$\times10^{-6}$）	嗅阈值 /（$\times10^{-6}$）	阈稀释倍数
夏季	间二甲苯	0.3107	106	0.065657	0.041	1.6
	硫化氢	0.0135	34	0.008861	0.00041	21.6
	甲硫醇	0.0039	48	0.001797	0.00007	25. 7
秋季	乙醛	0.0849	44	0.043241	0.0015	28.8

（5）压缩出口

根据转运站 S 的压缩工艺，压缩出口与卸料坑口处于相同位置，但为不同工艺阶段，如图 2-7 所示。因此，压缩出口的主要恶臭物质种类与卸料坑口的监测结果相似，但浓度超过嗅阈值的恶臭物质种类相对较少，阈稀释倍数也相对较小。

图 2-7　南方某城市小型生活垃圾转运站 S 压缩设备照片

在夏季监测中，甲硫醇是最主要的恶臭物质，其阈稀释倍数达到 812.0；其次为硫化氢、二甲二硫醚、乙醇和柠檬烯。在秋季监测中，仅有 4 种物质的阈稀释倍数超过 1，根

据第 1 章的恶臭污染评估指标体系，由于乙醛的阈稀释倍数远高于其他物质，成为该样品中的指标恶臭物质。具体如表 2-22 所列。

表 2-22　南方某城市小型生活垃圾转运站 S 压缩出口恶臭物质监测与排放特征分析结果

批次	名称	物质的浓度 /（mg/m³）	分子量	体积分数 /（$\times10^{-6}$）	嗅阈值 /（$\times10^{-6}$）	阈稀释倍数
夏季	硫化氢	0.0558	34	0.036762	0.00041	89.7
	甲硫醇	0.1218	48	0.056840	0.00007	812.0
	二甲二硫醚	0.0848	94	0.020208	0.00220	9.2
	柠檬烯	0.5130	136	0.084494	0.03800	2.2
	乙醇	6.0767	46	2.959089	0.52000	5.7
秋季	二甲二硫醚	0.0094	94	0.002246	0.00220	1.0
	乙醛	0.3346	44	0.170316	0.00150	113.5
	柠檬烯	0.6785	136	0.111753	0.03800	2.9
	乙醇	1.1694	46	0.569459	0.52000	1.1

对比转运站 S 夏季和秋季的监测结果可以看出，与北京转运站 B 类似，也表现出夏季超过嗅阈值的恶臭物质种类更多、阈稀释倍数更大的特征，且具有主要贡献的恶臭物质以有机硫化物特别是甲硫醇为主，其次是乙醇、乙醛等含氧类物质。而秋季恶臭物质种类相对较少，阈稀释倍数也较小，最主要的恶臭物质是乙醛，有机硫化物对恶臭污染的贡献几乎可以忽略，如图 2-8 和图 2-9 所示。与密闭运行的大型转运站不同，在小型垃圾转运站中，卸料坑口和压缩出口为恶臭物质排放浓度最高的工艺流程环节，并且显著高于其他工艺环节的恶臭物质排放浓度。这与其半开放式的运行模式有关，并且垃圾收集车为非密封的小型车辆，卸料、压缩和装车等工艺环节产生的恶臭物质能够快速扩散，不易在车间内积累，然而因规模小、日工作时间短等因素，其对周边环境的影响也并不显著。

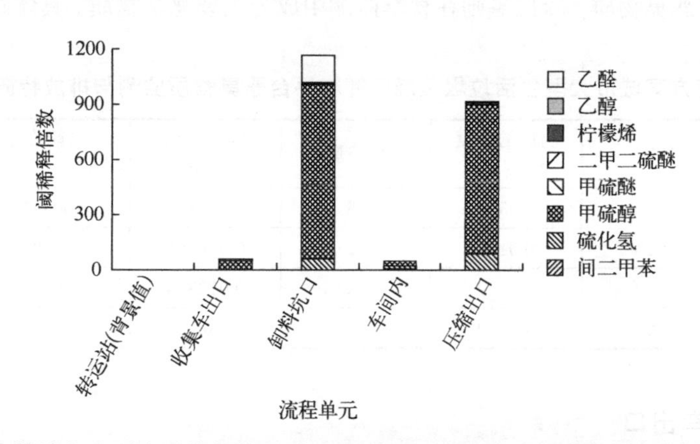

图 2-8　南方某城市小型生活垃圾转运站 S 夏季不同流程单元恶臭污染阈稀释倍数柱状图

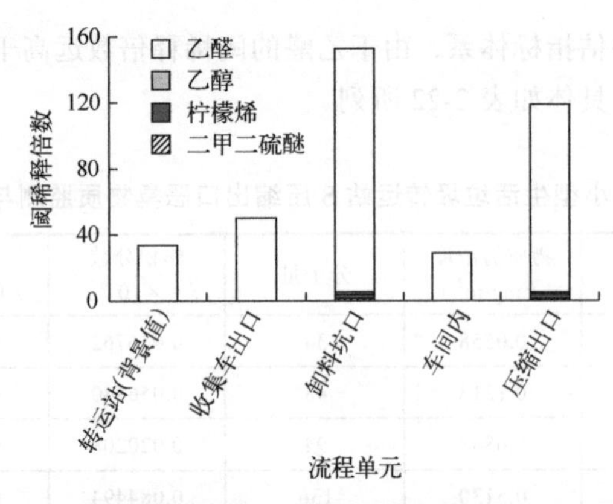

图 2-9　南方某城市小型生活垃圾转运站 S 秋季不同流程单元恶臭污染阈稀释倍数柱状图

2.1.4　南方某城市大型生活垃圾焚烧厂恶臭物质排放特征分析

根据生活垃圾转运工艺，通常经转运站转运的生活垃圾在一天之内即可到达后续的焚烧或填埋等处理处置设施。针对南方大型生活垃圾焚烧厂的运输车倾倒、卸料坑口和贮存仓等工艺环节的恶臭物质监测，能够一定程度反映生活垃圾初期降解末期、进入处理处置工艺之前的恶臭物质排放特征。在大型焚烧厂的卸料平台、运输车出口和卸料坑口分别进行的恶臭物质采样和监测表明，抵达垃圾焚烧厂的生活垃圾排放的恶臭物质种类相对集中，以硫化氢和有机硫化物为主；而在贮存仓内的生活垃圾经过数天的堆置，已开始进行生物降解反应，同时由于贮存仓密闭、垃圾贮存量大，恶臭物质的浓度很高，相应的阈稀释倍数也很高。

（1）卸料平台

在大型焚烧厂的卸料平台中央进行的恶臭物质采样监测表明，甲硫醇等有机硫化物是夏季监测的主要恶臭物质，硫化氢则在秋季监测中成为主要恶臭物质。具体如表 2-23 所列。

表 2-23　南方某城市大型生活垃圾焚烧厂卸料平台恶臭物质监测与排放特征分析结果

批次	名称	物质的浓度 /（mg/m³）	分子量	体积分数 /（$\times 10^{-6}$）	嗅阈值 /（$\times 10^{-6}$）	阈稀释倍数
夏季	甲硫醇	0.0319	48	0.014887	0.00007	212.7
	甲硫醚	0.0175	62	0.006305	0.00300	2.1
	二甲二硫醚	0.0539	94	0.012844	0.00220	5.8
秋季	硫化氢	0.0580	34	0.038228	0.00041	93.2

（2）运输车出口

对进入大型生活垃圾焚烧厂卸料平台的运输车出口进行监测，结果表明其恶臭物质

的浓度水平相对较低，在夏季监测中部分有机硫化物和硫化氢的阈稀释倍数超过1，而在秋季监测中阈稀释倍数最大的恶臭物质甲硫醚其数值也仅有0.21。这可能和监测时段进入焚烧厂的垃圾性质有关。具体如表2-24所列。

表2-24 南方某城市大型生活垃圾焚烧厂运输车出口恶臭物质监测与排放特征分析结果

批次	名称	物质的浓度 /（mg/m³）	分子量	体积分数 /（×10⁻⁶）	嗅阈值 /（×10⁻⁶）	阈稀释倍数
夏季	硫化氢	0.0140	34	0.009191	0.00041	22.4
	甲硫醇	0.0051	48	0.002357	0.00007	33.7
	甲硫醚	0.0137	62	0.004950	0.00300	1.7
	二甲二硫醚	0.0609	94	0.014500	0.00220	6.6

（3）卸料坑口与贮存仓

大型生活垃圾焚烧厂中的卸料坑口与贮存仓直接相连，运输车倾倒的垃圾由卸料坑口接收后，经重力作用进入贮存仓，在卸料坑口打开时，贮存仓内的恶臭气体也能够通过卸料坑口释放到卸料平台。虽然卸料平台和贮存仓内均采用负压运行，但仍有恶臭物质不断逸散。因此，在卸料坑口和贮存仓内，浓度超过嗅阈值的恶臭物质种类更多、浓度更高，相应的阈稀释倍数也更大。其中，在夏季监测中，于卸料坑口和贮存仓内进行的样品采集中，分别有22种和17种恶臭物质的阈稀释倍数超过1，包括硫化物、芳香族化合物和烃类物质等，硫化氢和甲硫醇的阈稀释倍数显著高于其他恶臭物质，成为相应样品的指标恶臭物质。在秋季监测中，阈稀释倍数高于1的恶臭物质种类以及相应的阈稀释倍数值均显著低于夏季监测值。具体如表2-25和表2-26所列。然而，根据垃圾焚烧工艺，贮存仓内产生的挥发性气体将被收集、排出并导入燃烧室进行燃烧处理，从而避免了恶臭物质向外界环境的释放。

表2-25 南方某城市大型生活垃圾焚烧厂卸料坑口恶臭物质监测与排放特征分析结果

批次	名称	物质的浓度 /（mg/m³）	分子量	体积分数 /（×10⁻⁶）	嗅阈值 /（×10⁻⁶）	阈稀释倍数
夏季	二硫化碳	0.9720	76	0.286484	0.21000	1.4
	乙酸乙酯	10.1960	88	2.595345	0.87000	3.0
	甲苯	2.6372	92	0.642101	0.33000	1.9
	乙苯	1.6912	106	0.357386	0.17000	2.1
	间二甲苯	1.1680	106	0.246823	0.04100	6.0
	对二甲苯	0.5020	106	0.106083	0.05800	1.8
	苯乙烯	1.9580	104	0.421723	0.03500	12.0
	对乙基甲苯	0.2004	120	0.037408	0.00830	4.5
	硫化氢	17.3504	34	11.430852	0.00041	27880.1
	甲硫醇	1.2384	48	0.577920	0.00007	8256.0
	甲硫醚	2.7448	62	0.991670	0.00300	330.6

续表

批次	名称	物质的浓度/(mg/m³)	分子量	体积分数/(×10⁻⁶)	嗅阈值/(×10⁻⁶)	阈稀释倍数
夏季	二甲二硫醚	1.9700	94	0.469447	0.00220	213.4
	柠檬烯	1.5840	136	0.260894	0.03800	6.9
	乙醇	10.7628	46	5.241016	0.52000	10.1
	1, 2-二氯丙烷	1.5716	113	0.311538	0.26000	1.2
	1-丁烯	1.4484	56	0.579360	0.36000	1.6
	1-戊烯	0.7696	70	0.246272	0.10000	2.5
	2-甲基-1, 3-丁二烯	0.1948	68	0.064170	0.04800	1.3
	2-甲基己烷	2.9552	100	0.661965	0.42000	1.6
	3-甲基己烷	3.7800	100	0.846720	0.84000	1.0
	甲基环己烷	2.9420	98	0.672457	0.15000	4.5
	异丙苯	0.8004	120	0.149408	0.00840	17.8
秋季	硫化氢	0.0953	34	0.062753	0.00041	153.1
	二甲二硫醚	0.0160	94	0.003801	0.00220	1.7
	乙醛	0.0168	44	0.008565	0.00150	5.7
	乙醇	1.1442	46	0.557176	0.52000	1.1

表 2-26　南方某城市大型生活垃圾焚烧厂贮存仓内恶臭物质监测与排放特征分析结果

批次	名称	物质的浓度/(mg/m³)	分子量	体积分数/(×10⁻⁶)	嗅阈值/(×10⁻⁶)	阈稀释倍数
夏季	乙酸乙酯	8.6104	88	2.191738	0.87000	2.5
	甲苯	2.2500	92	0.547826	0.33000	1.7
	乙苯	1.2052	106	0.254684	0.17000	1.5
	间二甲苯	0.8740	106	0.184694	0.04100	4.5
	对二甲苯	0.4084	106	0.086303	0.05800	1.5
	苯乙烯	0.5452	104	0.117428	0.03500	3.4
	对乙基甲苯	0.1404	120	0.026208	0.00830	3.2
	硫化氢	1.4044	34	0.925252	0.00041	2256.7
	甲硫醇	2.3460	48	1.094800	0.00007	15640.0
	甲硫醚	0.6968	62	0.251747	0.00300	83.9
	二甲二硫醚	0.9992	94	0.238107	0.00220	108.2
	柠檬烯	1.1188	136	0.184273	0.03800	4.8
	乙醇	12.6460	46	6.158052	0.52000	11.8
	1, 2-二氯丙烷	2.3056	113	0.457039	0.26000	1.8
	1-戊烯	0.4088	70	0.130816	0.10000	1.3
	甲基环己烷	1.2344	98	0.282149	0.15000	1.9
	异丙苯	0.3476	120	0.064885	0.00840	7.7
秋季	间二甲苯	0.3717	106	0.078537	0.04100	1.9
	硫化氢	0.1564	34	0.103040	0.00041	251.3

续表

批次	名称	物质的浓度/（mg/m³）	分子量	体积分数/（×10⁻⁶）	嗅阈值/（×10⁻⁶）	阈稀释倍数
秋季	甲硫醇	0.2760	48	0.128777	0.00007	1839.7
	甲硫醚	0.1987	62	0.071788	0.00300	23.9
	二甲二硫醚	0.2210	94	0.052663	0.00220	23.9
	β-蒎烯	0.2158	136	0.035535	0.03300	1.1
	柠檬烯	2.4130	136	0.397427	0.03800	10.5
	乙醇	3.9553	46	1.926035	0.52000	3.7
	对二乙苯	0.0253	134	0.004221	0.00039	10.8

2.2　生活垃圾填埋设施恶臭污染释放特征

2.2.1　填埋场作业面恶臭物质浓度、组成及其季节性变化

2.2.1.1　填埋场简介及数据采集

（1）研究对象

本节选择北京市某大型生活垃圾填埋场（简称填埋场 A）作为主要研究对象。该填埋场属于典型的平原式垃圾填埋场，采用全密闭填埋工艺。按照《城市生活垃圾采样和物理分析方法》（CJ/T 3039—1995），研究人员对填埋场 A 进行了为期一年（2007 年 11 月～2008 年 10 月）的跟踪检测，其垃圾组成如表 2-27 所列。

表 2-27　填埋场 A 的垃圾组成

分类	有机物		无机物		可回收物					
类别	动物	植物	灰土	砖瓦陶瓷	纸类	塑料橡胶	纺织物	玻璃	金属	木竹
含量/%	2.5	46.4	7.4	1.5	16.9	18.8	3.1	1.6	0.3	1.5

（2）数据采集

1）气象及气候条件

气象及气候条件的监测在采样的过程中同时进行，共测定了气压、气温、相对湿度、风向、风速 5 个指标，采用的监测设备如表 2-28 所列。

表 2-28　气象及气候条件监测仪器及监测方法

监测项目	监测仪器	监测方法
气压	空盒气压表	采样时现场监测
气温、相对湿度	温湿度计	
风向、风速	轻便三杯风向风速表	

2）监测点位

采样位置设置在填埋区作业面。综合现场采样条件和分析时间，确定一天的采样时间为 10:00、14:00、18:00、22:00、3:00（次日）。

3）现场采样设备

采样器是依据“肺法”原理设计的 SOC-01 型气体采样装置，如图 2-10 所示。该装置由采样枪、采样桶、采样泵三部分构成。采样袋由聚酯材料制成，体积为 8L，可在 60～90s 内完成一次采样操作。采样高度为 1.5m。

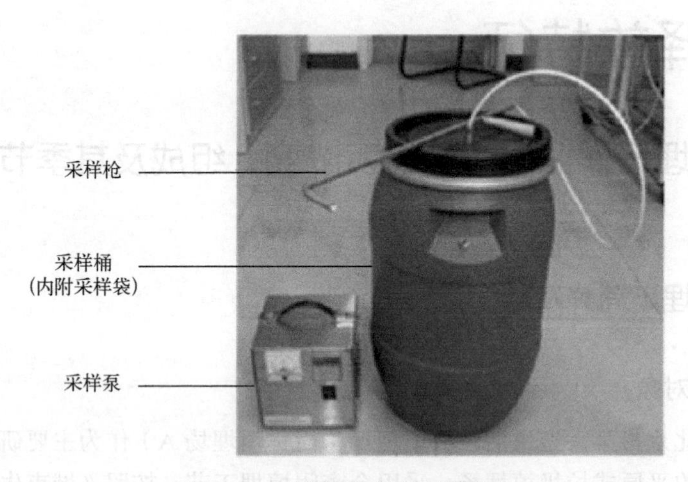

图 2-10　“肺法”气体采样装置

4）样品分析

采用预浓缩配合 GC-MS 分析法对填埋气组分进行全组分分析，参考标准是 US EPA TO-14。

2.2.1.2　作业面释放恶臭物质的组成、浓度及季节性变化

填埋场 A 作业面上春、夏、秋、冬四个季节分别检出 41 种、59 种、66 种和 54 种挥发性物质，并可归为含氧化合物（醛、酮、醚、酯、醇等）、含硫化合物、芳香烃、卤代烃、烷烃/烯烃和萜烯六大类物质。

检测出的物质总浓度及种类见表 2-29。

表 2-29　填埋场作业面恶臭物质浓度及物种数目的季节特征

物质	浓度/（μg/m³）			
	春季	夏季	秋季	冬季
醛、酮	88.9±120.8（2）	207.4±255.2（5）	13.6±11.9（3）	5.1±11.4（1）
酯、醚	28.2±60.1（1）	151.8±160.0（1）	80.4±77.7（2）	31.1±41.8（1）
醇	584.6±887.2（1）	2350.0±1791.0（1）	1642.0±1750.6（1）	1537.0±710.8（1）
含硫化合物	365.1±417.6（5）	160.8±84.3（4）	103.0±60.6（5）	235.7±66.0（6）
卤代烃	526.1±804.2（10）	330.6±175.4（10）	147.0±20.4（15）	95.4±109.2（8）
芳香烃	190.9±181.0（7）	319.8±163.0（15）	114.9±46.2（15）	144.4±130.3（15）
烷烃	466.3±753.9（11）	863.8±424.1（18）	228.1±147.3（20）	355.7±329.9（15）
烯烃	82.6±91.4（1）	29.2±40.1（2）	15.6±21.2（2）	45.6±31.2（5）
萜烯	149.8±107.3（3）	99.2±44.4（3）	93.3±42.3（3）	450.9±475.5（2）
总浓度	2482.5±2394.0（41）	4512.6±2250.0（59）	2437.9±1990.0（66）	2900.9±1653.0（54）

注：表中浓度数值为平均值±标准差；括号里为检测到的物种数。

从表 2-29 中可以看出，四个季节中，作业面释放的恶臭物质种类及浓度均有所不同。其中，醇、烷烃、芳香烃及卤代烃在所有样品中均具有较高的浓度，秋季检出的物种数最多。夏季与秋季不同种类的恶臭物质浓度分布相同，均为含氧化合物>烷烃/烯烃>卤代烃>芳香烃>含硫化合物>萜烯。春季不同种类的恶臭物质浓度分布类似，但含硫化合物浓度高于芳香烃；冬季不同种类的恶臭物质浓度分布与其他三个季节显著不同，表现为含氧化合物>萜烯>烷烃/烯烃>含硫化合物>芳香烃>卤代烃。含氧化合物、卤代烃和烷烃是生活垃圾降解初期的典型产物，其在夏季和秋季的作业面具有较高的浓度，物质种类也更为丰富。

填埋场作业面释放的恶臭物质种类及浓度很大程度上取决于填埋垃圾组分及垃圾的好氧或厌氧降解程度。一方面，生物外源性物质如芳香烃、卤代烃等通常来源于生活垃圾本身，其释放主要受垃圾组分变化（如塑料包装物、塑料泡沫、气雾剂等）及挥发程度的影响；另一方面，含氧化合物、含硫化合物通常为生物降解过程的中间及终端产物，其浓度更多取决于有机物所处的降解阶段。填埋场作业面检出的七大类物质各自可能的来源见表 2-30。

表 2-30　填埋场作业面各类恶臭物质可能来源

物质种类	可能来源
含氧化合物	垃圾中有机物的降解、垃圾中含氧化合物的挥发
含硫化合物	含硫物质（如餐厨垃圾）的降解
芳香烃	塑料包装物、食品罐、高脂肪食物、涂料、汽车尾气排放、废纸
卤代烃	气雾剂、除漆剂、染色溶剂、起泡剂、肥皂、涂料、制冷剂
烷烃/烯烃	食品包装、烹饪油、废纸
萜烯	生物质（剪纸、落叶等）释放、空气清新剂、家用清洁剂

由图 2-11 可知，随着季节的变换，北京市生活垃圾组分也有所波动。其中，餐厨垃圾在各个季节均含量较高，其次为塑料和纸类。另外，秋季和冬季剪枝、落叶等绿化废物的含量明显攀升。这些变化显然影响着生活垃圾填埋场作业面恶臭物质的释放。

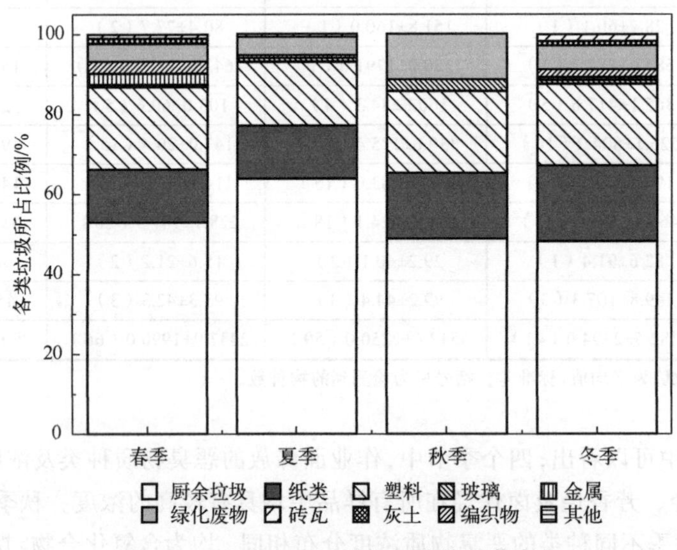

图 2-11　北京市生活垃圾组分的季节变化

2.2.1.3　作业面释放恶臭物质的浓度及其时间变化

对生活垃圾填埋场 A 作业面释放的恶臭物质日平均浓度进行了分析，结果显示，夏季的日平均浓度最高，达到了 4513μg/m^3；其次是冬季，日平均浓度为 2901μg/m^3。春季和秋季作业面释放的恶臭物质日平均浓度相差不大，分别为 2483μg/m^3 和 2438μg/m^3。由于夏季气温较高、湿度较大，微生物较为活跃，同时有机物质如水果、蔬菜等的含量较高，在收集、转运过程中已经进行了一定程度的发酵，产生恶臭贡献显著的酸类物质，使得垃圾恶臭污染较为严重；此外，较高的温度也促进了作业面垃圾中原有物质的挥发。这些原因使得夏季作业面恶臭物质总浓度显著高于其他季节。冬季的作业面也检测到较高的恶臭物质释放，这主要是由垃圾填埋场内部与外界的温度差导致的。冬季外界气温较低，而填埋场内部由于垃圾降解产热，通常能够保持相对较高的温度，而作业面直接暴露于空气使得垃圾从表层到深层形成了一个温度梯度，这加速了填埋场内部气体向表层的迁移及释放，因此作业面的恶臭物质浓度也随之升高。事实上，冬季采样期间，能够在作业面观察到明显的自下而上的蒸汽流动，这证实了填埋场内部垂直气流迁移过程的存在。

作业面释放的恶臭物质浓度峰值在不同季节呈现不同时段，如图 2-12 所示。其可能受到多种因素的影响，如作业面气象条件的改变，包括气压、温度、湿度、风速等。较高的温度、低大气压以及较高的湿度通常导致高浓度恶臭物质释放。四个季节中，作业

面恶臭物质浓度高峰常常出现在 10:00、14:00 以及夜间 3:00，而这些时段往往是气温较高或大气压较低的时段。

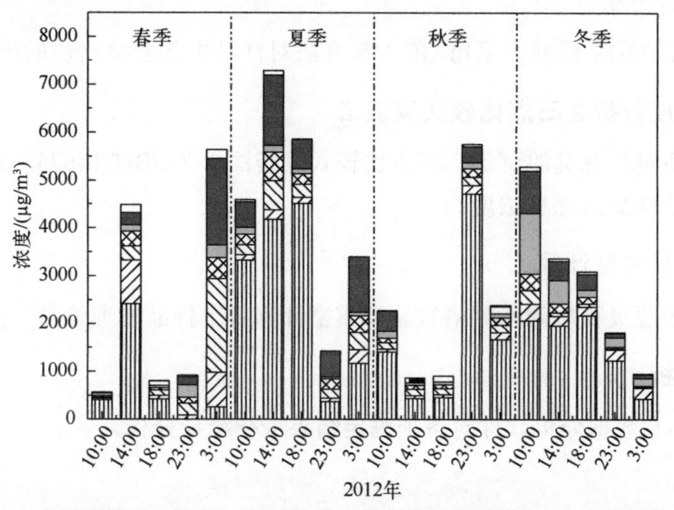

图 2-12　作业面不同时间段释放恶臭物质浓度及组成柱状图

2.2.2　典型填埋场作业面恶臭浓度表征及方法研究

2.2.2.1　采样时间及采样方法

本节中恶臭气体样品的采集同样在填埋场 A 作业面完成，共进行了两年，其中，2012～2013 年的采样工作与采样时间安排见第 2.2.1 小节所描述，同步对所采样品恶臭浓度与挥发性有机物（VOCs）浓度进行分析。2013～2014 年期间的采样方案相较前一年略有调整，如表 2-31 所列。采样方法及采样装置同第 2.2.1.1 部分相关内容。

表 2-31　采样时间安排

年份	季节	日期	采样时间
2013～2014	春季	2013 年 3 月 27 日～2013 年 3 月 28 日	10:00，14:00，18:00，22:00，2:00，6:00
	夏季	2013 年 9 月 29 日～2013 年 9 月 30 日	
	秋季	2013 年 11 月 24 日～2013 年 11 月 25 日	
	冬季	2014 年 3 月 3 日～2014 年 3 月 4 日	

2.2.2.2 分析方法

（1）GC-MS 分析

根据 US EPA TO-14 标准，采用 GC-MS 方法对样品中各恶臭物质的浓度进行分析。

（2）恶臭浓度分析之三点比较式臭袋法

采用《空气质量　恶臭的测定　三点比较式臭袋法》（GB/T 14675—1993）中的方法计算、分析各个样品的恶臭浓度。

（3）理论恶臭浓度计算

采用第 1 章中恶臭物质阈稀释倍数总和模型计算各个样品的理论臭气浓度 OU_T。

（4）统计分析

使用 SPSS 16.0 数据分析软件对各项测定结果进行统计分析。

2.2.2.3 作业面恶臭浓度随时间的变化特征

通过三点比较式臭袋法测得的各个时间填埋场作业面的恶臭浓度如表 2-32 和图 2-13 所示，表 2-32 还给出了采样期间作业面恶臭物质总浓度及相关气象条件数据。可以看出，不同季节和同一季节一天之内不同时段，作业面上的恶臭浓度均有较大波动。其中，最高的恶臭浓度分别在 2012～2013 年春季、秋季和 2013～2014 年秋季检出，而夏季和冬季则整体恶臭浓度相对较低。填埋场的恶臭污染是由多种恶臭物质的浓度超过了其嗅阈值而引起的，作业面的物质浓度应与恶臭浓度呈正相关。对所获得的实验数据做相关性分析证实了这一点：作业面恶臭浓度和物质总浓度呈线性正相关，皮尔逊相关系数达到 0.406（$n = 42$，$P<0.01$），即作业面总恶臭物质浓度的变化能够解释 40.6%的恶臭浓度变化，这与 Dincer 等的结论高度一致。另外，从表 2-32 中还可以看出，采样期间，作业面的温度、相对湿度、作业面风速以及大气压等气象条件也有较大波动，其变化能够影响作业面垃圾的发酵程度及恶臭物质从垃圾内部的释放和在大气中的迁移，进而影响作业面恶臭浓度，具体将在后续章节进行讨论。

表 2-32　采样期间作业面恶臭浓度、物质总浓度及气象条件变化

年份	指标	春季	夏季	秋季	冬季
2012～2013	恶臭浓度	4229±2430	1765±1212	3226±3051	2383±1089
	物质总浓度/（μg/m³）	2483±2394	4513±2250	2439±1990	2901±1653
	温度/°C	22.6±8.1	30.6±6.4	10.6±8.3	−2.6±1.8
	相对湿度/%	36.4±8.2	62.4±17.8	50.2±19.0	65.6±14.7
	风速/（m/s）	1.32±1.08	1.49±0.61	1.03±0.54	1.88±1.29

续表

年份	指标	春季	夏季	秋季	冬季
2013～2014	恶臭浓度	1146±560	1138±391	3189±1916	1466±1000
	物质总浓度/（μg/m^3）	1614±1739	1323±844	4336±2603	708±763
	温度/°C	15.0±8.4	16.1±3.8	6.9±3.6	3.6±1.9
	相对湿度/%	33.8±11.8	78.1±19.4	45.2±13.0	66.3±16.4
	风速/（m/s）	2.91±1.55	0.28±0.02	2.60±1.40	0.50±0.37
	大气压/hPa	976.2±4.0	977.5±1.4	979.1±1.9	986.9±2.2

注：2012～2013 年采样期间未对大气压数据进行监测。

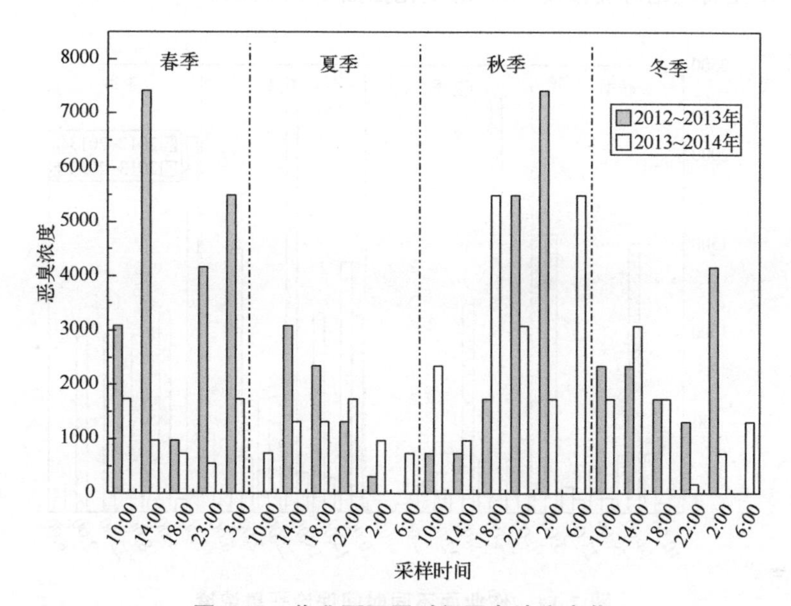

图 2-13　作业面不同时间恶臭浓度变化

2.2.2.4　作业面恶臭浓度与气象条件

除恶臭浓度本身外，填埋场作业面的气象条件如温度、湿度、风速、大气压等环境因素的变化同样会影响恶臭物质的释放、迁移、扩散，恶臭浓度往往是这些因素相互作用后的综合结果。不同季节的气象条件差异极大，各个因素对作业面恶臭浓度的影响也不尽相同。为明确各个季节影响恶臭浓度变化的主导因素，分别对春、夏、秋、冬四季的恶臭浓度及气象条件做相关性分析。

春季作业面风速、温度、湿度和大气压等气象条件对恶臭浓度的影响并不显著。其中，风速、大气压与恶臭浓度呈负相关，而温度、湿度则与恶臭浓度呈线性正相关。夏季作业面气象条件对恶臭浓度变化的影响则不同于春季。其中，温度变化仍然与恶臭浓度呈较强的正相关关系，湿度与恶臭浓度呈显著的负相关，大气压也与恶臭浓度呈负相关，相关性比春季更为显著。秋季作业面恶臭浓度随气象条件的变化显著不同于春和夏

两季。温度与恶臭浓度之间存在较强的线性负相关关系。冬季作业面的恶臭浓度变化主要与大气压有关。较多研究也已证明，风速较低、大气结构较稳定时，恶臭物质的迁移作用较小，极易发生严重的恶臭污染事件。

2.2.2.5 作业面理论恶臭浓度

根据第 1 章恶臭污染评估指标体系，计算各物质阈稀释倍数 D_i 及各样品的理论恶臭浓度 OU_T。作业面理论恶臭浓度 OU_T 的变化如图 2-14 所示。

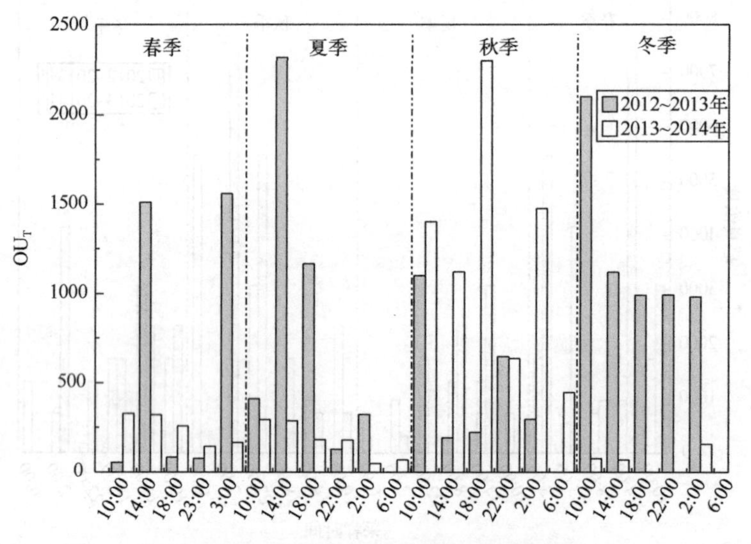

图 2-14　作业面不同时间理论恶臭浓度

从图 2-14 中可以看出，计算所得的作业面理论恶臭浓度 OU_T 在 0～2500 范围内波动，显著低于三点比较式臭袋法测得的实际恶臭浓度（0～8000）。对恶臭物质进行分类并计算各类物质的阈稀释倍数之和，进而计算其在该样品总 OU_T 中所占百分比，可以对各类物质在样品中的恶臭贡献度进行评价，所得结果如图 2-15 所示。从图中可以看出，含硫化合物、含氧化合物在大部分样品中均为主要恶臭贡献者，而含氧化合物中，又以酯、醚类物质的恶臭贡献最为突出。另外，2013～2014 年间检测的部分样品中，芳香烃和醇类化合物也是重要的恶臭物质。不同季节各类物质的恶臭贡献率并不相同，具体分析如下。

通过对各季节作业面恶臭浓度和各类恶臭物质浓度进行相关性分析，发现不同季节的主要恶臭物质也不尽相同。其中，春季填埋场作业面的恶臭贡献物种类繁多，含硫化合物、醛、酮以及烯烃均与恶臭浓度具有较强的相关性；夏季的恶臭贡献者以含氧化合物为主，主要为酯、醚、醇类；秋季的恶臭污染物则主要为含硫化合物，其浓度变化能够解释近 70%的恶臭浓度变化；到了冬季，各类物质对恶臭的贡献较为均等，硫化物是相对突出的恶臭贡献者，但作业面恶臭浓度变化可能同时受其他因素如气象条件等的制

约。对比其他研究者的结论可以发现，醛、酮、酯类化合物及含硫化合物是填埋场的主要恶臭物质。但由于含氧化合物嗅阈值相对高于含硫化合物，且含氧化合物大多数具有芳香气味，人的嗅觉系统对该类化合物的容忍度可能更高，而含硫化合物多数为恶臭物质且嗅阈值极低，因此，当作业面硫化物浓度相对较高时，人体感知的恶臭浓度会急剧升高。这也能够解释夏季作业面虽然恶臭物质浓度较高，但大多为含氧化合物，检测到的恶臭浓度低于其他季节。与此相反，春季和秋季则往往出现高浓度的恶臭污染。

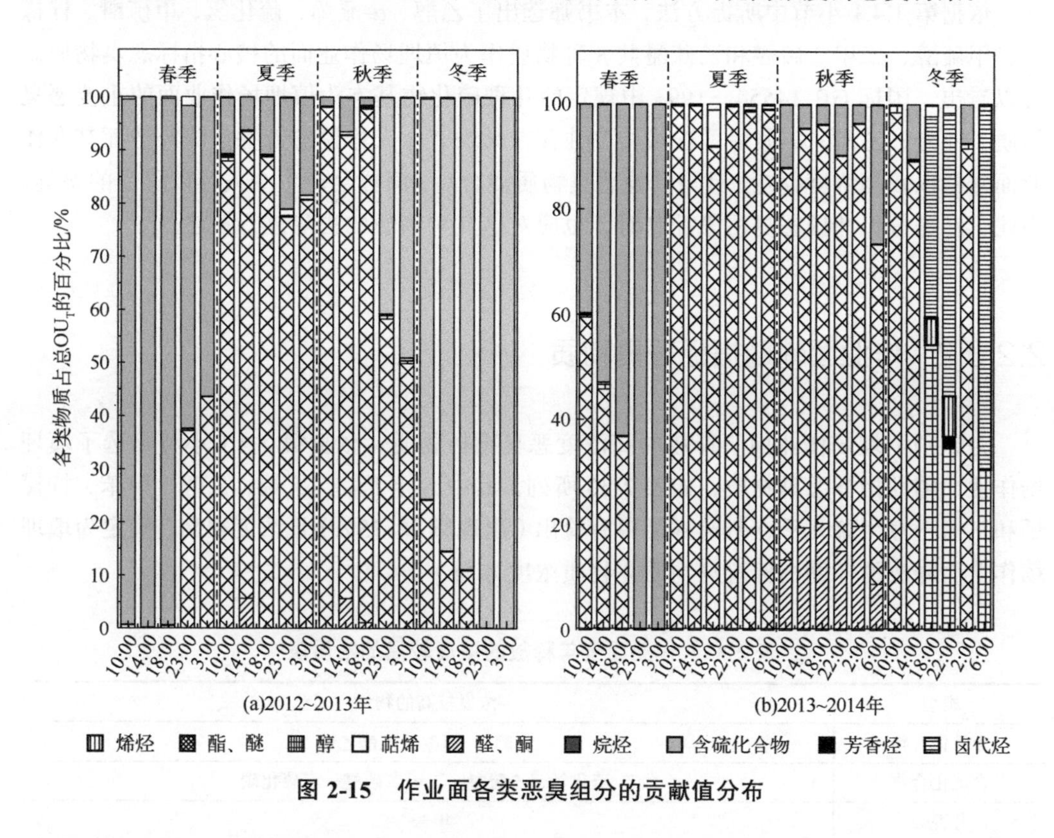

图 2-15　作业面各类恶臭组分的贡献值分布

2.2.2.6　实际恶臭浓度和理论恶臭浓度

对三点比较式臭袋法所测得的恶臭浓度与计算所得 OU_T 做相关性分析发现，两者之间存在线性关系（r^2=0.39，n = 42，P <0.05），但 OU_T 显著低于实际恶臭浓度，这可能是由以下原因造成的：

① 不同恶臭物质之间可能有协同和掩蔽效应。

② 人的嗅觉十分灵敏，一些 GC-MS 无法定量检测的物质仍然可能引起嗅觉反应。

③ 计算 OU_T 时所采用的嗅阈值不统一。

综合来看，在不适合使用三点比较式臭袋法等感官测试法直接测试恶臭浓度的场合，通过仪器分析法测得各恶臭物质浓度进而计算理论恶臭浓度（OU_T）所得的结果能够客观反映污染源的恶臭污染状况，该方法在识别主要恶臭物质方面也有重要作用。

2.2.3 填埋场作业面指标恶臭物质筛选

2.2.3.1 作业面核心指标恶臭物质

依据第 1.4.1 小节中所提方法，本书筛选出了乙醇、α-蒎烯、硫化氢、甲硫醚、柠檬烯、甲硫醇、二甲二硫醚和乙硫醚共 8 种物质作为填埋场作业面的核心指标恶臭物质。可以看出，国标 GB 14554—1993 中规定的几种硫化物基本为填埋场作业面的重要恶臭物质。此外，乙醇、α-蒎烯、柠檬烯单独存在时均有令人愉悦的芳香气味，然而其在作业面常常以较高浓度存在，且与其他恶臭物质混合后，同样会产生令人难以忍受的恶臭。因此，在进行填埋场恶臭污染控制时，也应对这几种物质的去除进行关注。

2.2.3.2 作业面辅助指标恶臭物质

为识别填埋场作业面所释放的高浓度恶臭指标物质，依据第 1.4.1 小节筛选了填埋场作业面辅助指标恶臭物质，如表 2-33 所列。其中，异丁烷、丁烷、乙醇、甲苯、柠檬烯和三氯一氟甲烷几乎在所有样品中有检出（出现频率>75%）且浓度很高，确定为填埋场作业面释放的辅助指标恶臭物质（物质浓度方面）。

表 2-33 作业面全年释放的浓度较高的物质表

类型	浓度较高的物质
含氧化合物	乙醇①、丙酮、乙酸乙酯
含硫化合物	硫化氢、乙硫醚、二甲二硫醚、二硫化碳
芳香烃	甲苯①
卤代烃	三氯一氟甲烷①、二氯甲烷、1, 2-二氯乙烷
烷烃/烯烃	丙烷、异丁烷①、丁烷①、2-甲基丁烷、丙烯、戊烷
萜烯	柠檬烯①、α-蒎烯

① 填埋场作业面释放的辅助指标恶臭物质。

2.2.4 填埋场作业面与覆盖面恶臭物质浓度及比较

2.2.4.1 研究对象与研究方法

（1）研究对象

选取我国北方两个典型填埋场作为研究对象：辽宁省某生活垃圾卫生填埋场（简称

填埋场P）和北京市某大型生活垃圾填埋场（简称填埋场A）。填埋场P以厌氧填埋方式运行，场区有效占地面积37.49万平方米，填埋库区有效占地面积约为30.68万立方米，填埋场总库容为652.09万立方米，预期使用年限为30年，生活垃圾日处理规模600t/d。填埋场A介绍见第2.2.1小节。

按照《城市生活垃圾采样和物理分析方法》（CJ/T 3039—1995），研究人员于2011年11月对填埋场P进行了跟踪检测。根据《生活垃圾采样和分析方法》（CJ/T 313—2009），填埋场P的垃圾组成见表2-34。填埋场A的垃圾组成见表2-27。

表2-34 填埋场P的垃圾组成

类别	餐厨类	纸类	橡塑类	纺织类	木竹类	灰土类	砖瓦陶瓷类	玻璃类	金属类	其他	混合类
含量/%	59.8	13.5	10.7	0.8	0.8	0.0	0.5	2.8	0.1	0.7	10.3
标准差/%	6.4	4.3	2.4	0.3	0.7	0.0	0.4	3.2	0.1	0.6	4.4

填埋场P主要采用聚乙烯膜和土覆盖的方式对堆体进行临时和中间覆盖，填埋场A则全部采用聚乙烯膜进行覆盖。虽然聚乙烯膜的使用成本要高于土覆盖，但因其致密的特性导致膜表面几乎没有填埋气的扩散。基于此，本部分的研究对象为填埋场P的填埋作业面和土覆盖面以及填埋场A的填埋作业面释放的恶臭物质。

（2）采样和分析方法

本研究采用静态通量箱和肺法采样设备采集作业面和覆盖面表面的气体样品。静态通量箱分为箱体和箱盖两部分。箱体采用304不锈钢制作，上部设计有箱盖的放置槽；箱盖接近盆形，上设采样接口，接口和箱盖之间采用橡胶圈密封。使用时将箱体5～10cm压入待测面内，保证周边密封，箱盖置于放置槽内，同时加水形成水封以保证静态通量箱无气体泄漏。选用SOC-01型肺法采样装置（天津迪兰奥特环保科技开发有限公司国家环境保护恶臭污染控制重点实验室）进行采样。样品分析时根据物质大致浓度设定进样量。由于本研究采集的样品相对浓度较高，进样量一般在20～100mL之间。预处理后的气体经过GC-MS后，将谱图与定量物质标准曲线进行比对取得分析结果。

（3）采样条件与样品列表

结合填埋场实际运营情况，本研究针对两填埋场进行了分批次的采样，样品采集于2012年秋季和冬季，其他采样条件如表2-35所列。

表2-35 表面样品采集说明

采样位置	填埋场	时间	数目	说明
作业面表面	P	2012年10月25日	3	表层垃圾暴露约2个月
作业面表面	P	2012年11月30日	1	表层垃圾暴露约10天
作业面表面	P	2013年1月22日	1	表层垃圾暴露约2个月
覆盖面表面	P	2012年10月25日	6	填埋龄约2年

续表

采样位置	填埋场	时间	数目	说明
覆盖面表面	P	2012 年 11 月 30 日	2	填埋龄约 2 年
覆盖面表面	P	2013 年 1 月 22 日	1	
作业面表面	A	2012 年 11 月 13 日	2	刚完成填埋而未覆盖

（4）数据分析

填埋垃圾的非均质性突出，现场样品采集时很有可能取得一系列离群值，如有些样品的浓度极高或极低，与样品均值的偏差一般超过 3 倍。应针对离群值进行判别，决定是否应该将其纳入研究范围。

根据《数据的统计处理和解释　正态样本离群值的判断和处理》（GB/T 4883—2008），选用格拉布斯（Grubbs）检验法判别离群值。

当离群值大于均值时为上侧情形，采取的判别过程如下。

① 计算统计量 G_n，如下式所示：

$$G_n = \frac{x_n - \overline{x}}{s} \tag{2-1}$$

$$s = \sqrt{\frac{\sum_{i-1}^{n}(x_i - \overline{x})^2}{n-1}} \tag{2-2}$$

式中，$\overline{x}$ 和 s 是样本均值和样本标准差。

② 确定检出水平 α，在“格拉布斯（Grubbs）检验的临界值表”（GB/T 4883—2008 中表 A.2）中查出临界值 $G_{1-\alpha}(n)$，本研究中确定 $\alpha = 0.05$。

③ 当 $G_n > G_{1-\alpha}(n)$ 时判定 x_n 为离群值，否则，判定未发现离群值。

④ 确定剔除水平 $\alpha^* = \alpha$，若存在离群值则直接判定为统计离群值，予以剔除。

当离群值小于均值时为下侧情形，其判别过程与上侧情形类似，区别为统计量计算方法不同。下侧情形的格拉布斯统计量 G_n' 的计算方法为：

$$G_n' = \frac{\overline{x} - x_1}{s} \tag{2-3}$$

经检验，填埋场 P 作业面样品中 30 种恶臭物质的浓度存在上侧离群值，应予以剔除；作业面样品中并无下侧离群值。填埋场 P 土覆盖面样品中 66 种物质浓度存在上侧离群值，同样无下侧离群值。综合来看，填埋场恶臭物质排放在某些情况下存在浓度突增的现象，可能会影响对填埋场一般情况的评价。在采样以及化验过程均符合相关规程的前提下，离群值本身反映的确实是填埋场特定条件下产生的物质浓度。只不过其产生更多由填埋垃圾不均匀导致，并不能反映一定时间和空间范围内的一般情况，因此将它排除在讨论范围之外。

2.2.4.2　恶臭物质浓度

图2-16列出了填埋场P和填埋场A表面所释放的按照官能团分类的物质浓度。填埋场P覆盖面恶臭浓度略高于作业面。覆盖面浓度最高的组分是占62.4%的脂肪烃类，相比之下作业面脂肪烃类只占33.5%。作业面浓度最高的组分是含氧有机物，其组分含量与脂肪烃类似，土覆盖面含氧组分仅为10.1%。含硫物质、萜烯类物质浓度均为作业面较高，卤代烃、芳香烃类则在土覆盖面较高。芳香烃在覆盖面与作业面浓度均相差较小。作业面表面垃圾处于好氧降解状态，复杂有机物的微生物降解过程中会形成各种中间体和终产物，包括醇、酮、醛、酯等简单含氧组分。当降解快速且自然条件有利于其挥发时其表面浓度较高；萜烯类物质是重要的植物源挥发性有机物，作业面的餐厨垃圾包括废弃蔬菜、水果，以及落叶等园林废物初期降解使萜烯类物质浓度高于土覆盖面浓度。含硫物质的释放与垃圾内含硫有机物（如甲硫氨酸、半胱氨酸和胱氨酸）和无机物（如建筑垃圾）的降解有关，作业面浓度较高。由以上可知，生物降解源是填埋场作业面的主导恶臭物质，作业面气体的危害与该类物质浓度较高有关。

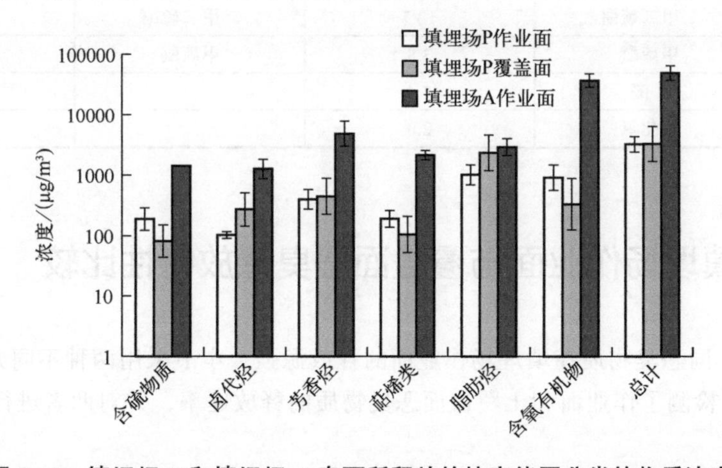

图2-16　填埋场P和填埋场A表面所释放的按官能团分类的物质浓度

许多卤代烃、芳香烃组分具有急、慢性毒性和致癌作用，其主要来源是日用化学品、日常普通物品和非正规渠道进入填埋场的危险废物。由于该类物质在厌氧条件下降解和转化较慢，随着填埋龄的延长其在恶臭气体中的所占比例会逐渐升高。因而非生物降解源是填埋覆盖面的主导恶臭物质。与前述各物质相比，脂肪烃类物质危害相对较小，虽然其浓度较高但一般不被列入重点关注对象。相关文献报道，脂肪烃类物质在恶臭气体中所占比例会随填埋龄的延长而逐渐升高，且其升高比例会高于芳香烃，与本研究的监测值吻合。

由图2-16还可看出，填埋场A作业面恶臭浓度比填埋场P高20倍，这可能与两填埋场垃圾组分、自然环境、填埋龄以及填埋场规模差异有关。填埋场A含氧化合物所占比例高达74.7%，其浓度比填埋场P作业面高40倍，是最主要的恶臭物质。高比例的含氧化合物极有可能与作业面垃圾剧烈的好氧降解有关。与填埋场P作业面烷烃/烯烃所占比例 33.4%相比，填埋场 A 作业面烷烃/烯烃所占比例较低，仅为 5.9%。前文曾提到烷烃/烯烃所占比例可反映垃圾填埋龄，含氧化合物比例下降和烷烃/烯烃比例上升可直观反映较高填埋龄的特征。填埋场 A 含硫化合物、卤代烃、芳香烃、萜烯类物质相对比例与填埋场 P 类似，但浓度大约为填埋场 P 的 10 倍。

2.2.4.3 指标恶臭物质筛选

依据第 1.4.1 小节所提方法，筛选出了填埋场作业面和覆盖面核心指标恶臭物质，如表 2-36 所列。其中，填埋场 A 作业面的指标恶臭物质见第 2.2.3.1 部分相关内容。

表 2-36 填埋场 P 的核心指标恶臭物质

排序	填埋场 P 作业面		填埋场 P 覆盖面	
	名称	阈稀释倍数	名称	阈稀释倍数
1	乙硫醚	16.6	乙硫醚	46.1
2	二甲二硫醚	12.7	二甲二硫醚	6.4
3	甲硫醚	3.8	甲硫醚	1.1
4	丁醛	3.4		
5	硫化氢	2.0		

2.2.5 填埋场作业面与覆盖面恶臭释放特性比较

为计算不同恶臭物质在填埋场作业面的释放源强，本节采用两种不同方法在填埋场 P、填埋场 A 检测了作业面和土覆盖面恶臭物质的释放速率，并对两者进行了比较。

2.2.5.1 基于宏量气体（CH_4）的估算方法

根据文献报道，我国填埋场作业面和覆盖面均存在一定程度的甲烷释放，由于甲烷和恶臭物质的同源性，可选择甲烷作为释放的指标物质。通过测定恶臭物质和甲烷的比例，同时测定甲烷的释放速率即可推算恶臭物质的释放速率。

本研究并不重点监测填埋场气体收集系统中的恶臭物质浓度，而是以作业面和覆盖面恶臭物质和甲烷表面浓度比例为准，结合甲烷释放速率估算恶臭物质释放速率。由于表面浓度已包含了填埋气迁移过程中的物质转化和物质释放的影响，因而计算特定表面恶臭无组织释放速率更为准确，公式如下：

$$Q_{\mathrm{NMOCs}} = \frac{Q_{\mathrm{CH_4}} c_{\mathrm{NMOCs}} V_{\mathrm{M}}}{c_{\mathrm{CH_4}} M_{\mathrm{CH_4}}} \times 10^{-9} \tag{2-4}$$

式中　Q_{NMOCs} ——恶臭物质的释放速率，g/（m^2・d）；

Q_{CH_4} ——甲烷的释放速率，g/（m^2・d）；

c_{NMOCs} ——特定恶臭物质的浓度，μg/m^3；

c_{CH_4} ——甲烷浓度，用甲烷体积分数表征，无量纲；

V_M ——气体摩尔体积，本研究选取标准状况下摩尔体积为 22.4L/mol；

M_{CH_4} ——甲烷摩尔质量，本研究取值 16.04g/mol。

甲烷释放速率的测定采用静态通量箱法，具体方法参照第 2.2.5.4 部分相关内容。由原理可知，测算恶臭物质释放速率需要其表面浓度、表面甲烷浓度和甲烷释放速率。前文已讨论了填埋场 P 作业面和覆盖面恶臭物质浓度结果，需结合甲烷浓度和甲烷释放速率进行后续的讨论。甲烷浓度和甲烷释放速率的测定与恶臭物质表面浓度测定同步进行。甲烷和恶臭物质样品采集于秋季和冬季的填埋场 P，采样条件和样品列于表 2-37。

表 2-37　填埋场表面甲烷和恶臭物质样品采集

采样位置	时间	气温/℃	采样次数	说明
作业面表面	2012 年 10 月 25 日	13.7	1	表面垃圾暴露约 60d
作业面表面	2012 年 11 月 30 日	−1.0	1	表面垃圾暴露约 10d
覆盖面表面	2012 年 10 月 25 日	13.7	2	填埋龄约为 2 年
覆盖面表面	2012 年 11 月 30 日	−1.0	2	填埋龄约为 2 年

2.2.5.2　甲烷释放速率

填埋场 P 甲烷释放速率与表面甲烷浓度结果如表 2-38 所列。

表 2-38　填埋场 P 甲烷释放速率与表面甲烷浓度

时间	地点	填埋龄	气温/℃	初始甲烷浓度（体积分数）/%	甲烷释放速率/[g/(m^2・d)]
2012 年秋季	作业面	2 个月	13.7	5.82	242
2012 年冬季	作业面	10d	−1.0	0.25	125
2012 年秋季	覆盖面	2a	13.7	0.59	177
2012 年冬季	覆盖面	2a	−1.0	0.38	348

由表 2-38 可知，不同时间不同位置的表面初始甲烷浓度相差较大。表面监测使用静态通量箱法，静态通量箱内甲烷浓度与布设前的风速、气压、温度等自然条件关系极大，因此初始浓度数值并无太大实际意义，但可用于计算恶臭物质的释放速率。

2.2.5.3　恶臭物质释放速率

首先按官能团对恶臭物质进行分类。图 2-17 比较了作业面恶臭物质释放速率。由于冬季表层垃圾填埋龄较短，各种恶臭物质释放均较强烈，释放速率较秋季高出23倍。萜烯类物质与餐厨垃圾、园林废物的降解相关，较短的填埋龄有助于该类物质释放。释放速率数据表明表面暴露10d的生活垃圾释放速率比暴露2个月的垃圾高出将近50倍。含氧化合物的释放速率在冬季数据中排在所有物质第4位，但在秋季样品中则排在第1位，数值相差8倍，说明含氧有机物的释放在作业面上可能会一直存在。

作业面释放的卤代烃物质夹杂在垃圾中的常用化学品中，其更多以挥发物的形式直接释放出来。卤代烃物质释放与餐厨垃圾等易降解组分的降解几乎无关，因而随着填埋龄的延长其释放速率下降较多。相关研究表明含硫物质释放与蛋白质、氨基酸的好氧降解有关，该类物质的释放在2～4d内即达到峰值，95%的含硫物质会在暴露初始10d完成释放，与本研究观测到的高强度含硫物质释放吻合较好。由于含硫物质对恶臭的贡献很高，卤代烃物质的毒性相对较大，因而新鲜垃圾的恶臭物释放对人类健康的影响是相对较高的。

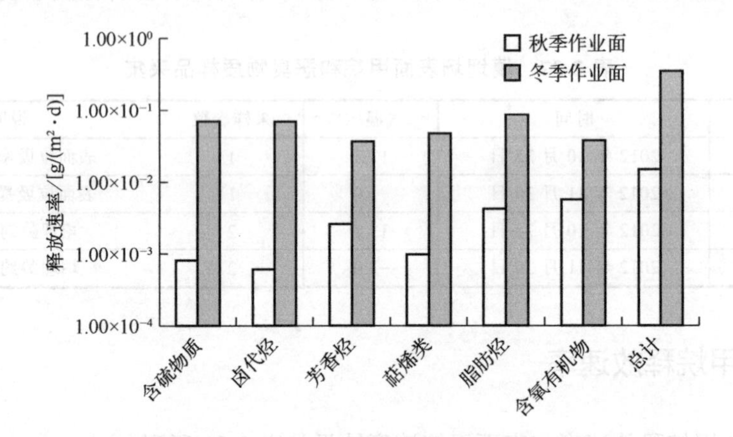

图 2-17　作业面恶臭物质释放速率

与作业面不同，覆盖面并无恶臭物质产生的能力。冬季覆盖面甲烷释放速率高，因而各类恶臭物质释放速率均较高（图2-18）。含氧有机物与覆盖面内微生物氧化或大气氧化有关。由于冬季温度较低，并非覆盖面甲烷氧化的适宜条件，较高的甲烷释放速率与含氧有机物释放速率下降有较好的相关性。

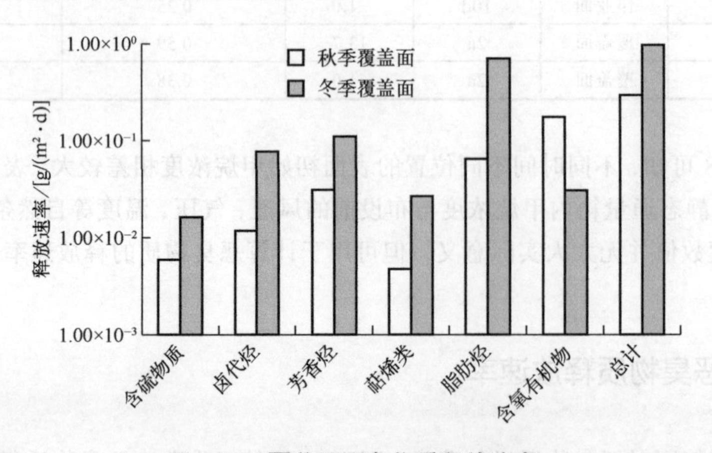

图 2-18　覆盖面恶臭物质释放速率

2.2.5.4　静态通量箱直接测定法

（1）测定原理

通量箱法（包括静态通量箱法和动态通量箱法）常用来测定面源（如土壤、小型植被、水面等）微量气体组分（如 N_2O、CO_2、CH_4 等温室气体和 Hg 等微量可挥发性污染物）的排放通量。静态通量箱法是在待测区域罩一固定采样箱，平衡一段时间后，间隔固定的时间通过静态通量箱进行采样，测定目标物质浓度，根据气体浓度随时间的变化率以及已知的箱体容积和底面积，可计算出被静态通量箱罩住的表面微量气体的排放通量。静态通量箱结构剖面示意见图 2-19。

恶臭污染物质排放通量计算公式如下：

$$Q=\frac{\mathrm{d}c}{\mathrm{d}t}\times\frac{V}{A} \tag{2-5}$$

式中　Q——恶臭污染物质的排放通量，mg/（m^2 • min）；

$\mathrm{d}c/\mathrm{d}t$——箱内污染物浓度的时间变化率，mg/（m^3 • min），对若干时间点的物质浓度值进行直线拟合，直线的斜率即为 $\mathrm{d}c/\mathrm{d}t$；

V——静态通量箱的空间体积，m^3；

A——静态通量箱的覆盖面积，m^2。

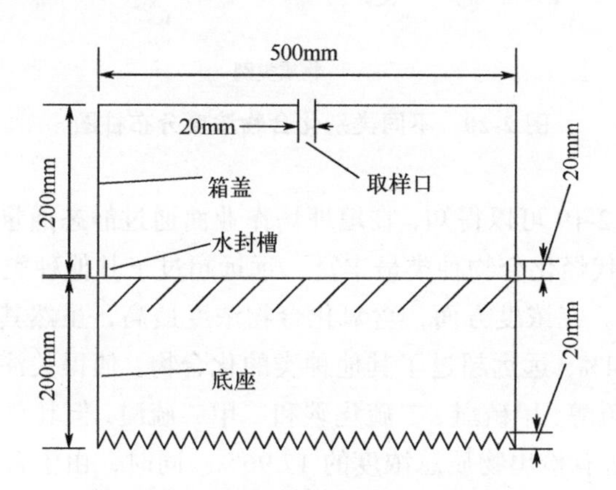

图 2-19　静态通量箱结构剖面示意

可得恶臭组分排放通量（Q）与拟合斜率（$\mathrm{d}c/\mathrm{d}t$）的关系，见式（2-6）：

$$Q=\frac{\mathrm{d}c}{\mathrm{d}t}\times\frac{V}{A}=\frac{\mathrm{d}c}{\mathrm{d}t}\times\frac{0.5\times0.5\times(0.20+0.20)}{0.5\times0.5}=0.40\times\frac{\mathrm{d}c}{\mathrm{d}t} \tag{2-6}$$

气体样品于填埋场 A 现场采集，分别于 2014 年 6 月 5 日、2014 年 7 月 15 日、2014 年 10 月 12 日各进行了 2 次静态通量箱样品采集，共计 6 组 48 个有效样品。静态通量箱安置于填埋场作业面新鲜垃圾暴露面上。样品采集设备与分析测试方法同上。

（2）恶臭物质种类和浓度

在 48 个有效样品中，共检出 96 种化合物，总平均浓度为（23.249 ± 4.470）mg/m^3。其中芳香族化合物 18 种，烃类化合物 35 种，卤代烃化合物 28 种，含氧化合物 8 种，含硫化合物 4 种，萜烯类化合物 3 种。各类化合物的总平均质量浓度分别为，芳香族化合物（0.398 ± 0.060）mg/m^3，烃类化合物（3.023 ± 0.525）mg/m^3，卤代烃化合物（1.985 ± 0.418）mg/m^3，含氧化合物（11.690 ± 3.724）mg/m^3，含硫化合物（4.175 ± 1.609）mg/m^3，烯萜类化合物（0.280 ± 0.036）mg/m^3。具体浓度分布如图 2-20 所示。

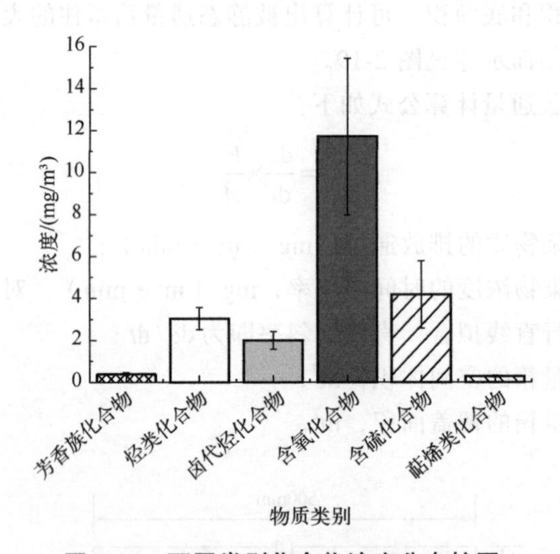

图 2-20　不同类别化合物浓度分布柱图

从以上叙述和图 2-19 可以得知，在填埋场作业面通过静态通量箱法采样，得到的样品中烃类化合物和卤代烃化合物种类最丰富，远远超过了其他种类的化合物，二者共占检出种类的 65%以上。在浓度方面，含氧化合物浓度最高，虽然其种类只占 8.33%，但其浓度却占到了 54.24%，远远超过了其他种类的化合物。值得关注的是，含硫化合物检出了 4 种，分别为甲硫醇、甲硫醚、二硫化碳和二甲二硫醚，但其总平均浓度高达（4.175 ± 1.609）mg/m^3，占所有检出物质总浓度的 17.96%。同时，由于含硫化合物的嗅阈值很低，该类物质的排放往往是造成填埋场恶臭污染的主要原因，因此在填埋场的设计、运行和管理中，应当重点关注和控制该类物质的排放。

（3）恶臭物质排放通量

对各类污染物浓度随时间的变化曲线进行直线拟合，根据式（2-6），可以求得相应物质类别的排放通量 Q，其斜率即为相应类别化合物的排放速率。

1）芳香族化合物

芳香族化合物共检出 18 种，包括苯、甲苯、乙苯、间二甲苯、对二甲苯、苯乙烯、邻二甲苯、对乙基甲苯、1, 3, 5-三甲苯、1, 2, 4-三甲苯、萘、异丙苯、丙苯、间乙基甲苯、邻乙基甲苯、1, 2, 3-三甲苯、间二乙苯、对二乙苯，总浓度为（397.8 ± 59.7）$\mu g/m^3$。

其中，浓度最高的为甲苯 255.0μg/m³，其次为苯 31.3μg/m³。苯与甲苯的浓度比（B：T）通常被用来识别芳香族化合物的排放来源，在本研究中，苯和甲苯二者的浓度比为 0.123，说明甲苯的浓度值远远高于苯的浓度值。同时，有研究者指出，北京市区交通车辆排放污染物的 B：T 值在 0.4～1.0 之间，其污染物中苯的比例远远高于填埋场污染物中苯的比例。此外，本研究中的 B：T 值与其他填埋场的研究具有类似的结果，如杭州天子岭填埋场 B：T 值为 0.02～0.12，土耳其的 Harmandalı 填埋场 B：T 值 5 月为 0.015、9 月为 0.11。以上分析表明填埋场的芳香族污染物排放与城市机动车排放存在明显差异，具有较低的苯的比例，可以根据这一特征判定芳香族污染物的主要来源。计算得到芳香族化合物的排放通量为：

$$Q=\frac{\mathrm{d}c}{\mathrm{d}t}\times\frac{V}{A}=4.479\times0.40=1.792\mu g/（m^2\cdot min） \quad (2\text{-}7)$$

2）烃类化合物

烃类化合物共检出 35 种，包括丙烯、正己烷、环己烷、正庚烷、丙烷、异丁烷、1-丁烯、丁烷、反 2-丁烯、顺 2-丁烯、2-甲基丁烷、1-戊烯、戊烷、顺 2-戊烯、2-甲基-1, 3-丁二烯、2, 3-二甲基丁烷、环戊烷、2-甲基戊烷、3-甲基戊烷、1-己烯、2, 4-二甲基戊烷、甲基环戊烷、2-甲基己烷、2, 3-二甲基戊烷、3-甲基己烷、2, 2, 4-三甲基戊烷、甲基环己烷、2, 3, 4-三甲基戊烷、2-甲基庚烷、3-甲基庚烷、辛烷、壬烷、癸烷、十一烷、十二烷，总浓度为（3023 ± 525）μg/m³。其中，浓度排名前三的化合物分别是丁烷 519.0μg/m³、辛烷 392.2μg/m³ 和二甲基丁烷 377.5μg/m³。计算可以得到烃类化合物的排放通量为：

$$Q=\frac{\mathrm{d}c}{\mathrm{d}t}\times\frac{V}{A}=20.770\times0.40=8.308\mu g/（m^2\cdot min） \quad (2\text{-}8)$$

3）卤代烃化合物

卤代烃化合物共检出 28 种，包括二氯二氟甲烷、氯甲烷、溴甲烷、氯乙烷、三氯一氟甲烷、二氯甲烷、反 1, 2-二氯乙烯、1, 1-二氯乙烷、顺 1, 2-二氯乙烯、氯仿、1, 2-二氯乙烷、四氯化碳、三氯乙烯、1, 2-二氯丙烷、溴二氯甲烷、1, 1, 2-三氯乙烷、二溴氯甲烷、四氯乙烯、1, 2-二溴乙烷、氯苯、三溴甲烷、1, 1, 2, 2-四氯乙烷、1, 3-二氯苯、苄基氯、1, 4-二氯苯、1, 2-二氯苯、1, 2, 4-三氯苯、六氯-1, 3-丁二烯，总浓度为（1985 ± 418）μg/m³。其中，浓度超过 100μg/m³ 的化合物包括 4 种，分别是三氯一氟甲烷 754.6μg/m³、1, 2-二氯丙烷 628.2μg/m³、二氯甲烷 280.7μg/m³ 和氯仿 129.1μg/m³，其余种类卤代烃化合物浓度均低于 100μg/m³。计算可以得到卤代烃化合物的排放通量为：

$$Q=\frac{\mathrm{d}c}{\mathrm{d}t}\times\frac{V}{A}=17.341\times0.40=6.936\mu g/（m^2\cdot min） \quad (2\text{-}9)$$

4）含氧化合物

含氧化合物共检出 8 种，包括乙醇、丙酮、异丙醇、醋酸乙烯酯、2-丁酮、乙酸乙酯、甲基异丁酮、2-己酮，总浓度为（11690 ± 3724）μg/m³。其中，浓度最高的为乙醇 7036μg/m³，其次为 2-丁酮 2933μg/m³，其余种类含氧化合物浓度相对较低，均不超过 1000μg/m³。计算可以得到卤代烃化合物的排放通量为：

$$Q=\frac{dc}{dt}\times\frac{V}{A}=153.71\times0.40=61.484\mu g/（m^2 \cdot min） \qquad (2\text{-}10)$$

5）含硫化合物

含硫化合物共检出 4 种，包括甲硫醇、甲硫醚、二硫化碳、二甲二硫醚。按其浓度从高到低依次为二甲二硫醚 1555.3μg/m³、二硫化碳 261.6μg/m³、甲硫醇 19.4μg/m³、甲硫醚 11.1μg/m³。计算可以得到卤代烃化合物的排放通量为：

$$Q=\frac{dc}{dt}\times\frac{V}{A}=66.07\times0.40=26.428\mu g/（m^2 \cdot min） \qquad (2\text{-}11)$$

6）烯萜类化合物

烯萜类化合物共检出 3 种，包括 α-蒎烯、β-蒎烯和柠檬烯，其浓度分别为 95.9μg/m³、121.4μg/m³、62.5μg/m³，总浓度为（279.8±35.7）μg/m³，计算可以得到烯萜类化合物的排放通量为：

$$Q=\frac{dc}{dt}\times\frac{V}{A}=1.450\times0.40=0.580\mu g/（m^2 \cdot min） \qquad (2\text{-}12)$$

综合上述讨论，填埋场 A 作业面恶臭物质排放通量结果总结如下：芳香烃化合物 1.792μg/(m²·min)，烃类化合物 8.308μg/(m²·min)，卤代烃化合物 6.936μg/(m²·min)，含氧化合物 61.484μg/（m²·min），含硫化合物 26.428μg/（m²·min），萜烯类化合物 0.580μg/（m²·min），总排放通量为 105.528μg/（m²·min）。含氧化合物和含硫化合物的排放速率远远高于其他类化合物的排放速率，应当作为填埋场重点关注和控制的污染物，尤其是含硫化合物，因为其具有更低的嗅阈值。

对比基于宏量气体估算和静态通量箱测量所得的两个填埋场作业面恶臭物质释放速率，可以发现两者数量级相同，总恶臭物质释放速率也近似相同[分别为填埋场 A 作业面总释放速率为 1.76μg/（m²·s），填埋场 P 为 1.99μg/（m²·s）]，但各类恶臭物质的释放速率相差较大[如填埋场 A 作业面含氧化合物释放速率为 1.02μg/（m²·s），填埋场 P 为 0.25μg/（m²·s）]。这可能是由于不同填埋场所接收的垃圾组分不尽相同，作业面垃圾的降解程度也有所差别，因而释放的恶臭物质组分也相差较大。因此，在对填埋场进行恶臭污染控制时应当首先检测其主要恶臭物质及其释放速率，进而采取针对性的措施。

2.2.6 基于风道法的作业面恶臭释放速率研究

由于静态通量箱内部是隔离环境，加之随着时间累积，静态通量箱内压力会逐渐增大，基于该种方法测得的面源释放速率往往小于真实值。而事实上，除却作业面垃圾组分、垃圾分布及降解程度变化，外界气象条件（如风、温度、气压、湿度等）也会显著影响填埋场作业面的恶臭物质释放。为研究填埋场作业面在不同风速下恶臭物质释放速率的变化，本小节采用风道系统来模拟自然界的不同风速，并采集不同吹扫风速下的气体样品，检测其恶臭物质浓度并计算恶臭物质释放速率，具体如下。

2.2.6.1 风道采样器及采样方法

（1）风道采样系统设计

为测量填埋场作业面在不同风速下的恶臭物质释放速率，研究组还采用了风道法来收集填埋场作业面释放的恶臭气体。风道装置实物如图 2-21 所示。风道装置采用不锈钢材料制作，由进气管、渐扩室、风道主体、渐缩部分、出气管组成。使用纯氮气作为吹扫气源，以模拟作业面不同的吹扫风速。氮气通过进气管输送到风道内，为保证氮气均匀进入风道，进气管后设有缓冲区。进气管直径 35mm，其上设有量程为 6～120m^3/h 的涡街流量计。渐扩部分长 200mm，风道主体部分为下开口长方体，长 500mm、宽 200mm、高 100mm，下开口面积为 0.1m^2。为使风道内气流稳定，在风道主体内距渐扩室 1/4 处设有多孔板。在风道主体部分下开口处设有 50mm 长锯齿形加深钢板，以便风道装置插入垃圾堆体。此外，下开口边缘还设有 30mm 长的外翻翼板，以保证风道下开口面与垃圾表面总体平齐。渐缩部分长 100mm，渐缩部分后设有出气管，在出气管末端进行气体样品采集。

图 2-21　风道装置实物图

（2）采样地点

在北京、西安、佛山等地选取大型垃圾填埋场进行了填埋场作业面恶臭释放速率规律的研究。其中，在北京的填埋场 A 开展了为期一年的长期监测，以考察作业面恶臭释放速率在一天 24h 内及在不同季节的变化情况。

（3）恶臭气体采样及分析

采用 SOC-01 型采样装置在采样点进行“肺法”取样。为防止本底值影响，每次采样前使用样品气体清洗采样袋两次。采样完成后在 24h 内对样品完成分析。

依据 EPA TO-15 标准，使用美国 INFICON 公司的野外便携气相色谱-质谱仪 HAPSITE® ER 对采集的环境气体样品进行组分分析。

将风道装置安装在新鲜垃圾作业面的表面，用氮气作为吹扫载气，进行恶臭释放速率的试验研究。试验主要分为吹扫风速与恶臭释放速率关系的研究以及恶臭释放速率随时间变化关系的研究两部分。

1）吹扫风速与恶臭释放速率关系的研究

吹扫风速是影响恶臭物质释放速率的关键因素。考虑到实际情况，开展了0.10～1.0m/s吹扫风速条件下吹扫风速与恶臭释放速率之间关系的研究。每个吹扫风速取2个平行样，取2次测试的平均值作为该吹扫条件下的测试值。

2）恶臭释放速率随时间变化关系的研究

在北京填埋场A共进行7次的连续24h作业面恶臭释放速率监测。在西安、佛山的垃圾填埋场分别进行了1次连续24h恶臭释放速率的监测。每次连续24h监测设置19个采样时间点，日间（8:00～18:00）每小时进行一次恶臭释放速率的监测采样，夜间（19:00～次日7:00）每两小时进行一次恶臭释放速率的监测采样。选择的7个代表日包含了一年中的四个季节。采样点位于暴露的新鲜垃圾作业面内，且同一天的采样位置固定。采样前使用氮气排出风道内的空气，待吹扫风速稳定后，在风道末端使用肺法采样器进行采样。整个采样过程需要控制在5min之内。

（4）恶臭释放速率计算方法

面源释放速率可表示为样品浓度与风道内吹扫流量的乘积：

$$\mathrm{OER}=\frac{Q_{\mathrm{N_2}}c_{\mathrm{od}}}{A_{\mathrm{base}}\times 3600} \tag{2-13}$$

式中 OER——单位面积恶臭释放速率，μg/（m^2·s）；

$Q_{\mathrm{N_2}}$——风道内的氮气吹扫流量，m^3/h；

c_{od}——测得的物质浓度，μg/m^3；

A_{base}——风道主体下开口的面积，m^2，取值0.1m^2。

（5）数据统计分析

考虑到恶臭释放的随机性，根据所有监测结果，使用概率密度及分布函数来刻画典型恶臭物质的释放规律。通过MATLAB、R等软件分析，计算典型恶臭物质的频率分布直方图，通过对频率分布直方图的拟合来确定不同恶臭物质的概率密度函数类型，进而将其分布概率95%的恶臭释放速率定义为该恶臭物质的典型恶臭释放速率，该速率将作为后续扩散模型计算的重要输入源强数据。

2.2.6.2 最佳吹扫风速研究

使用风道法测定不同吹扫风速条件下恶臭释放速率变化情况。不同吹扫风速下定量检出35～42种VOCs，可分为：萜烯（柠檬烯、α-蒎烯、β-蒎烯）、烃类化合物（烷烃、烯烃等）、含硫化合物（二硫化碳、二甲基二硫）、苯系物（苯、萘、对二甲苯、三甲苯等）、卤代烃（三氯甲烷、四氯化碳等）及含氧化合物（乙酸乙酯、己酮等）6大类。

恶臭物质从填埋场作业面释放到空气中主要受以下因素影响：

① 底层垃圾的厌氧发酵；

② 表层垃圾的生物降解，大部分的恶臭物质都是有机物在好氧条件下由微生物降解过程产生的；

③ 垃圾中易挥发物质的直接散发。

而风的吹扫作用会加速恶臭物质的释放，不同吹扫风速下的恶臭物质组成如图 2-22 所示。当吹扫风速＜0.5m/s 时，不同种类的恶臭物质占总物质的比例相近。而当吹扫风速≥0.5m/s 时，监测到的恶臭物质种类组成差异较大。

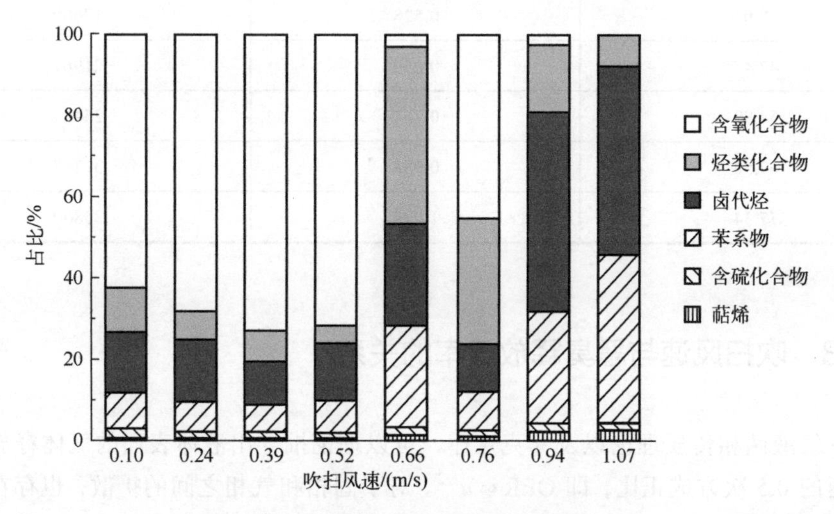

图 2-22 不同吹扫风速下的恶臭物质组成

考虑到风道装置内吹扫氮气流态的稳定性、测量结果之间的平行性等，在使用风道法测量恶臭释放速率时应将吹扫风速控制在 0.5m/s 以下。通常使用雷诺数（*Re*）来判别风道装置内氮气的流态。雷诺数计算公式如下：

$$Re = L\frac{u}{\nu} \quad (2\text{-}14)$$

式中 *Re*——雷诺数（$Re \leqslant 10^5$ 为层流，$Re > 10^5$ 为紊流）；

L——吹扫路径的长度，在本风道装置中 $L = 0.5\text{m}$；

u——平均吹扫风速，m/s；

ν——气体的动力黏滞系数，标准状况下氮气的动力黏滞系数为 $1.5 \times 10^{-5}\text{m}^2/\text{s}$。

吹扫风速与雷诺数之间的关系如表 2-39 所列，当吹扫风速 $u = 0.278\text{m/s}$ 时，$Re = 9267$，因此，在此风道装置中最佳的吹扫风速应控制在 $u \leqslant 0.28\text{m/s}$。

表 2-39 吹扫风速与雷诺数之间关系

吹扫流量/(m^3/h)	吹扫风速/(m/s)	雷诺数 *Re*
7.315	0.102	3400

续表

吹扫流量/(m^3/h)	吹扫风速/(m/s)	雷诺数 *Re*
17.02	0.236	7867
19.00	0.264	8800
20.01	0.278	9267
27.72	0.385	12833
37.47	0.520	17333
38.03	0.528	17600
47.47	0.659	21967
54.99	0.764	25467
67.50	0.938	31267
77.34	1.074	35800

2.2.6.3 吹扫风速与恶臭释放速率的关系

根据气液两相传质理论以及菲克定律，可以理论推导出液体表面的气体释放速率与吹扫风速的 0.5 次方成正比，即 OER $\propto u^{1/2}$。对于固相和气相之间的扩散，也存在类似关系，即 OER $\propto u^n$。根据吹扫风速的试验结果，6 大类物质释放速率随吹扫风速变化情况如图 2-23 所示。可以看出，吹扫风速在 0.1～0.5m/s 的范围内，除硫化物外，其他 5 类恶臭物质的释放速率随着风速的增加呈线性增长趋势，且线性拟合结果较好。总挥发性恶臭物质的释放速率也随风速增加呈线性增长趋势。硫化物释放速率很小，其释放速率与吹扫风速之间无明显关系。环境风速对于垃圾填埋场恶臭释放速率有很大的影响，风速越大时填埋场释放恶臭物质的速率越大。

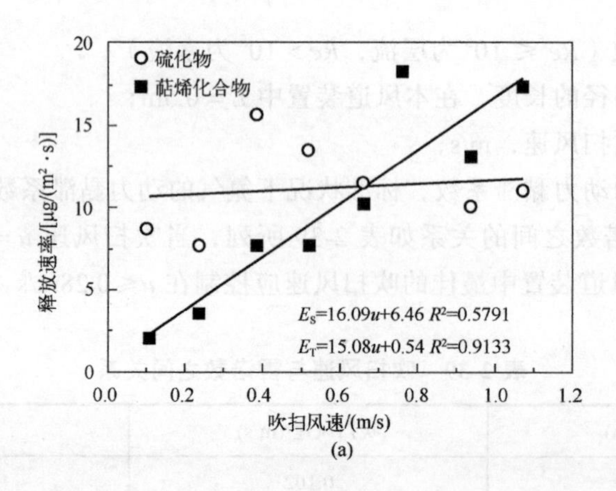

(a)

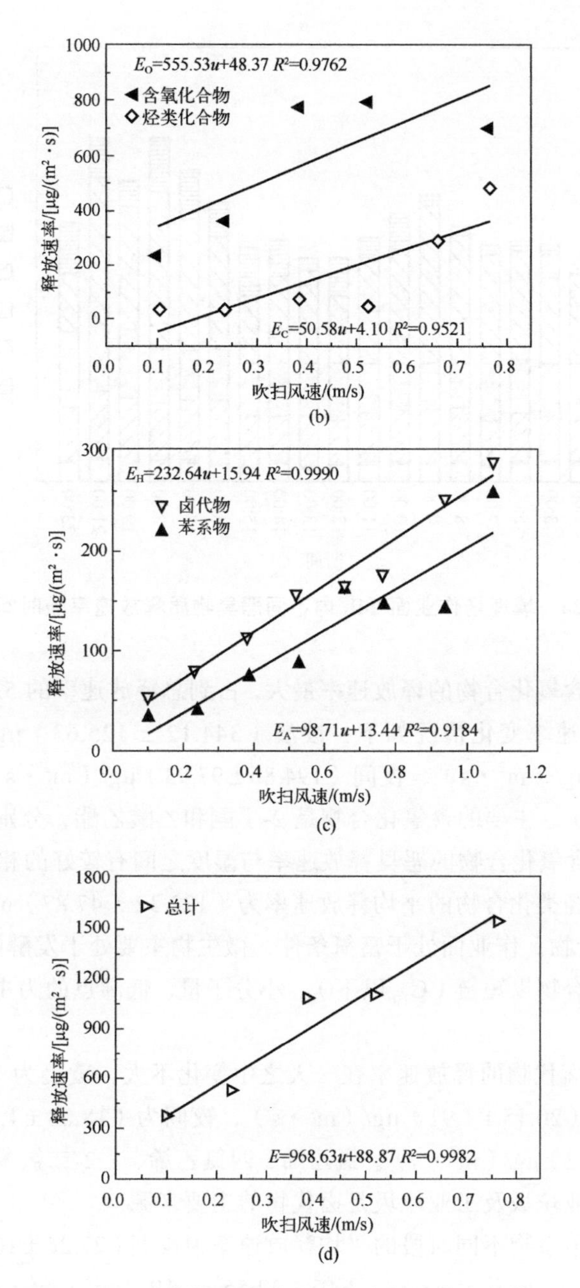

图 2-23 6 大类物质释放速率随吹扫风速变化情况

2.2.6.4 连续 24h 恶臭释放速率变化情况

将一天 24h 划分为早晨（7:00～13:00）、下午（13:00～19:00）、夜间（19:00～次日 1:00）和凌晨（次日 1:00～7:00）4 个时段。通过连续 24h 监测，共检测到 84 种挥发性物质，其中定量分析了 31 种（图 2-24）。

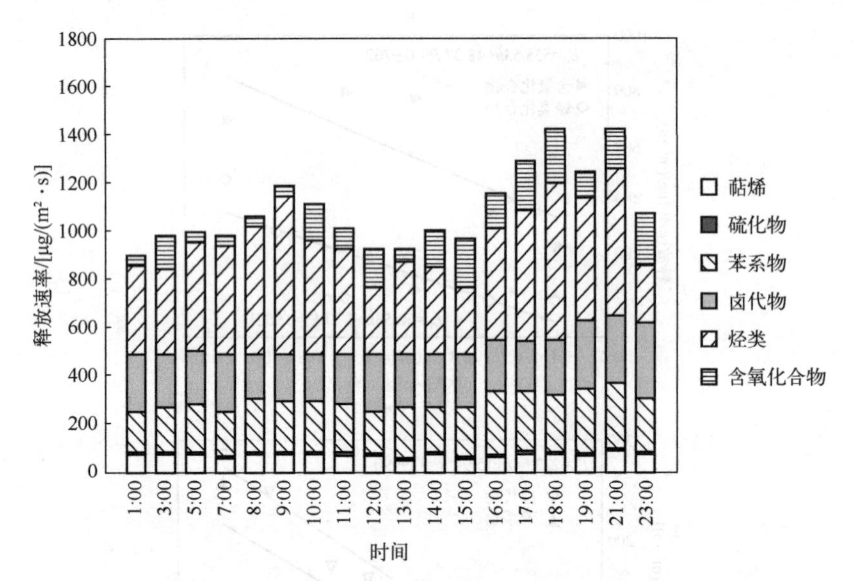

图 2-24 填埋场作业面 24h 内不同恶臭物质释放速率随时间变化

填埋场作业面含氧化合物的释放速率最大，占到总释放速率的 52.27% ± 14.43%，不同时段的平均释放速率变化情况如下：凌晨（344.12 ± 125.63）μg/（m^2·s）、早晨（258.98 ± 114.04）μg/（m^2·s）、夜间（194.86 ± 97.93）μg/（m^2·s）、下午（138.33 ± 36.30）μg/（m^2·s）。主要的含氧化合物是 2-丁酮和乙酸乙酯，分别占总含氧化合物的 70%和 15%。而且含氧化合物的恶臭释放速率与湿度之间有较好的相关性（P=0.088）。

填埋场作业面烃类化合物的平均释放速率为（122.32 ± 47.87）μg/（m^2·s）。共检测到 17 种烃类化合物。作业面处于富氧条件，微生物主要处于发酵的第一及第二阶段，因此产生的烃类化合物以短链（C_{10} 以下）、小分子量、低沸点的为主。此过程中未检测到甲烷。

填埋场作业面卤代物的释放速率在一天之中变化不大，凌晨为（25.11 ± 1.84）μg/（m^2·s），早晨为（20.15 ± 1.91）μg/（m^2·s），夜间为（18.88 ± 1.83）μg/（m^2·s），下午为（17.07 ± 3.22）μg/（m^2·s）。氯乙烯、四氯乙烯、1, 2-二氯苯是卤代物的主要组分。家庭垃圾、商业垃圾及工业垃圾是卤代物的主要来源。

填埋场作业面苯系物不同时段的平均释放速率为夜间（27.26 ± 10.23）μg/（m^2·s）、早晨（24.84 ± 10.76）μg/（m^2·s）、下午（22.55 ± 7.19）μg/（m^2·s）、凌晨（22.39 ± 3.46）μg/（m^2·s）。1, 3, 5-三甲苯、甲苯、间二甲苯及对二甲苯是主要的苯系物组分。苯系物主要来自垃圾中的易挥发性有机物，如涂料、有机溶剂、燃料等。

填埋场作业面硫化物的释放速率相对较低，仅占总恶臭释放速率的 1%左右。二甲二硫、二硫化碳、甲硫醇是主要的硫化物组分。硫化物的释放速率与环境湿度之间具有较好的相关性（P=0.054）。有机硫化物（尤其是二甲二硫）主要在食物好氧降解和发酵的过程中产生。硫化物的含量虽然较少，释放速率不高，但其嗅阈值很低，是重要的恶臭组分。

填埋场作业面萜烯化合物主要包括柠檬烯、α-蒎烯及 β-蒎烯，其中柠檬烯的含量超

过 90%。柠檬烯虽然本身不是恶臭物质，但与其他污染物混合在一起，通过物质间的协同、混合等作用，会增加其在嗅觉上的烦扰程度，因此也是恶臭污染的重要组分。此外，柠檬烯也常被作为新鲜垃圾的标志物。萜烯化合物的释放速率变化情况如下：早晨（9.83±5.82）μg/（m^2•s）、下午（5.08±3.44）μg/（m^2•s）、夜间（10.42±5.55）μg/（m^2•s）、凌晨（11.74±2.29）μg/（m^2•s）。

2.2.6.5 不同季节恶臭释放速率的变化特征

不同季节 6 类物质的恶臭释放速率变化情况如图 2-25 所示。在所有检测到的物质中，烷烃和氯代烃是填埋场恶臭释放的主要贡献物质。不同季节所检测到物质的释放速率变化情况为：春季 631.93μg/（m^2•s）、夏季 1298.78μg/（m^2•s）、秋季 989.60μg/（m^2•s）、冬季 737.18μg/（m^2•s）。

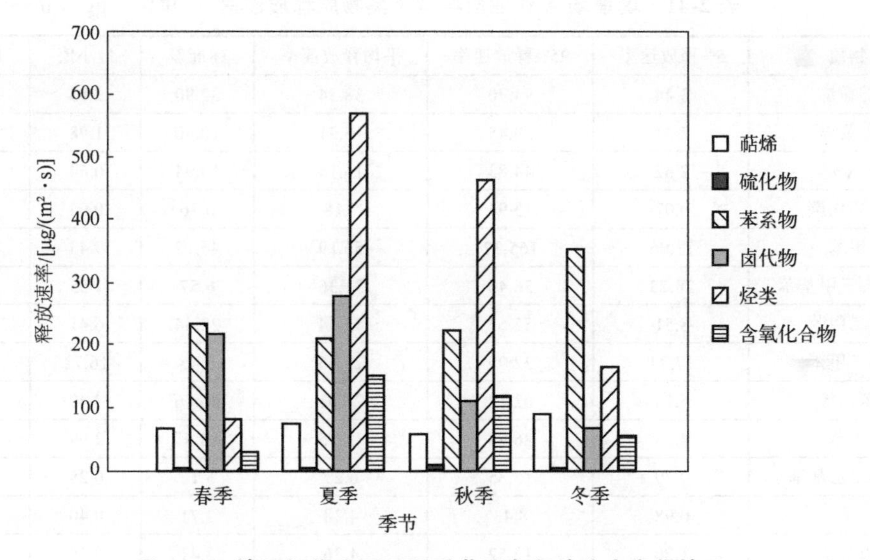

图 2-25 填埋场作业面不同季节恶臭释放速率变化情况

2.2.6.6 恶臭释放速率规律

将填埋场 A 全年的恶臭释放速率整合分析，检测到 *α*-蒎烯、苯、1, 2-二氯苯、癸烷、二硫化碳、乙酸乙酯等 32 种污染物（见表 2-40 中所列物质）的频率>85%，因此将此 32 种恶臭污染物质作为填埋场作业面恶臭污染的常见恶臭物质。分别绘制每种常见恶臭物质恶臭释放速率频率分布直方图，对频率分布直方图进行拟合，所得拟合结果汇总在表 2-40 中。常见恶臭物质的恶臭释放速率主要符合高斯（Gaussian）分布、对数正态（Lognormal）分布和逻辑（Logistics）分布三类。

表 2-40 常见恶臭物质释放速率分布规律表

分布规律	物质
高斯分布	α-蒎烯、β-蒎烯、2-乙基甲苯（邻甲乙苯）、3-乙基甲苯（间甲乙苯）、间/对二甲苯、十一烷、邻二甲苯、萘、乙苯、1, 2-二氯丙烷
对数正态分布	柠檬烯、二硫化碳、1, 3-二氯苯、苯乙烯、甲苯、癸烷、正己烷、异庚烷、2-丁酮
逻辑分布	1, 2-二氯苯、1, 2, 4-三甲基苯、1, 2-二乙苯、1, 4-二氯苯、1, 3-二乙基苯、苯、丙基苯、1, 4-二氯苯、苄基氯、三氯甲烷、十二烷、反 2-丁烯、乙酸乙酯

2.2.6.7 典型恶臭物质释放源

根据不同恶臭物质释放速率的分布规律，推求95%累积分布（累积概率密度）的恶臭释放速率，作为该物质恶臭污染的特征源强。典型恶臭物质的释放速率如表 2-41 所列。

表 2-41 填埋场 A 作业面典型恶臭物质释放速率 单位：μg/（m^2·s）

物质	5%释放速率	95%释放速率	平均释放速率	标准差	最小值	最大值
柠檬烯	3.44	94.70	38.54	32.90	2.83	138.54
α-蒎烯	2.38	29.45	15.31	10.60	1.98	58.56
β-蒎烯	2.62	44.83	16.16	13.94	0.64	52.10
二硫化碳	0.07	15.96	7.18	6.76	0.04	38.96
甲苯	13.06	165.32	56.19	46.15	9.43	192.44
1, 3, 5-三甲基苯	28.23	36.46	31.36	6.57	1.55	36.78
对二甲苯	8.51	55.67	33.44	22.44	6.41	110.92
邻二甲苯	17.24	22.99	21.66	5.45	16.72	49.21
苯乙烯	5.75	62.14	27.01	26.86	4.40	119.17
乙苯	4.13	26.98	16.55	13.51	2.99	68.17
1, 3-二乙基苯	0.79	17.35	6.29	5.17	0.25	19.41
萘	0.98	8.43	4.38	2.71	0.40	12.56
丙基苯	1.20	12.52	4.36	3.41	0.58	13.74
1, 2-二乙苯	0.47	11.34	6.16	16.59	0.44	134.22
间/对二甲苯	0.44	6.96	4.84	11.05	0.05	106.17
苯	0.87	5.65	3.41	4.82	0.52	30.71
邻甲乙苯	0.40	3.57	2.11	1.26	0.30	6.52
1, 2, 4-三甲基苯	0.29	1.55	0.79	0.40	0.23	1.88
1, 2-二氯苯	28.60	155.04	78.63	44.60	27.07	233.58
1, 3-二氯苯	9.34	164.60	70.44	50.08	7.91	205.02
1, 4-二氯苯	11.23	54.37	27.92	15.20	10.70	81.12
三氯甲烷	2.00	52.44	29.74	40.58	1.53	220.41
1, 2-二氯丙烷	1.09	10.04	7.62	9.97	0.79	69.79
1, 4-二氯苯	0.27	6.77	2.77	2.99	0.14	14.69
苄基氯	0.30	4.39	1.82	1.30	0.11	5.86

续表

物质	5%释放速率	95%释放速率	平均释放速率	标准差	最小值	最大值
癸烷	12.61	1134.39	324.95	353.60	4.22	1346.27
反 2-丁烯	2.75	155.62	75.84	91.74	1.67	489.07
正己烷	4.00	83.05	29.96	51.13	3.40	365.75
异庚烷	1.77	53.95	22.19	22.30	0.56	97.58
十二烷	1.18	14.43	5.99	4.32	0.68	16.27
十一烷	0.21	4.91	4.42	6.34	0.13	32.51
丙酮	2.80	113.18	99.96	135.77	0.58	636.75
2-丁酮	6.81	72.86	28.52	24.01	5.17	107.23
乙酸乙酯	0.25	14.26	4.78	5.52	0.12	21.87

2.2.7 填埋场恶臭物质释放与填埋龄的关系

2.2.7.1 实验材料与方法

(1)填埋场采样及垃圾特性

实验用垃圾原料为取自广东省佛山市某生活垃圾填埋场(简称填埋场 B)的生活垃圾，该填埋场于 2005 年 10 月投入运行。本部分通过分析不同填埋龄生活垃圾厌氧发酵恶臭物质组成与浓度变化，以解析不同降解阶段垃圾的恶臭源。固体样品采集于 2014 年 12 月进行，通过在垃圾填埋堆体表面垂直向下打井，获得不同深度的填埋垃圾，以代表不同填埋龄的垃圾，具体垃圾样品信息如表 2-42 所列。

表 2-42 垃圾样品信息

样品编号	填埋年份	填埋深度/m	填埋龄/a
1	2007	16	7
2	2007	16	7
3	2007	16	7
4	2008	8	6
5	2008	8	6
6	2009	2	5
7	2009	2	5
8	2011	18	3
9	2011	18	3
10	2012	8	2
11	2012	8	2
12	2013	2	1

续表

样品编号	填埋年份	填埋深度/m	填埋龄/a
13	2013	2	1
14	—	—	空白对照①
15	—	—	空白对照①

① 空白对照组只添加培养后的接种污泥和去离子水，不添加固体垃圾样品；原接种污泥取自清华大学昌平污泥厌氧消化中试基地。

为提高实验系统中的微生物活性，加快实验启动速率和物料降解速率，向每组实验系统中添加了一定比例的经过培养和分离后的厌氧消化活性污泥。垃圾样品和接种污泥的TS和VS含量如表2-43所列。

表2-43　垃圾样品和接种污泥的TS和VS含量

样品名称	TS/%	VS（干基）/%	VS（湿基）/%	填埋龄/a
2W-02m	61.70	45.88	28.30	1
2W-08m	52.31	46.56	27.13	2
1W-18m	32.77	49.55	16.24	3
3W-02m	56.28	29.48	16.73	5
3W-08m	44.39	37.58	31.53	6
3W-16m	44.69	16.68	14.11	7
接种污泥	0.99	45.80	0.45	—

注：TS—总固形物；VS—挥发性固体。

根据反应系统的设计原则，经过测算，每组实验设定的物料配比如下：垃圾样品50g，活性污泥100g，去离子水300g。

（2）接种污泥微生物分离与培养

为减小活性污泥中含有的化学物质对污泥接种填埋场固体废物反应系统恶臭物质产生的影响，从活性污泥中分离和培养微生物。微生物富集培养后，将菌种接种至填埋场固体废物产甲烷反应系统。

（3）厌氧菌富集培养

用水样取样器取厌氧反应器活性污泥100mL于装有900mL培养基的试剂瓶中，静置2h，使活性污泥中的大部分微生物转移至液相中。

用水样取样器从上述静置后的混合物液相中取100mL于装有900mL培养基的棕色厌氧瓶中，利用厌氧操作系统充入高纯氮气，排出空气，35～37.5℃恒温培养48～72h。培养后观察微生物的生长情况，测定VS含量，为填埋场固体废物产甲烷发酵系统接种做好准备。

（4）垃圾厌氧产气实验

厌氧发酵实验在全自动甲烷潜力测试系统（automatic methane potential test system，

AMPTS Ⅱ，Version 1.7，January 2014，Bioprocess Control Sweden AB）中进行，如图 2-26 所示。

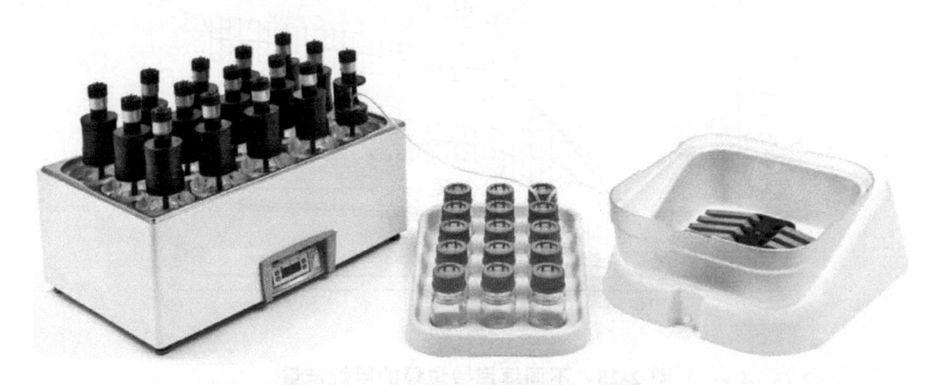

图 2-26　AMPTS Ⅱ实验系统图片

AMPTS Ⅱ实验系统可自动记录各实验组产甲烷速率以及产气量。实验持续时间为 60d，各实验组每天用注射器采集 1mL 气体样品，并用高纯氮气稀释至 500mL，使用 HAPSITE ER 便携式气相色谱-质谱联用仪（INFICON，USA）对各样品进行恶臭物质组分和浓度分析。仪器整体配置照片见图 2-27。

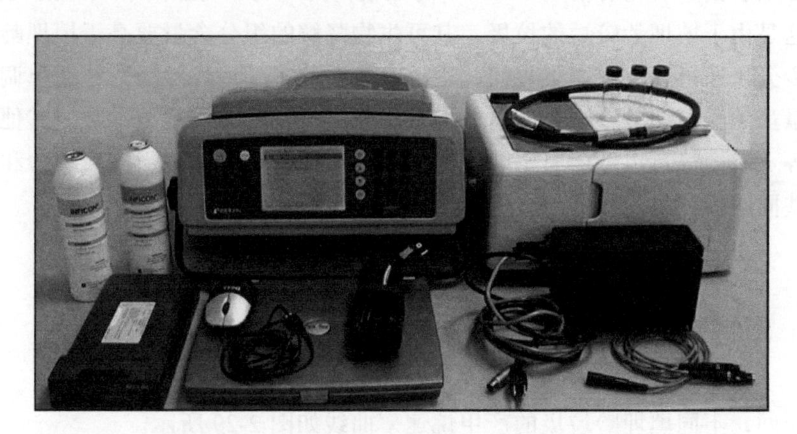

图 2-27　HAPSITE ER 便携式气相色谱-质谱联用仪整体配置照片

2.2.7.2　填埋龄对生活垃圾甲烷产量的影响

实验期间，不同填埋龄垃圾的甲烷产量如图 2-28 所示。不同填埋龄垃圾的产甲烷曲线基本符合产气规律，即发酵初期，由于微生物需要一个适应周期（5d 左右），甲烷产生量较小；随后，进入稳定产甲烷阶段，甲烷产生量快速增长；实验进行至 30d 左右，甲烷产生量逐渐减小，个别实验组（填埋龄为 5a，可能由于实验系统异常，数据较少，后续分析与其他组不具可比性）较早停止产甲烷，其余实验组甲烷产生量则缓慢增长。

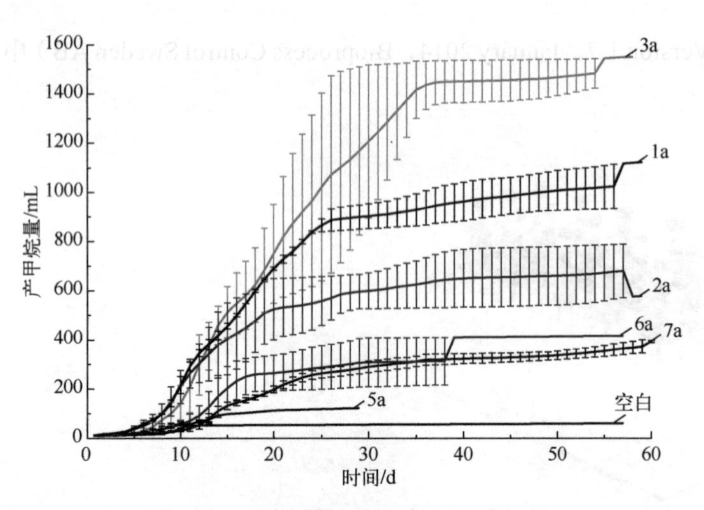

图 2-28　不同填埋龄垃圾的甲烷产量

从图 2-28 可以看出，不同填埋龄的垃圾其甲烷产生量具有显著性差异，产气量最大的为填埋龄 3a 的垃圾，其单位质量垃圾甲烷产生量为 29.81mL/ g VS，产气量最小的为填埋龄 7a 的垃圾，其单位质量垃圾甲烷产生量为 6.16mL/ g VS，前者是后者的 4.8 倍以上（均已扣除空白对照产气量），这说明垃圾填埋龄对垃圾产气量确实存在影响。同时，从图中还可以看出，填埋龄较短（≤3a）的垃圾，其产气量明显高于填埋龄较长（≥5a）的垃圾。这是由于填埋龄较短的垃圾，其可生物降解的组分含量要高于填埋龄较长的垃圾。进一步分析还可以发现以下规律，甲烷产生量并不随填埋龄的减小而单调增加，这说明产气量虽然受填埋龄影响，但这并不是影响产气量的唯一重要参数。其他参数（如填埋深度等）对产气量也可能有影响，即填埋场垃圾的降解程度受到填埋龄和填埋深度等参数的共同影响。

2.2.7.3　填埋龄对生活垃圾产气速率的影响

实验期间，不同填埋龄垃圾的产甲烷速率曲线如图 2-29 所示。

图 2-29 给出了不同填埋龄垃圾的产甲烷速率情况。从图中可以看出，不同填埋龄的垃圾其产甲烷速率具有显著性差异；同一填埋龄样品在不同时间阶段，其产甲烷速率也存在较大差异。这是因为，产甲烷菌对环境条件的变化非常敏感，通常要求 pH 值在 6.8～7.4 之间，氧化还原电位在−330mV 以下，而温度介于 35～38˚C 或 50～65˚C 之间。随着实验的进行，厌氧发酵将处于不同的阶段，其代谢产物会明显地影响发酵体系的 pH 值和氧化还原电位，从而影响产甲烷速率。本实验中，产甲烷速率最高值达 112.3mL/d，总体看来，填埋龄为 3a 的垃圾产甲烷速率最大，其次为填埋龄 1a 和 2a。同时还可以看出，由于产甲烷菌的高敏感性，各平行实验组的产甲烷速率在同一时间段并不十分一致，存在较大的标准差。

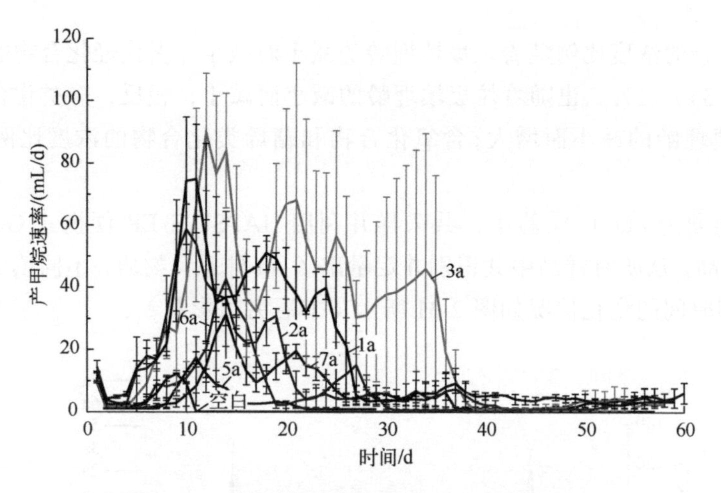

图 2-29　不同填埋龄垃圾的产甲烷速率曲线

2.2.7.4　不同填埋龄垃圾的恶臭物质产生特性

与前述研究结果相似，本试验所检测出的 40 种恶臭化合物同样可以归为 6 大类，包括芳香族化合物 16 种、烃类化合物 11 种、卤代烃化合物 7 种、含氧化合物 1 种、萜烯类化合物 3 种、含硫化合物 2 种。各类化合物的浓度分布如图 2-30 所示(书后另见彩图)。

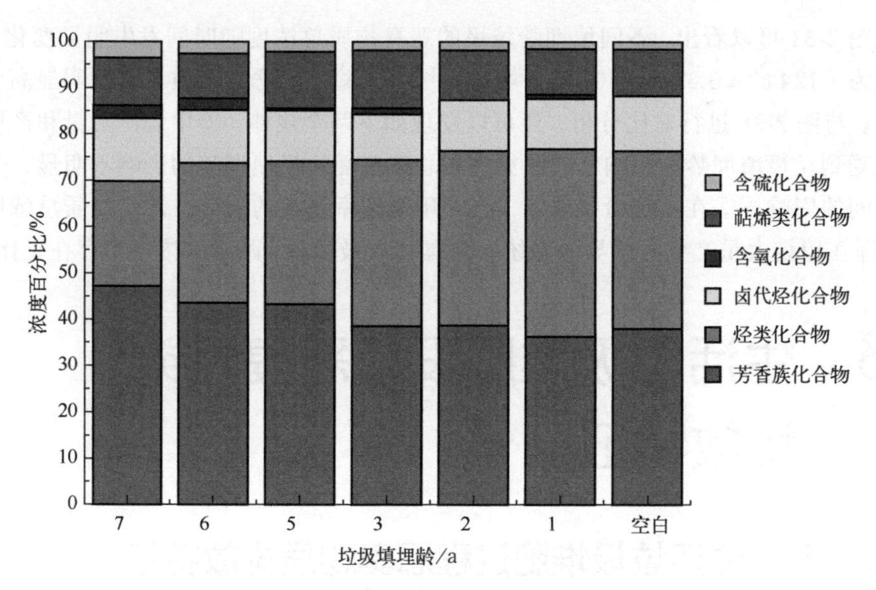

图 2-30　不同填埋龄垃圾恶臭物质浓度分布

从图 2-29 可以看出，芳香族化合物和烃类化合物在恶臭物质组分中占主导地位，二者浓度百分比合计占总浓度的 70%以上，其次为卤代烃化合物和萜烯类化合物，而含氧化合物和含硫化合物所占的比例很小。同时，从图中还可以发现如下规律，芳香族化合物和含硫化合物的浓度比例随着垃圾填埋龄的减小而减小；卤代烃化合物的浓度比例除个别填埋龄（3a）之外，也随着垃圾填埋龄的减小而减小；相反，烃类化合物的浓度比例随着垃圾填埋龄的减小而增大；含氧化合物和萜烯类化合物的浓度比例变化规律不明显。

在实验周期为60d的实验中，共采样并利用HAPSITE ER便携式GC-MS测试了480个有效样品。从所有样品中共识别并定量出了40种恶臭物质，不同填埋龄垃圾恶臭物质总浓度随时间的变化情况如图2-31所示（书后另见彩图）。

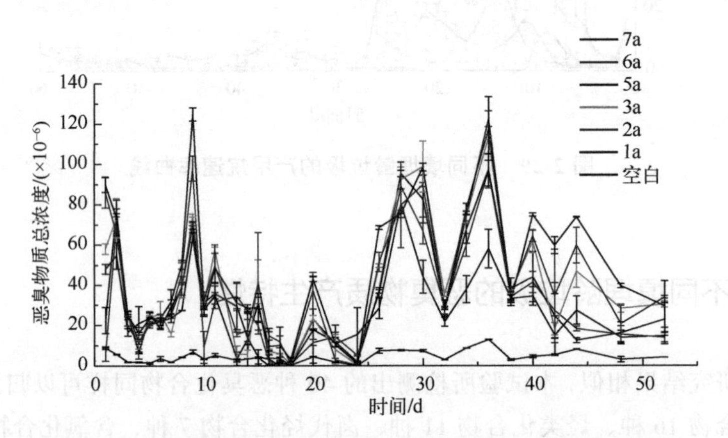

图 2-31　不同填埋龄垃圾恶臭物质总浓度随时间的变化情况

从图2-31可以看出，不同填埋龄垃圾的恶臭物质总浓度随时间发生明显变化，浓度最大值为（124.87 ± 3.31）$\times 10^{-6}$，各填埋龄垃圾实验组的恶臭物质总浓度明显高于空白实验组。与图2-28进行对比分析，还可以发现如下两个规律：①甲烷产生量和产甲烷速率明显受到垃圾填埋龄的影响，而恶臭物质总浓度受垃圾填埋龄的影响不明显，主要受发酵时间的影响；②在本实验条件下，当产甲烷速率增大的时候，恶臭物质总浓度随之减小，即在甲烷大量产生时会导致系统中恶臭物质被稀释，两者的浓度不存在正比关系。

2.3　生活垃圾堆肥设施恶臭污染释放特征

2.3.1　春季生活垃圾堆肥过程恶臭物质排放特征

对春季采样数据进行分析，共识别出68种恶臭物质，可将这些物质归成有机硫化物、芳香族化合物、卤代物、烷烃、烯烃、萜烯及含氧化合物共7大类物质。具体物质及其浓度如表2-44所列。

表2-44 C堆肥厂春季恶臭气体及其浓度 单位：mg/m^3

物质名称		贮料间	发酵前期	发酵后期	后腐熟	生物滤池
有机硫化物	甲硫醇	—	0.01695	0.0145	—	0.002075
	乙硫醇	—	—	—	—	—
	甲硫醚	—	0.02715	0.01425	0.0206	0.00005
	二硫化碳	—	0.003	—	—	—
	二甲二硫醚	—	0.20235	0.07665	0.09595	0.009825
芳香族化合物	甲苯	8.3022	0.7391	0.142	0.0088	0.001075
	苯	1.1291	0.0889	0.0365	0.0033	0.001775
	乙苯	2.038	0.2335	0.04715	0.00685	0.001275
	间二甲苯	1.9305	0.30345	0.06	0.01045	0.00145
	对二甲苯	1.9779	0.13945	0.0226	0.0021	—
	苯乙烯	0.09355	0.022	0.0104	0.00745	0.00145
	邻二甲苯	1.05215	0.13315	0.0233	0.00065	—
	对乙基甲苯	0.03185	—	—	—	—
	1, 3, 5-三甲苯	0.00875	—	—	—	—
	1, 2, 4-三甲苯	0.114	0.0297	—	—	—
	1, 4-二氯苯	0.0219	0.07765	0.04065	—	—
	萘	—	0.0373	0.02245	0.0264	0.0002
	1, 2, 3-三甲苯	0.0233	—	—	—	—
	间二乙苯	0.0014	—	—	—	—
	对二乙苯	—	—	—	—	—
	异丙苯	0.0235	—	—	—	—
	丙苯	0.03125	0.00425	—	—	—
	间乙基甲苯	0.08265	0.01295	0.0017	—	—
	邻乙基甲苯	0.0282	0.00235	—	—	—
烷烃化合物	2, 3-二甲基丁烷	0.00185	—	—	—	—
	2-甲基戊烷	0.06235	0.0059	—	—	—
	3-甲基戊烷	0.0383	0.00535	—	—	—
	正己烷	0.3187	—	—	—	—
	环己烷	0.17215	0.01975	—	—	—
	正庚烷	0.15835	0.0128	—	—	—
	丙烷	0.1814	0.06485	0.0191	—	0.003325
	异丁烷	0.54595	0.1352	0.03985	—	0.00725
	1-丁烯	0.0096	0.0047	0.0103	0.0418	—
	丁烷	0.1272	0.08265	0.02745	0.0083	0.003375
	2-甲基丁烷	0.18995	0.07265	0.02535	—	—
	戊烷	0.31055	0.0812	0.04455	0.06545	0.002825
	环戊烷	0.0315	—	—	—	—

续表

物质名称		贮料间	发酵前期	发酵后期	后腐熟	生物滤池
烷烃化合物	甲基环戊烷	0.33525	0.05265	0.01125	—	—
	2-甲基己烷	0.1208	0.0036	—	—	—
	2, 3-二甲基戊烷	0.0132	—	—	—	—
	3-甲基己烷	0.0543	—	—	—	—
	2, 2, 4-三甲基戊烷	0.00315	—	—	—	—
	甲基环己烷	0.0966	0.0187	0.0037	—	—
	2-甲基庚烷	0.02875	0.00085	—	—	—
	3-甲基庚烷	0.03425	—	—	—	—
	辛烷	0.1303	0.02795	0.0096	0.0051	—
	壬烷	0.1518	0.06425	0.0209	—	—
	癸烷	0.06495	0.03485	0.0017	—	—
	十一烷	0.0123	0.02095	0.01305	0.011	0.002675
烯烃化合物	丙烯	—	0.0282	0.01085	0.04535	0.001375
	1-己烯	—	—	—	0.00565	—
	1-戊烯	—	—	0.0085	0.0302	—
萜烯类化合物	α-蒎烯	0.14605	0.0544	0.03475	0.038	0.004425
	β-蒎烯	0.13215	0.0464	0.03415	0.04125	0.0069
	柠檬烯	1.54775	0.70115	0.89365	1.7418	0.03445
含氧化合物	乙醇	9.6166	26.6014	10.019	5.82425	0.214525
	丙酮	2.39315	0.64955	0.525	0.7364	0.037025
	2-丁酮	—	1.87545	1.5231	0.48075	—
	2-己酮	—	0.04085	0.04515	0.05755	—
	乙酸乙酯	8.05815	1.7434	0.50135	0.0509	0.005775
卤代物	二氯二氟甲烷	0.86655	—	—	—	—
	三氯一氟甲烷	0.67105	0.0441	—	—	—
	二氯甲烷	0.6185	0.1595	0.04685	—	—
	1, 2-二氯乙烷	0.19435	0.04605	0.00475	—	—
	氯仿	0.32885	0.0369	—	—	—
	三氯乙烯	0.0206	—	—	—	—
	1, 2-二氯丙烷	4.09615	0.1095	0.007	—	—
	四氯乙烯	4.10725	0.7066	0.34055	—	—

其中，有机硫化物共5种，分别为甲硫醇、乙硫醇、甲硫醚、二硫化碳及二甲二硫醚。其中贮料间未发现有机硫化物，其他4个工艺中二甲二硫醚含量均为最高，有机硫化物的嗅阈值通常很低，是导致恶臭的重要物质。

芳香族化合物共19种，其中甲苯含量最高，同时出现在5个工艺中。贮料间恶臭物质种类多且浓度较高，进入发酵前期及其后面各工艺时，恶臭物质浓度明显降低。至生

物滤池处，恶臭物质种类及浓度都明显减小。

卤代物共 8 种。其中 1,2-二氯丙烷及四氯乙烯浓度较高，且 8 种物质集中出现在贮料间，随着工艺的进行，物质化学浓度在逐渐降低，至后腐熟及生物滤池处，未监测出卤代物。

烷烃化合物共 25 种，丁烷、甲基环戊烷及戊烷浓度较高，正己烷浓度也较高，但其只出现在贮料间，在之后的 4 个工艺中并未监测到该物质。

烯烃化合物共 3 种，分别为丙烯、1-戊烯以及 1-己烯。其中丙烯浓度含量最高，在贮料间中并未监测出烯烃化合物。

萜烯类化合物主要是 α-蒎烯、β-蒎烯和柠檬烯。新鲜垃圾中，柠檬烯含量很高，在春季采样数据中柠檬烯是主要的萜烯类化合物，生物滤池处各物质浓度都降低，拥有较低的含量。

含氧化合物共检出 5 种，分别为乙醇、丙酮、2-丁酮、乙酸乙酯及 2-己酮。其中乙醇含量最高，且出现在 5 个工艺中。随着不同工艺的进行，乙醇的含量呈现出先增大后减小的趋势，至生物滤池处含氧化合物的浓度值极小。

在春季堆肥过程中，各工艺单元中各类物质的浓度对比如图 2-32 所示。随着堆肥过程的进行，贮料间、发酵前期、发酵后期、后腐熟及生物滤池中检测到的恶臭物质总浓度在逐渐下降。发酵后期下降的速率更大些，直至生物滤池处，所能监测出的物质浓度已达很小。在前 4 个工艺中，含氧化合物在各工艺中的浓度含量都较其他的物质高。

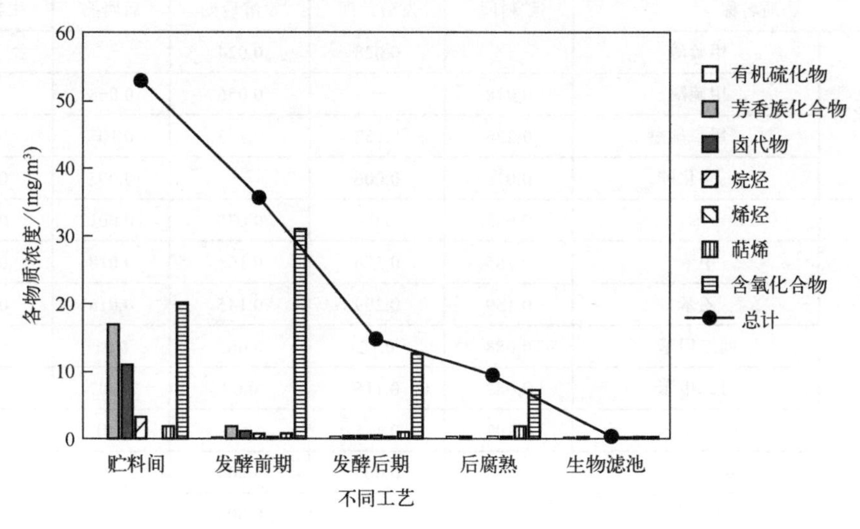

图 2-32　堆肥各单元各物质浓度对比（春季）

对比各工艺单元内各类物质浓度所占比例（图 2-33），其差异主要体现在含氧化合物、芳香族化合物、卤代物及萜烯上。卤代物及芳香族化合物在贮料间所占比例较大，随着不同工艺的进行，其比例在逐渐减小。贮料间含氧化合物所占比例并不是很大，但在发酵前期、发酵后期、后腐熟及生物滤池处，所占比例较高。

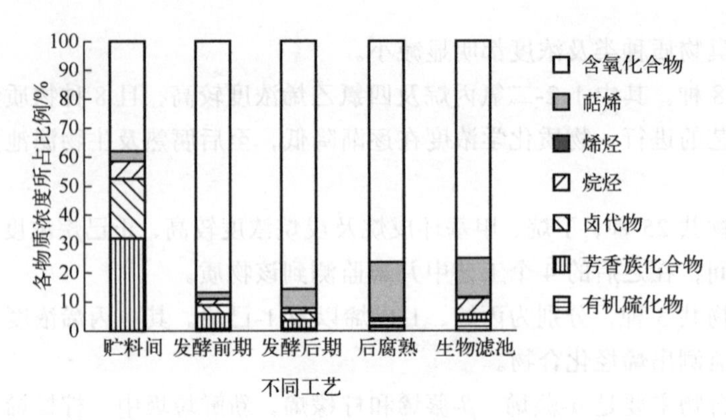

图 2-33　各工艺单元内各类物质浓度所占比例（春季）

2.3.2　夏季生活垃圾堆肥过程恶臭物质排放特征

对 C 堆肥厂夏季采样数据分析，共识别出 58 种物质，同样可归成有机硫化物、芳香族化合物、卤代物、烷烃、烯烃、萜烯及含氧化合物共 7 大类物质。具体物质及其浓度如表 2-45 所列。

表 2-45　C 堆肥厂夏季恶臭气体及其浓度　　　单位：mg/m^3

物质名称		贮料间	发酵前期	发酵后期	后腐熟	生物滤池
有机硫化物	甲硫醇	—	0.028	0.024	—	—
	甲硫醚	0.078	—	0.056	0.068	—
	二甲二硫醚	0.226	0.152	0.173	0.107	0.059
	二硫化碳	0.016	0.006	—	0.005	0.003
芳香族化合物	苯	0.063	0.08	0.075	0.001	0.012
	甲苯	0.185	0.576	0.168	0.018	0.014
	乙苯	0.159	0.299	0.145	0.016	0.027
	间二甲苯	0.088	0.12	0.082	0.01	0.015
	对二甲苯	0.082	0.115	0.08	0.007	0.012
	邻二甲苯	0.107	0.115	0.1	0.01	0.014
	(1-甲基乙基)-苯	—	0.005	0.004	—	—
	丙基苯	—	—	0.005	—	—
	间乙基甲苯	0.024	0.027	0.024	0.005	0.008
	1, 3, 5-三甲基苯	0.011	0.011	0.012	—	0.003
	邻乙基甲苯	0.011	0.011	0.01	—	0.04
	1, 2, 4-三甲基苯	0.394	0.036	0.042	0.01	0.009
	间二乙苯	—	—	0.005	0.001	0.004
	对二乙苯	—	—	—	—	0.005
	萘	0.06	0.037	0.079	0.055	0.231

续表

物质名称		贮料间	发酵前期	发酵后期	后腐熟	生物滤池
烷烃化合物	异丁烷	0.196	0.242	0.166	—	0.012
	丁烷	—	0.227	0.13	—	0.012
	2-甲基丁烷	—	—	—	—	0.02
	戊烷	—	—	—	0.105	0.051
	2-甲基戊烷	—	—	—	—	0.007
	3-甲基戊烷	—	—	—	—	0.005
	甲基环戊烷	0.007	0.017	—	—	—
	环己烷	0.001	0.001	—	—	—
	2-甲基己烷	—	0.018	—	—	—
	3-甲基己烷	—	0.024	—	—	—
	正庚烷	—	0.031	0.042	—	0.001
	甲基环己烷	0.01	0.018	0.007	—	—
	2-甲基庚烷	—	0.004	—	—	—
	辛烷	0.022	0.026	0.032	0.02	—
	壬烷	—	0.043	—	—	—
	癸烷	0.042	—	0.043	0.009	0.006
	十一烷	0.025	—	—	—	—
	十二烷	—	—	—	0.007	0.008
烯烃化合物	(*Z*)-2-丁烯	—	—	—	0.005	—
	1-戊烯	—	—	—	0.069	—
	丙烯	0.051	—	0.038	0.074	0.009
	2-甲基-1, 3-丁二烯	—	—	—	0.007	0.004
萜烯类化合物	*α*-蒎烯	0.077	0.056	0.049	0.03	0.017
	β-蒎烯	0.083	0.064	0.055	0.035	—
	柠檬烯	0.45	0.131	0.274	0.193	0.043
含氧化合物	乙醇	18.62	12.79	11.34	0.923	0.231
	异丙醇	—	—	—	0.157	—
	丙酮	—	—	0.052	0.029	0.031
	2-甲基丙醛	—	0.014	—	—	—
	2-丁酮	0.017	0.018	0.025	0.007	0.008
	乙酸乙酯	0.718	0.897	0.763	—	—
	2-己酮	0.078	—	0.051	—	—
	环己酮	0.01	0.001	—	—	—
卤代物	四氯乙烯	1.016	0.615	0.459	—	0.005
	1, 2-二氯丙烷	0.029	0.026	0.019	—	—
	1, 4-二氯苯	0.125	0.031	0.1	0.037	0.039
	三氯一氟甲烷	—	0.035	0.029	0.003	0.006
	二氯甲烷	0.09	0.237	0.069	—	0.009
	1, 2-二氯乙烷	0.085	0.147	0.058	0.016	0.01

其中，有机硫化物共有 4 种，分别为甲硫醇、甲硫醚、二甲二硫醚和二硫化碳。其中二甲二硫醚具有最高的浓度。含硫有机化合物的嗅阈值通常很低，是导致恶臭的重要物质。

C 堆肥厂夏季样品中芳香族化合物共有 15 种，其中苯、甲苯、二甲苯、乙苯在堆肥各个单元均能够检测到且浓度值相对较高，发酵初期的芳香族化合物含量明显高于其他单元。这可能是因为初始物料中的苯系化合物的支链在发酵初期被降解，生成一些较简单的苯系物。而随着发酵过程的进行，一些芳香族化合物被微生物分解，其浓度逐渐降低。值得关注的是，发酵车间排出的臭气经生物滤池净化后仍检测到相当量的芳香族化合物，说明微生物分解芳香族化合物的能力有限，生物滤池对芳香族化合物的去除率并不理想。另外，生物滤池排出的尾气中检测到相当高含量的萘，这可能是因为生物滤池填料为木片，本身会释放出萘等物质，环境背景值较高。

卤代物共有 6 种，其中四氯乙烯的浓度较高，随着堆肥过程的进行含量逐渐降低。该类化合物在恶臭气体中所占比重较小，但其通常难以被微生物降解，另外，某些组分可能对人体健康造成威胁。

烷烃化合物共有 18 种，从表 2-45 中可以明显看出，在原始垃圾及堆肥初始阶段，大分子的长链烃较多，而随着堆肥的进行，在微生物作用下大分子的物质逐渐被分解，形成短链烃，从发酵间排出的臭气再经过生物滤池后，基本已经没有长链烃的存在，短链烃的浓度也明显降低。

烯烃化合物共有 4 种，分别为丙烯、(*Z*)-2-丁烯、1-戊烯、2-甲基-1, 3-丁二烯。其中丙烯是主要的烯烃类物质，烯烃类在整个堆肥过程中浓度较低，仅在后腐熟阶段出现相对较高含量的丙烯和 1-戊烯。

萜烯类物质主要是 α-蒎烯、β-蒎烯和柠檬烯。新鲜垃圾中，柠檬烯含量很高，可作为新鲜垃圾的指示物。而在堆肥过程中，其浓度逐渐降低，但平均浓度仍然高于其他萜烯类化合物。

含氧化合物共有 8 种，其中乙醇浓度远高于其他恶臭组分，这可能是因为乙醇是微生物生命活动的副产物，而堆肥原料的主要成分是经过预分选的易降解的有机物质，使得堆肥过程中微生物活动旺盛，从而产生了大量的乙醇。而在除乙醇外的其他恶臭组分中，贮料间、发酵前期及发酵后期过程中，乙酸乙酯为主要挥发性组分。

对比各个堆肥单元臭气的组成（如图 2-34 所示），其差异主要体现在含氧化合物、烷烃和芳香族化合物上。且贮料间、发酵前期、发酵后期以及后腐熟阶段含氧化合物所占比重较大，生物滤池处芳香族化合物含量最多。由以上讨论已经得知，由于各单元中乙醇含量极高，导致含氧化合物在各个单元的恶臭气体中占主要地位。另外，芳香烃也是堆肥过程中的主要恶臭组分，在后腐熟阶段检测到较高浓度的烯烃和萜烯，后腐熟阶段是初次堆肥产品进一步稳定化、腐熟化过程，该过程中有较多腐殖质出现，这可能是烯烃、萜烯浓度升高的主要原因。

在贮料间、发酵前期、发酵后期及后腐熟单元中，含氧化合物为主要恶臭物质，而经过生物滤池后，含氧化合物所占比例大大减小，芳香族化合物成为主要成分。这是因为含氧化合物多数为易降解的小分子物质，在臭气经过生物滤池时被滤池中的微生物分

解利用，而芳香族化合物则相对较难被微生物活动所利用，因此生物滤池释放的恶臭气体组成不同于其他几个单元。

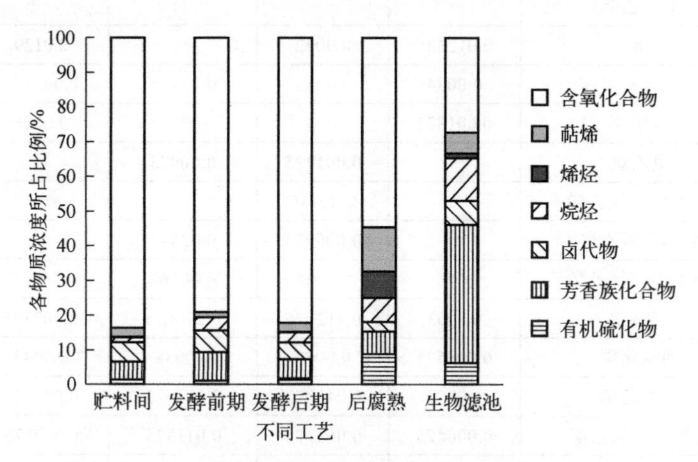

图 2-34　各工艺单元内各类物质浓度所占比例（夏季）

2.3.3　秋季生活垃圾堆肥过程恶臭物质排放特征

对秋季采样数据进行分析，共识别出 75 种物质，其物质组成及其浓度如表 2-46 所列。

表 2-46　C 堆肥厂秋季恶臭气体及其浓度　　　单位：mg/m³

物质名称		贮料间	发酵前期	发酵后期	后腐熟	生物滤池
有机硫化物	甲硫醚	—	0.017825	0.042475	0.02105	0.00485
	二甲二硫醚	0.02505	0.082275	0.192725	0.042475	0.02625
	二硫化碳	0.05775	0.0533	0.01655	0.038325	0.0567
芳香族化合物	苯	0.00815	0.058525	0.144825	0.01225	0.00795
	甲苯	0.030725	0.31455	0.58475	0.03045	0.033675
	乙苯	0.00885	0.16975	0.332625	0.01495	0.0075
	间二甲苯	0.0136	0.1088	0.712525	0.012775	0.0161
	对二甲苯	—	—	0.7206	—	—
	邻二甲苯	0.005175	0.125375	0.2543	0.011225	0.004125
	(1-甲基乙基)-苯	0.0002	0.00515	0.010525	0.000525	0.0002
	丙基苯	—	0.00795	0.01955	—	—
	间乙基甲苯	0.00225	0.0211	0.038725	0.00345	0.002325
	对乙基甲苯	0.001625	0.0116	0.0211	0.0022	0.00165
	1, 3, 5-三甲基苯	0.000925	0.0099	0.017375	0.001775	0.00095
	邻乙基甲苯	0.0013	0.008725	0.016475	0.001925	0.0013
	1, 2, 3-三甲苯	—	0.0091	0.010625	—	—
	1, 2, 4-三甲基苯	0.006525	0.104625	0.10935	0.008025	0.004375
	间二乙苯	0.0017	0.0027	—	0.001875	0.0017

续表

物质名称		贮料间	发酵前期	发酵后期	后腐熟	生物滤池
芳香族化合物	对二乙苯	—	—	—	—	0.002175
	萘	0.012225	0.0052	—	0.0129	0.01715
卤代化合物	二氯二氟甲烷	0.0074	0.0138	0.02775	0.009175	0.006175
	氯甲烷	0.001875	—	—	0.0026	0.001775
	氯乙烷	—	0.001225	0.00975	—	—
	反 1, 2-二氯乙烯	—	0.00445	—	—	—
	1, 1-二氯乙烷	—	0.009075	0.02345	—	—
	顺 1, 2-二氯乙烯	—	0.0006	0.00165	—	—
	氯仿	0.0063	0.112225	0.270675	0.007775	0.0047
	四氯化碳	0.008525	0.0087	0.0088	0.0045	0.0086
	三氯乙烯	0.0003	0.045875	0.114675	0.000575	0.000025
	1, 1, 2-三氯乙烷	0.000475	0.005375	0.011375	0.000375	0.000425
	1, 4-二氯苯	0.01	0.04015	0.006325	0.015125	0.02845
	氯苯	0.01735	0.0208	0.00205	0.0079	0.0276
	三氯一氟甲烷	0.01175	0.0286	0.05465	0.0208	0.012125
	二氯甲烷	0.10905	0.212525	0.3705	0.07175	0.114925
	1, 2-二氯乙烷	0.0252	0.073075	0.1416	0.016125	0.025575
	四氯乙烯	0.00195	0.139	0.32715	0.01385	0.001125
	1, 2-二氯丙烷	0.0025	0.04945	0.198975	0.003575	0.002475
烷烃化合物	丙烷	0.0099	0.0344	0.10205	0.022125	0.0097
	异丁烷	0.013575	0.016225	0.261575	0.035325	0.01525
	丁烷	0.008525	0.035025	0.088175	0.026525	0.009975
	2-甲基丁烷	0.009875	—	—	0.019575	0.011275
	戊烷	0.013125	0.036925	0.104575	0.070575	0.011475
	2-甲基戊烷	0.00245	0.072825	0.17945	0.005525	0.0023
	3-甲基戊烷	0.0025	0.06525	0.159975	0.004175	0.002325
	甲基环戊烷	—	0.039975	0.104925	0.001275	—
	环己烷	0.000375	0.0237	0.050625	0.003375	—
	2-甲基己烷	—	0.0617	0.14125	0.0012	—
	3-甲基己烷	—	0.082925	0.14255	0.002225	—
	正庚烷	0.0034	—	—	0.01285	0.003575
	甲基环己烷	—	0.007875	0.019775	0.000175	—
	2-甲基庚烷	—	0.003775	0.010575	—	—
	3-甲基庚烷	—	0.0023	0.011725	—	—
	辛烷	—	0.0154	0.0375	0.0056	—
	壬烷	—	0.04595	—	0.001625	—
	癸烷	0.002075	0.03545	0.045975	0.005625	0.00175
	2, 3-二甲基丁烷	—	0.01445	0.039225	—	—
	正己烷	0.00975	0.17165	—	0.0194	0.006125

续表

物质名称		贮料间	发酵前期	发酵后期	后腐熟	生物滤池
烷烃化合物	环戊烷	—	—	0.063975	—	—
	2, 3-二甲基戊烷	—	0.02445	0.061125	—	—
	十一烷	0.000725	0.0064	—	0.005075	0.000275
	十二烷	0.003425	0.010575	—	0.00405	0.0027
烯烃化合物	1-戊烯	—	0.005325	—	0.036425	—
	1-己烯	0.0012	0.00355	—	0.015975	0.001225
	顺 2-戊烯	0.00115	—	—	—	0.001325
	苯乙烯	0.003525	0.0177	0.038625	0.004525	0.00425
萜烯类化合物	α-蒎烯	0.009325	0.063125	0.1178	0.022625	0.009825
	β-蒎烯	0.011075	0.0594	0.101975	0.0207	0.0113
	柠檬烯	0.03985	1.001375	0.98715	0.344975	0.058775
含氧化合物	乙醇	0.4048	3.143775	2.950125	0.74055	0.22845
	丙酮	—	—	0.03815	—	—
	乙酸乙酯	0.023125	0.461875	1.18775	0.042625	0.0216
	2-己酮	0.004575	0.015	0.056	0.01995	—
	甲基异丁酮	0.00515	—	—	0.0063	0.0054
	叔丁基甲醚	0.002225	0.0057	0.0115	—	0.002325
	四氢呋喃	—	0.006275	—	—	—

秋季样品中有机硫化物共有3种，分别为甲硫醚、二甲二硫醚和二硫化碳。其中二甲二硫醚具有最高的浓度。

芳香族化合物共有17种，甲苯、乙苯、间二甲苯、邻二甲苯在堆肥各个单元均能够检测到，且浓度值相对较高。发酵前期及发酵后期芳香族化合物含量明显高于其他单元，但对二甲苯只出现在发酵后期，且为该单元浓度值最高的物质。经生物滤池净化后仍能检测到相当量的芳香族化合物。

卤代化合物共有17种，其中二氯甲烷的浓度较高，随着堆肥过程的进行，其浓度含量先增加，在发酵后期达到最大值。随后含量减少。后腐熟及生物滤池阶段臭气物质整体含量较小。

烷烃化合物共有24种，其中异丁烷、2-甲基戊烷、3-甲基戊烷等含量较高。且集中在发酵后期出现。后腐熟及生物滤池处烷烃化合物含量明显降低。

烯烃化合物共有4种，分别为1-戊烯、1-己烯、顺2-戊烯及苯乙烯。其中苯乙烯集中出现在发酵前期及发酵后期，后腐熟及生物滤池处其含量相对减少。

萜烯类物质共有3种，其中柠檬烯含量较高，且发酵前期及后期萜烯类物质总浓度高于其他发酵单元。最终从生物滤池处释放出来的臭气物质中其含量明显降低。

含氧化合物共有7种，其中乙醇及乙酸乙酯的含量较高，发酵前期及后期的含氧化合物总浓度较其他单元高，到达生物滤池单元时含氧化合物浓度值极低。

秋季采样中，随着发酵的进行，贮料间、发酵前期及发酵后期检测到的恶臭物质浓度在逐渐升高（如图 2-35 所示），在发酵后期达到最大值。随后在后腐熟及生物滤池处有明显降低。分析出现这种情况的原因为采样时当地已经进入秋末，气温较低，生物垃圾进入贮料间时，微生物活性不大，随着发酵前期及发酵后期的进行，环境温度升高，微生物活性增强，对恶臭物质分解能力增强，在该处检测到的恶臭浓度较高。由于在此阶段效率较高，将多种恶臭物质分解，因此在后腐熟及生物滤池处恶臭物质的总浓度很低。

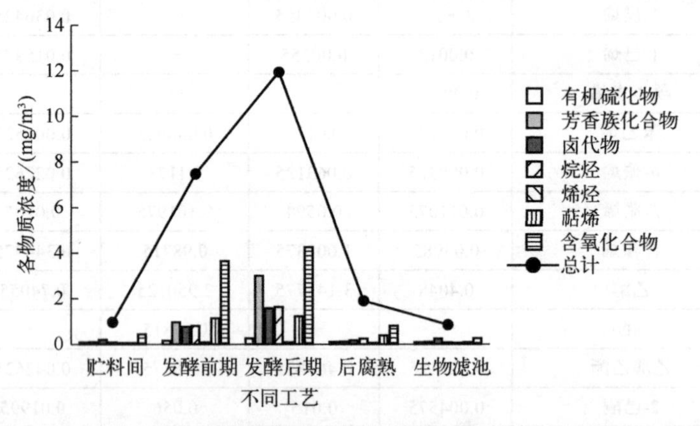

图 2-35　堆肥各单元各物质浓度对比（秋季）

对比各个堆肥单元臭气组成（图 2-36），其差异主要体现在含氧化合物、有机硫化物、萜烯类化合物、卤代物以及芳香族化合物上。在堆肥各单元，含氧化合物所占比重普遍较大，卤代物主要出现在贮料间及生物滤池处，芳香族化合物主要出现在发酵前期及发酵后期处。综合对比各单元物质总浓度发现发酵前期及发酵后期的臭气种类较多且臭气含量较高。

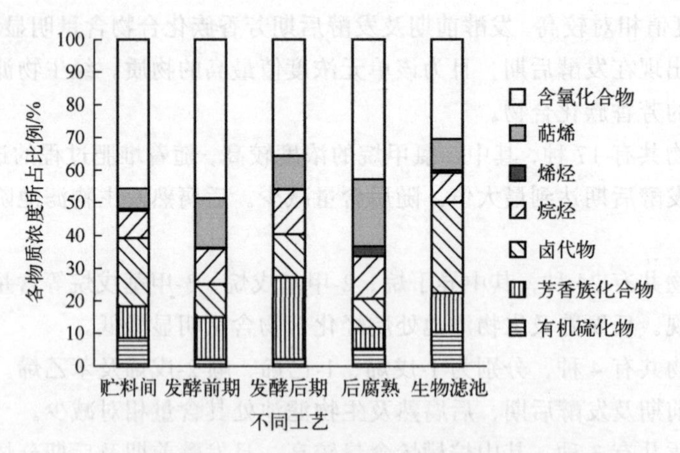

图 2-36　各工艺单元内各类物质浓度所占比例（秋季）

2.3.4　冬季生活垃圾堆肥过程恶臭物质排放特征

对冬季采样数据进行分析，共识别出 58 种物质，各种恶臭气体及其浓度如表 2-47 所列。

表 2-47　C 堆肥厂冬季恶臭气体及其浓度　　单位：mg/m^3

物质名称		贮料间	发酵前期	发酵后期	后腐熟	生物滤池
有机硫化合物	甲硫醇	—	0.0261	0.0309	—	0.1091
	甲硫醚	—	0.0627	0.0957	0.0589	0.2229
	二甲二硫醚	0.11	0.3264	0.5852	0.1541	0.7918
	乙硫醚	0.0492	0.0554	0.0577	0.0513	0.0572
	二硫化碳	0.0053	0.0133	0.0212	0.0136	0.0587
芳香族化合物	苯	0.046	0.102	0.1505	0.0301	0.0995
	甲苯	0.1303	0.2793	0.4296	0.0348	0.2706
	乙苯	0.0935	0.1109	0.1753	0.0129	0.1333
	间二甲苯	0.1115	0.1418	0.2231	0.0095	0.1754
	对二甲苯	0.041	0.0515	0.0808	0.0027	0.0594
	邻二甲苯	0.0334	0.0619	0.1003	0.0064	0.0887
	(1-甲基乙基)-苯	0.0007	0.0021	0.0042	0.0006	0.004
	间乙基甲苯	0.0088	0.0159	0.0264	0.0061	0.0122
	对乙基甲苯	0.0062	0.01	0.0155	0.0046	0.0132
	1, 3, 5-三甲基苯	0.0032	0.0062	0.0111	0.0021	0.0108
	邻乙基甲苯	0.0049	0.0202	0.0451	0.0039	0.061
	1, 2, 4-三甲基苯	0.0127	0.0505	0.0829	0.0087	0.0846
	萘	0.0241	0.025	0.0355	0.025	0.0191
卤代化合物	二氯二氟甲烷	0.032	0.0376	0.0549	0.0061	0.0336
	氯甲烷	—	—	—	0.0136	—
	氯仿	—	0.0173	0.0363	—	0.0282
	1, 1, 2-三氯乙烷	0.0014	0.0021	0.0056	—	0.0041
	1, 4-二氯苯	0.0066	0.0385	0.074	0.015	0.1643
	三氯一氟甲烷	0.0227	0.0401	0.0631	0.0003	0.0876
	二氯甲烷	0.0512	0.1082	0.1653	0.0236	0.1192
	1, 2-二氯乙烷	0.0512	0.0627	0.1226	0.0142	0.1038
	四氯乙烯	0.2516	0.5065	0.8741	0.0008	0.4829
	1, 1-二氯乙烷	—	0.0221	0.0374	—	0.0155
烷烃化合物	丙烷	0.1495	0.2712	0.3576	0.0722	0.4716
	异丁烷	0.2215	0.5403	0.7905	0.0513	1.2419
	丁烷	0.2268	0.4109	0.5704	0.0608	0.8469
	2-甲基丁烷	0.1231	—	0.1554	0.0416	0.2836
	戊烷	0.1012	0.249	0.3352	0.2423	0.7551
	2-甲基戊烷	0.0679	0.111	0.1271	0.0121	0.1108
	甲基环戊烷	0.0236	0.0474	0.0833	—	0.053
	环己烷	0.0241	0.0554	0.1134	—	0.099
	2-甲基己烷	0.0349	0.0307	0.0641	—	0.0521
	3-甲基己烷	0.0391	0.0373	0.0779	—	0.0609
	正庚烷	0.0176	0.0445	0.0826	0.0154	0.1572

续表

物质名称		贮料间	发酵前期	发酵后期	后腐熟	生物滤池
烷烃化合物	甲基环己烷	—	0.0184	0.0533	—	0.0239
	壬烷	—	0.0285	0.0574	—	0.0248
	癸烷	0.0112	0.0541	0.0651	0.0071	0.0477
	2, 3-二甲基丁烷	0.0695	0.1112	0.1283	0.0119	0.1133
	正己烷	0.0705	—	—	—	—
	环戊烷	0.0363	0.0782	0.0519	0.0102	0.0875
	十一烷	—	0.0161	0.0291	0.0005	—
萜烯类化合物	α-蒎烯	0.0439	0.1262	0.2089	0.0589	0.2748
	柠檬烯	0.9771	4.5853	6.6554	1.6712	8.3484
含氧化合物	乙醇	7.9779	39.1554	3.4246	8.3755	26.3782
	乙酸乙酯	0.0988	2.1396	3.9049	0.0373	0.0516
	2-已酮	—	—	0.0269	0.027	0.0328
	甲基异丁酮	0.019	0.0277	0.039	0.0137	0.0344
烯烃化合物	丙烯	0.0644	0.1243	0.1608	0.1341	0.3088
	(*E*)-2-丁烯	0.0061	0.0104	0.0157	—	—
	(*Z*)-2-丁烯	0.0049	—	0.0111	0.0059	0.0275
	2-甲基-1, 3-丁二烯	—	0.0065	0.0098	0.0073	0.0211
	1-已烯	0.0056	—	—	0.0144	0.01
	苯乙烯	0.0082	0.0212	0.0327	0.0097	0.0366

其中，有机硫化物共有 5 种，分别为甲硫醇、甲硫醚、二甲二硫醚、乙硫醚及二硫化碳。其中二甲二硫醚具有最高的浓度。含硫有机化合物的嗅阈值通常很低，是导致恶臭的重要物质。

芳香族化合物共有 13 种，其中苯、甲苯、乙苯、间二甲苯含量较高，且出现在 5 个工艺中。生活垃圾经贮料间、发酵前期、发酵后期处理后，到达后腐熟阶段时所剩含量较少。在生物滤池处检测到的恶臭物质浓度较后腐熟阶段高。

卤代物共有 10 种，其中四氯乙烯的浓度较高，随着堆肥过程的进行含量逐渐降低。

烷烃化合物共有 18 种，随着生物堆肥过程的进行，在各工艺单元检测出的烷烃化合物的浓度也在增加。在后腐熟阶段检测出的恶臭物质浓度最低。

烯烃化合物共有 6 种，分别是丙烯、顺 2-丁烯、反 2-丁烯、2-甲基-1, 3-丁二烯、1-己烯及苯乙烯。其中丙烯是主要的烯烃类物质，随着生物堆肥过程的进行，在各工艺单元检测出的烯烃化合物的浓度也在增加。

萜烯化合物共有 2 种，分别为柠檬烯和 α-蒎烯，柠檬烯含量较高。随着堆肥的进行，后腐熟阶段恶臭物质浓度相对较低，在生物滤池处恶臭物质浓度较高。

含氧化合物共有 4 种，分别为乙醇、乙酸乙酯、2-已酮及甲基异丁酮。其中乙醇含量最高且出现在 5 个工艺单元中。

对生活垃圾堆肥厂冬季样品数据进行分析，生活垃圾进入贮料间，由于冬季气温低，

不是微生物反应最适宜的环境，因此监测出的恶臭物质浓度较低，随着堆肥过程的进行，在发酵前期及发酵后期，微生物活性增强，检测的恶臭物质浓度有所提升，但发酵前期的恶臭物质浓度大于发酵后期，至后腐熟阶段，检测到的恶臭物质浓度较低，由于通入生物滤池中的气体是从前 4 个反应单元同时抽取的，而冬季整体温度较低，微生物活性较弱，前面的反应单元中存在较多未能完全分解的化合物，加之生物滤池中的温度较稳定，较为适合微生物的生活及反应，因此生物滤池中检测到的物质浓度较高（图 2-37）。

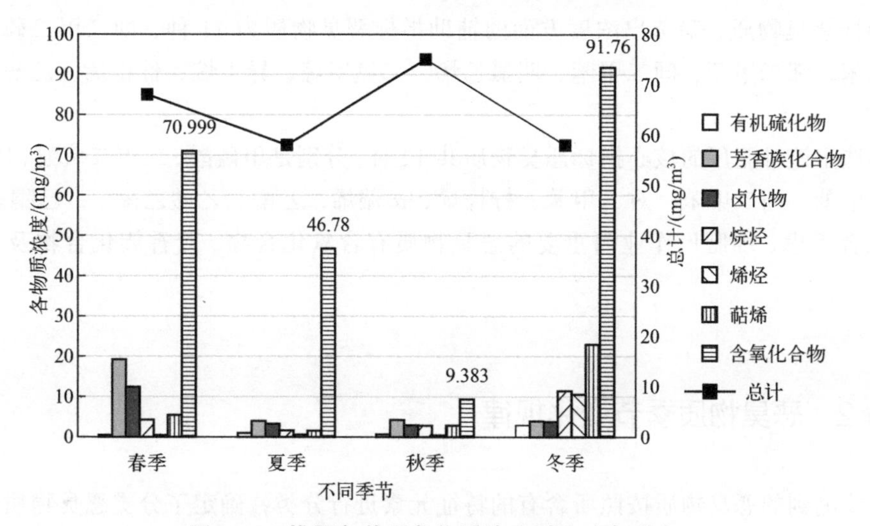

图 2-37　堆肥各单元各物质浓度对比（冬季）

各不同工艺中具有重要贡献的恶臭物质种类不尽相同，主要区别在于含氧化合物、萜烯及烷烃类化合物（图 2-38）。含氧化合物在贮料间、发酵前期、后腐熟以及生物滤池阶段都占很大的比重，萜烯化合物在后腐熟以及生物滤池阶段所占比例较大，烷烃主要出现在贮料间、发酵后期以及生物滤池中。

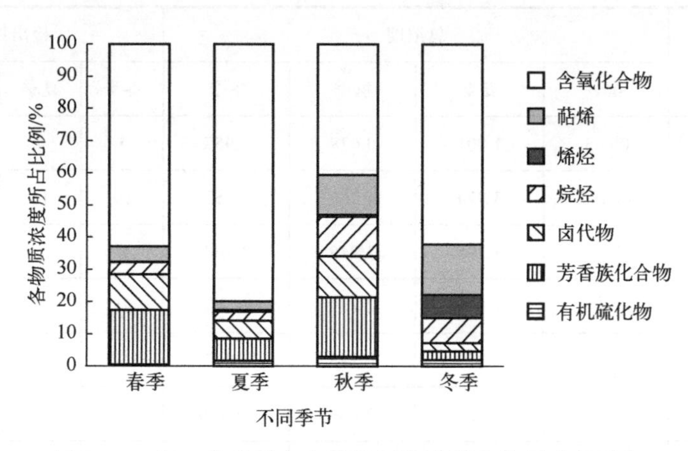

图 2-38　各工艺单元内各类物质浓度所占比例（冬季）

2.3.5 生活垃圾堆肥过程恶臭物质释放规律

2.3.5.1 指标恶臭物质清单

按照第 1.4.1 小节所提方法，依据恶臭物质浓度及其阈稀释倍数筛选生活垃圾堆肥厂的指标恶臭物质，筛选出浓度方面的辅助指标恶臭物质为 11 种，即二甲二硫醚、甲苯、乙苯、邻二甲苯、间二甲苯、四氯乙烯、二氯甲烷、异丁烷、柠檬烯、乙醇和乙酸乙酯。

筛选出该堆肥厂的核心指标恶臭物质共 12 种，分别是甲硫醚、二甲二硫醚、甲硫醇、乙苯、甲苯、间二甲苯、对二甲苯、柠檬烯、α-蒎烯、乙醇、乙酸乙酯、2-己酮。

综合考虑，堆肥厂作业面重要的恶臭物质有含氧化合物、芳香族化合物及有机硫化物。

2.3.5.2 恶臭物质季节变化规律

将检测到的恶臭物质按照所含有的特征元素进行分类，确定了分类恶臭物质在各个季节的总浓度以及检出物种数，如表 2-48 所列。从表中可以发现，春季及秋季检测出的物种数较多（68 种、75 种），夏季及冬季检测出的物质种类相同（均为 58 种），但总体差异不显著。物质种类的不同缘于堆肥的生活垃圾原料不同。但又由于居民生活习惯在 4 个季节没有明显的不同，因此 4 个季节中检测出的物质种类大体相同。

表 2-48 各类恶臭物质的总浓度及检出物种数 单位：mg/m^3

物质	总浓度				检出物种数			
	春季	夏季	秋季	冬季	春季	夏季	秋季	冬季
有机硫化物	0.483	1.001	0.678	2.957	5	4	3	5
芳香族化合物	19.193	3.974	4.265	3.953	19	15	17	13
卤代物	12.405	3.295	2.945	3.798	8	6	17	10
烷烃	4.280	1.637	2.845	11.418	25	18	24	18
烯烃	0.130	0.257	0.135	1.057	3	4	4	6
萜烯	5.457	1.557	2.859	22.950	3	3	3	2
含氧化合物	70.999	46.780	9.383	91.760	5	8	7	4

通过对不同季节的恶臭物质组成进行分析（如图 2-39 所示），发现各个季节起重要贡献作用的化合物不尽相同。其主要差异体现在含氧化合物、萜烯、卤代物以及芳香族化合物上。春季、夏季、秋季及冬季含氧化合物含量均为最多，春季卤代物及芳香族化合物也起到较大的作用，秋季萜烯、烷烃、卤代物及芳香族化合物所占比例接近，冬季萜烯及烷烃类化合物也起到较为重要的作用。造成各个季节不同物质所占比例不同的原因是生活垃圾的来源不同。由于各个季节生活习惯的不同会造成生活垃圾的组成不同，从而在堆肥过程中检测到起主要作用的恶臭物质种类也不相同。

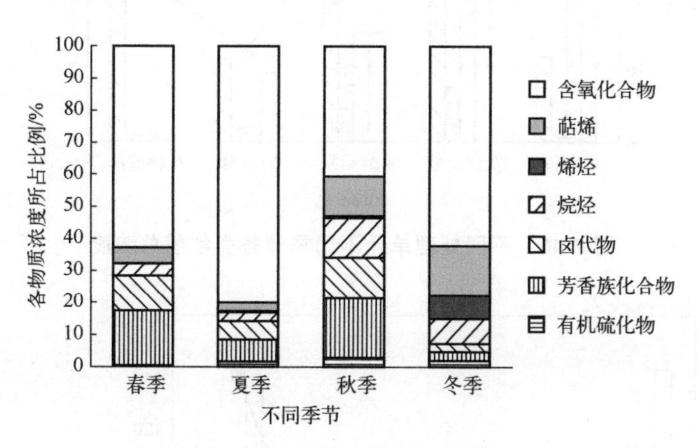

图 2-39　不同季节各类物质浓度所占比例

2.3.5.3　不同堆肥处理单元的恶臭物质变化

将检测到的恶臭物质按照不同处理单元进行分类，确定了不同处理单元在各个季节的总浓度，如表 2-49 所列。

表 2-49　不同处理单元在不同季节的恶臭物质浓度　　单位：mg/m^3

季节	贮料间	发酵前期	发酵后期	后腐熟	生物滤池
夏季	23.25600	17.33100	14.88500	2.03900	0.99000
秋季	0.96443	7.47170	11.92858	1.89125	0.84415
冬季	11.52020	50.49710	21.23670	11.37930	43.26420
春季	52.88085	35.62550	14.73360	9.36630	0.34310

图 2-40 和图 2-41 分别显示了不同处理单元不同季节恶臭物质的浓度和分布情况，显示了恶臭物质随处理单元变化具有如下特征。

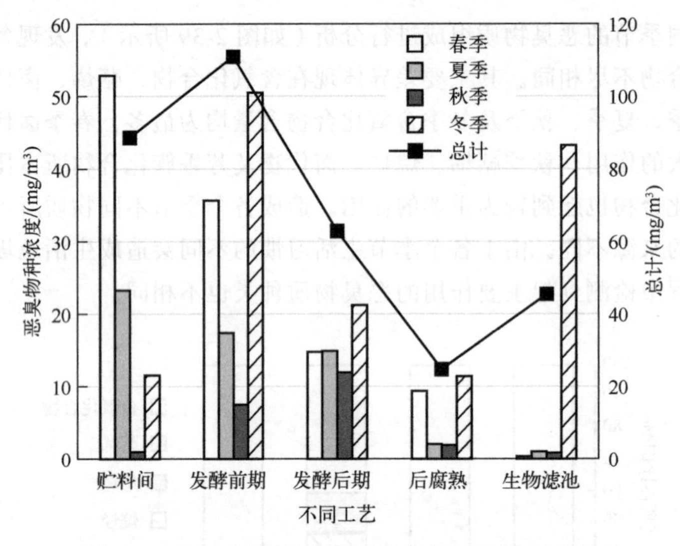

图 2-40　不同处理单元不同季节各类物质总浓度

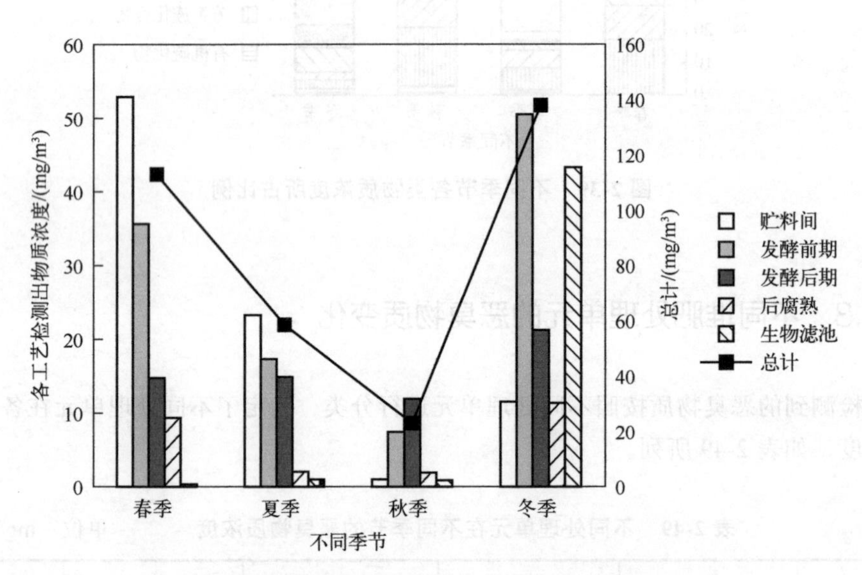

图 2-41　不同处理单元在不同季节条件下物质浓度分布

针对不同工艺单元进行分析，将各个工艺 4 个季节检测的物质浓度进行相加，发现在发酵前期达到最大值，后腐熟阶段达到最小值。这是因为生活垃圾在贮料间时只是进行简单堆放，其本身会发生缓慢的分解作用，但作用效果不是很好，随着进入堆肥厂的发酵前期，工艺上的改进使得有机化合物进行分解，且分解较为充分，从而得到较多的恶臭物质种类。进而进入发酵后期，继续进行生物作用，由于前一阶段已经进行了较为完全的分解作用，在该阶段继续进行微生物分解的过程中同样产生一定量的恶臭物质，但其浓度较发酵前期低，继而进入后腐熟阶段，在该阶段之前生物作用已经很充分，多数的恶臭物质都已被分解。

在生物滤池处，春季、夏季、秋季都拥有较之前 4 个工艺最小的恶臭物质浓度，但

冬季的恶臭物质浓度较高，原因是冬季温度较低，之前 4 个工艺中微生物均未达到最适宜的活性条件，因此从前 4 个工艺抽出的气体一起进入生物滤池中，由于生物滤池常年保持 30℃左右的温度，适合微生物的生长，因此冬季此阶段的微生物活性较高，分解有机物的能力较强，造成冬季生物滤池处恶臭物质浓度增高。

2.4 餐厨垃圾生化处理设施恶臭污染释放特征

针对餐厨垃圾生化处理设施的恶臭污染，分别选取位于北京、江苏、青海、宁波 4 个不同区域的典型餐厨垃圾处理企业，开展恶臭污染物采样分析，建立餐厨垃圾生化处理设施恶臭排放特征数据库，明确相应设施的恶臭物质释放特征。

2.4.1 江苏某餐厨垃圾处理厂（J）的恶臭释放特征解析

对江苏某餐厨垃圾处理厂（J）进行实地勘查，发现该企业运行过程中，在卸料、破碎、湿热处理、厌氧发酵等工艺环节存在较明显的臭气排放，从而确定该厂处理车间内的卸料仓、破碎机口、湿热处理设备、发酵仓为重点恶臭源。同时围绕车间周边（车间东南角、东北角、西南角、西北角）以及车间下风向 50m、100m 分别设立了采样点位。

该厂 4 个生产单元和下风向的致臭物质种类含量如图 2-42 所示。释放的物质主要包括醇类、醛类、酯类等含氧有机物和芳香烃类物质，其中醇类的质量分数为 52.2%～85.0%，萜烯类物质的质量分数为 0.4%～20.1%；卸料与破碎工艺处醇类含量最高，湿热处理与发酵工艺处则有所降低；与之相对，芳香烃类物质和醛类在湿热处理与发酵工艺处浓度急剧升高。这主要是由于湿热处理与发酵工艺使不同类型 VOCs 物质大量释放，导致醇类物质的相对含量降低；而芳香烃类浓度的升高则说明餐厨垃圾中含有大量芳香类果皮。

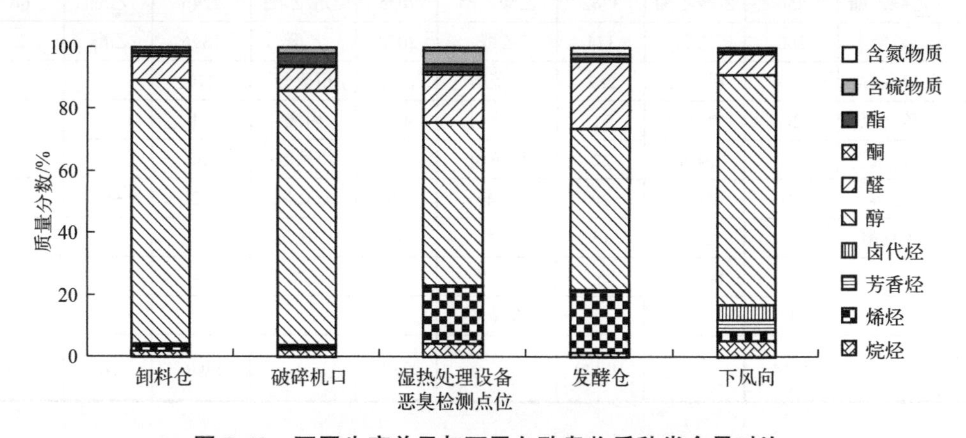

图 2-42 不同生产单元与下风向致臭物质种类含量对比

J厂的各采样点位恶臭物质含量及阈稀释倍数排名分别如表2-50及表2-51所列。从表中可以看出各个处理环节中物质含量均为乙醇最高，其次为乙醛，在湿热处理设备和发酵仓处，萜烯类物质的排名有所升高，主要是芳香类水果生物发酵所致；嗅阈值排名前10的物质中，二甲二硫醚由于其嗅阈值很低，致臭贡献值最大，为47%～70%；其次为乙酸乙酯，致臭贡献值为21%～35%；再次为乙醛，在发酵仓处，该物质的致臭贡献率达到了21%。

表2-50　江苏某餐厨垃圾处理厂（J）各采样点位含量排名前10的物质　单位：mg/m³

排名	卸料口		破碎机口		湿热处理设备		发酵仓		下风向	
	名称	含量	名称	含量	名称	含量	名称	含量	名称	含量
1	乙醇	10.348	乙醇	14.089	乙醇	24.957	乙醇	14.489	乙醇	2.043
2	乙醛	0.767	柠檬烯	1.290	乙醛	6.104	乙醛	5.585	乙醛	0.176
3	甲醛	0.170	乙醛	1.102	柠檬烯	5.050	柠檬烯	3.463	二氯甲烷	0.061
4	乙酸乙酯	0.134	乙酸乙酯	0.591	α-蒎烯	1.712	α-蒎烯	1.145	柠檬烯	0.055
5	戊烷	0.124	甲醛	0.182	β-蒎烯	1.439	β-蒎烯	0.919	丁烷	0.034
6	柠檬烯	0.119	α-蒎烯	0.164	戊烷	1.104	丙酮	0.376	甲苯	0.030
7	丙酮	0.090	戊烷	0.149	乙酸乙酯	1.104	乙酸乙酯	0.353	异丁烷	0.022
8	异丁烷	0.083	丙酮	0.147	硫化氢	0.886	丙醛	0.218	二硫化碳	0.022
9	二甲二硫醚	0.060	β-蒎烯	0.146	丙烯	0.633	戊烷	0.141	丙烷	0.021
10	硫化氢	0.0370	二甲二硫醚	0.133	丙醛	0.613	甲醛	0.135	氯苯	0.020

表2-51　江苏某餐厨垃圾处理厂（J）各采样点位阈稀释倍数排名前10的物质

排名	卸料口		破碎机口		湿热处理设备		发酵仓		下风向	
	名称	阈稀释倍数	名称	阈稀释倍数	名称	阈稀释倍数	名称	阈稀释倍数	名称	阈稀释倍数
1	二甲二硫醚	2798	二甲二硫醚	6189	二甲二硫醚	10465	二甲二硫醚	4435	乙酸乙酯	119
2	乙酸乙酯	856	乙酸乙酯	3762	乙酸乙酯	7025	乙酸乙酯	2246	乙醛	60
3	乙醛	260	乙醛	374	乙醛	2072	乙醛	1896	乙醇	2
4	甲硫醇	55	甲硫醇	252	甲硫醇	1593	甲硫醇	270		
5	硫化氢	20	硫化氢	71	硫化氢	486	丙醛	84		
6	丙醛	10	丙醛	22	甲硫醚	254	甲硫醚	44		
7	乙醇	10	甲硫醚	20	丙醛	236	硫化氢	32		
8	甲硫醚	3	乙醇	13	丁醛	32	柠檬烯	15		
9	对二乙苯	1	柠檬烯	6	乙醇	23	乙醇	14		
10	柠檬烯	1			柠檬烯	22				
臭气浓度		4014		10709		22208		9036		181

对J厂各工艺环节的恶臭物质进行了秋季和冬季的采样和对比，每个工艺环节采集

8～12 个样品，共获得 44 组监测数据。根据本书第 1 章提出的指标恶臭物质确定方法，筛选出该固体废物处理设施的核心和辅助指标恶臭物质，如表 2-52 所列。对 44 组样品中浓度最高的物质根据出现频次进行排序，明确乙醇、柠檬烯、戊烷等物质为指标物质，也是 J 厂释放频率和浓度相对较高的恶臭物质。然而，由于其嗅阈值不同，其对恶臭污染的贡献也不同。对阈稀释倍数>1 的恶臭物质出现频次进行排序，明确 α-蒎烯、乙醇、柠檬烯、二甲二硫醚、乙醛、甲硫醇等物质为核心指标物质，可以作为 J 厂恶臭污染常年监控的指导。

此外，列入《国家污染物环境健康风险名录》的有毒有害物质中，甲苯、二氯甲烷、1, 2-二氯乙烷、苯等被少量检出，且在样品中的检出频次较高。综合上述分析可知，江苏餐厨垃圾堆肥厂应重点关注硫化物、萜烯、乙醇、乙醛、小分子烷烃和苯系物等物质的产生与释放。

表 2-52　江苏某餐厨垃圾处理厂（J）核心与辅助指标恶臭物质

频次排序	核心指标物质		浓度指标物质		毒性指标物质	
	名称	频次	名称	频次	名称	频次
1	α-蒎烯	36	乙醇	47	甲苯	46
2	乙醇	35	柠檬烯	47	二氯甲烷	45
3	柠檬烯	32	戊烷	42	1, 2-二氯乙烷	44
4	二甲二硫醚	28	二甲二硫醚	37	苯	43
5	乙醛	28	α-蒎烯	33	乙苯	43
6	甲硫醇	27	乙酸乙酯	31	间二甲苯	43
7	硫化氢	22	乙醛	30	对二甲苯	40
8	甲硫醚	18	丁烷	26	邻二甲苯	36

2.4.2　北京某餐厨垃圾处理厂（N）的恶臭释放特征解析

对北京某餐厨垃圾处理厂（N）进行实地勘查，发现 N 厂的卸料口、好氧发酵（发酵一）、通风发酵（发酵三）等车间存在较明显的臭气排放现象。同时，围绕车间周边（东南角、东北角、西南角、西北角）以及车间下风向 50m、100m 分别设立了采样点位，各点位恶臭物质种类及含量如图 2-43 所示。卸料口和好氧发酵处恶臭物质检出总浓度较高，分别达到 22.42mg/m^3 和 17.82mg/m^3，而通风发酵处由于气体交换量大，恶臭物质检出浓度较低（1.24mg/m^3）。在该企业环境中检出恶臭物质共计 80 种，其中卸料口 67 种，好氧发酵 73 种，通风发酵 57 种，下风向 64 种。

利用 GC-MS 联用仪对恶臭物质的定量分析结果表明，在各个点位检出的恶臭物质涵盖了烷烃、烯烃、芳香烃、卤代烃、含氧烃、含硫化合物以及含氮化合物等。含氧烃在各采样点含量最为丰富。其中卸料口含氧烃浓度为 15.86mg/m^3，占总质量的 70.7%，含氧烃中含量最高的物质是醇类，占总质量的 52.1%。好氧发酵处含氧烃总量与卸料口浓度相当，为 15.48mg/m^3，占总质量的 86.9%，通风发酵处的浓度最低，为 0.76mg/m^3。

此外，卸料口点位中卤代烃的物质浓度为4.76mg/m^3，占总物质质量浓度的21.2%，远高于好氧发酵与通风发酵处卤代烃的含量。其原因可能是卸料口处垃圾没有经过分拣，塑料类杂质含量较高，从而释放大量卤代烃。此外，通风发酵处氨气等含氮化合物的含量较高，占总质量的55.4%，成为此单元恶臭污染的主要贡献物质，恶臭贡献率约为10%。

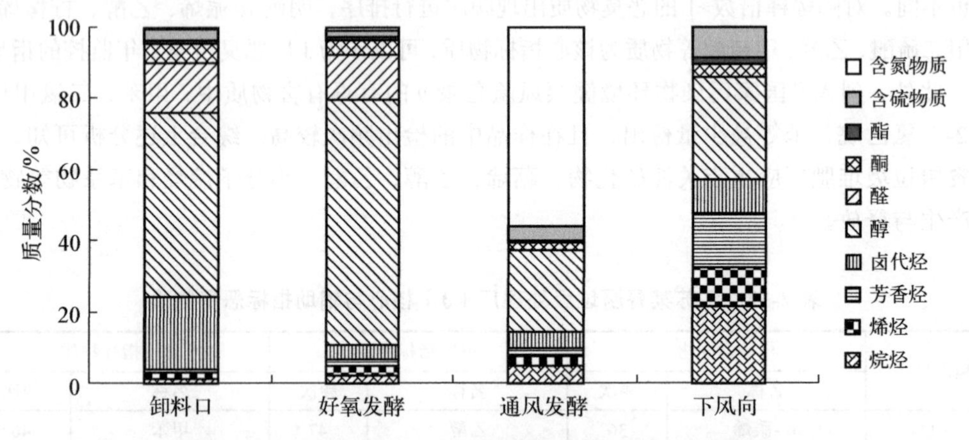

图 2-43　不同生产单元与下风向的恶臭物质种类及含量

随着餐厨垃圾发酵的逐步进行，蛋白质与脂肪首先在好氧发酵步骤分解为醇醛酮酯类的含氧烃，且蛋白质中的硫也以硫化氢或硫醇、硫醚的形式释放出来，成为好氧发酵阶段的恶臭主要物质来源，而此类物质的嗅阈值都较低，因此好氧发酵阶段的臭气浓度也较高。进入通风发酵后垃圾进一步分解，污染物降解为小分子的烷烃（丙烷、丁烷和戊烷）和烯烃（丙烯、丁烯）等，此类物质的嗅阈值一般较高，故此处理环节处臭气浓度比好氧发酵有所降低。

N厂各采样点恶臭含量排名及阈稀释倍数排名分别如表2-43及表2-54所列。从恶臭含量排名可以看出，各环节处物质含量乙醇最高。分析原因：一是由于餐厨垃圾大部分来自餐馆、宾馆等，含酒精类饮料混入垃圾；二是垃圾中的粮食等在好氧菌的作用下发酵分解为乙醇。通风发酵处与环境空气（即厂区下风向）物质种类基本相似，说明此处垃圾已降解得比较完全，垃圾组成较为稳定。

表 2-53　北京某餐厨垃圾处理厂（N）各采样点高浓度恶臭物质　单位：mg/m^3

排名	好氧发酵		卸料口		通风发酵		下风向 50m	
	名称	含量	名称	含量	名称	含量	名称	含量
1	乙醇	12.624	乙醇	12.403	氨	0.934	乙醇	0.133
2	乙醛	1.256	乙醛	1.840	乙醇	0.616	柠檬烯	0.029
3	丙酮	0.699	丙酮	1.242	异丙醇	0.065	二甲二硫醚	0.020
4	异戊醛	0.432	1, 2-二氯乙烷	1.176	二甲二硫醚	0.061	甲苯	0.019
5	柠檬烯	0.356	氯仿	1.163	戊烷	0.041	戊烷	0.017
6	乙酸乙酯	0.205	1, 1-二氯乙烷	0.955	丙酮	0.040	异丁烷	0.016
7	1, 2-二氯乙烷	0.190	反 1, 2-二氯乙烯	0.624	柠檬烯	0.036	丁烷	0.014

续表

排名	好氧发酵		卸料口		通风发酵		下风向 50m	
	名称	含量	名称	含量	名称	含量	名称	含量
8	二甲二硫醚	0.169	硫化氢	0.522	1, 2-二氯乙烷	0.027	2, 2-二甲基丁烷	0.013
9	氯仿	0.168	四氯化碳	0.476	氯仿	0.025	异戊烷	0.013
10	氨	0.151	柠檬烯	0.297	甲苯	0.020	丙烷	0.012

表 2-54 北京某餐厨垃圾处理厂（N）各采样点高贡献值恶臭物质

排名	好氧发酵		卸料口		通风发酵		下风向	
	名称	阈稀释倍数	名称	阈稀释倍数	名称	阈稀释倍数	名称	阈稀释倍数
1	二甲二硫醚	7911	二甲二硫醚	7255	二甲二硫醚	2867	二甲二硫醚	943
2	乙酸乙酯	1302	乙酸乙酯	1009	氨	216	乙酸乙酯	50
3	异戊醛	1124	乙醛	624	乙酸乙酯	105	甲硫醇	12
4	乙醛	426	硫化氢	286	对二乙苯	1	甲硫醚	7
5	甲硫醇	62	甲硫醇	209	乙醇	1	硫化氢	5
6	硫化氢	48	甲硫醚	49				
7	甲硫醚	43	丙醛	20				
8	丙醛	36	氨	18				
9	氨	35	乙醇	12				
10	乙醇	12	对二乙苯	2				
臭气浓度		10999		9484		3190		1017

从恶臭物质阈稀释倍数排名可以看出，以二甲二硫醚为代表的硫化物是造成厂区恶臭的主要物质。卸料口与好氧发酵处酯类、醛类以及酮类等含氧烃也对恶臭污染有较大贡献。对排名前10物质的阈稀释倍数求和，其值也与各处样品的臭气浓度基本吻合，从而证明这些物质即为造成恶臭的源物质。

对N厂3个工艺环节的恶臭物质进行了采样监测，每个工艺环节采集2个气体样品，共获得6组监测数据。根据提出的指标恶臭物质确定方法，筛选出该固体废物处理设施的核心和辅助指标恶臭物质，如表2-55所列。

表 2-55 北京某餐厨垃圾处理厂（N）核心与辅助指标恶臭物质清单

频次排序	核心指标物质		浓度指标物质		毒性指标物质	
	名称	频次	名称	频次	名称	频次
1	二甲二硫醚	6	乙醇	6	二氯甲烷	6
2	α-蒎烯	6	柠檬烯	6	苯	6
3	乙醇	5	二甲二硫醚	6	甲苯	6
4	对二乙苯	5	戊烷	4	氯苯	6
5	甲硫醇	4	乙酸乙酯	4	乙苯	6
6	甲硫醚	4	1, 2-二氯乙烷	4	间二甲苯	6

续表

频次排序	核心指标物质		浓度指标物质		毒性指标物质	
	名称	频次	名称	频次	名称	频次
7	柠檬烯	3			对二甲苯	6
8	甲硫醇	3			邻二甲苯	6
9					萘	6
10					1, 2-二氯乙烷	6
11					1, 4-二氯苯	6

对样品中浓度最高的物质根据出现频次进行排序，确定乙醇、柠檬烯、二甲二硫醚等物质释放频率和浓度相对较高，为N厂主要恶臭物质。然而，由于其嗅阈值不同，其对恶臭污染的贡献也不同。对阈稀释倍数>1的恶臭物质出现频次进行排序，确定二甲二硫醚、α-蒎烯、乙醇、对二乙苯、甲硫醇等物质作为N厂核心指标物质。

此外，该厂的每个样品中均能检出少量二氯甲烷、苯、甲苯、萘等化合物，为列入《国家污染物环境健康风险名录》的有毒有害物质，需引起关注。

综合上述分析，北京餐厨垃圾处理厂（N）应重点关注的恶臭物质包括硫化物、萜烯、乙醇、乙酸乙酯、小分子烷烃和苯系物。

2.4.3 青海某餐厨垃圾处理厂（Q）的恶臭释放特征解析

通过对青海某餐厨垃圾处理厂（Q）的实地调查发现，该企业在餐厨垃圾处置过程中的卸料、分拣、固液分离、破碎、中间贮存、烘干等工艺环节存在较明显的臭气排放，因此确定该企业厂区内的卸料口、分拣口、固液分离机、破碎机、中间料仓、烘干机为重点监测点位。

通过对样品进行定性定量分析，餐厨垃圾厌氧处置排放废气中共检出烷烃10种、烯烃6种、芳香烃11种、卤代烃8种、含氧有机物13种和含硫化合物6种。其中，卸料区共检出40种污染物，总体浓度水平为30.56mg/m^3；一次分拣区共检出38种污染物，总体浓度水平为140.16mg/m^3；破碎装置共检出45种污染物，总体浓度水平为125.47mg/m^3；固液分离装置共检出42种污染物，总体浓度水平为80.12mg/m^3；贮存区共检出37种污染物，总体浓度水平为13.21mg/m^3；烘干区共检出36种污染物，总体浓度水平为119.38mg/m^3；废气排放口共检出33种污染物，总体浓度水平为857.86mg/m^3。废气排放口是固液分离区、贮存区、烘干区等废气收集排放的综合反映，因而其总体浓度水平较高。

由表2-56可知，各个排放单元中物质含量均为乙醇最高，排名第2的物质除废气排放口为柠檬烯外，其他工艺点位都为乙醛，其余物质也多为含氧烃类，以及少量萜烯、硫化物和烷烃。由表2-57可知，由于二甲二硫醚的嗅阈值很低，各排放单元其致臭贡献值最大，为53%～80%；其次为乙酸乙酯，致臭贡献值为4%～23%；再次为乙醛，在破碎区该物质的致臭贡献率达到了29%。

表 2-56 青海某餐厨垃圾处理厂（Q）各采样点高浓度恶臭物质 单位：mg/m^3

排名	卸料口		一次分拣		破碎机		固液分离		烘干口		废气处理		贮存仓	
	名称	含量	名称	含量	名称	含量	名称	含量	名称	含量	名称	含量	名称	含量
1	乙醇	28.315	乙醇	133.520	乙醇	114.359	乙醇	71.063	乙醇	101.174	乙醇	736.212	乙醇	11.928
2	乙醛	2.056	乙醛	4.485	乙醛	15.392	乙醛	12.236	乙醛	20.015	柠檬烯	63.378	乙醛	0.304
3	甲醛	0.265	2, 5-二甲基苯甲醛	1.454	氨	1.550	丙酮	0.877	丁醛	2.256	β-蒎烯	11.356	丙酮	0.186
4	丙酮	0.229	丁醛	1.103	丙酮	0.787	乙酸乙酯	0.485	氨	2.200	α-蒎烯	10.508	柠檬烯	0.174
5	氨	0.175	丙酮	0.917	丁醛	0.747	丁醛	0.446	戊醛	1.976	硫化氢	6.484	二甲二硫醚	0.109
6	二甲二硫醚	0.145	乙酸乙酯	0.651	柠檬烯	0.713	柠檬烯	0.429	异戊醛	1.860	二甲二硫醚	4.539	甲醛	0.089
7	乙酸乙酯	0.135	丙醛	0.289	甲醛	0.357	二甲二硫醚	0.367	柠檬烯	1.699	丙烯	4.267	α-蒎烯	0.067
8	丁醛	0.087	二甲二硫醚	0.289	乙酸乙酯	0.309	氨	0.280	二甲二硫醚	0.696	氯甲烷	3.988	β-蒎烯	0.061
9	丁烷	0.026	氨	0.255	α-蒎烯	0.233	α-蒎烯	0.183	甲苯	0.386	甲硫醇	3.294	乙硫醚	0.048
10	异丁烷	0.017	甲醛	0.223	二甲二硫醚	0.168	戊烷	0.178	丁烷	0.352	丙烷	3.190	丁烷	0.017

表 2-57 青海某餐厨垃圾处理厂（Q）各采样点高贡献值恶臭物质

排名	卸料仓		一次分拣		破碎机		固液分离		烘干口		废气处理口		贮存仓	
	名称	阈稀释倍数	名称	阈稀释倍数	名称	阈稀释倍数	名称	阈稀释倍数	名称	阈稀释倍数	名称	阈稀释倍数	名称	阈稀释倍数
1	二甲二硫醚	10681	二甲二硫醚	20914	二甲二硫醚	9583	二甲二硫醚	23395	二甲二硫醚	31175	二甲二硫醚	341280	二甲二硫醚	5135
2	乙酸乙酯	1468	乙酸乙酯	7478	乙醛	5224	乙酸乙酯	4309	二甲二硫醚	4958	乙酸乙酯	32289	乙硫醚	363
3	乙醛	698	乙醛	1522	乙酸乙酯	2012	乙醛	4153	异戊醛	4846	甲硫醇	20191	乙酸乙酯	232
4	乙硫醚	382	乙硫醚	1475	乙硫醚	390	乙硫醚	417	乙酸乙酯	2243	乙硫醚	8236	乙醛	103
5	乙醇	41	甲硫醇	584	丁醛	347	甲硫醇	308	乙硫醚	1493	硫化氢	5658	甲硫醚	26
6	甲硫醚	48	丁醛	512	甲硫醇	272	丁醛	207	丙醛	268	甲硫醚	4140	乙醇	11
7	丁醛	40	乙醇	193	乙醇	115	甲硫醚	74	乙醇	171	乙醇	1137		

续表

排名	卸料仓		一次分拣		破碎机		固液分离		烘干口		废气处理口		贮存仓	
	名称	阈稀释倍数	名称	阈稀释倍数	名称	阈稀释倍数	名称	阈稀释倍数	名称	阈稀释倍数	名称	阈稀释倍数	名称	阈稀释倍数
8	丙醛	61	甲硫醚	126	甲硫醚	39	乙醇	69	甲硫醚	145	柠檬烯	487		
9	甲硫醇	43	丙醛	111	硫化氢	33	硫化氢	35	硫化氢	119	苯乙烯	7		
10	硫化氢	14	硫化氢	108	柠檬烯	3	柠檬烯	1	柠檬烯	14				
11	乙醇	12												

对Q厂各工艺环节的恶臭物质进行了采样监测，每个工艺单元采集1～2个样品，共获得13组监测数据。根据提出的指标恶臭物质确定方法，筛选出该固体废物处理设施的核心和辅助指标恶臭物质，如表2-58所列。

表2-58　青海某餐厨垃圾处理厂（Q）核心与辅助指标恶臭物质

频次排序	核心指标物质		浓度指标物质		毒性指标物质	
	名称	频次	名称	频次	名称	频次
1	二甲二硫醚	13	乙醇	13	苯	13
2	乙硫醚	13	乙酸乙酯	12	甲苯	13
3	乙醇	13	二甲二硫醚	11	乙苯	13
4	甲硫醚	13	柠檬烯	11	间二甲苯	13
5	乙酸乙酯	12	α-蒎烯	10	1, 2-二氯乙烷	13
6	硫化氢	10	氨	9	1, 4-二氯苯	13
7	甲硫醇	9	β-蒎烯	9	萘	12
8	氨	8	丙烯	7	二氯甲烷	12

对13组样品中浓度最高的恶臭物质按出现频次进行排序，明确乙醇、乙酸乙酯、二甲二硫醚、柠檬烯等物质为Q厂释放频率和浓度相对较高的恶臭物质。然而，由于其嗅阈值不同，其对恶臭污染的贡献也不同。对阈稀释倍数>1的恶臭物质出现频次进行排序，明确二甲二硫醚、乙硫醚、乙醇、甲硫醚、乙酸乙酯等物质作为核心指标物质，是Q厂中释放频率和恶臭贡献相对较高的重点物质，可以作为该厂恶臭污染常年监测的指导。

此外，该厂的每个样品中均能检出少量苯、甲苯、乙苯、间二甲苯、1, 2-二氯乙烷等化合物，且检出频次很高，这些均为列入《国家污染物环境健康风险名录》的有毒有害物质，需引起关注。

综合上述分析，青海某餐厨垃圾处理厂（Q）应重点关注的恶臭物质为硫化物、萜烯、乙醇、乙酸乙酯、氨和苯系物。

2.4.4 宁波某餐厨垃圾处理厂（K）的恶臭释放特征解析

通过实地调查发现，该企业在餐厨垃圾处理过程中的卸料、分选、油水分离、烘干、厌氧发酵等工艺环节存在较明显的臭气影响，因此确定该企业处理车间内的卸料口、分选口、油水分离设备、烘干设备及发酵仓为重点恶臭源，同时围绕车间周边（东南角、东北角、西南角、西北角）以及车间下风向 50m、100m 分别设立了采样点位。宁波餐厨垃圾处理厂（K）不同生产单元与下风向的恶臭物质种类及含量如图 2-44 所示。

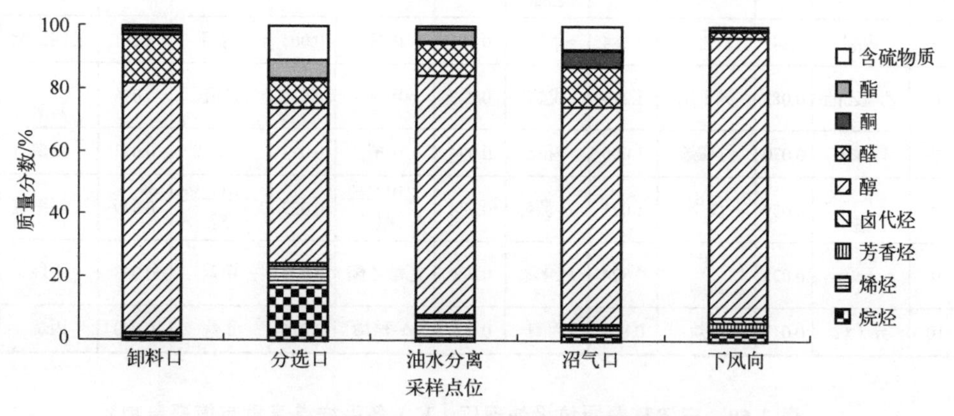

图 2-44　不同生产单元与下风向的恶臭物质种类及含量

从图 2-44 可知，各个工艺单元污染物排放浓度在 29.70～6.02mg/m^{3}之间，从排放强度来看，从大到小分别为分选口>油水分离>烘干口>卸料口>沼气口。排放物质种类主要为醇、醛、酮、酯的含氧烃类，以及部分烯烃和硫化物，其中醇类在各个工艺单元的质量分数在 49.14%～79.15%之间，其次为醛类，占各个工艺全部物质质量的 8.94%～27.27%，油水分离和分选处的烯烃含量较高，分别为 1.24mg/m^3 和 1.76mg/m^3，占检出物质总质量的 6.32%和 5.88%。典型恶臭物质含硫化合物在分选工艺处浓度最高，达到了 3.14mg/m^3，占物质总质量的 10.58%。

K 厂的下风向中近 90%物质都为醇类，是造成企业环境异味的主要物质种类。各个点位都含有大量的乙醇、乙醛，在卸料口处甲醛、丙酮、丁醛的相对浓度也较大，油水分离处柠檬烯和乙酸乙酯是主要特征物质，沼气口处恶臭物质硫化氢、丙酮和丁烯醛的特征明显，这些物质对企业下风向空气质量都有一定的影响。

通过 SPSS 13.0 相关性分析，卸料口、油水分离两个处理环节的物质组成与厂界下风向处的物质组成的相关性系数分别达到了 0.992 和 0.993，故此两环节对厂界下风向的大气质量影响较大。

由表 2-59、表 2-60 可知，各个工艺及下风向大气环境中物质浓度最高的都为乙醇，排名第 2 的物质除沼气口为硫化氢外，其他工艺点位都为乙醛，其余物质也多为含氧烃类，以及少量萜烯、硫化物和烷烃。在各工艺点位中，排名前 10 的物质含量占检出物质总量的 90%以上，能够表征各个点位的污染物释放情况。

表 2-59 宁波某餐厨垃圾处理厂（K）各采样点高浓度恶臭物质 单位：mg/m^3

排名	卸料口		分选口		油水分离		烘干口		沼气口		下风向	
	名称	含量	名称	含量	名称	含量	名称	含量	名称	含量	名称	含量
1	乙醇	7.636	乙醇	14.593	乙醇	15.253	乙醇	8.203	乙醇	4.167	乙醇	2.586
2	丁醛	0.924	乙醛	2.297	乙醛	1.681	乙醛	3.255	硫化氢	0.377	乙醛	0.050
3	甲醛	0.283	丁烷	1.845	柠檬烯	1.067	柠檬烯	0.305	甲醛	0.356	甲苯	0.019
4	乙醛	0.263	乙酸乙酯	1.741	乙酸乙酯	0.729	丙酮	0.156	丁烯醛	0.301	柠檬烯	0.019
5	丙酮	0.148	硫化氢	1.384	甲醛	0.281	丙醛	0.063	丙酮	0.281	乙酸乙酯	0.014
6	乙酸乙酯	0.083	异丁烷	1.219	戊烷	0.123	甲苯	0.037	乙醛	0.096	二甲二硫醚	0.014
7	柠檬烯	0.070	柠檬烯	1.090	丙醛	0.094	甲醛	0.033	柠檬烯	0.073	戊烷	0.014
8	二甲二硫醚	0.029	戊烷	1.025	β-蒎烯	0.084	二甲二硫醚	0.029	二甲二硫醚	0.049	二氯甲烷	0.013
9	丁烷	0.025	二甲二硫醚	0.824	硫化氢	0.080	乙酸乙酯	0.027	甲苯	0.043	丁烷	0.012
10	异丁烷	0.017	丙烷	0.823	丙酮	0.069	α-蒎烯	0.016	丁烷	0.040	丙烷	0.011

表 2-60 宁波某餐厨垃圾处理厂（K）各采样点高贡献值恶臭物质

排名	卸料口		分选口		油水分离		烘干口		沼气口		下风向	
	名称	阈稀释倍数	名称	阈稀释倍数	名称	阈稀释倍数	名称	阈稀释倍数	名称	阈稀释倍数	名称	阈稀释倍数
1	二甲二硫醚	1373	二甲二硫醚	38534	二甲二硫醚	3042	乙醛	1105	二甲二硫醚	2293	二甲二硫醚	681
2	乙酸乙酯	529	乙酸乙酯	11084	乙醛	571	乙酸乙酯	177	硫化氢	207	乙酸乙酯	93
3	丁醛	429	甲硫醇	2551	甲硫醇	240	甲硫醇	29	乙酸乙酯	134	乙醛	17
4	乙醛	89	乙醛	780	硫化氢	44	丙醛	24	甲硫醇	51	乙醇	2
5	甲硫醇	30	硫化氢	760	丙醛	36	乙醇	8	乙醛	33	硫化氢	2
6	硫化氢	7	甲硫醚	209	甲硫醚	23	硫化氢	4	甲硫醚	10		
7	乙醇	7	乙醇	14	乙醇	14	甲硫醚	4	丁烯醛	4		
8			柠檬烯	5	柠檬烯	5	柠檬烯	1	乙醇	4		
合计		2464		53937		3975		1352		2736		795
实测		2189		72154		39196		33074		29181		60

对 K 厂各工艺环节的恶臭物质进行了秋季和冬季的采样监测，每个工艺环节采集了 12 个样品，共获得 60 组监测数据。根据提出的指标恶臭物质确定方法，筛选出该固体废物处理设施的核心和辅助指标恶臭物质，如表 2-61 所列。

表 2-61 宁波某餐厨垃圾处理厂（K）核心与辅助指标恶臭物质

频次排序	核心指标物质		浓度指标物质		毒性指标物质	
	名称	频次	名称	频次	名称	频次
1	乙醇	50	乙醇	60	二氯甲烷	60
2	α-蒎烯	50	柠檬烯	57	苯	60
3	甲硫醇	31	乙酸乙酯	56	甲苯	60
4	柠檬烯	34	二甲二硫醚	54	乙苯	60
5	乙醛	29	甲苯	44	间二甲苯	60
6	硫化氢	29	丙烷	40	1, 2-二氯乙烷	60
7	二甲二硫醚	24	二氯甲烷	35	邻二甲苯	59
8	甲硫醚	17	丁烷	33	1, 4-二氯苯	57

对 60 组样品中浓度最高的物质出现频次进行排序，明确乙醇、柠檬烯、乙酸乙酯、二甲二硫醚等物质为宁波餐厨垃圾处理厂（K）释放频率和浓度相对较高的恶臭物质。然而，由于其嗅阈值不同，其对恶臭污染的贡献也不同。对阈稀释倍数>1 的恶臭物质出现频次进行排序，明确乙醇、α-蒎烯、甲硫醇、柠檬烯、乙醛等物质作为核心指标物质，是该厂释放频率和恶臭贡献相对较高的重点物质，可以作为其恶臭污染常年监测的指导。

此外，该厂的每个样品中均能检出少量甲苯、二氯甲烷、苯、间二甲苯等化合物，且检出频次很高，这些均为列入《国家污染物环境健康风险名录》的有毒有害物质，需引起关注。

综合上述分析可见，宁波餐厨垃圾处理厂（K）应重点关注的恶臭物质包括硫化物、萜烯、乙醇、乙酸乙酯、乙醛和小分子烷烃。

2.4.5 餐厨垃圾厌氧发酵恶臭产生规律与释放源强

厌氧发酵等生化处理是高有机物含量的餐厨垃圾实现资源化的有效途径，但由于餐厨垃圾富含油脂、蛋白质、淀粉等极易腐败的有机质，在处理处置过程中产生大量恶臭物质，是影响该技术推广的重要瓶颈之一。餐厨垃圾厌氧发酵产生的恶臭物质中硫化物占很大比例，其中 H_2S 产量最高。餐厨垃圾中硫的 3 种主要存在形态包括硫化物（S^{2-}、HS^-、H_2S）、硫酸盐（主要是 SO_4^{2-}）、有机态硫（主要存在于蛋白质中）。在厌氧消化过程中 H_2S 气体的产生途径主要有硫酸盐的还原、硫化物的转化以及含硫蛋白质的水解。

有机态硫主要存在于蛋白质中，参与微生物有机体的构建，在垃圾厌氧消化过程中蛋白质发生了水解反应，有机态硫转化成其他形态的硫释放到发酵液中，产生 H_2S。但在整个厌氧消化的过程中，微生物又通过同化作用消耗掉垃圾中其他形态的硫而重新合成蛋白质（有机态硫）。沼气中 H_2S 主要来源于硫化物的转化和硫酸盐的还原。

硫酸盐还原是指在厌氧条件下，硫酸还原菌利用废水中的有机物作为电子供体，将硫酸盐还原为硫化物的过程。其反应可表示为：

$$4H_2 + SO_4^{2-} + H^+ \longrightarrow HS^- + 4H_2O \tag{2-15}$$

$$2CH_3CH_2CH_2COO^- + SO_4^{2-} \longrightarrow 4CH_3COO^- + HS^- + H^+ \tag{2-16}$$

$$4C_2H_5COO^- + 3SO_4^{2-} \longrightarrow 4CH_3COO^- + 4HCO_3^- + 3HS^- + H^+ \tag{2-17}$$

本小节通过实验室模拟结果揭示餐厨垃圾产生和释放恶臭物质的规律，从而提供相应处理设施的恶臭物质释放源强估算依据和方法，为相关恶臭污染控制提供理论支撑。

2.4.5.1 餐厨垃圾厌氧发酵实验

（1）实验装置

实验设计并制作2台容积不同的厌氧发酵反应器（如图2-45所示，图2-46为反应器实物图），分别作为产酸相反应器和产甲烷相反应器。每台反应器由支架、双层玻璃反应器、电动搅拌器、水浴锅和湿式流量计等部分组成。产酸相反应器的有效容积为20L，夹套容积为6L，电动搅拌功率为90W；产甲烷相反应器的有效容积为50L，夹套容积为16L，电动搅拌功率为120W。反应器的温度[中温（35±1）℃]通过夹套的水浴加热来控制，气体体积由湿式流量计测量，流量计中充满饱和食盐水，搅拌速度通过调速器来控制。

（2）实验物料

餐厨垃圾取自天津市某单位食堂，剔除其中的骨头等硬物后用搅拌机将其粉碎，作为酸化阶段的原料，酸化阶段的发酵液作为产甲烷阶段的原料。接种物为餐厨垃圾厌氧发酵中试发酵罐的出料。

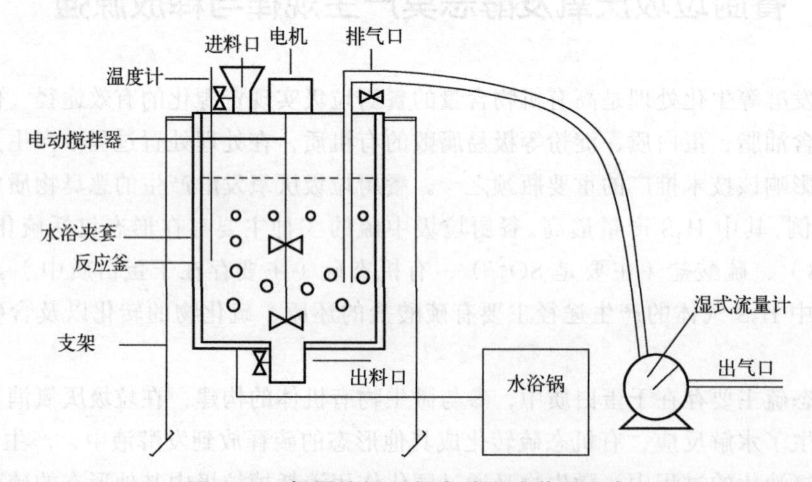

图2-45 餐厨垃圾厌氧发酵实验装置示意

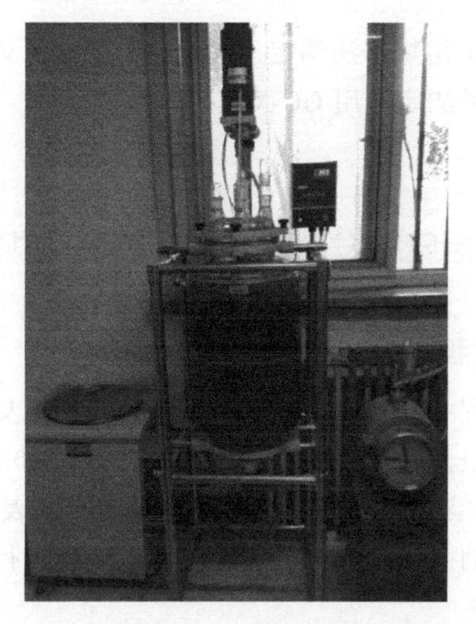

图 2-46　餐厨垃圾厌氧发酵实验装置实物

（3）试验方法

① 产酸相和产甲烷相的分离实验。在产酸相反应器中加入 12L 接种物，在产甲烷相反应器中加入 30L 接种物，采用目前普遍应用的动力学控制法，有效实现 2 个反应器中产酸相和产甲烷相的分离。具体操作如下：产酸相反应器每隔 24h 进行一次出料与进料操作，出料前和进料后各搅拌 1h。产酸相反应器的固液混合物出料后，立即导入产甲烷相反应器，作为产甲烷相反应器的进料，同样每隔 24h 进行一次出料与进料操作并搅拌。初始进料量为 0.5L，测定系统 pH 值和产气量的变化，当 pH 值和产气量稳定时，可以认为发酵系统在这个进料负荷下进入稳定状态，可以采集出料和发酵过程产生的恶臭气体进行分析。

② 餐厨垃圾厌氧发酵的恶臭排放特征分析。当产酸相反应器和产甲烷相反应器实现相分离之后，分别对餐厨垃圾产酸过程和产甲烷过程的恶臭气体进行采样和分析。发酵中的 pH 值、产气量、化学需氧量（COD）、氨氮、硫化物、动植物油的检测方法如表 2-62 所列。

表 2-62　主要检测项目分析方法

检测项目	检测方法	检测依据
pH 值	PHS-3C 型 pH 计	—
产气量	湿式流量计	—
COD	重铬酸钾法	GB 11914—1989
氨氮	蒸馏滴定法	HJ 537—2009
硫化物	碘量法	HJ/T 60—2000
动植物油	红外分光光度法	HJ 637—2012
臭气浓度	三点比较式臭袋法	GB/T 14675—1993

此外，总固体（TS）采用烘干法测定，挥发性脂肪酸（VFA）含量采用气相色谱法测定，恶臭物质定性和定量测定采用 GC-MS。

2.4.5.2 餐厨垃圾两相厌氧发酵过程的恶臭产生规律

（1）两相厌氧发酵过程的挥发性有机酸产生规律

餐厨垃圾厌氧发酵过程中产生的挥发性有机酸是造成恶臭的重要因素之一。以 0.5L 的进料量为例研究餐厨垃圾两相厌氧发酵过程，对进料后 30h 内酸化发酵液以及产甲烷阶段发酵液的 VFA、COD 含量随时间的变化进行测定，如表 2-63 所列。同时对不同时间段产甲烷相反应器产生的恶臭气体浓度和恶臭物质浓度进行了采样分析，分别如表 2-64 和表 2-65 所列。

表 2-63 餐厨垃圾厌氧发酵酸化阶段和产甲烷阶段发酵液 VFA、COD 含量及变化

时间	发酵液	VFA 含量/（mg/L）						COD /（mg/L）
		乙酸	丙酸	异丁酸	丁酸	异戊酸	戊酸	
进料前	酸化罐	2844.38	0.45	58.18	64.94	85.50	5.70	153000
	厌氧罐	2518.12	1070.26	109.62	37.66	0.72	16.42	49000
进料后 2h	酸化罐	2754.72	1.82	66.46	93.16	99.46	8.64	180000
	厌氧罐	2953.48	2.06	111.94	72.06	0.97	33.46	51600
进料后 4h	酸化罐	2566.58	3.18	0.72	93.90	94.02	19.16	174000
	厌氧罐	3225.40	—	120.48	21.56	4.20	33.06	48800
进料后 6h	酸化罐	2790.64	0.51	0.94	0.48	73.40	4.54	171000
	厌氧罐	3236.64	1.66	120.70	1.85	4.62	25.48	45200
进料后 8h	酸化罐	2837.14	486.78	31.08	0.32	81.26	31.56	167000
	厌氧罐	3201.26	2.34	124.82	14.54	0.61	13.54	43800
进料后 10h	酸化罐	2843.34	446.48	0.33	140.84	82.96	18.02	161000
	厌氧罐	3178.24	0.67	123.80	0.86	80.60	9.80	41600
进料后 24h	酸化罐	2823.74	262.20	61.32	34.62	73.30	2.20	150000
	厌氧罐	2367.58	502.50	107.22	12.92	82.28	—	37600
进料后 28h	酸化罐	2739.10	252.22	64.38	57.68	74.38	2.08	150000
	厌氧罐	2088.46	266.20	94.72	11.06	0.68	—	37200
进料后 30h	酸化罐	2593.72	200.68	53.42	32.18	65.38	5.92	150000
	厌氧罐	2047.38	326.02	86.26	6.78	23.96	5.56	37200

注：“—”表示该项未检出。

表 2-64 餐厨垃圾厌氧发酵产甲烷阶段恶臭气体浓度

项目	进料后 2h	进料后 8h	进料后 24h	进料后 30h
臭气浓度	412097	732874	309029	231739
产气速率/（L/h）	6.55	7.52	4.66	3.78

表 2-65　餐厨垃圾厌氧发酵产甲烷阶段恶臭物质及其浓度

物质/（mg/m³）	进料后 2h	进料后 10h	进料后 24h	进料后 30h
1, 3-丁二烯	—	—	—	—
二氯甲烷	0.069	0.036	0.018	0.050
二硫化碳	0.337	0.308	0.624	0.842
乙酸乙酯	0.359	0.332	0.389	0.218
苯	0.027	0.025	0.033	0.036
甲基异丁酮	0.348	0.331	0.481	0.452
甲苯	0.318	0.316	0.455	0.418
2-已酮	0.473	0.435	0.627	0.516
氯苯	—	—	—	—
乙苯	0.086	0.072	0.095	0.082
间二甲苯	0.092	0.067	0.068	0.063
对二甲苯	0.024	—	—	—
苯乙烯	0.085	0.082	0.086	0.083
邻二甲苯	—	—	—	—
对乙基甲苯	0.040	0.039	0.041	0.040
1, 3, 5-三甲苯	0.016	0.015	0.016	0.016
1, 2, 4-三甲苯	0.425	0.247	0.242	0.222
萘	0.171	—	0.168	0.165
硫化氢	65.249	426.446	384.011	380.795
甲硫醇	3.957	4.359	3.114	1.851
乙硫醇	0.630	0.721	0.624	0.605
甲硫醚	4.007	3.339	6.811	5.274
乙硫醚	0.886	0.861	0.432	0.860
二甲二硫醚	0.960	0.974	0.961	0.978
α-蒎烯	1.539	1.583	2.380	1.955
β-蒎烯	1.257	1.239	1.871	1.486
柠檬烯	28.011	28.652	44.23	29.568

注：“—”表示该项未检出。

由表 2-63 可知，进料后酸化发酵液和产甲烷阶段发酵液的化学需氧量呈现先增大后减小的变化趋势，24h 后基本不再变化。同时，酸化发酵液和产甲烷阶段发酵液中含量最高的 VFA 是乙酸。进料后酸化发酵液的乙酸含量先减少后增加，8h 后基本达到进料前的水平，但是 24h 后乙酸含量又开始减少，而产甲烷阶段发酵液的乙酸含量先增加后减少，28h 后减少缓慢。这是因为加入餐厨垃圾后，产酸相反应器中首先进行的是水解发酵过程，之后进入产酸产氢阶段，使乙酸含量增加，随着时间进一步延长，进入产甲烷阶段，乙酸含量减少。但在产酸相反应器中，产甲烷菌的活性受到抑制，乙酸含量减少比较缓慢。而产甲烷相反应器中因为加入了乙酸含量比较高的酸化发酵液，所以乙酸含量先增加，之后随着产甲烷阶段对乙酸的消耗，乙酸含量降低。根据进料后酸化发酵液的乙酸含量变化，可知 8h 时产酸产氢阶段已经基本完成，根据进料后产甲烷阶段发酵液的乙酸含量变化，可知产甲烷阶段到 28h 时已经基本完成。

（2）两相厌氧发酵过程的恶臭物质浓度和臭气浓度

由表 2-64 和表 2-65 的数据可知，进料后产甲烷相反应器产生的臭气浓度和恶臭物质浓度都呈现出先增大后减小的变化趋势，与产甲烷阶段发酵液的乙酸含量变化规律相一致。这是因为乙酸浓度越高，产甲烷菌利用乙酸产气的速度越快，从而产生的恶臭物质浓度也越高，恶臭物质浓度和 VFA 含量越高，对应的臭气浓度也就越大。而从 24h 到 30h 的时段内臭气浓度和恶臭物质浓度变化不明显，说明这段时间的产气速度缓慢。同时，从表 2-65 可知，不同时间段产甲烷相反应器产生的恶臭物质浓度最高的都是硫化氢，物质浓度较高的还包括柠檬烯、甲硫醇和甲硫醚，根据其嗅阈值浓度能够计算出阈稀释倍数，从而反映其在恶臭污染中的贡献。

餐厨垃圾的两相厌氧发酵过程还受到 pH 值、进料量、运行负荷等因素的影响，从而进一步影响恶臭物质的释放，在此不再赘述。

（3）进料量对厌氧发酵过程产气量和臭气浓度的影响

餐厨垃圾两相厌氧发酵过程中，产酸阶段产气量很少忽略不计，主要考虑产甲烷阶段的产气量。进料量不同时，产甲烷相反应器每天的产气量也不同。产甲烷相反应器在不同进料量条件下，每天的产气量及臭气浓度如表 2-66 所列。此外，有机负荷的变化也会影响到发酵系统的产气量和处理能力。

表 2-66　不同进料量时产甲烷相反应器的每日产气量和臭气浓度

进料量/（L/d）	COD/（mg/L）	有机负荷 /[kg COD/（m·d）]	产气量/（L/d）	臭气浓度
0.5	260000	4.3	67	130316
0.5	327000	5.5	83	309029
1.0	220000	7.3	110	309029
1.0	222000	7.4	123	412097
1.5	217000	11.0	167	231739
1.5	228000	11.5	186	549540

由表 2-66 可知，进料量越大时，产甲烷相反应器每天的产气量越大，但是由于每天的餐厨垃圾成分变化比较大，不能仅从进料量来讨论产气量的变化。进料量相同时，有机负荷越大时，产气量也越大，较高的有机负荷可获得较大的产气量，并且有机负荷与产气量基本上呈线性关系。这对不同组分餐厨垃圾厌氧发酵的臭气产生规律有一定借鉴意义。

（4）发酵液的基本特性与恶臭之间的关系

研究结果表明，产甲烷相发酵液的硫化物含量 > 产酸相发酵液的硫化物含量 > 餐厨

垃圾原料的硫化物含量。从恶臭气体的物质浓度分析来看，产甲烷阶段出料时的空气样品和产甲烷相反应器排气口产生的气体样品中，硫化氢的物质浓度也比其他样品大。可见，发酵液中硫化物含量和恶臭物质中硫化物含量存在一定对应关系，餐厨垃圾原料、酸化发酵液、产甲烷阶段发酵液中硫化物含量和对应的恶臭中的硫化氢的物质浓度如表 2-67 所列。这是由于餐厨垃圾原料中存在的硫主要为有机态，硫化物含量较低，在厌氧发酵过程中有机态硫转化成无机态硫化物（S^{2-}、HS^-、H_2S）并释放到发酵液中，产生 H_2S。因此，随着厌氧发酵过程的进行，发酵液中硫化物含量越来越高，对应的恶臭气体中硫化氢的物质浓度也就越大。同时，从恶臭浓度和物质浓度分析可以知道，酸化出料时的空气样品臭气浓度均较大，但是气体中典型恶臭物质的浓度都不高，这是因为酸化发酵液中 VFA 的含量最高，使得酸化出料时采集的样品的臭气浓度比较大。

表 2-67　硫化物含量和对应的恶臭中硫化氢的含量表

餐厨垃圾原料		酸化发酵液		产甲烷阶段发酵液	
硫化物浓度/（mg/L）	H_2S 浓度/（mg/m^3）	硫化物浓度/（mg/L）	H_2S 浓度/（mg/m^3）	硫化物浓度/（mg/L）	H_2S 浓度/（mg/m^3）
0.105	0.07495	0.333	0.3896	17.9	55.0854
0.097	0.03995	0.365	0.1862	16.7	24.4638
0.097	0.11875	0.292	0.2888	16.0	22.0026
0.089	0.26845	0.276	0.3585	15.2	32.493

2.4.5.3　餐厨垃圾厌氧发酵的指标恶臭物质

餐厨垃圾双相厌氧发酵过程中，产酸阶段产气量很少，而产甲烷阶段产气量较大，是厌氧发酵过程中产生恶臭的主要原因。餐厨垃圾厌氧发酵实验样品中阈稀释倍数大于 1 及物质浓度前 10 的恶臭物质如表 2-68、表 2-69 所列。

表 2-68　餐厨垃圾厌氧发酵实验样品中阈稀释倍数大于 1 的恶臭物质

0.5L-1 厌氧管		0.5L-2 厌氧管		0.5L-3 厌氧管		0.5L-4 厌氧管	
物质名称	阈稀释倍数	物质名称	阈稀释倍数	物质名称	阈稀释倍数	物质名称	阈稀释倍数
硫化氢	35743	硫化氢	233605	硫化氢	210359	硫化氢	208598
甲硫醇	27504	甲硫醇	30298	乙硫醇	25859	乙硫醇	25072
乙硫醇	26108	乙硫醇	29879	甲硫醇	21644	甲硫醇	12866
乙硫醚	6669	乙硫醚	6481	乙硫醚	3252	乙硫醚	6473
甲硫醚	722	甲硫醚	602	甲硫醚	1228	甲硫醚	951
柠檬烯	288	柠檬烯	294	柠檬烯	455	α-蒎烯	321
α-蒎烯	253	α-蒎烯	260	α-蒎烯	391	柠檬烯	304
二甲二硫醚	104	二甲二硫醚	105	乙醇	110	二甲二硫醚	106
乙醇	75	乙醇	63	二甲二硫醚	104	乙醇	105

续表

0.5L-5 厌氧管		0.5L-6 厌氧管		0.5L-7 厌氧管		1.0L-1 厌氧管	
物质名称	阈稀释倍数	物质名称	阈稀释倍数	物质名称	阈稀释倍数	物质名称	阈稀释倍数
乙醇	151051	硫化氢	30176	硫化氢	13401	丁醛	6734.381
硫化氢	79069	乙硫醇	5155	乙硫醇	5959	乙硫醇	5586
乙硫醇	11914	甲硫醇	781	甲硫醇	1236	硫化氢	1733
甲硫醇	4448	乙硫醚	649	乙硫醚	659	乙硫醚	1444
乙硫醚	1618	甲硫醚	306	甲硫醚	503	甲硫醇	988
甲硫醚	366	α-蒎烯	129	α-蒎烯	140	甲硫醚	237
α-蒎烯	153	柠檬烯	94	柠檬烯	103	α-蒎烯	87
二甲二硫醚	52	乙醇	64	二甲二硫醚	21	丙醛	38
		二甲二硫醚	21	乙醇	4	二甲二硫醚	21
		2-己酮	2	2-己酮	3		

1.0L-2 厌氧管		1.0L-3 厌氧管		1.5L-1 厌氧管		1.5L-2 厌氧管	
物质名称	阈稀释倍数	物质名称	阈稀释倍数	物质名称	阈稀释倍数	物质名称	阈稀释倍数
硫化氢	17800	硫化氢	12053	硫化氢	100574	硫化氢	276250
乙硫醇	4774	乙硫醇	4882	乙硫醇	36882	乙硫醇	48063
丁醛	3661	丁醛	4173	乙硫醚	7632	甲硫醇	32112
乙硫醚	1147	乙硫醚	1096	甲硫醇	6117	乙硫醚	7842
甲硫醇	799	甲硫醇	744	α-蒎烯	762	α-蒎烯	1955
甲硫醚	158	甲硫醚	114	二甲二硫醚	238	甲硫醚	644
α-蒎烯	57	α-蒎烯	61	甲硫醚	196	柠檬烯	511
二甲二硫醚	21	柠檬烯	46	柠檬烯	47	乙醇	267
丙醛	17	二甲二硫醚	21	甲苯	6	二甲二硫醚	259
		丙醛	19	乙苯	4		
				2-己酮	3		
				对乙基甲苯	2		

1.5L-3 厌氧管		1.5L-4 厌氧管	
物质名称	阈稀释倍数	物质名称	阈稀释倍数
硫化氢	77802	硫化氢	338891
乙硫醇	73433	乙硫醇	46745
甲硫醇	33655	甲硫醇	27149
乙硫醚	7828	乙硫醚	7587
甲硫醚	1922	甲硫醚	1066
柠檬烯	1095	柠檬烯	835
α-蒎烯	943	α-蒎烯	433
乙醇	330	二甲二硫醚	232
二甲二硫醚	325	乙醇	23
		2-己酮	4
		对乙基甲苯	2

表 2-69 餐厨垃圾厌氧发酵实验样品中物质浓度前 10 的恶臭物质

0.5L-1 厌氧管		0.5L-2 厌氧管		0.5L-3 厌氧管		0.5L-4 厌氧管	
物质名称	物质浓度	物质名称	物质浓度	物质名称	物质浓度	物质名称	物质浓度
硫化氢	65.249	硫化氢	426.446	硫化氢	384.011	硫化氢	380.795
柠檬烯	28.011	柠檬烯	28.652	柠檬烯	44.230	丁醛	40.095
丁醛	26.120	丁醛	25.592	丁醛	39.266	柠檬烯	29.568
乙醇	20.040	乙醇	16.989	乙醇	29.381	乙醇	28.137
甲硫醚	4.007	甲硫醇	4.359	甲硫醚	6.811	甲硫醚	5.274
甲硫醇	3.957	甲硫醚	3.339	甲硫醇	3.114	丙醛	1.968
丙醛	1.791	丙醛	1.722	*α*-蒎烯	2.380	*α*-蒎烯	1.955
α-蒎烯	1.539	*α*-蒎烯	1.583	*β*-蒎烯	1.871	甲硫醇	1.851
β-蒎烯	1.257	*β*-蒎烯	1.239	丙醛	1.862	*β*-蒎烯	1.486
二甲二硫醚	0.960	二甲二硫醚	0.974	二甲二硫醚	0.961	二甲二硫醚	0.978

0.5L-5 厌氧管		0.5L-6 厌氧管		0.5L-7 厌氧管		1.0L-1 厌氧管	
物质名称	物质浓度	物质名称	物质浓度	物质名称	物质浓度	物质名称	物质浓度
乙醇	40527.466	硫化氢	55.085	丁醛	28.961	乙硫醚	187.180
硫化氢	144.341	乙醇	17.065	硫化氢	24.464	丁醛	18.427
甲硫醚	2.032	甲硫醚	1.698	乙醇	1.046	硫化氢	3.164
α-蒎烯	0.928	二氯甲烷	1.323	甲硫醚	2.788	丙醛	1.557
β-蒎烯	0.744	*α*-蒎烯	0.783	*α*-蒎烯	0.852	甲硫醚	1.312
二硫化碳	0.655	二硫化碳	0.631	二硫化碳	0.763	*α*-蒎烯	0.532
甲硫醇	0.640	*β*-蒎烯	0.594	丙醛	0.712	*β*-蒎烯	0.478
二甲二硫醚	0.480	甲基异丁酮	0.303	乙醛	0.701	二氯甲烷	0.393
2-己酮	0.335	2-己酮	0.295	*β*-蒎烯	0.657	二硫化碳	0.370
甲基异丁酮	0.279	甲苯	0.259	甲基异丁酮	0.372	二甲二硫醚	0.196

1.0L-2 厌氧管		1.0L-3 厌氧管		1.5L-1 厌氧管		1.5L-2 厌氧管	
物质名称	物质浓度	物质名称	物质浓度	物质名称	物质浓度	物质名称	物质浓度
硫化氢	32.493	硫化氢	32.493	硫化氢	183.598	硫化氢	504.294
丁醛	10.017	丁醛	10.017	*α*-蒎烯	4.636	乙醇	71.598
甲硫醚	0.878	甲硫醚	0.878	柠檬烯	4.600	柠檬烯	49.718
丙醛	0.700	丙醛	0.700	甲苯	2.296	*α*-蒎烯	11.887
α-蒎烯	0.345	*α*-蒎烯	0.345	二甲二硫醚	2.202	甲硫醇	4.620
β-蒎烯	0.292	*β*-蒎烯	0.292	*β*-蒎烯	1.732	*β*-蒎烯	3.620
二硫化碳	0.204	二硫化碳	0.204	甲硫醚	1.086	甲硫醚	3.573
二甲二硫醚	0.194	二甲二硫醚	0.194	乙硫醚	1.014	二甲二硫醚	2.394
甲苯	0.157	甲苯	0.157	乙硫醇	0.890	甲苯	1.998
乙硫醚	0.152	乙硫醚	0.152	甲硫醇	0.880	乙硫醇	1.160

1.5L-3 厌氧管		1.5L-4 厌氧管					
物质名称	物质浓度	物质名称	物质浓度				
硫化氢	142.028	乙硫醇	1072.800				
柠檬烯	106.600	硫化氢	618.646				

续表

1.5L-3 厌氧管		1.5L-4 厌氧管	
物质名称	物质浓度	物质名称	物质浓度
乙醇	88.432	柠檬烯	81.274
甲硫醚	10.662	乙醇	6.144
α-蒎烯	5.736	甲硫醚	5.916
甲硫醇	4.842	甲硫醇	3.906
二甲二硫醚	3.010	α-蒎烯	2.632
β-蒎烯	2.108	二甲二硫醚	2.142
乙硫醇	1.772	二氯甲烷	2.084
乙硫醚	1.040	β-蒎烯	1.632
硫化氢	142.028	乙硫醇	1072.800

根据本书第 1 章提出的指标恶臭物质确定方法，筛选出餐厨垃圾厌氧发酵处理设施的核心和辅助指标恶臭物质，如表 2-70 所列。

表 2-70　餐厨垃圾厌氧发酵实验数据核心与辅助指标恶臭物质

频次排序	核心指标物质		浓度指标物质		毒性指标物质	
	名称	频次	名称	频次	名称	频次
1	硫化氢	14	硫化氢	14	苯	14
2	甲硫醇	14	甲硫醚	14	甲苯	14
3	乙硫醇	14	α-蒎烯	14	乙苯	14
4	乙硫醚	14	β-蒎烯	14	间二甲苯	14
5	甲硫醚	14	二甲二硫醚	12	二氯甲烷	13
6	α-蒎烯	14	乙醇	10	萘	10
7	二甲二硫醚	14	甲硫醇	9	对二甲苯	8
8	乙醇	11	柠檬烯	8		
9	柠檬烯	11	丙醛	8		
10			丁醛	8		

对 14 组样品中浓度最高的物质根据出现频次进行排序，明确硫化氢、甲硫醚、α-蒎烯、β-蒎烯等物质为浓度指标物质，是餐厨垃圾厌氧发酵实验释放频率和浓度相对较高的恶臭物质。然而，由于其嗅阈值不同，其对恶臭污染的贡献也不同。对阈稀释倍数>1的恶臭物质出现频次进行排序，明确硫化氢、甲硫醚、乙硫醇、乙硫醚等物质作为核心指标物质，是餐厨垃圾厌氧发酵实验中释放频率和恶臭贡献较高的重点物质，可以作为餐厨垃圾厌氧发酵处置设施恶臭污染常年监测的指导。

此外，对于列入《国家污染物环境健康风险名录》的有毒有害物质，虽然苯、甲苯、乙苯、间二甲苯等的检出量较少，但其在样品中的检出频次却很高，与企业调研中应关注的有毒有害物质相一致。硫化氢在核心指标物质和浓度指标物质中都排名第一，且出现频次都为 100%，而在实际调研中其浓度相对较低，这有可能是实地调研的样品送到实

验室检测的过程中硫化氢的易挥发性及不稳定性导致的。综上所述，餐厨垃圾厌氧发酵过程中应重点关注硫化物、萜烯、乙醇、苯系物等物质的产生与释放，与实地调研数据基本一致。

2.4.5.4 餐厨垃圾厌氧处理设施恶臭物质释放源强的估算

厌氧发酵等生化处理是高有机物含量的餐厨垃圾实现资源化最主要的途径，通过餐厨垃圾厌氧发酵的恶臭排放规律，估算其恶臭排放源强，对餐厨垃圾处理设施的恶臭污染控制和管理有重要意义。根据餐厨垃圾生化处理企业的实地调研及厌氧发酵实验结果，以我国和日本测定的恶臭物质嗅阈值为标准，筛选出乙醇、柠檬烯、硫化氢、甲硫醇、甲硫醚、二甲二硫醚、乙醛、乙酸乙酯作为典型恶臭物质。本节通过餐厨垃圾厌氧发酵实验数据，构建了厌氧发酵条件下微量恶臭物质与宏量甲烷释放速率之间的定量关系，提供了餐厨垃圾厌氧处理设施中上述典型恶臭物质的释放源强估算方法。

（1）餐厨垃圾生化处理设施的甲烷产生速率

对实验中垃圾固含量（垃圾湿重×含固率）及甲烷产生速率进行定量拟合（图2-47），研究发现直线方程的拟合效果最好，其结果如式（2-18）所示：

$$z=0.216x\times(1-y)+719.8\ (R^2=0.944) \tag{2-18}$$

式中 x——垃圾量，g；

y——垃圾含水率；

z——甲烷产生速率，g/h。

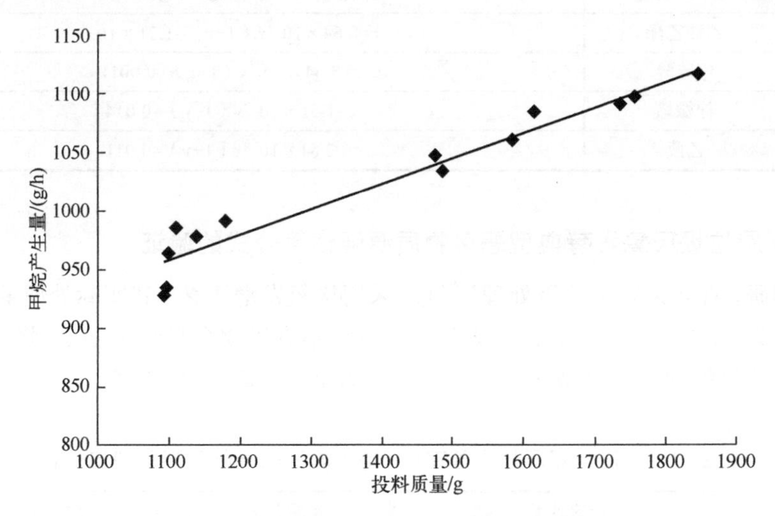

图2-47 投入的垃圾固含量与甲烷产生量的关系图

（2）典型恶臭物质与甲烷释放速率的关系

根据实验室13组有效数据，拟合甲烷释放速率与典型恶臭物质释放速率的线性关系，结果见式（2-19）～式（2-26）。其中，x 为甲烷的产生速率，g/h；y 为相应恶臭物质的产生速率，g/h。

$$\text{硫化氢：} y=8\times10^{-6}x-0.006 \quad (R^2=0.816) \tag{2-19}$$

$$\text{乙醇：} y=8\times10^{-4}x-0.74 \quad (R^2=0.911) \tag{2-20}$$

$$\text{甲硫醚：} y=2\times10^{-6}x-0.001 \quad (R^2=0.892) \tag{2-21}$$

$$\text{二甲二硫醚：} y=6\times10^{-6}x-0.005 \quad (R^2=0.922) \tag{2-22}$$

$$\text{乙酸乙酯：} y=4\times10^{-6}x-0.003 \quad (R^2=0.862) \tag{2-23}$$

$$\text{甲硫醇：} y=4\times10^{-6}x-0.004 \quad (R^2=0.935) \tag{2-24}$$

$$\text{柠檬烯：} y=7\times10^{-5}x-0.064 \quad (R^2=0.841) \tag{2-25}$$

$$\text{乙醛：} y=1.3\times10^{-5}x-0.011 \quad (R^2=0.913) \tag{2-26}$$

（3）基于甲烷释放速率的餐厨垃圾厌氧发酵典型恶臭物质的源强估算

将甲烷产生速率与典型恶臭物质释放关系进行耦合，可得到典型恶臭物质释放源强估算公式，如表 2-71 所列。

表 2-71　餐厨垃圾厌氧发酵典型恶臭物质的释放源强估算公式

排名	物质名称	恶臭物质的源强估算公式（x 为垃圾总量，g；y 为含水率；z 为物质产生量，g/h）
1	硫化氢	$z=1.73\times10^{-6}x(1-y)-2.42\times10^{-4}$
2	乙醇	$z=1.73\times10^{-4}x(1-y)-0.3$
3	甲硫醚	$z=4.62\times10^{-7}x(1-y)+4.4\times10^{-4}$
4	二甲二硫醚	$z=1.30\times10^{-6}x(1-y)-6.81\times10^{-4}$
5	乙酸乙酯	$z=8.64\times10^{-7}x(1-y)-1.21\times10^{-4}$
6	甲硫醇	$z=8.64\times10^{-7}x(1-y)-0.0011$
7	柠檬烯	$z=1.51\times10^{-5}x(1-y)-0.014$
8	乙醛	$z=2.81\times10^{-6}x(1-y)-0.011$

（4）餐厨垃圾厌氧发酵典型恶臭物质源强估算公式的验证

根据调研，青海某餐厨垃圾处理厂（Q）采用厌氧发酵工艺，其实际处理量为 120t/d，垃圾含固率为 21.73%。经计算，每天处理的垃圾中有机物含量约为 26t，将其代入源强估算公式，计算得到该厂典型恶臭物质的释放速率，如表 2-72 所列。

表 2-72　青海某餐厨垃圾处理厂（Q）典型恶臭物质释放速率估算

物质名称	释放速率/（g/h）	物质名称	释放速率/（g/h）
硫化氢	44.98	乙酸乙酯	22.46
乙醇	4498.00	甲硫醇	22.46
甲硫醚	12.01	柠檬烯	393.00
二甲二硫醚	33.80	乙醛	73.05

根据实际监测与调研，Q 厂的餐厨垃圾产气速率约为 4000m³/h，结合废气排放口的监测数据，计算其实际典型恶臭物质释放速率，如表 2-73 所列。

表 2-73　青海某餐厨垃圾处理厂（Q）实际恶臭物质释放速率

物质名称	释放速率/（g/h）	物质名称	释放速率/（g/h）
硫化氢	41.22	乙酸乙酯	20.30
乙醇	4857.00	甲硫醇	20.77
甲硫醚	12.38	柠檬烯	449.00
二甲二硫醚	29.22	乙醛	80.06

计算典型恶臭物质释放速率的估算结果和实际监测结果的偏差，以表征估算公式的准确性，如表 2-74 所列。

表 2-74　青海某餐厨垃圾处理厂(Q)恶臭物质释放速率估算结果与实际监测结果的偏差

物质名称	偏差/%	物质名称	偏差/%
硫化氢	9.1	乙酸乙酯	10.6
乙醇	−7.4	甲硫醇	8.1
甲硫醚	−3.0	柠檬烯	−12.5
二甲二硫醚	15.7	乙醛	−8.8

由此可以看出，青海某餐厨垃圾处理厂（Q）典型恶臭物质释放速率的估算结果与实际监测结果的偏差在 ± 16%以内，偏差较小，表明估算公式的验证效果良好，用于餐厨垃圾厌氧处理设施的恶臭释放源强估算具有一定准确性。

2.5　基于人工神经网络的填埋场作业面恶臭释放强度预测

填埋作为我国垃圾处理的主要工艺方式，其引起的恶臭污染问题已被广泛关注。而明确填埋场恶臭物质的释放速率对于其恶臭污染扩散模拟和健康风险评估具有重要意义。但是，恶臭物质释放速率的影响因素众多、理化关系不明确，已有研究难以从反应机理角度阐明和计算填埋场恶臭物质的释放速率。本研究通过大样本监测与采样，获取了填埋场典型恶臭源强及影响因素数据库，进而基于机器学习算法，构建了解析释放源强与影响因素之间非线性映射关系的人工神经网络（ANN）模型，并揭示了释放源强模型的全局敏感性及不确定性，为填埋场恶臭管理提供了重要科学依据和技术支撑。

首先，通过对填埋场作业面气体样品和原位固体样品进行为期 9 个月的现场采样监测和分析，获得了 99 组有效样品，累计检出恶臭物质 62 种，根据检出频率识别出 25 种检出频率大于 60%的常见恶臭物质，并进一步结合恶臭物质的嗅阈值，最终识别出乙醇、甲硫醚和二甲二硫醚 3 种典型恶臭物质。

其次，根据固体废物领域人工神经网络应用研究中的模型结构参数设置，总结了 ANN 结构参数的设置方式及优化范围。进而以气象参数（温度、湿度、气压）和废物组分（蛋白质、脂肪、总碳水化合物、灰分、水分）含量作为输入参数，以典型恶臭物质的释放速率作为输出参数，分别构建了乙醇、甲硫醚和二甲二硫醚释放速率的 ANN 模型，并利用遗传算法（GA）进行优化（GA-ANN）。

最后，基于不同输入参数的分布形式，使用蒙特卡罗法进行了 10000 次随机取样，构成随机输入数据组，结合典型恶臭物质释放速率的 GA-ANN 模型，分析了其释放速率的不确定性。

总体而言，本研究首次建立了垃圾填埋场作业面恶臭物质释放速率的 GA-ANN 预测模型，并通过蒙特卡罗法进行了释放速率的不确定性分析和全局敏感性分析，识别了关键参数，对垃圾填埋场的健康风险评估和恶臭污染控制具有重要意义。

2.5.1 填埋场恶臭释放源强的人工神经网络模型构建参数研究

2.5.1.1 研究方法

本研究基于 Web of Science^{TM} 检索了近 10 年（2010 年 1 月～2020 年 6 月）固体废物相关领域应用人工神经网络方法的研究性文章。以“人工神经网络（artificial neural network，ANN）”和“固体废物（solid waste）”为关键词，再以垃圾产生量、生活垃圾热值、收集、运输、填埋、焚烧、堆肥、热解、厌氧消化等固体废物性质或处理技术相关的关键词（含英文）为辅助，共检索到 252 篇相关论文，通过人工筛查排除了其中 75 篇不以 ANN 为主要方法或不是针对固体废物相关问题的论文，最终获得 177 篇有效论文。通过对这些论文中 ANN 的建模方法、训练算法、软件应用、数据集设置及划分、隐含层节点数设置、性能评价等进行全面的分析归纳，总结出本研究中典型恶臭物质释放速率 ANN 模型构建的结构设置与参数优化范围。

2.5.1.2 人工神经网络模型构建中的参数设置

一个具有良好预测性能的人工神经网络模型需要有合适的模型构建和优化过程，具体涉及神经网络方法、训练算法、模型构建软件、数据规模、数据集划分、输入输出参数、隐含层、性能评估等。本节在 177 篇固体废物领域的 ANN 应用研究论文基础上，归纳总结了人工神经网络建模过程中涉及的参数设置。

（1）人工神经网络方法、训练算法和建模软件的应用

图 2-48 展示了 177 项研究中使用的不同人工神经网络方法、建模软件和训练算法的比例。图 2-48（a）结果表明 MLPANN（多层感知机人工神经网络）是固体废物领域内环境问题研究中主要应用的人工神经网络方法。尽管 MLPANN 和 RBFANN（径向基函数人工神经网络）被认为是两种最流行的神经网络方法，但是在获得的 177 项研究中，有近 90%的研究使用了 MLPANN，远高于 RBFANN 的应用比例。

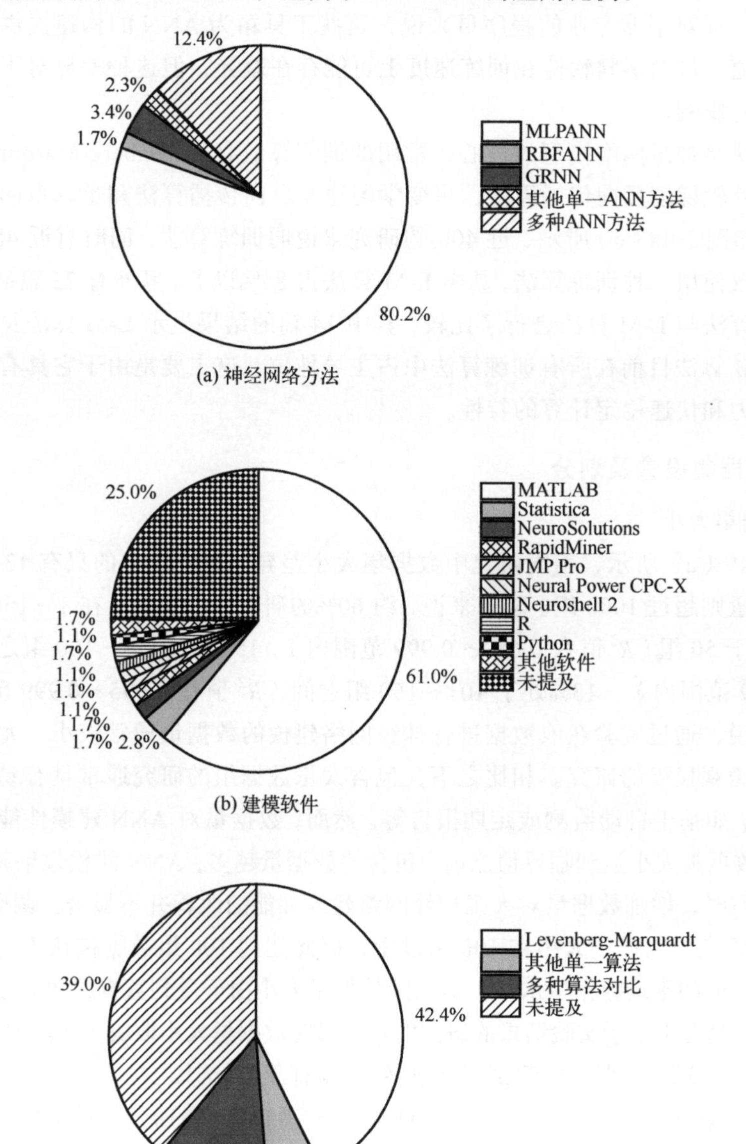

图 2-48　在 177 项研究中不同应用的比例

研究结果显示用于 ANN 建模的软件超过 10 种，不同软件的应用比例如图 2-48（b）所示。在所有研究中，除了近 25%的研究没有说明建模使用的软件外，超过 60%的研究是基于 MATLAB 软件构建了 ANN 模型，而其他软件的应用率均低于 3%，如 Statistica、NeuroSolutions、RapidMiner 和 R 统计软件。可以看出 MATLAB 是人工神经网络模型构建应用最广泛的软件，这不仅是因为它功能齐全，在许多领域得到了高度普及，同时 MATLAB 已经集成了神经网络工具、神经时间序列工具、神经网络训练显示等多种神经网络工具箱。而对于非专业的程序员来说，这些工具箱为 ANN 的构建提供了方便和快速的构建渠道。虽然不同软件在训练速度上可能存在差异，但这种差异对于建模精度和性能一般没有影响。

训练算法是神经网络模型的核心，常用的训练算法有 Levenberg-Marquardt（L-M）算法、缩放共轭梯度反向传播算法、可变学习速率反向传播算法和带动量的批式梯度下降算法等。如图 2-48（c）所示，近 40%的研究未说明训练算法，同时有近 48%的研究在模型构建时仅使用一种训练算法，其中 L-M 算法占 85%以上。另外有 22 篇研究（12.4%）将其他训练算法与 L-M 算法进行了比较，其中 14 篇的结果显示 L-M 算法具有更好的建模性能。L-M 算法目前在所有训练算法中占主导地位，这主要是由于它具有良好的拟合问题求解能力和快速稳定计算的特性。

（2）数据集设置及划分

1）数据集大小

如图 2-49（a）所示，不同研究中数据集大小差异显著，最小的只有 13 组，而部分研究的数据量则超过 1000 组。总的来说，约 60%的研究中，数据量在 1～150 组范围内，其中 28%小于 50 组（R^2 值在 0.680～0.999 范围内），15%处于 51～100 组之间（R^2 值在 0.732～0.999 范围内），13%处于 101～150 组之间（R^2 值在 0.995～0.999 范围内）。

总的来说，通过实验获取数据进行神经网络建模的数据量通常较小，尤其是对于中微观尺度和微观尺度的研究。相比之下，包含大量数据组的研究通常具有易于获取数据的研究方法，如基于自动监测或定期报告等。然而，数据量对 ANN 建模性能的影响是非线性的。在数据量大小达到临界值之前，包含的数据量越多，ANN 建模效果越好。当数据量大于临界值时，增加数据量对人工神经网络建模性能的改善并不显著。调研结果显示，超过 50%的研究中数据量大小在 100 组以上，因此达到 100 组数据被认为是进行人工神经网络模型研究的平均数据量水平。但实际数据量大小由于受到数据采集难度和研究特点的限制，尤其是对于基于实验结果的研究而言，最终数据量大小取决于实际的研究水平。

2）数据集设置：训练集-测试集或训练集-验证集-测试集

关于数据集划分，在所有研究中，51%的研究将数据集划分为训练集-验证集-测试集，而 38%的研究只包含训练集-测试集，剩下 11%的研究没有说明数据集如何划分。这表明研究者对数据集划分的理解和要求各不相同。这主要是由于在人工神经网络模型构建中，主要利用训练集中的数据进行模型训练，并根据计算误差不断调整权值和阈值，提高拟合性能。验证集中的数据虽然不参与权值和阈值的调整，但可在每次调整权值和阈值后对模型的泛化能力进行验证。当验证集中的误差连续 n 次没有减小时，为避免模

型过拟合，将终止模型训练。测试集中的数据作为一组完全未被模型识别过的数据，主要用于测试和评价神经网络模型的预测性能。因此，在建立人工神经网络模型时，训练集和测试集是必要的，但验证集不是必需的，所以部分研究中数据集划分时不包括验证集。在设有验证集的 91 个研究中，R^2 值的范围为 0.61～1.00，平均值为 0.92。相比之下，在没有验证集的 68 个研究中，R^2 值的范围为 0.28～0.99，平均值为 0.89。虽然在一些未设置验证集的情况下也能取得较好的模型预测效果，而部分设置了验证集的研究也只是获得了较差的模型性能，但考虑到使用验证集更有利于全面揭示神经网络模型的性能，避免模型过拟合，因此数据集划分时更建议设置为训练集-验证集-测试集。

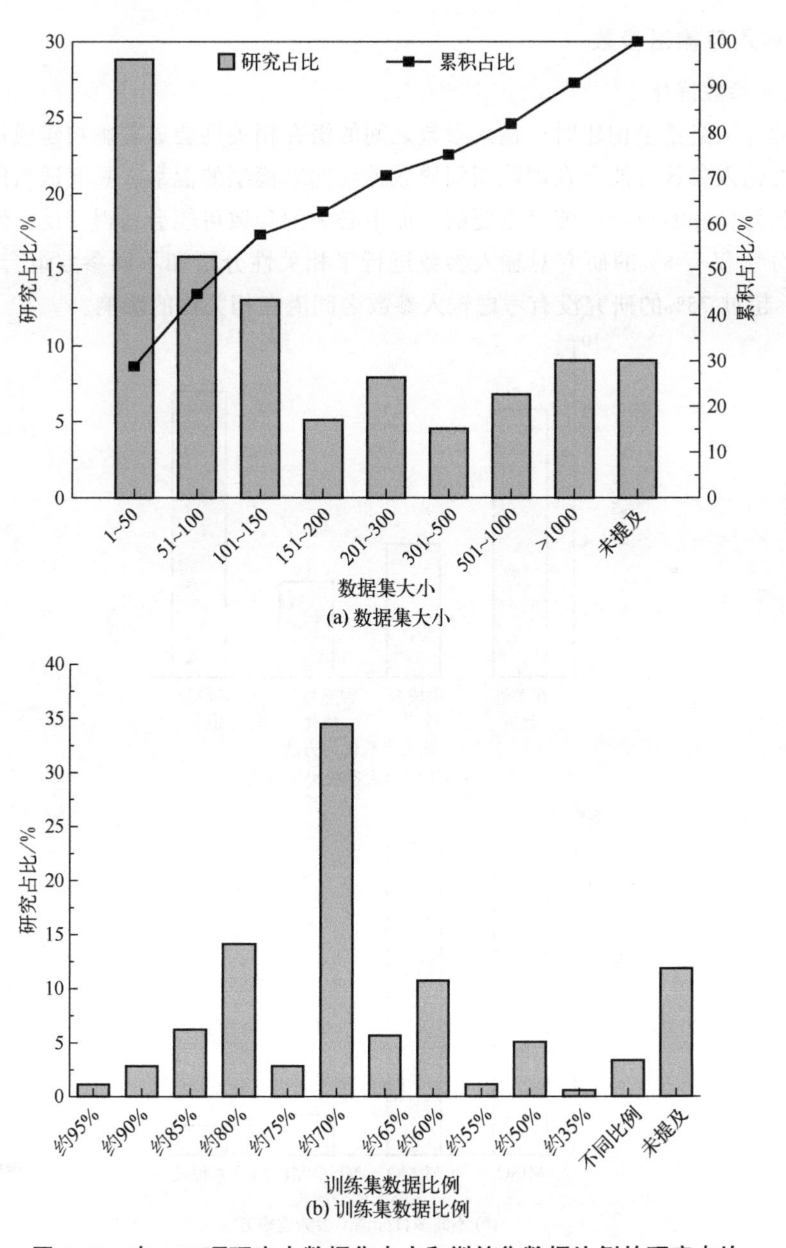

图 2-49　在 177 项研究中数据集大小和训练集数据比例的研究占比

3）训练集数据量在数据集划分中的比例

训练集、验证集和测试集数据量在数据集划分中的比例是神经网络模型建立中需要设定的重要参数。图 2-49（b）显示了 177 篇研究中不同训练集数据占比的研究比例，训练集数据占比的数值经四舍五入调整到整十或整五。结果显示，超过 30%的研究中设置的训练集数据比例为约 70%（平均 R^2 值为 0.916），其次为约 80%（平均 R^2 值为 0.914）和约 60%（平均 R^2 值为 0.913）。只有不到 10%的研究使用了较高或较低的训练集数据比例。从结果分析来看，在没有设置验证集的研究中，训练集和测试集数据通常划分的比例为 80：20。而数据集划分为训练集-验证集-测试集时，其比例建议设置为 70：15：15。

（3）输入与输出参数

1）输入参数优化

人工神经网络模型构建时，输入参数之间的潜在相关性会显著影响建模性能，两个或多个相关输入参数可能会在训练期间导致神经网络模型的混乱。具有适当的输入参数组合对于获得良好的模型性能是重要的，而不必要的参数可能会适得其反。然而，在所有研究中分别仅有 8%的研究对输入参数进行了相关性分析和不同参数组合对比[图 2-50（a）]，超过 75%的研究没有考虑输入参数之间潜在相关性的影响。

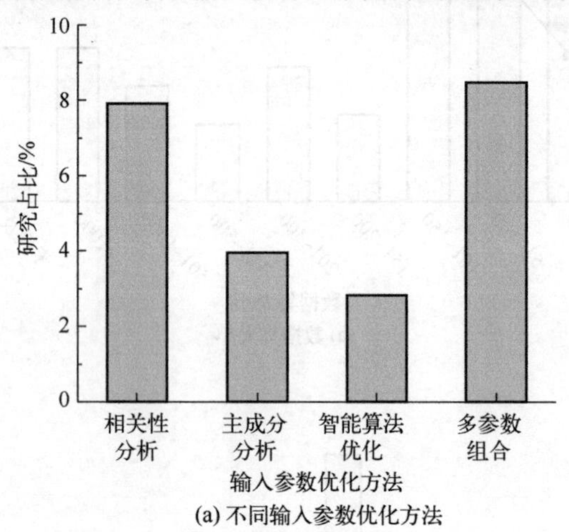

(a) 不同输入参数优化方法

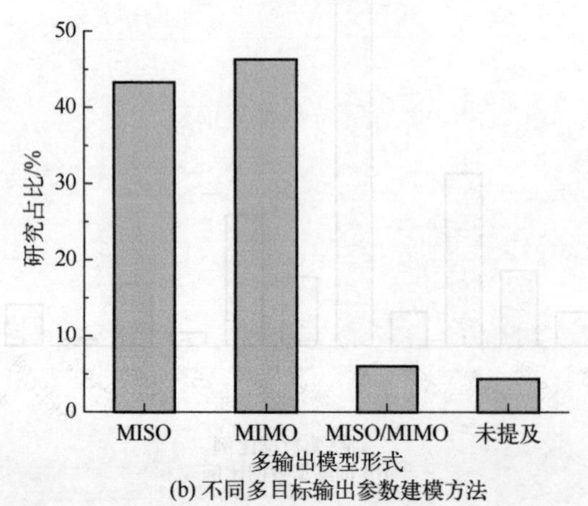

(b) 不同多目标输出参数建模方法

图 2-50　输入和输出参数不同处理方法的比例

2）多目标输出

输出参数由研究对象决定。在有两个或两个以上目标输出参数的研究中，需要从多输入单输出（MISO）和多输入多输出（MIMO）两种建模形式中选择一种。MISO 是对每个输出参数分别建立 ANN 模型。相比之下，MIMO 是在一个神经网络模型中集成了多个输出参数。在 177 篇相关文献中，67 篇文献属于多目标输出，其中 43%采用了 MISO 的建模形式，46%采用了 MIMO 的建模形式[图 2-50（b）]。分析表明，MISO 和 MIMO 的建模性能基本相当，没有研究表明其中一个建模形式明显优于另一个。因此，研究人员可根据多目标输出的具体情况选择合适的形式，并在必要时将 MISO 和 MIMO 的建模性能进行对比。

（4）隐含层设置

1）隐含层节点数

优化隐含层节点数是神经网络模型构建的必要步骤。在已有研究中，隐含层节点数的优化范围有所差异。隐含层节点数优化范围下限和上限的比例如图 2-51（a）所示。在所有的 177 项研究中，只有 51%的研究明确了隐含层节点数的优化范围，表明隐含层节点数优化的重要性和透明度应得到进一步重视。大多数情况下，隐含层节点数的优化范围下限在 1～9 之间，上限在 10～29 之间。从最终结果来看，80%的研究中隐含层节点的最佳数量在 4～20 之间。因此，建议至少在 4～20 范围内优化隐含层节点的数量。

2）隐含层层数

隐含层层数是神经网络模型构建中的另一个关键参数。然而，对于样本量较小的研究，发现更多的隐含层对模型性能提高的贡献并不显著。对 177 篇研究中的隐含层数量进行对比分析，结果如图 2-51（b）所示，发现超过 60%的研究只考虑了单隐含层，仅 9%的研究使用了双隐含层。此外 21 项研究比较了单隐含层、双隐含层甚至三隐含层的神经网络建模效果，在这些研究中，70%研究的数据集大小超过 100 组，6 项研究甚至超过 400 组。其中 19 项研究最终选择了双隐含层作为最佳模型结构。从这个角度来看，虽然单隐含层可以满足大多数研究的要求，且单隐含层中足够的节点可以精确逼近任意连续函数，但在数据量较大的情况下，双隐含层可能会获得更好的 ANN 建模性能。

（5）模型性能评价

1）性能评价指标

177 项 ANN 应用研究中共应用了 32 个不同的指标评价神经网络建模的性能，其中大多数研究采用了 2 种及以上的性能评价指标。图 2-52 给出了应用比例超过 10%的性能指标占比，可以看出 90%以上的研究均采用了 R^2 作为主要评价指标。RMSE（均方根误差）、MSE（均方误差）、MAE（平均绝对误差）和 MAPE（平均绝对百分比误差）的应用比例在 20%～40%之间，其他指标仅在少数（<10%）研究中被应用。然而不同的评价指标具有不同的适用性和局限性。例如，MAPE 作为一种百分比误差度量指标，不适合用于包含零值的数据。相比之下，绝对误差度量指标，如 RMSE、MSE 和 MAE 都是与研究尺度相关的，因此无法比较不同模型之间的性能。为了解决这一问题，提出了

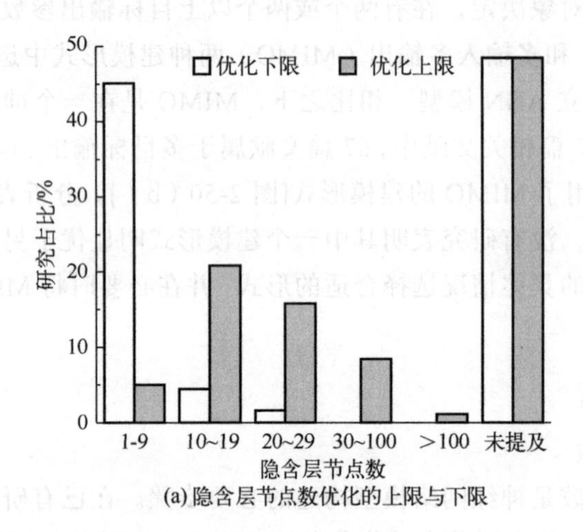

(a) 隐含层节点数优化的上限与下限

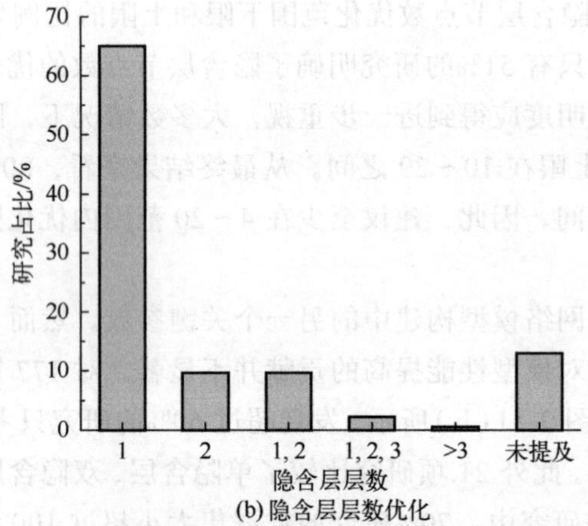

(b) 隐含层层数优化

图 2-51　不同研究的比例

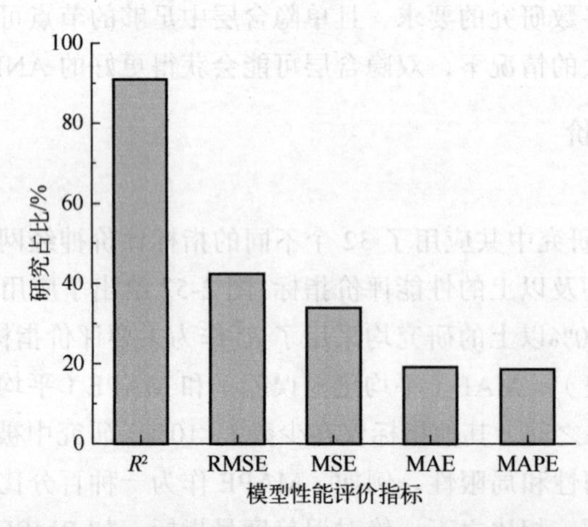

图 2-52　不同性能评价指标的应用比例（只显示应用比例大于 10%的指标参数）

RMSE 的无量纲形式指标，即归一化的均方根误差（NRMSE）。与 MAE 相比，RMSE 对错误数据的存在更为敏感。因此，当数据集的质量不确定时，应首选 MAE 作为主要评价指标。在所有研究中，R^2、调整 R^2、RMSE、MSE、MAE、MAPE、NRMSE 是最常用的指标，但模型最终评价指标的选择应根据具体的研究特点来决定。

2）模型性能的 R^2 值范围

一些研究人员根据 R^2 值评价模型的性能，通常将 R^2 值分为 3 个区间，并认为 $R^2 > 0.9$ 表示建模性能满意，$R^2 = 0.8 \sim 0.9$ 表示建模性能尚可，$R^2 < 0.8$ 表示建模性能不满意。在使用测试集计算 R^2 值的研究中，不同研究中最佳 R^2 值的范围如图 2-53 所示，可以看出超过 70%的研究中 R^2 值达到 0.9 以上。然而，R^2 并不是一个绝对指标，它还受到数据量大小、不确定性和变量复杂性的影响。在特定的研究中，相对较低的 R^2 值（<0.8）也是可以接受的。也有研究人员认为，高 R^2 值并不一定意味着 ANN 模型具有良好的预测性能。因此，需要用 RMSE、MSE、MAE、MAPE 和 NRMSE 等指标来补充描述模型性能，以表征预测值和实测值之间的误差。综合比较这些误差统计指标，可以更全面地表征模型的预测性能，并找出性能最佳的模型。

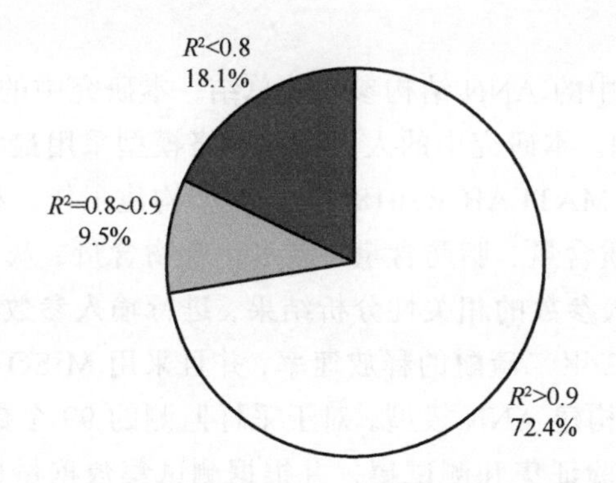

图 2-53　基于测试集数据计算的最佳 R^2 值的范围

（6）交叉验证技术的使用

在数据集划分中，数据通常以指定比例随机分为训练集、验证集（如果有设置）和测试集。该随机划分的过程在一定程度上给人工神经网络模型引入了不确定性。为了减小数据集划分产生的不确定性，提出了交叉验证技术。然而，在 177 项研究中，只有 12% 的研究使用了交叉验证技术，这表明大多数研究人员没有意识到交叉验证技术的重要性或应用。K 折交叉验证技术是一种有效降低数据集划分带来的不确定性的方法。在 K 折交叉验证中，将数据集分为 K 个子集，进行 K 次验证，每次一个子集作为测试集，其他 $K-1$ 个子集作为训练集或验证集。图 2-54 显示了一个 8 折交叉验证技术的示意图。通过 K 折交叉验证，将所有数据都用于模型测试，取 K 次验证的平均性能作为整体建模性能。该交叉验证技术可以为人工神经网络建模提供可靠的性能评价。因此，在人工神经网络研究中，强烈推荐应用 K 折交叉验证技术，以减小数据集划分带来的不确定性，K 值通常在 5～10 之间。

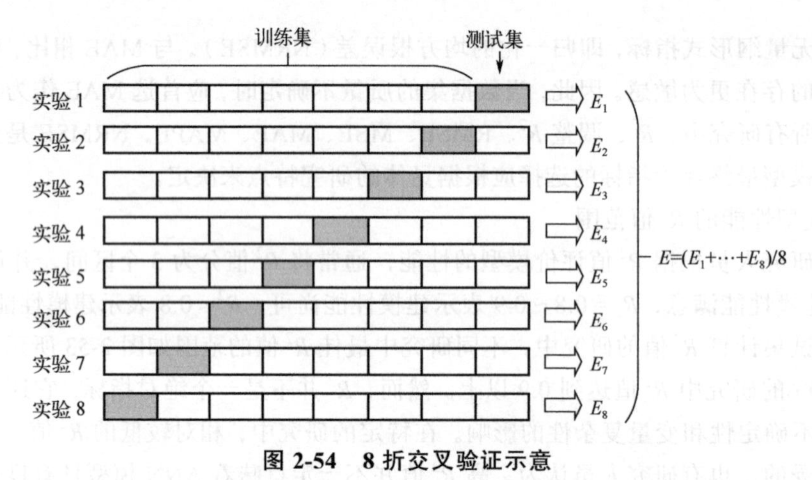

图 2-54　8 折交叉验证示意

E_i—第 i 次的测试集误差；E—8 次交叉验证中测试集的平均误差

2.5.1.3　恶臭释放源强人工神经网络模型结构选择及参数优化范围确定

基于对 177 篇文献中的 ANN 结构参数的总结，本研究中的 ANN 结构选择及参数优化范围如表 2-75 所列。本研究中的人工神经网络模型采用最常用的多层前馈人工神经网络模型，并且基于 MATLAB R2018b 进行模型构建工作。模型的输入参数包括温度、湿度、气压、蛋白质含量、脂肪含量、碳水化合物含量、灰分含量及水分含量，共 8 个输入节点。根据输入参数的相关性分析结果，进行输入参数的优化选择。模型输出参数为乙醇、甲硫醚和二甲二硫醚的释放速率，并且采用 MISO 形式，分别对每一种典型恶臭物质的释放速率构建 ANN 模型。对于采样监测的 99 个数据组按照 70∶15∶15 的比例划分为训练集、验证集和测试集，并根据测试集数据量比例，对模型采用 7 折交叉验证技术。对于模型的训练算法，选择了常见的 10 种训练算法进行对比优选，具体包括 Levenberg-Marquardt 算法、比例共轭梯度算法、BFGS 准牛顿算法、一步割线算法、批次梯度下降算法、可变学习率反向传播算法、具有动量的批次梯度下降算法、Fletcher-Powell 共轭梯度算法、Polak-Ribiére 共轭梯度算法、Powell-Beale 共轭梯度算法。模型采用了单隐含层的结构，并且隐含层节点数的优化范围设置为 1～20。对于输入与输出数据的归一化处理，分别进行归一化范围为[−1, 1]和[0, 1]的对比优选，并根据不同的参数归一化范围，对隐含层的激活函数进行 S 型函数和 T-S 型函数的对比优选，对于输出层的激活函数进行 S 型函数、T-S 型函数和线性函数的对比优选。同时由于人工神经网络受到初始权值和阈值随机产生的影响，同一结构参数下，不同初始权值和阈值下模型最终训练结果存在差异，因此对同一结构参数设置的人工神经网络进行 1000 次重复训练，按照误差最小化原则，选择前 5%误差的平均值，作为该结构下神经网络达到优良性能时的模型误差。为防止过拟合，将验证集的验证次数 n 设置为 20。单次训练的最大迭代次数设置为 500，学习率设置为 0.02，其他参数均采用默认值。

表 2-75 填埋场恶臭释放源强的 ANN 模型结构选择及参数优化范围

特征	考虑的值或参数	依据
输入参数	温度、湿度、气压、蛋白质含量、脂肪含量、碳水化合物含量、灰分含量、水分含量	—
输出参数	典型恶臭物质的释放速率（乙醇、甲硫醚和二甲二硫醚）	—
隐含层数	1	文献表明，单个隐含层足以逼近任何复杂函数
数据集大小	99	由实际采样工作决定
隐含层节点数优化范围	1～20	隐含层中神经元的数量通常由反复试验决定，而不是一开始就确定的参数
激活函数（隐含层）	S（logsig）型、T-S（tansig）型	这些是隐含层常见且性能良好的激活函数
激活函数（输出层）	S（logsig）型、T-S（tansig）型、线性（purelin）函数	这些是输出层常见且性能良好的激活函数
训练算法	Levenberg-Marquardt 算法、比例共轭梯度算法、BFGS 准牛顿算法、一步割线算法、批次梯度下降算法、可变学习率反向传播算法、具有动量的批次梯度下降算法、Fletcher-Powell 共轭梯度算法、Polak-Ribiére 共轭梯度算法、Powell-Beale 共轭梯度算法	常见且有良好性能的训练算法
学习算法	反向传播	文献调研中通用的学习算法
缓解局部极小值	对 ANN 进行 1000 次重复训练，选择前 5%的误差平均值，评估模型的性能	ANN 对初始权重非常敏感
归一化	参数归一化范围进行 [0, 1] 和 [−1, 1]的对比优选	适用于模型预测
解决过拟合问题	使用提前停止方法	被广泛使用的方法
验证次数 n	20	文献中通用的参数设置
最大迭代次数	500	文献中通用的参数设置
学习率	0.02	文献中通用的参数设置
K 折交叉验证	7	一种有效降低数据集划分带来的不确定性的方法
数据集划分	70%（训练集）：15%（验证集）：15%（测试集）	文献中通用的参数设置

本研究中选择了 R^2、RMSE、NRMSE 共 3 种指标对模型性能进行综合评估。不同性能指标的计算公式如下：

$$R^2=\left(\frac{\sum_{i=1}^{n}(O_i-O_\mathrm{m})\sum_{i=1}^{n}(P_i-P_\mathrm{m})}{\sqrt{\sum_{i=1}^{n}(O_i-O_\mathrm{m})^2\sum_{i=1}^{n}(P_i-P_\mathrm{m})^2}}\right)^2 \tag{2-27}$$

$$\mathrm{RMSE}=\sqrt{\frac{1}{n}\left[\sum_{i=1}^{n}(P_i-O_i)^2\right]} \tag{2-28}$$

$$\mathrm{NRMSE}=\sqrt{\frac{\sum_{i=1}^{n}\left(P_i-O_i\right)^2}{\sum_{i=1}^{n}O_i^2}} \tag{2-29}$$

式中 O_i ——第 i 个数据的观测值；

P_i ——第 i 个数据的预测值；

O_{m} ——所有观测值数据的平均值；

P_{m} ——所有预测值数据的平均值；

n ——总数据量。

2.5.2 填埋场恶臭释放源强的人工神经网络估算模型研究

基于第 2.5.1 小节归纳总结的人工神经网络参数设置，本小节针对不同典型恶臭物质的释放速率分别构建了人工神经网络模型，并对输入参数、训练算法、激活函数和隐含层节点数的设置进行了优化，最终得到不同典型恶臭物质的最佳人工神经网络模型结构及训练结果。同时基于遗传算法对不同典型恶臭物质的人工神经网络模型进一步优化，对比分析了 ANN 与遗传算法（genetic algorithm，GA）优化的 ANN（GA-ANN）的模型性能，并根据性能指标确定了不同典型恶臭物质释放速率的最佳模型。

2.5.2.1 研究方法

（1）人工神经网络模型构建方法

本研究基于 MATLAB R2018b 构建填埋场恶臭物质释放速率的 ANN 模型，其软件界面如图 2-55 所示，该界面主要包含代码编写区、脚本运行区及数据存储区。代码编写区主要进行代码编写及修改，用于调整模型结构参数设置；脚本运行区主要是执行相关代码，实现模型训练可视化；数据存储区主要对模型构建过程中的数据进行存储记录，包括训练完毕后得到的模型权值和阈值数据。

针对填埋场作业面典型恶臭物质释放速率的人工神经网络估算模型，采用目前应用最为广泛的含有隐含层的反向传播（BP）算法建立。BP 算法是能够对非线性可微函数进行权值训练的多层前馈神经网络算法，隐含层位于神经网络内部，通过设置激活函数使上一层的输出映射到下一层，隐含层节点数和激活函数可通过不断测试优化确定，本研究拟采用的激活函数包含 S 型函数[式（2-30）]，T-S 型函数[式（2-31）]及线性函数[式（2-32）]。

$$\mathrm{logsig}\ (x)=\frac{1}{1+\exp(-x)} \tag{2-30}$$

$$\mathrm{tansig}\ (x)=\frac{2}{1+\exp(-2x)}-1 \tag{2-31}$$

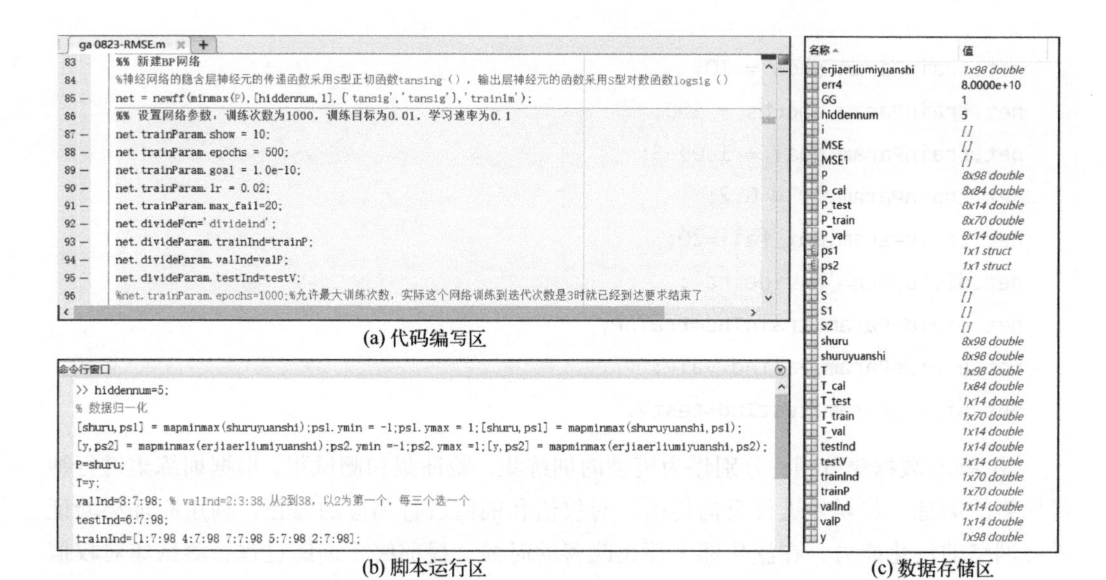

(a) 代码编写区

(b) 脚本运行区

(c) 数据存储区

图 2-55　MATLAB 中构建 ANN 模型的软件界面

$$y(x)=x \tag{2-32}$$

隐含层节点数的确定是人工神经网络性能的关键，采用试错法测定不同隐含层节点数下的模型误差，最终选择误差最小时对应的隐含层节点数作为最优节点数。在人工神经网络建立中，将样本数据作为输入和输出数据用于网络训练，通过对用于训练的每组数据进行权值的最优估计，使观测值和预测值之差的平方和最小化，达到设定的收敛误差。其具体步骤如下：

① 对人工神经网络训练的数据进行归一化处理，方法见式（2-33）：

$$x_n=\frac{\left(x'_{\max}-x'_{\min}\right)\left(x-x_{\min}\right)}{x_{\max}-x_{\min}}+x'_{\min} \tag{2-33}$$

式中　x_n——标准化后的观测值数值；

x——观测值；

$x_{\min}$——最小的观测值；

$x_{\max}$——最大的观测值；

$x'_{\min}$——将观测值标准化后的最小值；

$x'_{\max}$——将观测值标准化后的最大值。

MATLAB 中参数归一化的代码如下：

```
[shuru,ps1]=mapminmax(shuruyuanshi);ps1.ymin=-1;ps1.ymax=1;
[shuru, ps1]=mapminmax(shuruyuanshi, ps1);
```

② 创建人工神经网络，设定激活函数、隐含层节点数及训练算法等参数，并在[-1, 1]之间随机设定初始权重和阈值。MATLAB 中创建人工神经网络的代码如下：

```
net = newff(minmax(shuru), [S1, 1], {'logsig', 'tansig'}, 'trainlm');
```

```
net.trainParam.show = 10;
net.trainParam.epochs = 500;
net.trainParam.goal = 1.0e-5;
net.trainParam.lr = 0.2;
net.trainParam.max_fail=20;
net.divideFcn='divideind';
net.divideParam.trainInd=trainP;
net.divideParam.valInd=valP;
net.divideParam.testInd=testV;
```

③ 样本数据集分组，分别作为模型的训练集、验证集和测试集。根据训练集进行神经网络的训练，将误差进行反向传播，对权值和阈值进行相应的修正；利用验证集验证神经网络的泛化能力，在泛化能力停止改善的时候，提前终止训练过程；测试集对权值及阈值的优化不产生任何影响，其作用是对最终形成的神经网络的预测性能进行测试。MATLAB 中数据集划分的代码如下：

```
shuru_train=shuru(:, trainInd);
shuru_val=shuru(:, valInd);
shuru_test=shuru(:, testInd);
shuru_cal=[shuru_train shuru_val];
y_train=y(:, trainInd);
y_val=y(:, valInd);
y_test=y(:, testInd);
y_cal=[y_train y_val];
[trainP, valP, testV] = divideind(99, trainInd, valInd, testInd);
```

确定样本训练数据集后，按图 2-56 步骤进行人工神经网络训练，具体包括以下几步：

Ⅰ. 设输入输出样本为$\left\{x_{k,h},d_{k,j}|k=1,2,\cdots,n_k;h=1,2,\cdots,n_h;j=1,2,\cdots,n_j\right\}$，$n_k$ 为样本容量，$x_{k,h}$ 为输入值，$d_{k,j}$ 为输出值。给各连接权值$\left\{w_{hi}\right\}$、$\left\{w_{ij}\right\}$和阈值$\left\{\theta_i\right\}$、$\left\{\theta_j\right\}$赋予[-1, 1]区间上的随机值。设置 $k=1$，把样本对（$x_{k,h},d_{k,j}$）提供给网络（$h=1,2,\cdots,n_h$；$j=1,2,\cdots,n_j$）。

Ⅱ. 计算隐含层各节点的输入 x_i、输出 y_i（$i=1,2,\cdots,n_i$）和输出层各节点的输入 x_j、输出 y_j（$i=1,2,\cdots,n_j$）：

$$x_i=\sum_{h=1}^{n_h}w_{hi}x_{k,h}+\theta_i \tag{2-34}$$

$$y_i=f_1\left(x_i\right) \tag{2-35}$$

$$x_j=\sum_{i=1}^{n_i}w_{ij}y_j+\theta_j \tag{2-36}$$

$$y_j = f_2\left(x_j\right) \tag{2-37}$$

式中　$f_1(\cdot)$——输入层与隐含层各节点神经元的激活函数；

$f_2(\cdot)$——输出层各节点神经元的激活函数。

Ⅲ. 计算第 k 个单样本点的误差，即 $E_k = \sum_{j=1}^{n_j}\left(y_j - d_{k,j}\right)^2/2$。按梯度下降法调整各连接权值及阈值。计算输出层权值和阈值的修正量 Δw_{ij}、$\Delta\theta_j$ 和隐含层权值和阈值的修正量 Δw_{hi}、$\Delta\theta_i$（公式略）。修正各连接的权值和阈值：

$$w_{ij}^{t+1} = w_{ij}^t + \Delta w_{ij} \tag{2-38}$$

$$\theta_j^{t+1} = \theta_j^t + \Delta\theta_j \tag{2-39}$$

$$w_{hi}^{t+1} = w_{hi}^t + \Delta w_{hi} \tag{2-40}$$

$$\theta_i^{t+1} = \theta_i^t + \Delta\theta_i \tag{2-41}$$

式中　t——修正次数。

Ⅳ. 设置 $k = k+1$，取新的数据组（$x_{k,h}, d_{k,j}$）提供给网络，重复上述步骤对全部 n_k 个样本对训练完毕。

Ⅴ. 更新学习次数直至网络全局误差函数[式（2-42）]小于预先设定的收敛误差，结束学习，其中 MATLAB 中的 ANN 模型训练界面如图 2-57 所示。

$$E_k = \sum_{k=1}^{n_k} E_k = \sum_{k=1}^{n_k} \frac{\sum_{j=1}^{n_j}\left(y_j - d_{k,j}\right)^2}{2} \tag{2-42}$$

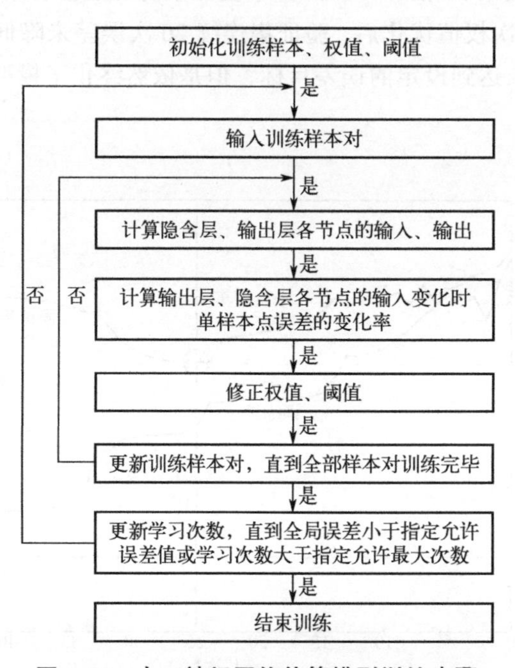

图 2-56　人工神经网络估算模型训练步骤

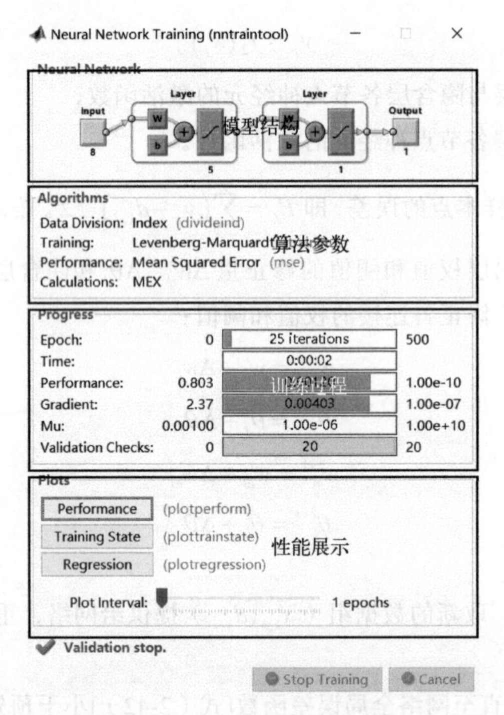

图 2-57　MATLAB 中人工神经网络模型训练过程界面

④ 在对神经网络进行训练的同时，用于验证人工神经网络泛化能力的验证集也会进行误差计算，当验证集误差连续不再降低的迭代次数达到设定值后，表明模型逐渐趋于过拟合，此时模型结束训练。MATLAB 中验证集防止过拟合结果如图 2-58 所示，从图中可以看出在第 25 次权值优化后，验证集连续 20 次误差未降低，因此模型在进行 45 次权值优化后，虽然未达到设定的误差目标，但是依然终止了模型训练，防止模型进一步过拟合。

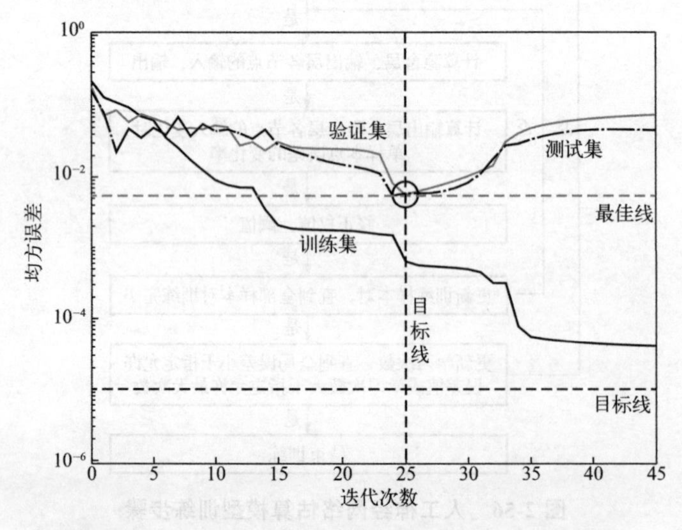

图 2-58　MATLAB 中验证集防止过拟合的训练结果

⑤ 最后利用测试集数据进行测试，通过计算预测值与观测值的误差、训练时长、收敛情况等，对初始权重值进行优化以更新网络，或者优化网络算法，提高预测准确性，最终得到满意的训练结果。MATLAB 中 ANN 模型训练完毕后的数据回归拟合结果如图 2-59 所示。

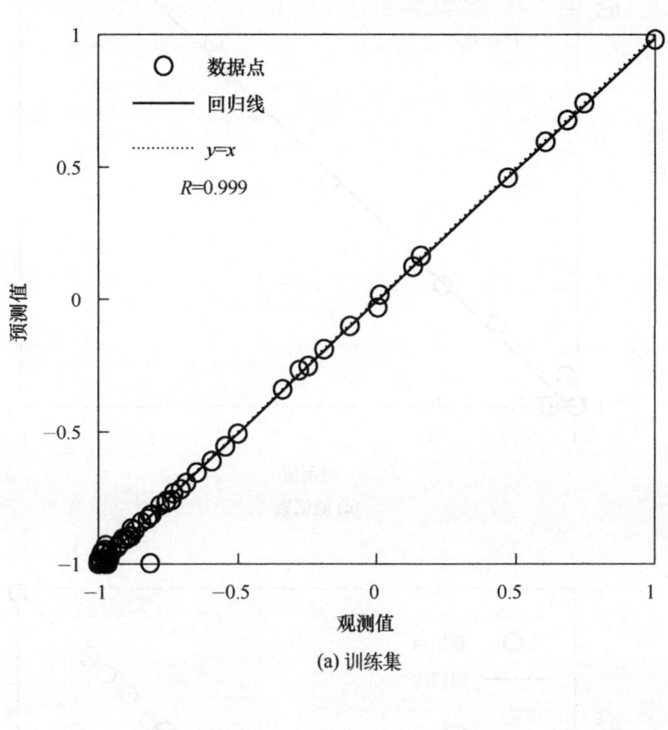

(a) 训练集

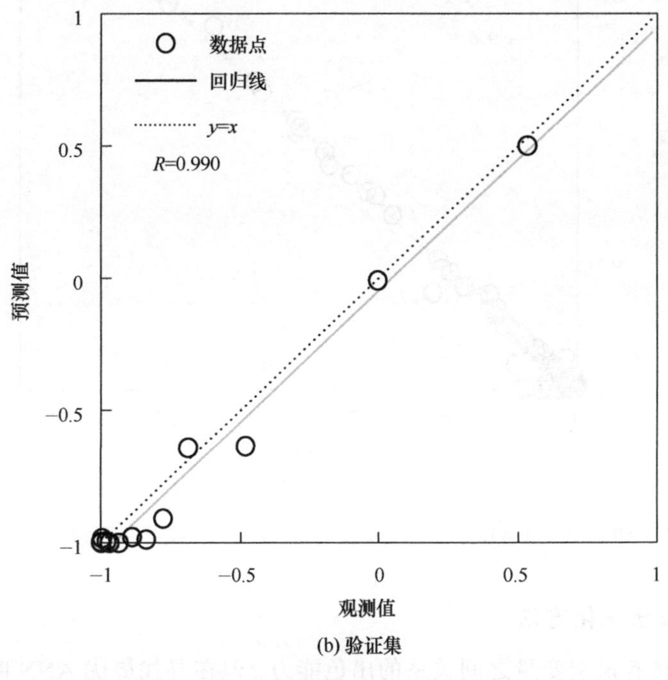

(b) 验证集

图 2-59

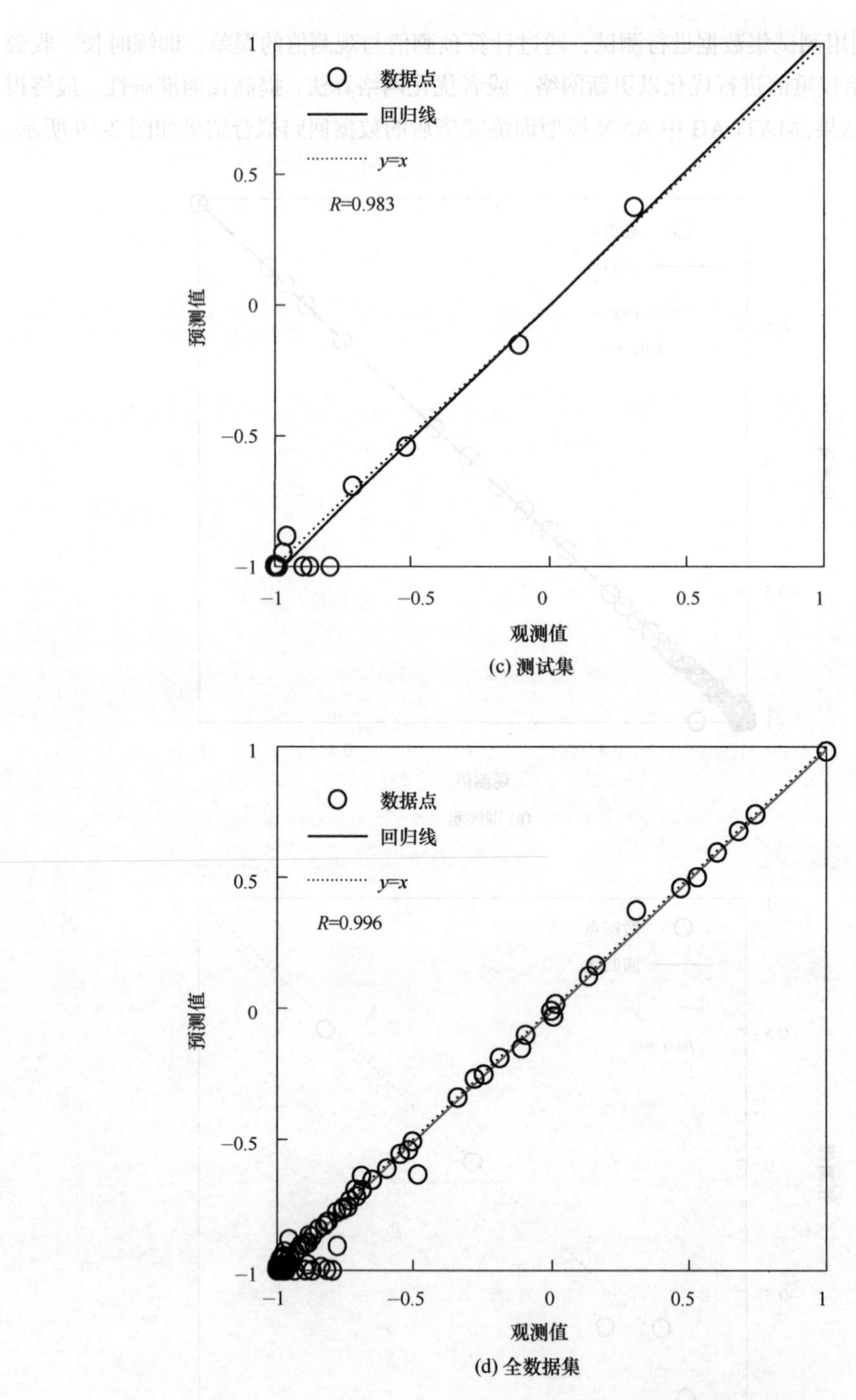

(c) 测试集

(d) 全数据集

图 2-59　MATLAB 中 ANA 模型训练完毕后的数据回归拟合结果

(2) 遗传算法优化方法

尽管 ANN 具有识别变量之间关系的出色能力，但在寻找最优 ANN 时，当目标函数有多个极小值点时，优化过程可能陷入局部最优，这是 ANN 的一个主要缺陷。为了克服

这一缺陷，一些研究者利用遗传算法提高了模型预测精度。遗传算法根据达尔文进化论的“物竞天择，适者生存”原理，模拟自然状态下的种群进化过程，从而在函数空间搜索到全局最优解的算法。达尔文进化论的自然选择学说，主要包含以下部分：过度繁殖，生存斗争，遗传变异，适者生存。而现代综合进化论根据统计生物学与种群遗传学更加科学地解释了达尔文的自然选择学说。种群进化论的研究对象是种群而不是单一的个体，个体存在消亡，但是基因却始终保留在种群之中。遗传算法作为一种模拟种群自然进化过程的模型，其选择过程就是模拟生物进化过程中的优胜劣汰；交叉就是模拟生物进化过程中的繁殖；变异则是模拟生物进化过程中的基因突变。基于遗传算法，不断选择优良的个体，最后通过遗传算法订立的终止条件，选择出种群中的最优解。

本研究利用遗传算法的全局搜索能力，在神经网络的构建过程中对神经网络的权值和阈值进行优化，使得构建的初始化结构比神经网络初始随机生成的权值和阈值结构更加优越，克服了单一人工神经网络可能陷入局部极小点的缺陷。核心思路是利用遗传算法不断优化神经网络初始的权值和阈值组合，直到预先确立的适应度函数值经过进化不再降低，从而得到人工神经网络最佳的初始权值和阈值，人工神经网络达到最佳性能。MATLAB 中基于遗传算法优化的人工神经网络模型训练流程如图 2-60 所示，具体步骤如下：

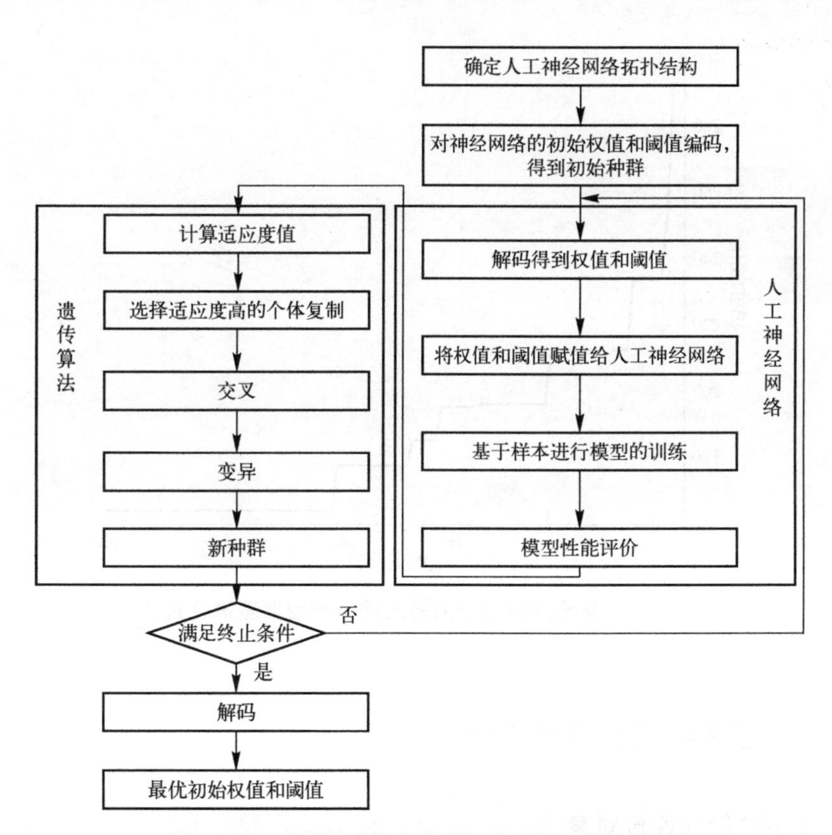

图 2-60　遗传算法优化神经网络模型算法流程

① 确定人工神经网络的拓扑结构。

② 构建初始种群，在不同实数区间内随机取值 n 组初始网络权值和阈值，对产生的权值和阈值进行相应构造编码，得出 n 个码串，每一个码串就对应一个权值和阈值特定的神经网络。

③ 分别对种群中的 n 个码串进行解码，得到对应的人工神经网络初始权值和阈值。

④ 基于不同初始权值和阈值进行人工神经网络的训练，并表征模型训练性能。

⑤ 根据模型性能确定遗传算法的适应度函数值，通常适应度取值与预测误差量成反比。

⑥ 通过选择算子以适应度值为标准选出较优质的个体进入下一代种群。

⑦ 在新一代种群中，按设定的交叉率和变异率，选择适应的个体进行交叉和变异操作，产生出新的个体。

⑧ 计算新个体的适应度，同时将新个体插入种群中，最终得到新种群。

⑨ 判断是否满足终止条件，如果个体达到适应度标准，则结束算法，否则转到步骤②，进行新的个体解码训练，直到训练目标达到标准，得出满意个体。

最终基于遗传算法的 ANN 误差进化过程如图 2-61 所示。

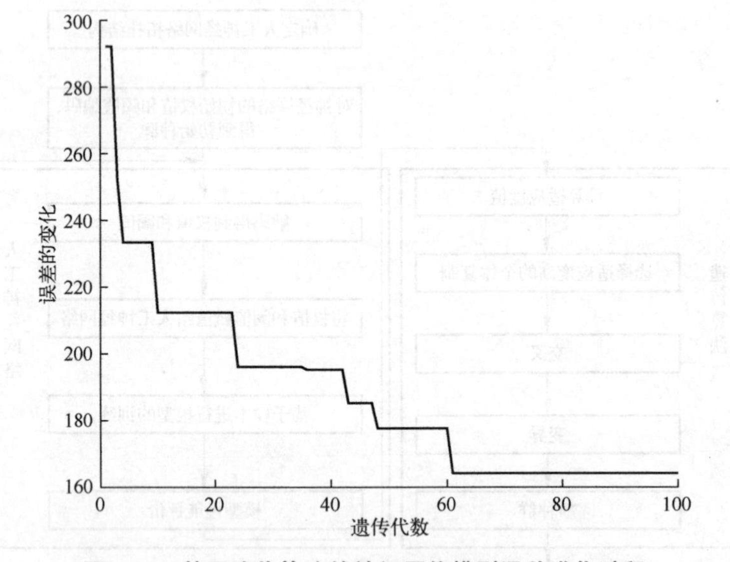

图 2-61 基于遗传算法的神经网络模型误差进化过程

2.5.2.2 人工神经网络模型构建

（1）模型性能的评价对象

测试集作为不参与模型权值与阈值优化调整的数据集，通常被作为模型性能评价的主体对象，然而仅根据测试集的性能，而忽视模型在训练集上取得的训练效果，可能会

导致模型最终的整体性能不能达到满意的状态。因此，基于所有数据进行模型的性能评价，由于考虑了训练集的训练效果，通常会获得相对较优的模型性能。但是由于训练集的数据占比通常达到 70%，因此完全根据所有数据进行模型性能评价时，训练集中的数据对整体性能的结果影响相对较大，当训练集上出现相对过拟合的状态时，训练集的影响就更加明显，最终导致模型的性能被高估，而实际在测试集上根本没有达到所有数据综合显示出的良好预测性能。综上，本研究提出了一种在数据集上全新的模型性能评价关系，以 RMSE 为性能指标参数，如式（2-43）所示：

$$\text{RMSE}_{\text{ave}}=\frac{1}{3}\left(\text{RMSE}_{\text{train}}+\text{RMSE}_{\text{val}}+\text{RMSE}_{\text{test}}\right) \tag{2-43}$$

式中　RMSE_{ave} ——混合数据集的平均性能 RMSE；

$\text{RMSE}_{\text{train}}$ ——训练集的 RMSE；

RMSE_{val} ——验证集的 RMSE；

$\text{RMSE}_{\text{test}}$ ——测试集的 RMSE。

该模型性能评价关系综合考虑了训练集、验证集和测试集的模型性能误差 RMSE，以 3 个数据集的 RMSE 的均值表征整体的模型性能，既考虑了所有数据集的预测性能，同时也没有使训练集的性能占比过大，从而导致模型性能被高估。以乙醇释放速率的 ANN 模型训练为例，在相同参数设置的 ANN 结构下，进行了 1000 次的模型训练，并分别根据测试集的 RMSE、所有数据的 RMSE 以及本研究提出的不同数据集的 RMSE 均值为性能评价指标，选择出 1000 次模型训练中对应的最佳 ANN 模型训练结果，3 种性能评价方式选择的最佳训练结果预测值与观测值的散点图分别如图 2-62～图 2-64 所示。这些图由虚线表示的标识线（$y=x$，即预测值=观察值）和实线表示的回归线组成。如果预测值和观测值高度相关，则回归线的 R^2 值接近 1。

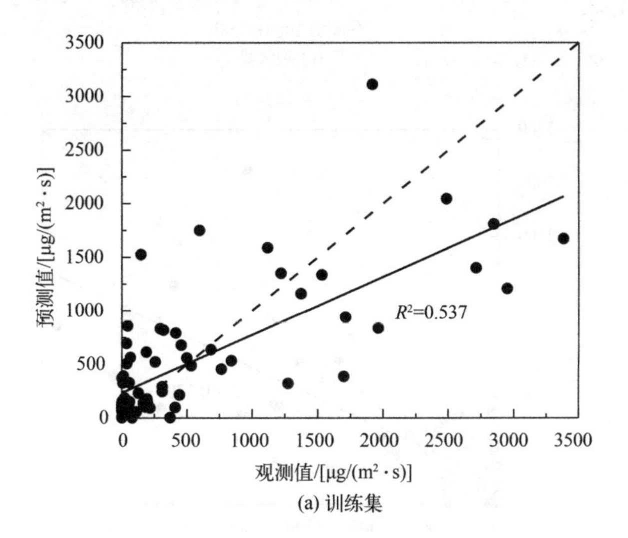

(a) 训练集

图 2-62

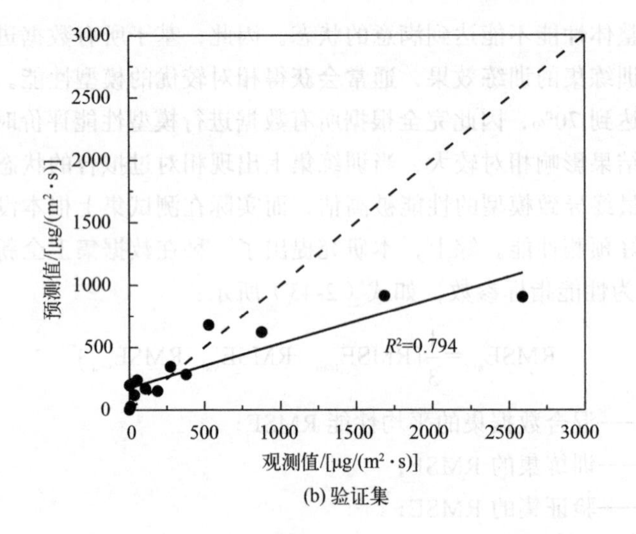

(b) 验证集

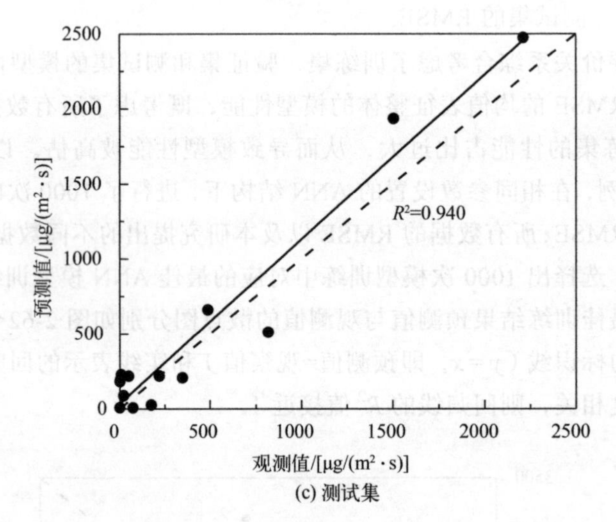

(c) 测试集

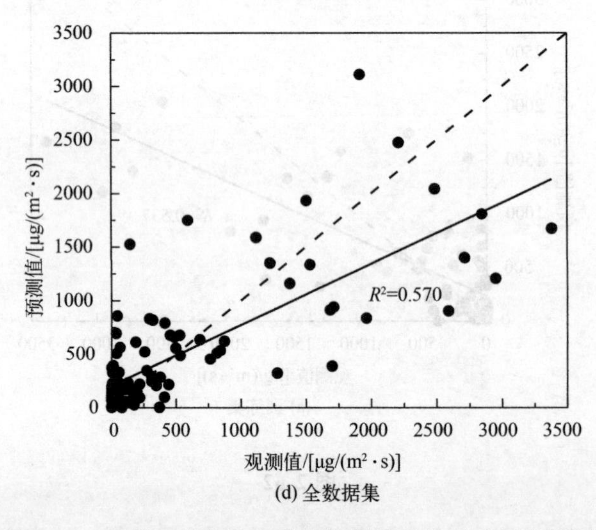

(d) 全数据集

图 2-62　根据测试集误差进行模型评价筛选的最优模型

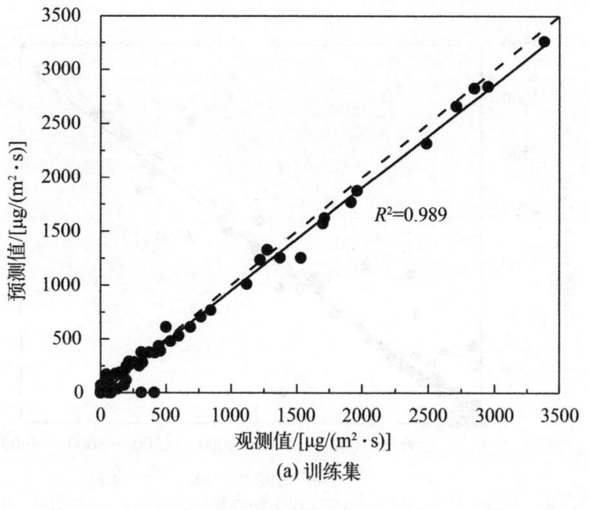

(a) 训练集

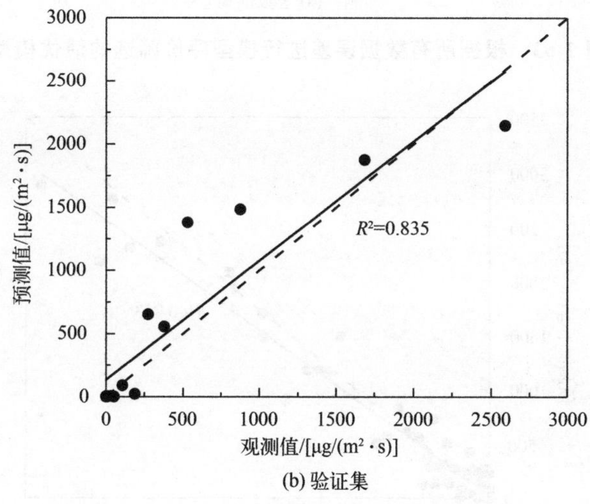

(b) 验证集

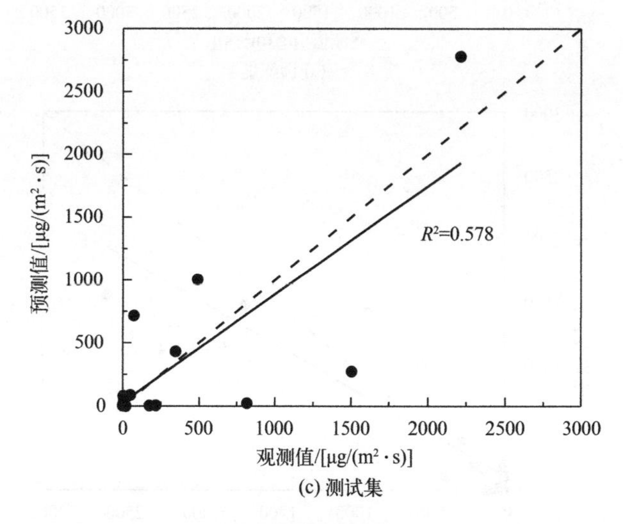

(c) 测试集

图 2-63

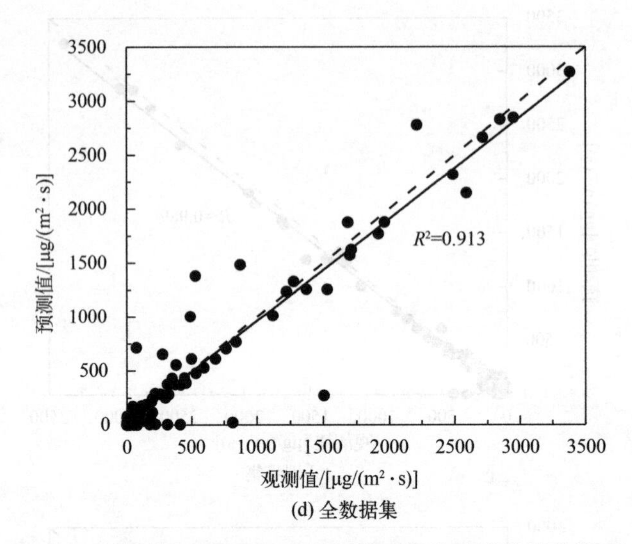

(d) 全数据集

图 2-63　根据所有数据误差进行模型评价筛选的最优模型

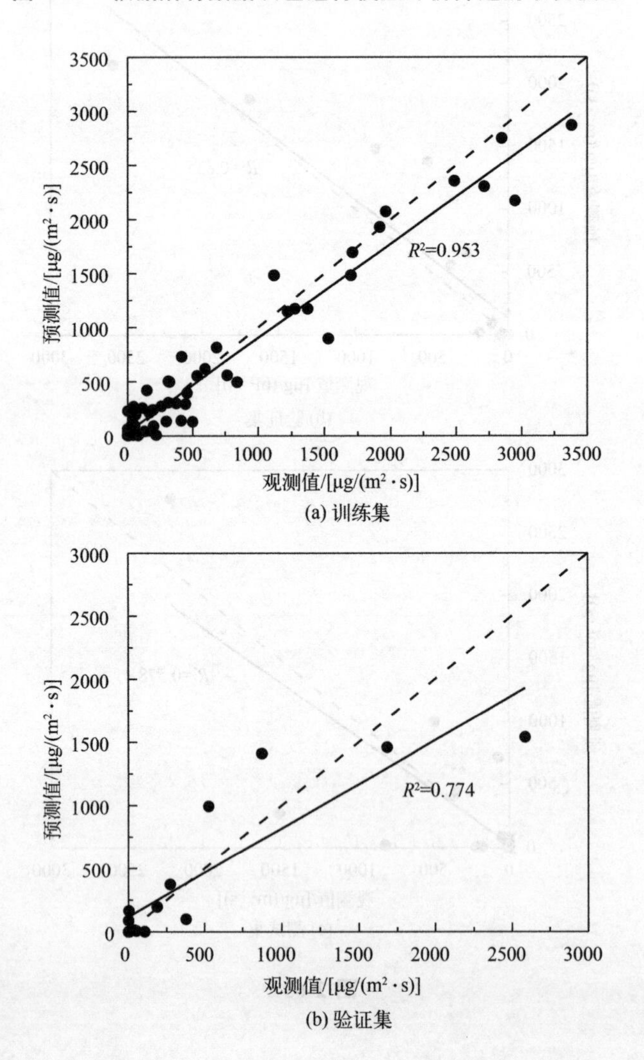

(a) 训练集

(b) 验证集

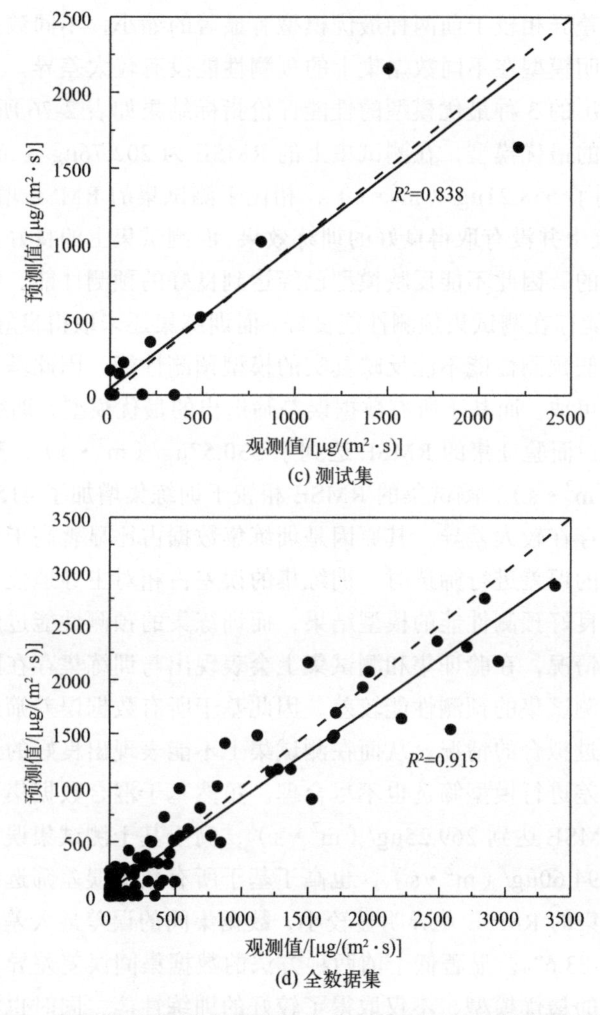

图 2-64 根据混合数据集平均误差进行模型评价筛选的最优模型

从图 2-62 可以看出，基于测试集性能误差进行模型评价筛选得到的最优模型，在测试集上 R^2 值达到了 0.940，取得了良好的拟合效果，但是在训练集上 R^2 值仅为 0.537，验证集上 R^2 值也仅为 0.794，可以看出训练集和验证集的数据拟合效果较差，离散程度较高，并且拟合曲线显著偏离了 $y=x$ 直线，说明模型在训练集上没有达到良好的训练效果。

图 2-63 显示了根据所有数据误差进行模型评价筛选得到的最优模型，可以看出所有数据的综合拟合曲线 R^2 值达到 0.913，说明整体表现出了较好的预测性能。其中，训练集的 R^2 值达到了 0.989，说明训练集达到了满意的训练效果，但是验证集的 R^2 值为 0.835，相较于训练集的 R^2 值显著下降，数据的离散程度也有所加大，而测试集的 R^2 值仅为 0.578，数据离散程度进一步扩大，说明该训练结果只在训练集上表现出了满意的预测性能，但是在测试集上，模型的预测性能显著下降，远远未达到整体水平。

从图 2-64 可以看出，基于混合数据集平均误差筛选出的最优模型，训练集的 R^2 值达到了 0.953，验证集的 R^2 值达到了 0.774，测试集的 R^2 值也达到了 0.838，不同数据集上的数据拟合性能差异相较于前两种最优模型有显著的缩小，不同数据集上的数据离散程度基本相似，说明模型在不同数据集上的预测性能没有较大差异。

不同方法筛选出的 3 种最优模型的性能评价指标结果如表 2-76 所列。可以看出，基于测试集误差筛选的最优模型，在测试集上的 RMSE 为 202.76μg/（m^2·s），而在训练集上的 RMSE 达到了 558.21μg/（m^2·s），相比于测试集的 RMSE 增加了 175%，说明 ANN 模型在训练集上并没有取得良好的训练效果，而测试集上的良好预测效果更大程度上是随机因素造成的，因此不能反映模型已经达到良好的预测性能。根据测试集误差筛选的最优模型，可能存在测试集预测性能良好，而训练集还未取得良好训练性能的情况，该测试集表现的虚假预测性能不能反映真实的模型预测性能，因此基于测试集误差筛选最优模型的方式不可取。而基于所有数据误差筛选出的最优模型，训练集的 RMSE 仅为 93.36μg/（m^2·s），而验证集的 RMSE 达到了 330.57μg/（m^2·s），测试集的 RMSE 更是高达 480.94μg/（m^2·s），测试集的 RMSE 相较于训练集增加了 415%，说明训练集和测试集的预测性能存在较大差异，其原因是训练集数据占比显著高于验证集和测试集，因此基于所有数据的误差进行筛选时，训练集的误差占相对主导地位，因此筛选结果更趋向于训练集具有良好预测性能的模型结果，而训练集的预测性能过度良好时，表明模型可能存在过拟合情况，在验证集和测试集上会表现出与训练集存在巨大差异的预测性能，造成验证集和测试集的预测性能较差。因此基于所有数据误差筛选的最优模型，很可能会出现训练集过拟合的情况，从而在测试集上不能表现出良好的预测性能，这说明基于所有数据集误差进行模型筛选也不尽合理。虽然基于混合数据集平均误差筛选的最优模型，测试集 RMSE 达到 269.25μg/（m^2·s），高于基于测试集误差筛选的结果；训练集的 RMSE 为 194.60μg/（m^2·s），也高于基于所有数据误差筛选的结果，但是训练集、验证集和测试集的 RMSE 差异明显较小，数据集间的误差最大差距为验证集 RMSE 相较于训练集高出 83.6%，显著低于前两种方法的数据集间误差差异。表明基于混合数据集平均误差筛选的最优模型，不仅取得了较好的训练性能，同时也没有出现过拟合现象，因此更能代表模型的最优预测性能。

表 2-76　基于不同数据集进行模型评价筛选的最优模型的模型评价指标结果

性能评价对象	数据集	模型性能指标参数		
		R^2	RMSE/[μg/（m^2·s）]	NRMSE
测试集	训练集	0.537	558.21	0.57
	验证集	0.794	511.55	0.58
	测试集	0.940	202.76	0.26
	全数据集	0.570	516.04	0.55
全数据集	训练集	0.989	93.36	0.09
	验证集	0.835	330.57	0.37
	测试集	0.578	480.94	0.62
	全数据集	0.913	233.26	0.24

续表

性能评价对象	数据集	模型性能指标参数		
		R^2	RMSE/[μg/（m²·s）]	NRMSE
混合数据集均值	训练集	0.953	194.60	0.20
	验证集	0.774	357.30	0.40
	测试集	0.838	269.25	0.35
	全数据集	0.915	235.51	0.25

（2）模型输入参数组合

对模型的输入参数进行 Spearman 相关性分析，结果如表 2-77 所列。可以看出，输入参数中温度和气压存在强相关关系，相关系数达到−0.80，为避免强相关的参数对模型的性能产生不利影响，在 ANN 模型构建时对温度与气压分别进行了剔除，并与全参数组合下的模型性能进行对比，以观察剔除强相关关系参数后是否能使模型取得更好的预测性能。对 3 种典型恶臭物质释放速率的 ANN 模型结构参数设置如下：训练算法——L-M 算法；激活函数——tansig/tansig；参数归一化范围——[0，1]；隐含层节点数——10；其他参数设置与 2.5.1 部分中一致。

表 2-77　输入参数的 Spearman 相关性分析（$P<0.05$）

相关系数 项目＼项目	温度	湿度	气压	蛋白质含量	脂肪含量	碳水化合物含量	灰分含量	水分含量
温度	1.00	−0.27	−0.80	−0.12	−0.07	0.11	0.55	−0.44
湿度		1.00	0.03	−0.14	−0.02	−0.13	−0.17	0.25
气压			1.00	0.16	−0.07	0.05	−0.38	0.25
蛋白质含量				1.00	0.11	0.39	0.25	−0.57
脂肪含量					1.00	−0.22	−0.17	0.07
碳水化合物含量						1.00	0.07	−0.65
灰分含量							1.00	−0.71
水分含量								1.00

在不同输入参数组合下，3 种典型恶臭物质释放速率的 ANN 模型，基于混合数据集误差均值计算的模型 RMSE 结果如图 2-65 所示。可以看出，对于 3 种典型恶臭物质而言，其释放速率的 ANN 模型在全参数组合下的模型性能与剔除温度的输入参数组合获得的模型性能基本没有差异，而当输入参数中剔除气压后，3 种典型恶臭物质的释放速率模型的 RMSE 均显著增大，对于乙醇释放速率模型，无气压的输入参数模型 RMSE 达到了 590.81μg/（m²·s），而全参数组合下的模型 RMSE 为 528.38μg/（m²·s），相比之下，剔除气压参数后，模型的 RMSE 上升了 11.8%。甲硫醚和二甲二硫醚释放速率的 ANN 模型中，剔除气压参数的模型 RMSE 相比于全参数也分别提高了 18.7%和 22.2%。从该结果可以看出，气压是影响恶臭物质释放速率的重要因素之一。尽管温度与气压存在强

相关关系，但是在剔除温度参数后模型性能没有显著改善，而剔除气压后模型性能反而下降，因此为了进一步揭示输入参数对释放速率的相对重要性，本研究中选择将包含温度、气压等在内的 8 个指标全部作为模型的输入参数。表 2-78 给出了本研究中 ANN 模型的输入和输出参数的变量范围。

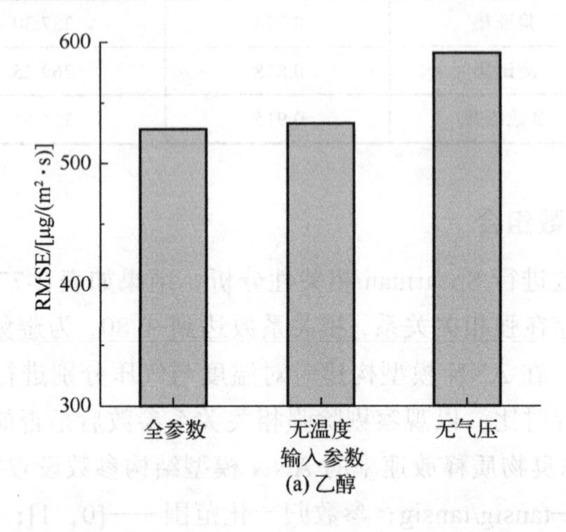

(a) 乙醇

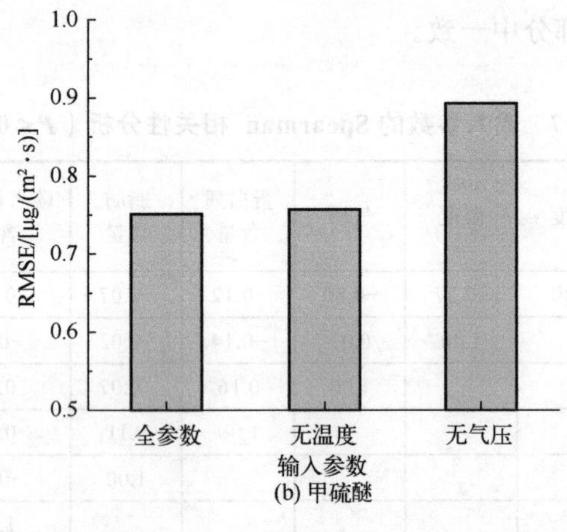

(b) 甲硫醚

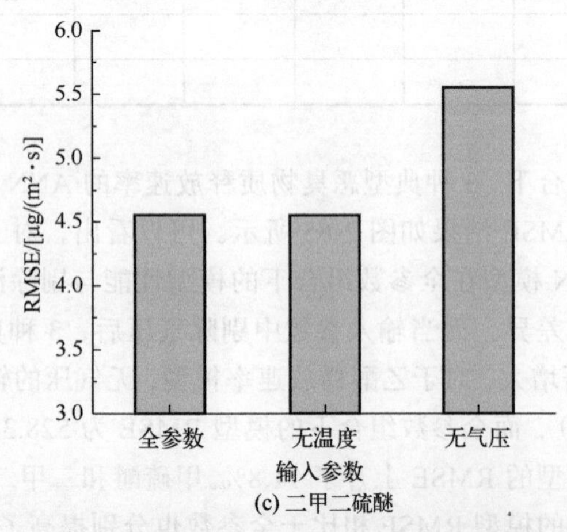

(c) 二甲二硫醚

图 2-65 不同输入参数组合下的模型 RMSE

表 2-78　ANN 模型的输入与输出参数的变量范围

变量		最小值	最大值	均值	标准差
输入参数	温度/℃	−4.80	47.20	17.50	13.42
	湿度/%	12.00	96.00	54.46	19.84
	气压/hPa	989.70	1029.80	1008.02	11.34
	蛋白质含量/%	2.63	8.19	4.54	1.17
	脂肪含量/%	0.93	12.5	4.06	1.96
	碳水化合物含量/%	3.77	36.26	18.38	6.03
	灰分含量/%	4.40	41.21	13.23	7.53
	水分含量/%	16.02	75.60	59.82	11.27
输出参数	乙醇释放速率/[μg/（m^2·s）]	0.18	3383.02	510.83	791.10
	甲硫醚释放速率/[μg/（m^2·s）]	0.00	10.51	0.35	1.23
	二甲二硫醚释放速率/[μg/（m^2·s）]	0.00	78.84	1.71	8.28

（3）最佳训练算法的确定

本研究中，对于不同典型恶臭物质释放速率的 ANN 模型构建中，选择了包含 L-M 算法在内的 10 种常见的人工神经网络训练算法，不同典型恶臭物质释放速率的 ANN 模型结构参数设置如下：激活函数——tansig/tansig；参数归一化范围——[0, 1]；隐含层节点数——10；其他参数设置与第 2.5.1 小节中一致。在 7 折交叉验证操作后，不同训练算法的训练集、验证集和测试集的 RMSE 均值如图 2-66 所示。结果表明，对于乙醇释放速率预测模型而言，在 10 种不同的训练算法中，trainlm 的 RMSE 最小，为 529μg/（m^2·s），而最大的 RMSE 为 traingdm，达到 589μg/（m^2·s）。与 traingdm 相比，trainlm 的 RMSE 降低了 10%。通过比较不同训练算法的 RMSE，trainlm 最终被确定为乙醇释放速率 ANN 模型的最佳训练算法。在甲硫醚和二甲二硫醚释放速率的 ANN 模型构建中，trainlm 算法同样表现出了最佳的性能。甲硫醚释放速率的 ANN 模型构建中，trainlm 算法的 RMSE 为 0.75μg/（m^2·s），相比于 traingd 的 RMSE 降低了近 20%。而二甲二硫醚释放速率的 ANN 模型构建中，trainlm 算法的 RMSE 为 4.55μg/（m^2·s），相比于 traingd 的 RMSE 降低了近 25%。可以看出，训练算法对 ANN 模型的性能具有显著的影响，而本研究中 trainlm 算法被优选为 3 种典型恶臭物质释放速率 ANN 模型的最佳训练算法，先前的研究中也有相同的结论。

（4）最佳激活函数的确定

隐含层激活函数通常选择 S 型（logsig）函数或 T-S 型（tansig）函数，输出层激活函数则通常选择 S 型函数、T-S 型函数或线性（purelin）函数。而输入输出数据的归一化范围则通常是[−1, 1]和[0, 1]。但是由于 S 型函数的输出值始终大于 0，因此当数据归一化范围为[−1, 1]时，输出层激活函数不适合使用 S 型函数。因此，隐含层激活函数、输出层激活函数和数据归一化范围之间共有 10 种不同的参数组合。不同典型恶臭物质释放速率的 ANN 模型其他结构参数设置如下：训练算法——L-M 算法；隐含层节点数——10；其他参数设置与第 2.5.1 小节中一致。

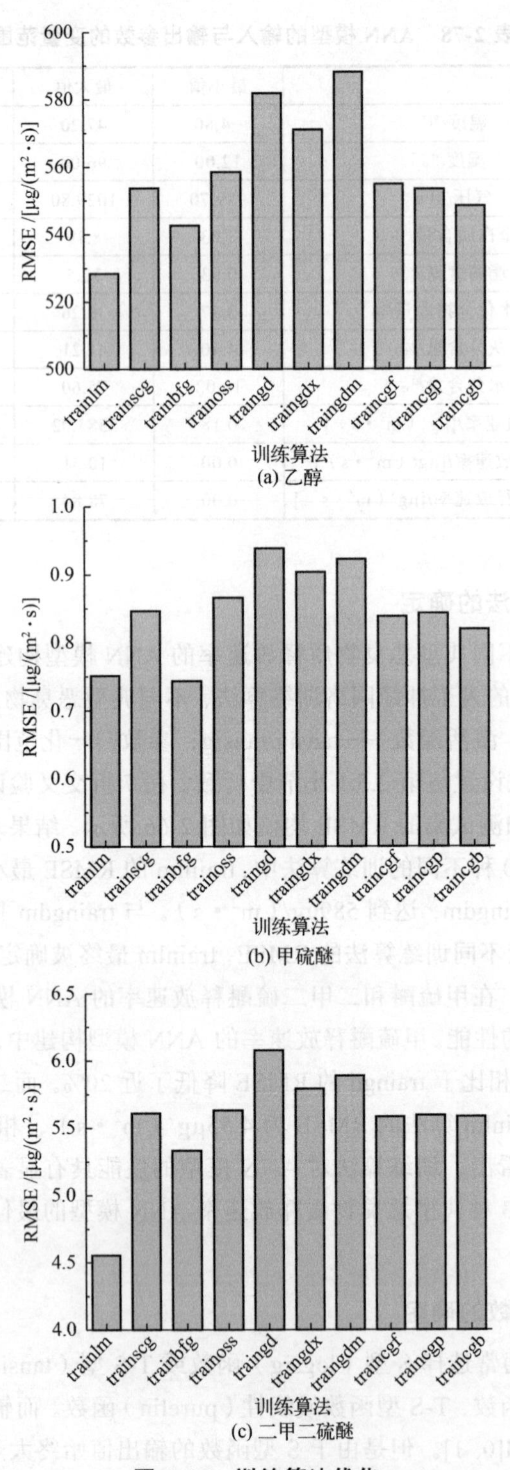

图 2-66 训练算法优化

进行 7 折交叉验证后，不同典型恶臭物质释放速率 ANN 模型在不同激活函数与参数归一化范围组合下，各 ANN 模型的混合数据集均值误差 RMSE 如图 2-67 所示。从图

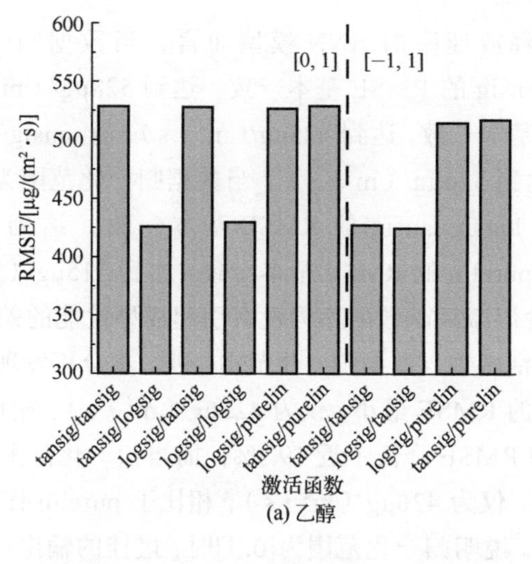

(a) 乙醇

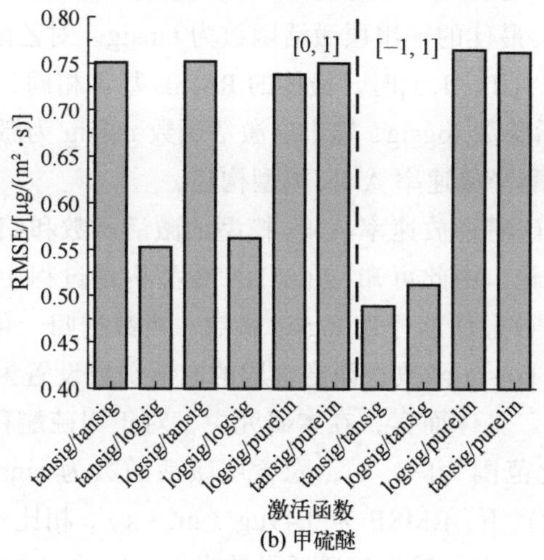

(b) 甲硫醚

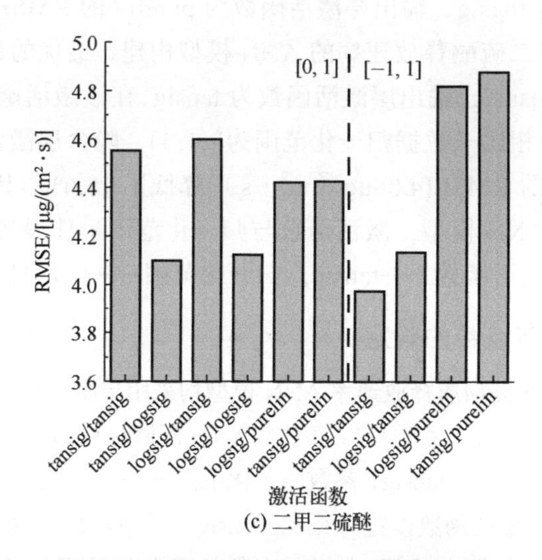

(c) 二甲二硫醚

图 2-67　激活函数与参数归一化范围优化

中可以看出，就乙醇释放速率的ANN模型而言，当数据归一化范围为[0，1]时，tansig/tansig与logsig/tansig的RMSE基本一致，达到528μg/（m^2·s），tansig/logsig与logsig/logsig的RMSE基本一致，达到425μg/（m^2·s），而tansig/purelin与logsig/purelin的RMSE基本一致，达到526μg/（m^2·s）。当数据归一化范围为[−1, 1]时，也有相似的结论，tansig/tansig与logsig/tansig的RMSE基本一致，达到426μg/（m^2·s），而tansig/purelin与logsig/purelin的RMSE基本一致，达到515μg/（m^2·s）。可以看出，在ANN模型构建中，隐含层激活函数的不同没有引起模型性能的差异，而影响模型性能的主要参数为输出层的激活函数与数据归一化范围。进一步分析发现，当归一化范围为[0, 1]时，输出层为logsig时的RMSE最小，仅为425μg/（m^2·s），相比于tansig和purelin作为输出层激活函数时的RMSE降低了近19.5%；而当归一化范围为[−1, 1]时，输出层为tansig时的RMSE最小，仅为426μg/（m^2·s），相比于purelin作为输出层激活函数时的RMSE降低了近17.2%。说明归一化范围为[0, 1]时，最佳的输出层激活函数为logsig，而归一化范围为[−1, 1]时，最佳的输出层激活函数为tansig。对乙醇释放速率的ANN模型而言，归一化范围为[0, 1]和[−1, 1]时，最佳的RMSE基本相同，本研究中选择了归一化范围[−1, 1]、隐含层激活函数logsig、输出层激活函数tansig为激活函数与归一化范围优化结果，进入后续的乙醇释放速率ANN模型构建。

从甲硫醚和二甲二硫醚释放速率ANN模型的激活函数和归一化范围参数优化结果中也可以得出相似的结论。由此可知，在ANN模型构建过程中，当数据归一化范围为[0, 1]时，输出层激活函数最佳选择为logsig函数；当数据归一化范围为[−1, 1]时，输出层激活函数最佳选择为tansig函数；而隐含层的激活函数设置为logsig或tansig函数时模型性能没有明显差异。具体而言，在本研究中，对于甲硫醚释放速率的ANN模型构建，最优的数据归一化范围为[−1, 1]，隐含层激活函数为tansig，输出层激活函数为tansig，在该激活函数设置下，RMSE为0.49μg/（m^2·s），相比于数据归一化范围为[−1, 1]、隐含层激活函数为logsig、输出层激活函数为purelin的RMSE[0.76μg/（m^2·s）]降低了35.5%；对于二甲二硫醚释放速率的ANN模型构建，最优的数据归一化范围为[−1, 1]，隐含层激活函数为tansig，输出层激活函数为tansig，在该激活函数设置条件下，RMSE为3.97μg/（m^2·s），相比于数据归一化范围为[−1, 1]、隐含层激活函数为tansig、输出层激活函数为purelin的RMSE[4.88μg/（m^2·s）]降低了18.6%。因此，对于甲硫醚与二甲二硫醚释放速率的ANN模型，激活函数与归一化范围最佳设置如下：隐含层激活函数——tansig；输出层激活函数——tansig；归一化范围——[−1, 1]。

（5）最佳隐含层节点数的确定

本研究中3种典型恶臭物质释放速率ANN模型均采用单隐含层结构，其中隐含层节点数的优化范围设置为1～20。对于乙醇释放速率的ANN模型结构参数设置如下：训练算法——L-M算法；激活函数——logsig/tansig；参数归一化范围——[−1, 1]。对于甲硫醚和二甲二硫醚释放速率的ANN模型，激活函数设置为tansig/tansig。其他参数设置与第2.5.1小节中一致。

采用7折交叉验证技术，不同隐含层节点数的混合集数据平均误差RMSE如图2-68所示。总的来看，甲硫醚和二甲二硫醚的ANN模型RMSE随着隐含层节点数的增加均

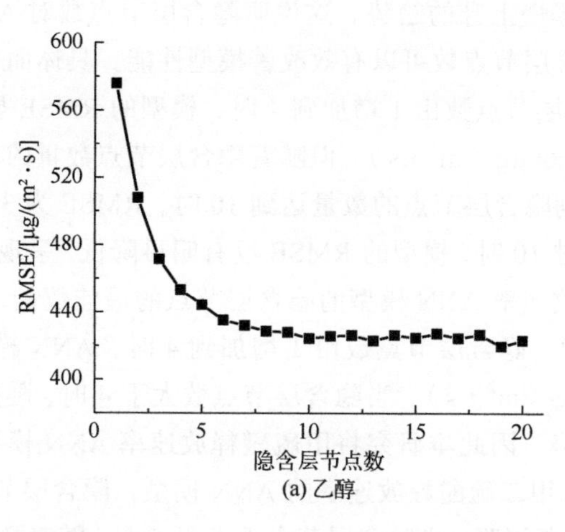

(a) 乙醇

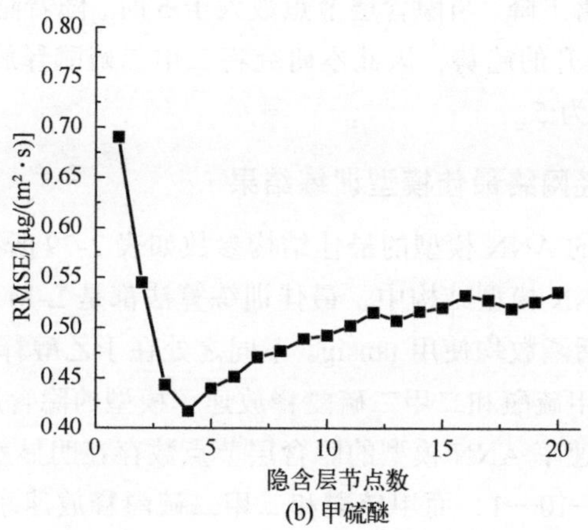

(b) 甲硫醚

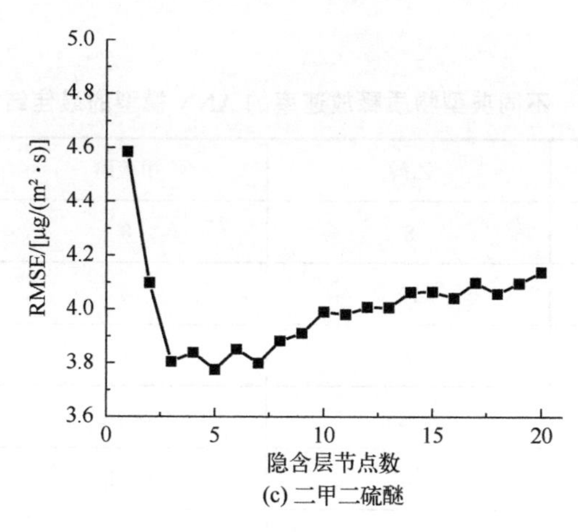

(c) 二甲二硫醚

图 2-68　隐含层节点数优化

呈现先下降再上升的趋势，而乙醇的 ANN 模型 RMSE 则随着隐含层节点数的增加呈现先下降后趋于稳定的趋势。并且在低节点数时，模型的 RMSE 均随着节点数的增加而显著下降，模型性能改善明显；而当在高节点数时，模型的 RMSE 均随着节点数的增加而呈现了趋于稳定甚至缓慢上升的趋势。这说明隐含层节点数对 ANN 模型的性能具有重要的影响，合适的隐含层节点数可以有效改善模型性能。具体而言，对于乙醇释放速率的 ANN 模型，当隐含层节点数由 1 增加到 4 时，模型的 RMSE 显著降低，由 558.28μg/（m^2·s）下降到了 393.60μg/（m^2·s）。但随着隐含层节点数量的增加，模型的 RMSE 改善效果逐渐降低，直到隐含层节点的数量达到 10 时，RMSE 为 361.46μg/（m^2·s）。当隐含层节点的数量超过 10 时，模型的 RMSE 没有明显降低，呈现出趋于稳定的趋势。因此，本研究将乙醇释放速率 ANN 模型的隐含层节点的最佳数量设置为 10。对于甲硫醚释放速率的 ANN 模型，隐含层节点数由 1 增加到 4 时，ANN 模型的 RMSE 由 0.69μg/（m^2·s）下降到 0.41μg/（m^2·s），当隐含层节点数大于 4 时，随隐含层节点数增加模型 RMSE 呈现上升的趋势，因此本研究将甲硫醚释放速率 ANN 模型的隐含层节点的最佳数量设置为 4。对于二甲二硫醚释放速率的 ANN 模型，隐含层节点数由 1 增加到 3 时，ANN 模型的 RMSE 显著下降，当隐含层节点数大于 5 时，随着隐含层节点数的增加，模型的 RMSE 呈现波动上升的趋势，因此本研究将二甲二硫醚释放速率 ANN 模型的隐含层节点的最佳数量设置为 5。

（6）单一人工神经网络最佳模型训练结果

3 种典型恶臭物质的 ANN 模型的最佳结构参数如表 2-79 所列。根据参数优化结果，3 种典型恶臭物质的 ANN 模型结构中，最佳训练算法都是 L-M 算法，参数归一化范围为[−1, 1]，输出层的激活函数均使用 tansig。不同之处在于乙醇释放速率模型的隐含层激活函数使用 logsig，而甲硫醚和二甲二硫醚释放速率模型的隐含层激活函数使用 tansig。3 种典型恶臭物质释放速率 ANN 模型的隐含层节点数存在明显差异，其中乙醇释放速率的最佳 ANN 结构为 8—10—1，而甲硫醚和二甲二硫醚释放速率的最佳 ANN 结构分别为 8—4—1 和 8—5—1。

表 2-79　不同典型物质释放速率的 ANN 模型的最佳结构参数

典型恶臭物质	乙醇	甲硫醚	二甲二硫醚
输入层节点数	8	8	8
隐含层节点数	10	4	5
输出层节点数	1	1	1
隐含层激活函数	logsig	tansig	tansig
输出层激活函数	tansig	tansig	tansig
数据标准化范围	[−1, 1]	[−1, 1]	[−1, 1]
训练算法	L-M	L-M	L-M

根据不同典型恶臭物质的最佳结构参数设置，分别对 ANN 模型进行了 1000 次的训

练，并根据模型的 RMSE 值确定了不同典型恶臭物质释放速率最佳的 ANN 模型训练结果。不同典型恶臭物质释放速率在训练集、验证集和测试集上的观测值和预测值数据拟合结果如图 2-69～图 2-71 所示。可以看出 3 种典型恶臭物质释放速率的 ANN 模型的 R^2 值在训练集上大于 0.9，并且回归线与标识线 $y = x$ 吻合度较高，表明 3 种典型恶臭物质释放速率的 ANN 模型都取得了良好的训练效果。但是，在验证集和测试集上，不同模型的回归线的 R^2 值相对于训练集都出现了明显的降低，并且数据点分布离散，很大程度上偏离了回归线。特别地，测试集作为评估模型预测性能的子集，结果显示乙醇释放速率模型的测试集 R^2 值仅为 0.842，尽管甲硫醚和二甲二硫醚释放速率模型的测试集 R^2 值达到 0.9，但是仍然有部分数据点与回归线偏离程度较大。总体来看，3 种典型恶臭物质释放速率的人工神经网络模型的预测性能仍有较大的优化空间。

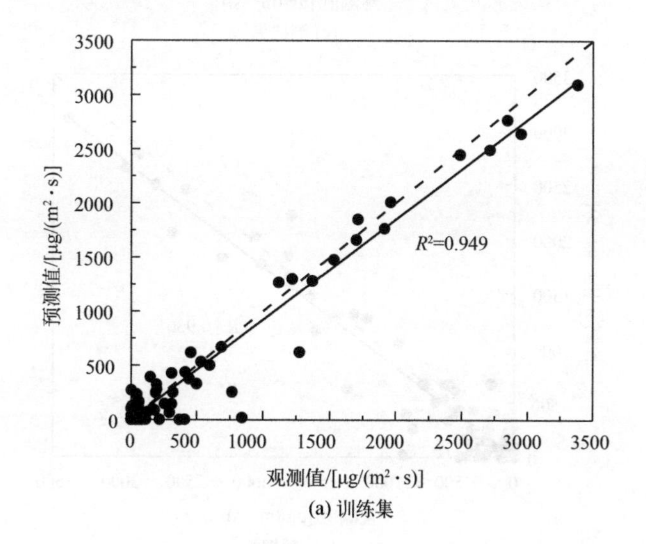

(a) 训练集

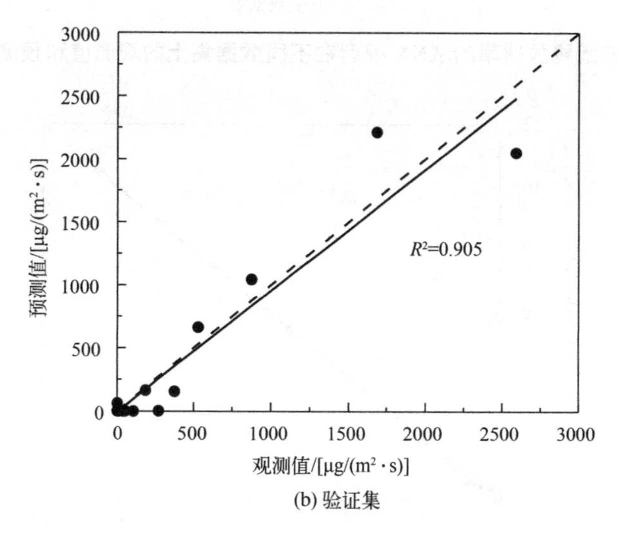

(b) 验证集

图 2-69

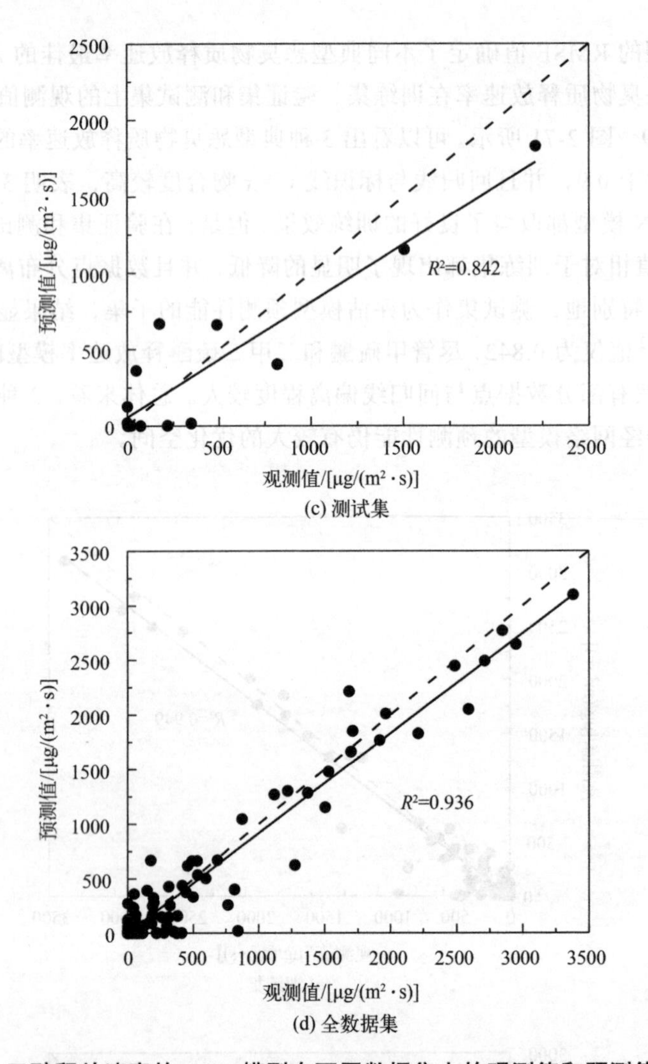

(c) 测试集

(d) 全数据集

图 2-69　乙醇释放速率的 ANN 模型在不同数据集上的观测值和预测值散点图

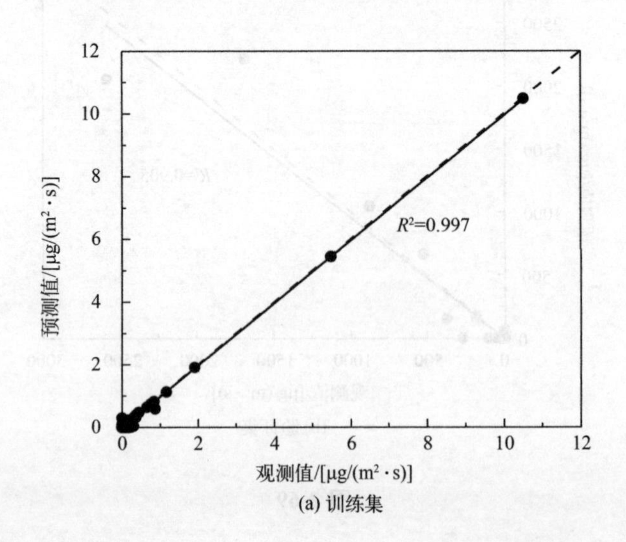

(a) 训练集

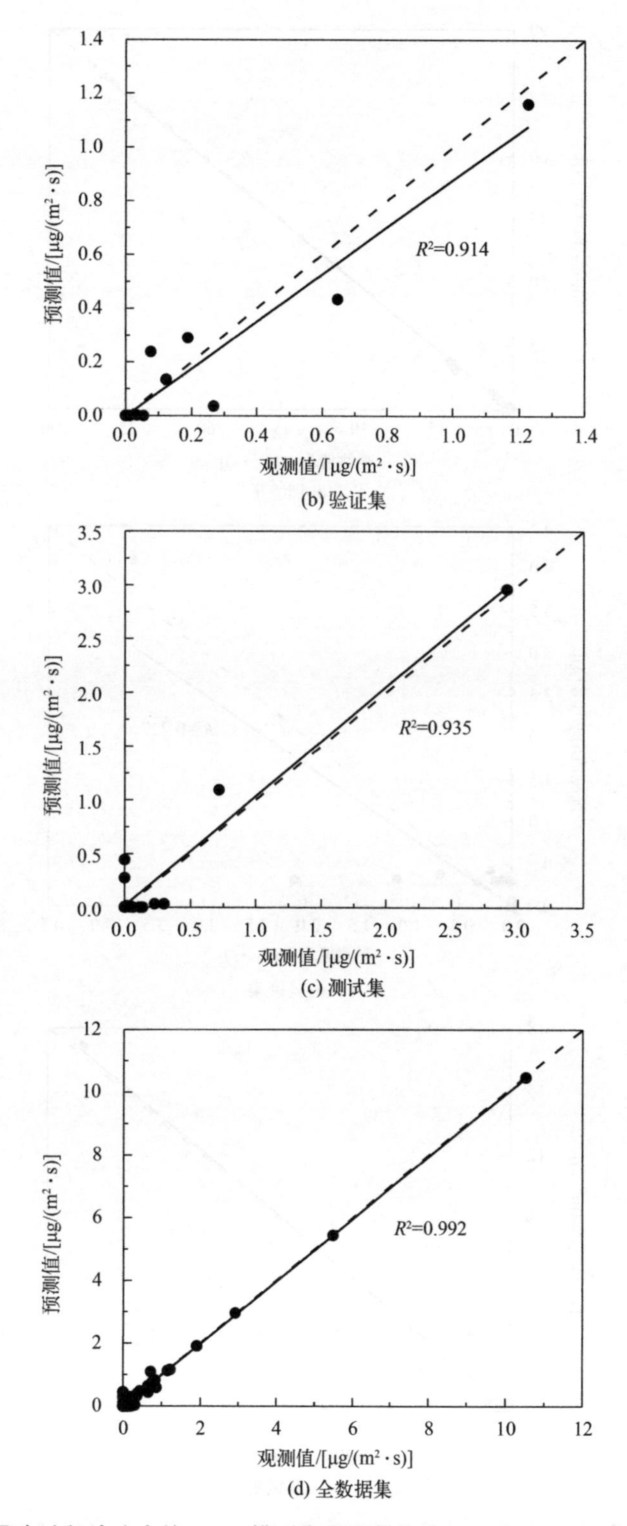

图 2-70　甲硫醚释放速率的 ANN 模型在不同数据集上的观测值和预测值散点图

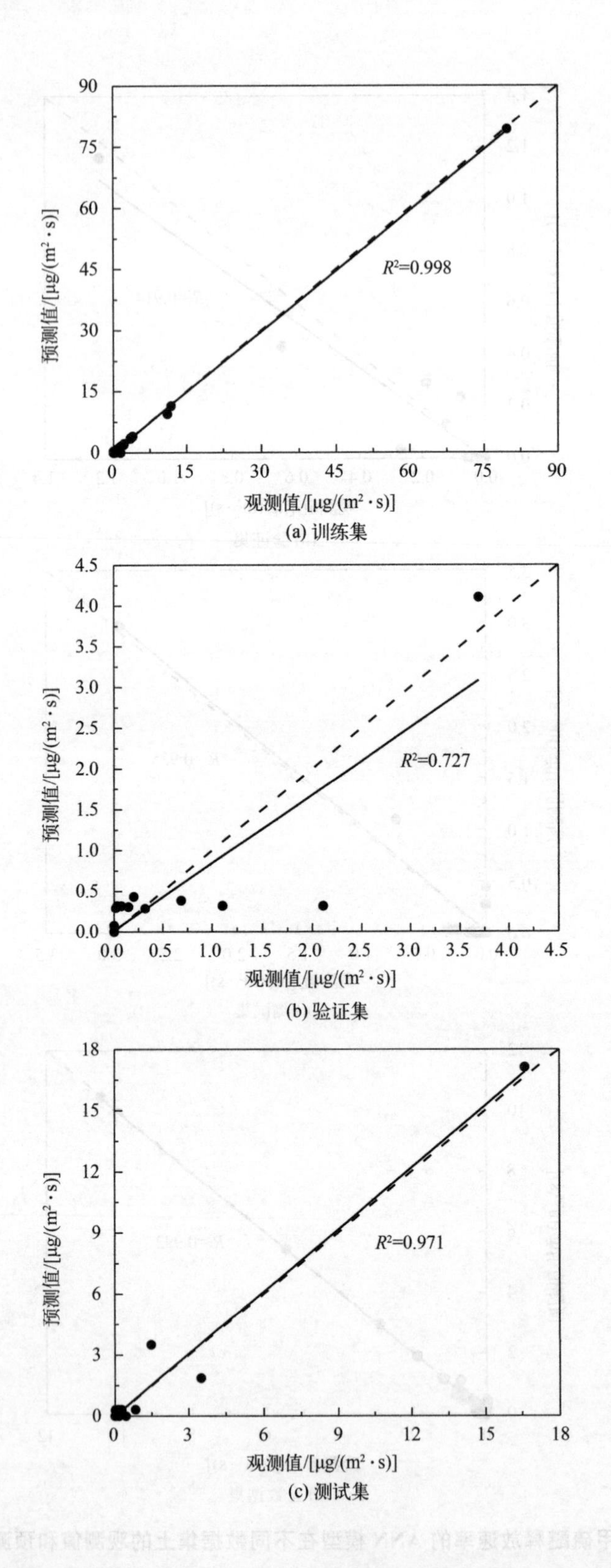
90
75
60
45
30
15
0
预测值/[μg/(m²·s)]
R²=0.998
0 15 30 45 60 75 90
观测值/[μg/(m²·s)]
(a) 训练集
4.5
4.0
3.5
3.0
2.5
2.0
1.5
1.0
0.5
0.0
预测值/[μg/(m²·s)]
R²=0.727
0.0 0.5 1.0 1.5 2.0 2.5 3.0 3.5 4.0 4.5
观测值/[μg/(m²·s)]
(b) 验证集
18
15
12
9
6
3
0
预测值/[μg/(m²·s)]
R²=0.971
0 3 6 9 12 15 18
观测值/[μg/(m²·s)]
(c) 测试集

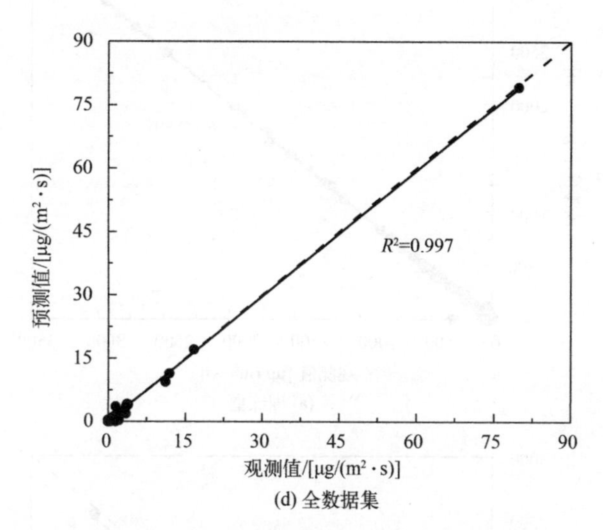

(d) 全数据集

图 2-71　二甲二硫醚释放速率的 ANN 模型在不同数据集上的观测值和预测值散点图

2.5.2.3　基于遗传算法优化的人工神经网络模型构建

ANN 模型初始权重和阈值的随机性，使其很容易陷入局部最小值，从而导致模型效果欠佳。而遗传算法具有搜索全局最优解的能力，可以优化 ANN 模型的初始权重和阈值，以避免出现次优模型。本研究基于遗传算法进一步优化了人工神经网络模型最优结构的初始权重和阈值，并将训练集、验证集和测试集的平均 RMSE 值的最小化作为遗传算法的优化目标。遗传算法的结构参数设置如下：种群数量 50、迭代次数为 150、交叉系数 0.9、变异系数 0.01。将不同典型物质释放速率的 GA-ANN 模型重复训练 20 次，然后选择最佳模型作为模型优化结果。

基于训练集、验证集和测试集中不同物质释放速率的 GA-ANN 模型的观测值和预测值的散点图如图 2-72～图 2-74 所示。总体来看，基于遗传算法优化的 ANN 模型，在训练集、验证集和测试集上的拟合直线与标识线基本重合，说明模型性能整体表现优异。具体来看，3 种典型恶臭释放速率的 GA-ANN，在训练集上回归线的 R^2 值都大于 0.99，说明模型在训练集上取得了非常好的训练效果。并且在验证集和测试集上的 R^2 值大多数都超过了 0.96（除了二甲二硫醚释放速率模型验证集上的 R^2 值为 0.925），表明 GA-ANN 模型在验证集和测试集上也表现出了良好的模型预测性能。因此，基于遗传算法优化的 ANN 模型预测性能整体得到了显著的提升。

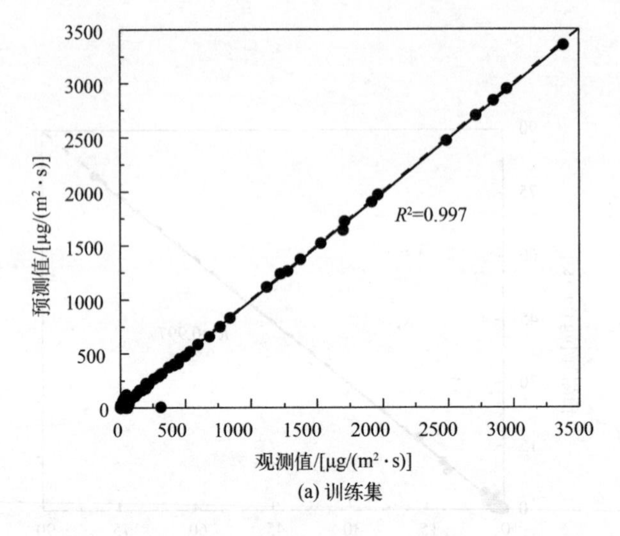

(a) 训练集

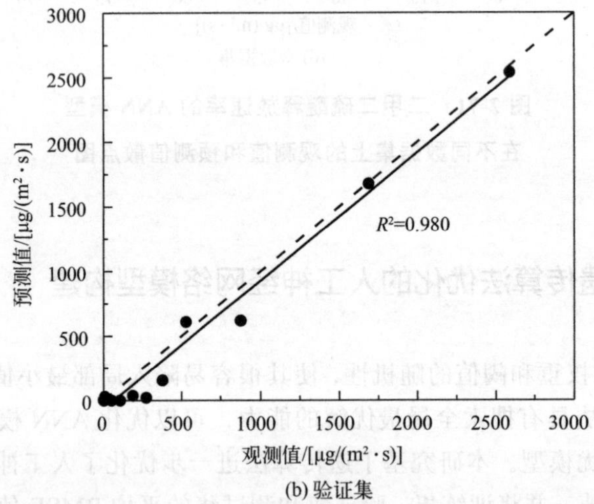

(b) 验证集

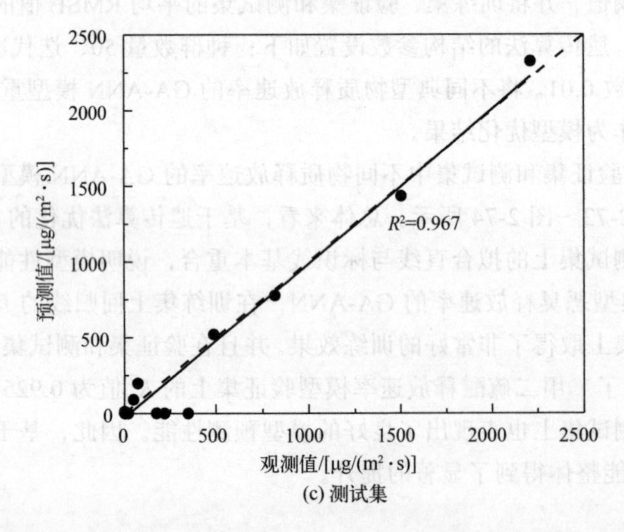

(c) 测试集

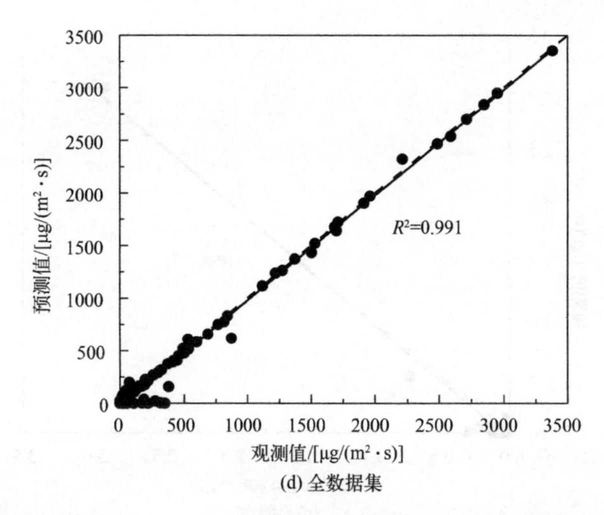

(d) 全数据集

图 2-72 乙醇释放速率的 GA-ANN 模型在不同数据集上的观测值和预测值散点图

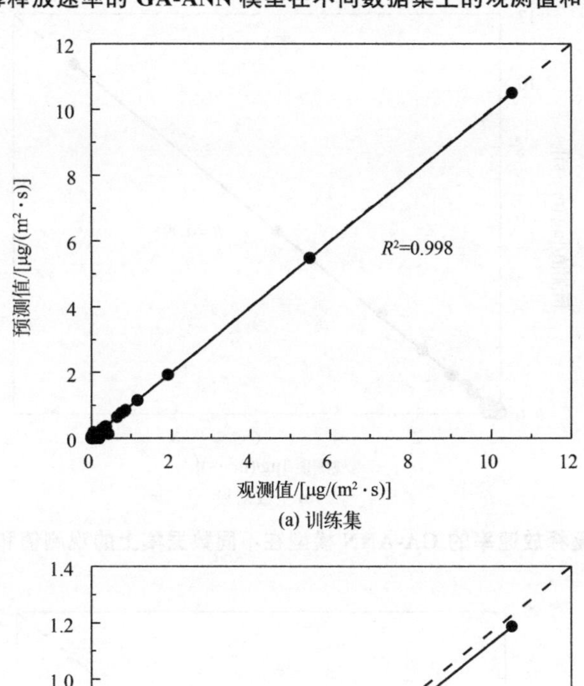

(a) 训练集

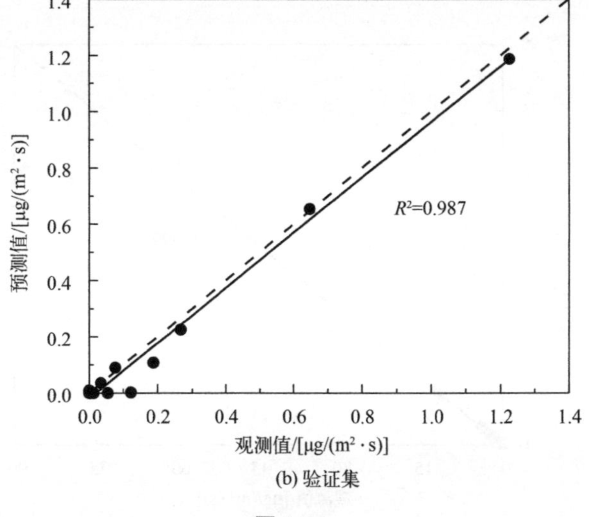

(b) 验证集

图 2-73

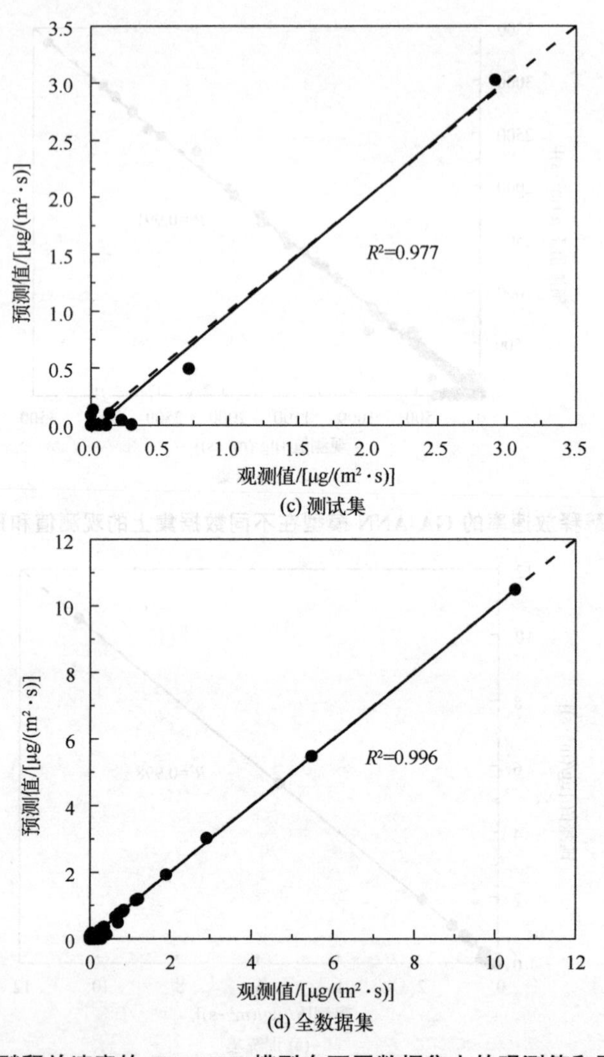

(c) 测试集

(d) 全数据集

图 2-73　甲硫醚释放速率的 GA-ANN 模型在不同数据集上的观测值和预测值散点图

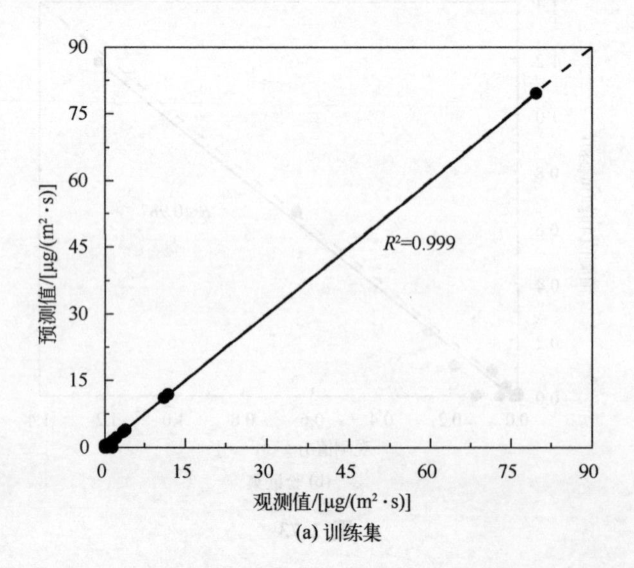

(a) 训练集

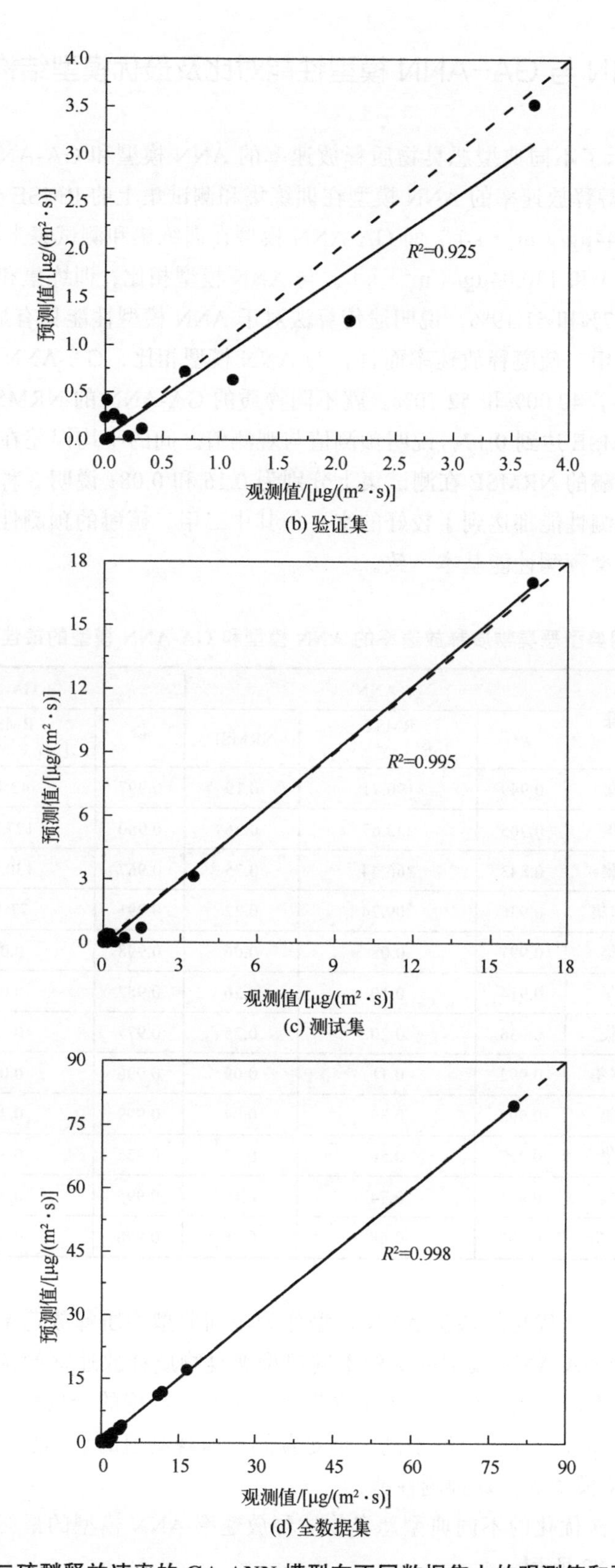

图 2-74　二甲二硫醚释放速率的 GA-ANN 模型在不同数据集上的观测值和预测值散点图

2.5.2.4 ANN与GA-ANN模型性能对比及最优模型结构矩阵

表2-80显示了不同典型恶臭物质释放速率的ANN模型和GA-ANN模型的最佳性能指标参数。乙醇释放速率的ANN模型在训练集和测试集上的RMSE分别为190.71μg/（m²·s）和266.44μg/（m²·s），而GA-ANN模型在训练集和测试集上的RMSE分别为42.78μg/（m²·s）和130.04μg/（m²·s）。与ANN模型相比，训练集和测试集的RMSE分别降低了77.57%和51.19%，说明遗传算法对于ANN模型性能具有显著的优化作用。对于甲硫醚和二甲二硫醚释放速率而言，与ANN模型相比，GA-ANN模型在测试集的RMSE分别降低了40.00%和52.70%。就不同物质的GA-ANN的NRMSE来看，乙醇在测试集上的NRMSE达到0.17，说明预测值与观测值之间的平均误差在17%以内，而甲硫醚和二甲二硫醚的NRMSE在测试集上分别为0.16和0.08，说明3种典型恶臭物质释放速率的整体预测性能都达到了较好的水平，其中二甲二硫醚的预测性能相对较好，乙醇和甲硫醚的模型预测性能基本一致。

表2-80 不同典型恶臭物质释放速率的ANN模型和GA-ANN模型的最佳性能指标参数

典型恶臭物质	数据集	ANN			GA-ANN		
		R^2	RMSE /[μg/（m²·s）]	NRMSE	R^2	RMSE /[μg/（m²·s）]	NRMSE
乙醇	训练集	0.949	190.71	0.19	0.997	42.78	0.04
	验证集	0.905	232.67	0.26	0.980	127.16	0.14
	测试集	0.843	266.44	0.35	0.967	130.04	0.17
	全数据集	0.936	209.24	0.22	0.991	77.40	0.08
甲硫醚	训练集	0.997	0.08	0.06	0.998	0.06	0.04
	验证集	0.914	0.10	0.26	0.987	0.04	0.12
	测试集	0.935	0.20	0.25	0.977	0.12	0.16
	全数据集	0.992	0.11	0.09	0.996	0.07	0.06
二甲二硫醚	训练集	0.998	0.39	0.04	0.999	0.28	0.03
	验证集	0.727	0.56	0.47	0.925	0.31	0.26
	测试集	0.971	0.74	0.16	0.995	0.35	0.08
	全数据集	0.997	0.48	0.06	0.998	0.30	0.04

将基于遗传算法优化的最优ANN模型作为不同典型物质释放速率的最终模型，图2-75展示了基于GA-ANN模型训练的不同典型恶臭物质释放速率的预测值与观测值之间的比较。可以看出，预测值与观测值在训练集上具有高度的一致性，而在验证集和测试集上虽然存在部分数据吻合度不高，但是预测值与观测值的总体趋势基本保持一致，表现了GA-ANN模型的良好预测性能。

基于遗传算法优化的不同典型恶臭物质释放速率ANN模型的最终权值和阈值分别如表2-81～表2-83所列。

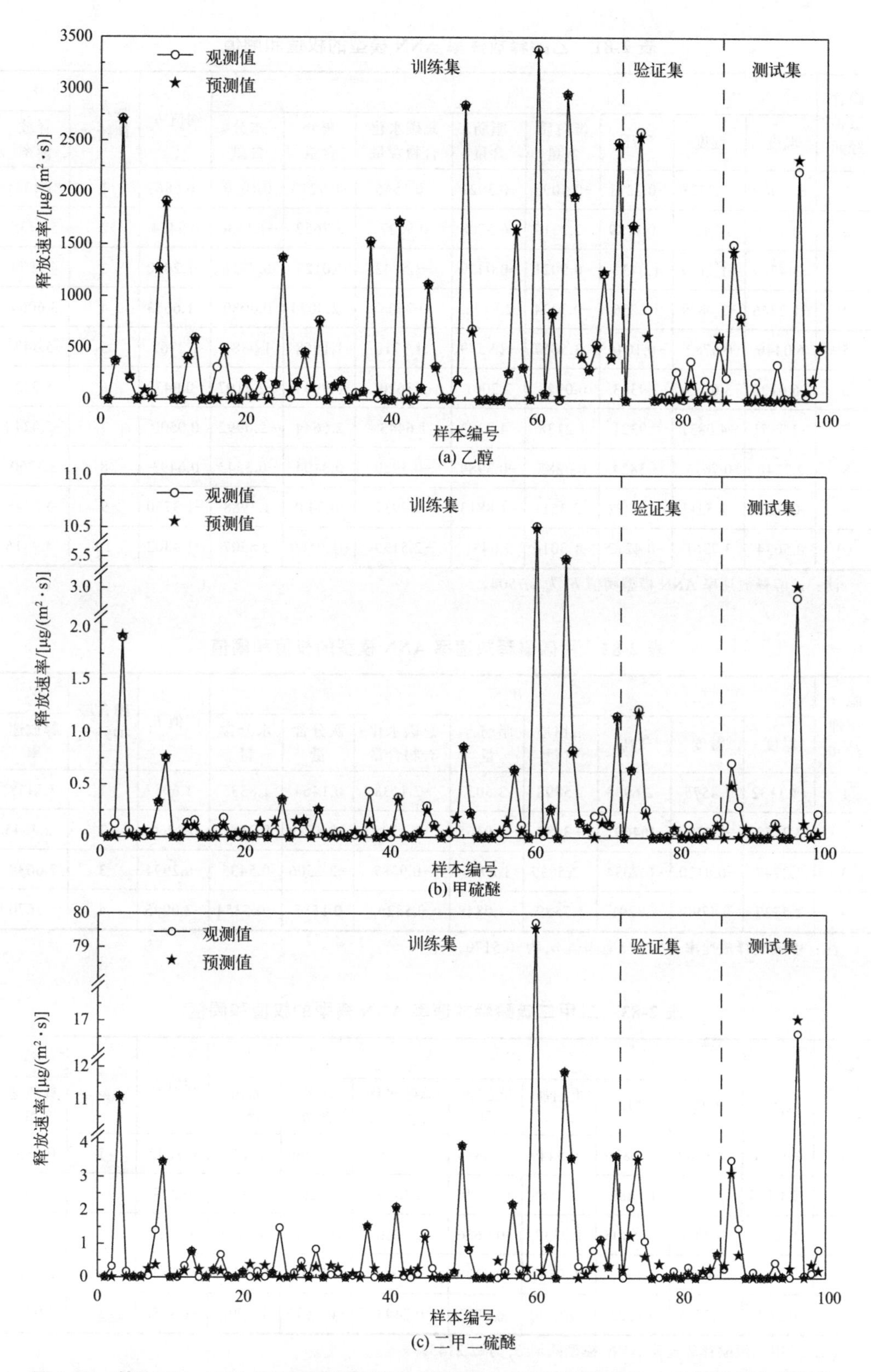

图 2-75 基于 GA-ANN 的不同典型恶臭物质释放速率在不同数据集上的预测值和观测值

表 2-81　乙醇释放速率 ANN 模型的权值和阈值

隐含层神经元	W_1								阈值 b_1	隐含层神经元	W_2
	温度	湿度	气压	蛋白质含量	脂肪含量	总碳水化合物含量	灰分含量	水分含量			释放速率
1	−0.1960	−2.2728	−0.2271	−0.5098	−0.3921	−0.1546	−0.9213	0.1050	−0.6863	1	−1.1381
2	−0.3650	1.7425	−0.1189	−2.1317	−6.5708	0.5727	2.7652	−1.1530	0.5454	2	5.4735
3	−3.4789	−1.1129	1.0431	−0.9021	−0.0429	−3.5142	3.0122	0.7711	−1.2090	3	4.7774
4	−1.2746	−2.0829	1.2256	−0.3234	2.8422	0.7608	−2.3074	0.6089	−1.6653	4	3.6064
5	6.0446	0.5782	−0.1046	−3.5057	−2.9579	−1.1710	1.1658	1.0381	1.2767	5	−5.3471
6	−6.0122	3.0183	2.9363	0.0928	2.2001	2.3620	0.9943	−2.3197	−0.0472	6	−5.9228
7	−2.3371	−4.0831	0.9321	1.2138	−4.2303	1.6443	2.6644	−2.0992	0.0500	7	−5.0248
8	2.7340	0.7075	3.3824	0.0287	−0.3984	−0.3920	0.8404	−0.3543	0.6493	8	3.3260
9	−0.0562	−2.5211	−1.6872	−2.3511	−1.8813	−0.9937	−0.3448	1.3988	−1.3750	9	−3.2748
10	0.5634	3.7361	−0.4212	−1.3016	5.6431	−2.5199	−1.9560	0.6507	−1.4302	10	−4.9816

注：乙醇释放速率 ANN 模型阈值 b_2 为 1.7504。

表 2-82　甲硫醚释放速率 ANN 模型的权值和阈值

隐含层神经元	W_1								阈值 b_1	隐含层神经元	W_2
	温度	湿度	气压	蛋白质含量	脂肪含量	总碳水化合物含量	灰分含量	水分含量			释放速率
1	−1.1132	1.4575	−2.6983	1.5898	−3.5033	−2.1138	0.1464	1.8335	−1.6057	1	3.5458
2	2.2153	−1.5289	−0.4691	0.3932	−1.0165	−1.1395	−0.4529	0.2181	0.7260	2	−2.4843
3	3.2747	−0.8120	−0.7034	−2.5039	1.8966	−0.9387	−2.2506	0.5435	−0.2994	3	2.6638
4	2.5737	0.4790	4.8291	1.7589	−1.9848	0.5826	0.1585	−0.5354	−2.0995	4	5.3670

注：甲硫醚释放速率 ANN 模型阈值 b_2 为−0.5170。

表 2-83　二甲二硫醚释放速率 ANN 模型的权值和阈值

隐含层神经元	W_1								阈值 b_1	隐含层神经元	W_2
	温度	湿度	气压	蛋白质含量	脂肪含量	总碳水化合物含量	灰分含量	水分含量			释放速率
1	1.1156	−0.3900	−0.6879	−0.5449	−1.0383	0.5630	−0.4060	−0.1479	0.8642	1	0.4802
2	−2.0405	−2.6257	1.1489	−2.7848	0.2979	0.4829	2.6266	0.9418	−0.2093	2	−4.9622
3	−0.4316	−0.4090	−3.5305	1.9332	−0.0636	0.5736	0.0898	0.9917	1.3116	3	−2.3149
4	−0.1746	−2.0427	3.4976	−0.0583	−0.4378	−2.1608	0.3761	−0.3920	−2.1527	4	2.8253
5	−0.2648	−0.5547	0.1522	−0.5080	−0.3221	0.7443	−0.1593	1.7096	−1.7956	5	0.9305

注：二甲二硫醚释放速率 ANN 模型阈值 b_2 为−2.2145。

参考文献

[1] 徐安坤. 基于人工神经网络的填埋场恶臭释放源强估算模型研究[D]. 北京：北京师范大学，2021.

[2] Xu A K，Chang H M，Xu Y J，et al. Applying artificial neural networks（ANNs）to solve solid waste-related issues: A critical review[J]. Waste Management 2021，124: 385-402.

[3] Xu A K，Li R，Chang H M，et al. Artificial neural network（ANN）modeling for the prediction of odor emission rates from landfill working surface[J]. Waste Management 2022，138: 158-171.

[4] Li R，Xu A K，Zhao Y，et al. Genetic algorithm（GA）- Artificial neural network（ANN）modeling for the emission rates of toxic volatile organic compounds（VOCs）emitted from landfill working surface[J]. Journal of Environmental Management 2022，305; 114433.

第3章 生活垃圾处理设施恶臭物质迁移转化特征及扩散模拟

- 生活垃圾处理设施恶臭物质迁移转化特征
- 生活垃圾处理设施恶臭物质迁移扩散模型
- 恶臭污染迁移扩散模拟的解析法
- 恶臭污染迁移扩散模拟的三维数值法

3.1 生活垃圾处理设施恶臭物质迁移转化特征

生活垃圾处理设施恶臭物质在迁移过程中受干湿沉降、化学反应等消减作用影响大，受气象因素影响显著，故其造成的污染一般集中在生活垃圾处理设施及其周边区域，属于局地尺度（<10km）的污染。此外，生活垃圾处理设施恶臭物质的释放是一个随机过程，气象条件对恶臭物质输送的影响也存在不确定性，导致生活垃圾处理设施的恶臭污染也具有不确定性。

3.2 生活垃圾处理设施恶臭物质迁移扩散模型

恶臭气体大气扩散模拟软件（ModOdor v1.0，2014）是在环境保护部环保公益性行业科研专项重点项目“固体废物处置设施环境安全评价技术研究”（2012 年 1 月～2014 年 12 月）支持下由清华大学开发的“恶臭气体大气扩散模拟软件”，用于固体废物处置设施及其他污染源所产生恶臭气体的大气扩散模拟和浓度预报。ModOdor 虽然是针对恶臭气体大气扩散所开发的，但也同样适用于对其他气态污染物在中小尺度上的大气扩散模拟。

ModOdor 主要由恶臭气体扩散解析解和恶臭气体扩散数值模拟两部分构成。

污染物大气扩散问题的解析解是在平流输运、湍流扩散、干湿沉降消减和化学反应消减等的作用下，大气中污染物浓度随空间位置和时间变化的解析表达式。污染物大气扩散解析解是分析污染物大气扩散现象的重要手段，能够准确刻画污染物的扩散规律，揭示有关参数和条件的影响和作用；各种数值方法通常也要通过解析解验证和比较；利用解析解可进行简单问题的实际计算和预报，还可根据解的适用条件设计室内或野外试验等。

影响污染物大气扩散与消减的因素众多，每个因素的变化都会对解产生影响。由于实际问题的复杂性，所以描述污染物大气扩散规律的数学模型通常也比较复杂，只有在比较简单的条件下才能求得一些解析解。

ModOdor 可求解多个污染物大气扩散问题，包括一维、二维和三维扩散问题，稳态和非稳态扩散问题，点源、线源、面源和体源问题，给定源浓度和源通量问题，降水清除问题和化学反应问题，等等。所有的解析解均在均匀等速风场假设条件下获得。

为了便于用户使用本软件，ModOdor 采用了一致的窗口形式来构建解，如图 3-1 所示。解的用户界面由两个子窗口构成：上子窗口为条件窗口，主要用于参数录入、条件选择、运行操作等；下子窗口为计算结果窗口，由一个 RTF 格式的简单文本编辑器构成，主要用于显示计算结果。ModOdor 完成计算后，将把新的计算结果置于此窗口。ModOdor 提供了缺省数据支持系统、全程数据录入界面系统、录入错误自动识别系统、录入参数合法性检查系统、函数和公式录入系统、计算结果图示系统、帮助系统，用户可方便、简捷、迅速地录入参数、实施计算并绘制计算结果的示意图（如图 3-1 和图 3-2 所示）。

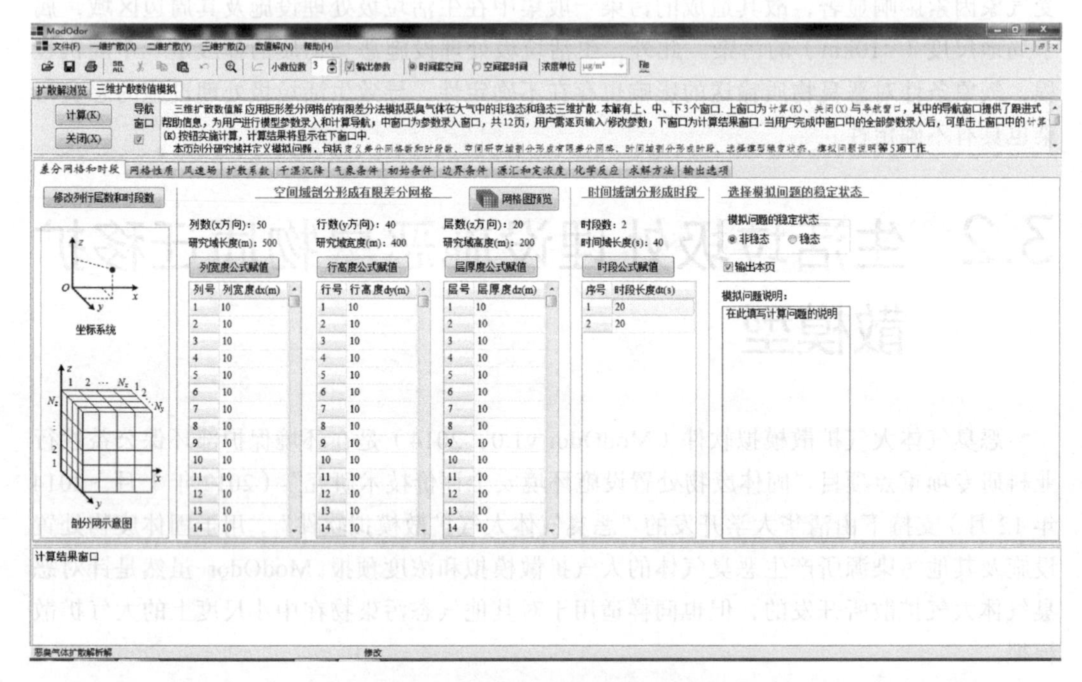

图 3-1　ModOdor 三维数值解操作界面

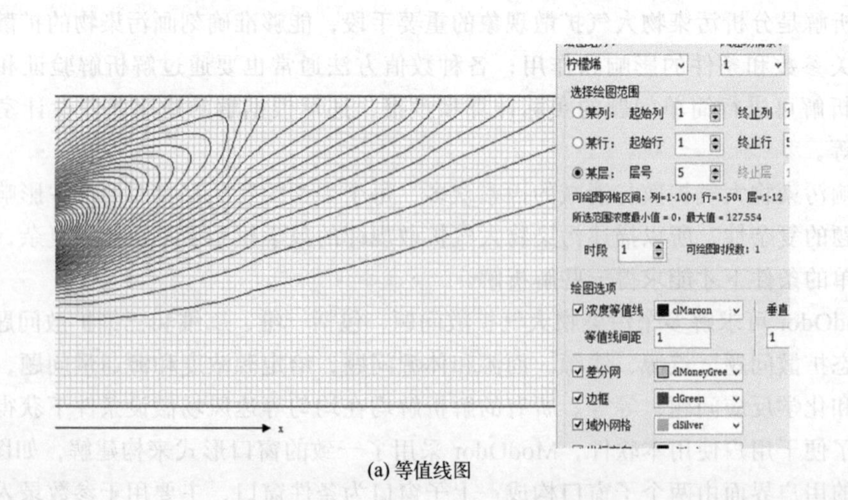

(a) 等值线图

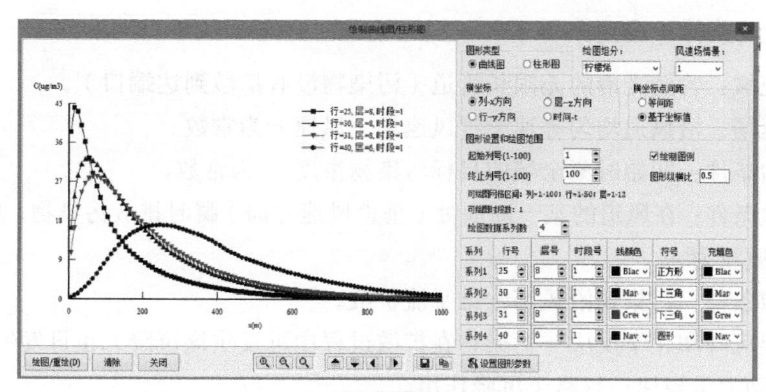

(b) 曲线图

图 3-2　计算结果绘制界面

3.3　恶臭污染迁移扩散模拟的解析法

3.3.1　污染物一维扩散解析解

在均匀等速风场中，若源在全断面上排放污染物，可形成沿风向的一维扩散。ModOdor 求解了多种条件下的一维扩散解析解，包括瞬时排放源一维扩散问题的解、定浓度源排放污染物一维扩散问题的解、给定平流和湍流扩散通量条件下的一维扩散问题的解、给定源强度下一维扩散问题的解等。这些解均要求风场是均匀等速的，风速为常数。

3.3.1.1　瞬时源排放一维扩散解

（1）解的简述

瞬时源排放一维扩散解，简称瞬时源一维解，是源瞬时排放时污染物的一维大气扩散解，是污染物扩散解析解中最为简单的解。在一维等速风场作用下，长风道在某断面处瞬时排放污染物问题可用此解计算不同时间和不同位置的污染物浓度。求解条件见图 3-3。

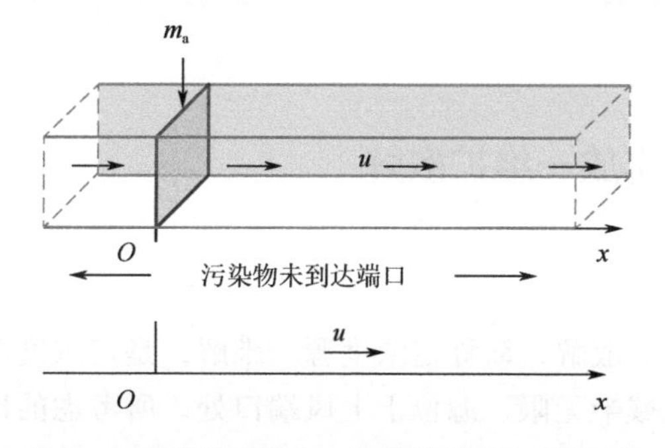

图 3-3　瞬时源排放一维扩散求解条件示意

（2）假设条件（应用条件）

① 研究域：管壁光滑的无限长管道（污染物没有扩散到达端口）。

② 风速场：沿风道均匀等速一维风速场，风速 u 为常数。

③ 初始条件：初始时刻全域的目标污染物浓度 C_{i} 为常数。

④ 排放条件：在风道的某一断面处（垂直风速方向）瞬时排放污染物，单位断面排放污染物的质量为 m_{a}。

⑤ 扩散条件：污染物沿风道一维平流扩散。

⑥ 干湿沉降和化学反应：污染物在扩散过程中可发生湿沉降，也可发生化学反应，均符合一级动力学规律；忽略干沉降作用。

（3）数学模型

在上述假设条件下，取坐标原点于排放断面处，得到问题的数学模型如下：

$$\frac{\partial C}{\partial t}=K_x\frac{\partial^2 C}{\partial x^2}-u\frac{\partial C}{\partial x}-kC+m_{\mathrm{a}}\delta(x,t) \quad -\infty<x<+\infty, t>0 \tag{3-1a}$$

$$C(x,t)\big|_{t=0}=C_{\mathrm{i}},\quad C(x,t)\big|_{x\to\pm\infty}=C_{\mathrm{i}}\exp(-kt) \tag{3-1b}$$

（4）瞬时源排放一维扩散解

瞬时源排放一维扩散解如下：

$$C(x,t)=\frac{m_{\mathrm{a}}}{2\sqrt{\pi K_x t}}\exp\left[-kt-\frac{(x-ut)^2}{4K_x t}\right]+C_{\mathrm{i}}\exp(-kt) \tag{3-2}$$

式中 C——浓度，μg/m³；

m_{a}——污染源在单位断面上瞬时排放的物质质量，mg/m²；

C_{i}——初始浓度，μg/m³；

u——风速，m/s；

K_x——纵向湍流扩散系数，m²/s；

k——清除系数与一级反应速率常数之和，s^{-1}；

$\delta(x, t)$——δ函数，m/s；

x——计算点的位置坐标，m；

t——计算时间，s。

3.3.1.2 定浓度源排放一维扩散解

（1）解的简述

定浓度源排放一维扩散解，简称定浓度源一维解，是定浓度源排放条件下的污染物一维大气扩散解，研究域半无限，源位于上风端口处。所考虑的情况包括：

① 研究域有均匀分布的源作用的问题；

② 短时排放问题；

③ 排放浓度按 e 指数函数衰减问题；

④ 有均匀分布的源作用但无化学反应的问题。

求解条件见图 3-4。

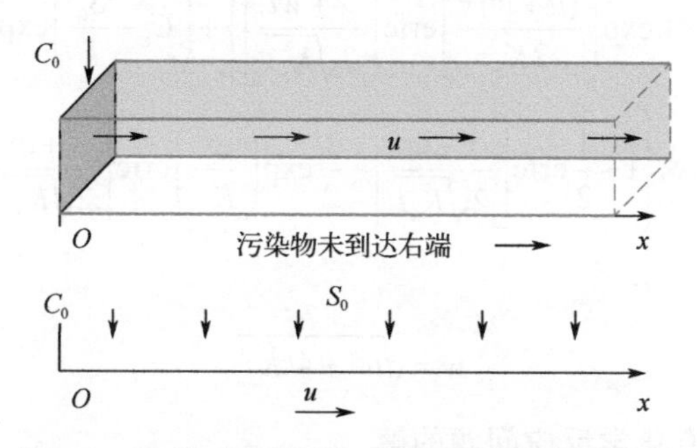

图 3-4 定浓度源排放一维扩散求解条件示意

（2）假设条件（应用条件）

① 研究域：管壁光滑的半无限长管道，在左侧端口排放污染物，污染物没有到达管道的右端口。

② 风速场：沿管道均匀等速一维风速场，风速 u 为常数。

③ 初始条件：初始时刻全域无目标污染物或污染物浓度 C_i 为常数。

④ 边界条件：在管道的左端排放污染物，污染物的浓度为 C_0（第一类边界条件）；污染物的排放方式可以是定浓度连续排放，或定浓度短时排放，或浓度按 e 指数函数规律衰减。

⑤ 源汇条件：可有沿程均匀分布的源作用。

⑥ 干湿沉降和化学反应：污染物在扩散过程中可发生湿沉降，也可发生化学反应，均符合一级动力学规律；忽略干沉降作用。

（3）数学模型

在上述假设条件下，取坐标原点于左端，可得问题的数学模型如下：

$$\frac{\partial C}{\partial t}=K_x\frac{\partial^2 C}{\partial x^2}-u\frac{\partial C}{\partial x}-kC+S_0 \qquad x>0,t>0 \tag{3-3a}$$

$$C(x,t)\big|_{t=0}=C_\mathrm{i} \tag{3-3b}$$

$$C(x,t)\big|_{x=0}=C_0 \tag{3-3c}$$

$$C(x,t)\big|_{x\to+\infty}=0 \tag{3-3d}$$

$$C(x,t)\big|_{x\to-\infty}=0 \tag{3-3e}$$

（4）定浓度源排放一维扩散解

① 连续排放、含有化学反应问题的解

$$C(x,t)=\frac{1}{2}\left(C_0-\frac{S_0}{k}\right)\left\{\exp\left[\frac{(u-w)x}{2K_x}\right]\operatorname{erfc}\left[\frac{x-wt}{2\sqrt{K_xt}}\right]+\exp\left[\frac{(u+w)x}{2K_x}\right]\operatorname{erfc}\left[\frac{x+wt}{2\sqrt{K_xt}}\right]\right\}+\left(C_i-\frac{S_0}{k}\right)\exp(-kt)\times\left\{1-\frac{1}{2}\operatorname{erfc}\left[\frac{x-ut}{2\sqrt{K_xt}}\right]-\frac{1}{2}\exp\left(\frac{ux}{K_x}\right)\operatorname{erfc}\left[\frac{x+ut}{2\sqrt{K_xt}}\right]\right\}+\frac{S_0}{k} \quad (3\text{-}4a)$$

其中

$$w=\sqrt{u^2+4kK_x} \quad (3\text{-}4b)$$

② 短时排放、含有化学反应问题的解

$$C(x,t)=\begin{cases}(C_0-\frac{I_0}{k})H(x,t)+M(x,t) & 0<t\leqslant t_0\\(C_0-\frac{I_0}{k})H(x,t)+M(x,t)-C_0H(x,t-t_0) & t>t_0\end{cases} \quad (3\text{-}5a)$$

式中，

$$H(x,t)=\frac{1}{2}\exp\left[\frac{(u-w)x}{2K_x}\right]\operatorname{erfc}\left[\frac{x-wt}{2\sqrt{K_xt}}\right]+\frac{1}{2}\exp\left[\frac{(u+w)x}{2K_x}\right]\operatorname{erfc}\left[\frac{x+wt}{2\sqrt{K_xt}}\right] \quad (3\text{-}5b)$$

$$M(x,t)=\left(C_i-\frac{I_0}{k}\right)\exp(-kt)\left\{1-\frac{1}{2}\operatorname{erfc}\left[\frac{x-ut}{2\sqrt{K_xt}}\right]-\frac{1}{2}\exp\left(\frac{ux}{K_x}\right)\operatorname{erfc}\left[\frac{x+ut}{2\sqrt{K_xt}}\right]\right\}+\frac{I_0}{k} \quad (3\text{-}5c)$$

③ 排放浓度按 e 指数函数衰减、含有化学反应问题的解

$$C(x,t)=\begin{cases}C_0P(x,t)+M(x,t)-\frac{I_0}{k}H(x,t) & 0<t\leqslant t_0\\C_0P(x,t)+M(x,t)-\frac{I_0}{k}H(x,t)-C_0P(x,t-t_0)\exp(-at_0) & t>t_0\end{cases} \quad (3\text{-}6a)$$

式中，

$$P(x,t)=\exp(-at)\left\{\frac{1}{2}\exp\left[\frac{(u-w')x}{2K_x}\right]\operatorname{erfc}\left[\frac{x-w't}{2\sqrt{K_xt}}\right]+\frac{1}{2}\exp\left[\frac{(u+w')x}{2K_x}\right]\operatorname{erfc}\left[\frac{x+w't}{2\sqrt{K_xt}}\right]\right\} \quad (3\text{-}6b)$$

其中，

$$w'=\sqrt{u^2+4K_x(k-a)} \quad (3\text{-}6c)$$

④ 无化学反应问题的解

$$C(x,t)=\begin{cases}C_{\mathrm{i}}+(C_0-C_{\mathrm{i}})X(x,t)+Y(x,t) & 0<t\leqslant t_0\\ C_{\mathrm{i}}+(C_0-C_{\mathrm{i}})X(x,t)+Y(x,t)-C_0X(x,t-t_0) & t>t_0\end{cases} \tag{3-7a}$$

式中，

$$X(x,t)=\frac{1}{2}\mathrm{erfc}\left(\frac{x-ut}{2\sqrt{K_xt}}\right)+\frac{1}{2}\exp\left(\frac{ux}{K_x}\right)\mathrm{erfc}\left(\frac{x+ut}{2\sqrt{K_xt}}\right) \tag{3-7b}$$

$$Y(x,t)=I_0\left[t+\frac{x-ut}{2u}\mathrm{erfc}\left(\frac{x-ut}{2\sqrt{K_xt}}\right)-\frac{x+ut}{2u}\exp\left(\frac{ux}{K_x}\right)\mathrm{erfc}\left(\frac{x+ut}{2\sqrt{K_xt}}\right)\right] \tag{3-7c}$$

若排放浓度按 e 指数函数衰减，则解为

$$C(x,t)=C_{\mathrm{i}}-C_{\mathrm{i}}X(x,t)+C_0Z(x,t)+Y(x,t) \tag{3-8a}$$

式中，

$$\begin{aligned}Z(x,t)=\exp(-at)\Bigg\{&\frac{1}{2}\exp\left[\frac{(u-w)x}{2K_x}\right]\mathrm{erfc}\left(\frac{x-wt}{2\sqrt{K_xt}}\right)\\&+\frac{1}{2}\exp\left[\frac{(u+w)x}{2K_x}\right]\mathrm{erfc}\left(\frac{x+wt}{2\sqrt{K_xt}}\right)\Bigg\}\end{aligned} \tag{3-8b}$$

其中，

$$w=\sqrt{u^2-4aK_x} \tag{3-8c}$$

式中 C ——浓度，μg/m³；

C_{i} ——初始浓度，μg/m³；

C_0 ——左端排放污染物的浓度，μg/m³；

S_0 ——沿程均匀分布的源强度（单位时间单位体积所得到的污染物质量），mg/(m³·s)；

u ——风速，m/s；

K_x ——纵向湍流扩散系数，m²/s；

k ——清除系数与一级反应速率常数之和，s⁻¹；

t_0 ——源排放污染物的持续时间，s；

a ——排放浓度按 e 指数函数规律衰减时的衰减速率常数，s⁻¹；

x ——计算点的位置坐标，m；

t ——计算时间，s。

3.3.1.3 定通量源排放一维扩散解

（1）解的简述

定通量源排放一维扩散解，简称定通量源一维解，是在定通量源排放条件下的污染物一维大气扩散解，研究域半无限，源位于上风端口处。可考虑的情况包括：

① 研究域有均匀分布的源作用的问题；

② 短时排放问题；

③ 排放浓度按 e 指数函数衰减的问题；

④ 有均匀分布的源作用但无化学反应的问题。

需要注意的是，此解假设上风边界处的平流与湍流扩散通量之和等于平流带入的通量，湍流扩散通量被忽略，因此当风速较小时计算得到的浓度存在一定误差。求解条件见图 3-5。

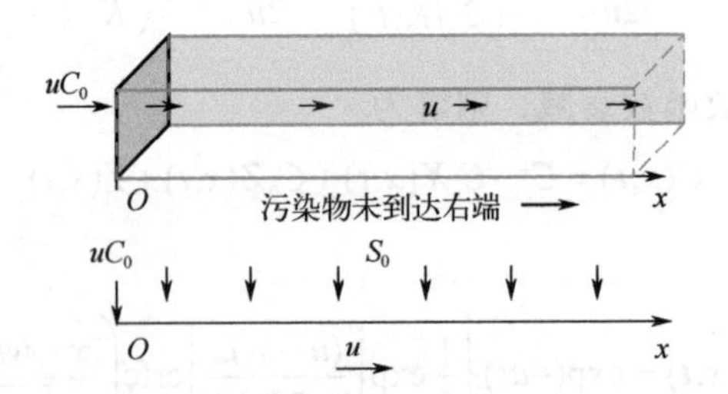

图 3-5 定通量源排放一维扩散求解条件示意

(2) 假设条件（应用条件）

① 研究域：管壁光滑的半无限长管道，在左侧排放污染物，污染物没有到达管道的右端口。

② 风速场：沿管道均匀等速一维风速场，风速 u 为常数。

③ 初始条件：初始时刻全域无目标污染物或污染物浓度 C_{i} 为常数。

④ 边界条件：在管道的入流端排放污染物，排放通量 $F=uC_0(t)$（C_0 为源排放污染物的浓度），污染物的排放方式可以是定浓度连续排放，或定浓度短时排放，或浓度按 e 指数函数规律衰减。

⑤ 源汇条件：可有沿程均匀分布的源作用。

⑥ 干湿沉降和化学反应：污染物在扩散过程中可发生湿沉降，也可发生化学反应，均符合一级动力学规律；忽略干沉降作用。

(3) 数学模型

在上述假设条件下，取坐标原点于左端，可得问题的数学模型如下：

$$\frac{\partial C}{\partial t}=K_x\frac{\partial^2 C}{\partial x^2}-u\frac{\partial C}{\partial x}-kC+S_0 \qquad x>0,\ t>0 \tag{3-9a}$$

$$C(x,t)\big|_{t=0}=C_{\mathrm{i}} \tag{3-9b}$$

$$\left.\frac{\partial C}{\partial x}\right|_{x\to\infty}=0 \tag{3-9c}$$

$$\left.\left(-K_x\frac{\partial C}{\partial x}+uC\right)\right|_{x=0}=mg \tag{3-9d}$$

或

$$\left.\left(-K_x\frac{\partial C}{\partial x}+uC\right)\right|_{x=0}=uC_0\exp(-at) \tag{3-9e}$$

（4）定通量源排放一维扩散解

① 连续排放、含有化学反应问题的解

$$C(x,t)=\begin{cases}C_0\exp(-at)A_1(x,t)+B(x,t)-\dfrac{S_0}{k}A(x,t) & a\neq k\\ C_0\exp(-at)A_2(x,t)+B(x,t)-\dfrac{S_0}{k}A(x,t) & a=k\end{cases} \tag{3-10a}$$

式中，

$$\begin{aligned}A_1(x,t)=&\frac{u}{u+w'}\exp\left[\frac{(u-w')x}{2K_x}\right]\operatorname{erfc}\left(\frac{x-w't}{2\sqrt{K_xt}}\right)+\frac{u}{u-w'}\exp\left[\frac{(u+w')x}{2K_x}\right]\operatorname{erfc}\left(\frac{x+w't}{2\sqrt{K_xt}}\right)\\&+\frac{u^2}{2K_x(k-a)}\exp\left[\frac{ux}{K_x}+(a-k)t\right]\operatorname{erfc}\left(\frac{x+ut}{2\sqrt{K_xt}}\right)\end{aligned} \tag{3-10b}$$

$$\begin{aligned}A_2(x,t)=&\frac{1}{2}\operatorname{erfc}\left(\frac{x-ut}{2\sqrt{K_xt}}\right)+\sqrt{\frac{u^2t}{\pi K_x}}\exp\left[-\frac{(x-ut)^2}{4K_xt}\right]\\&-\frac{1}{2}\left[1+\frac{ux}{K_x}+\frac{u^2t}{K_x}\right]\exp\left(\frac{ux}{K_x}\right)\operatorname{erfc}\left(\frac{x+ut}{2\sqrt{K_xt}}\right)\end{aligned} \tag{3-10c}$$

$$B(x,t)=\exp(-kt)\left[1-A_2(x,t)\right]\left(C_i-\frac{S_0}{k}\right)+\frac{S_0}{k} \tag{3-10d}$$

其中，

$w'=\sqrt{u^2+4K_x(k-a)}$；$A(x,t)$为函数$A_1(x,t)$在$a=0$时的值：

$$\begin{aligned}A(x,t)=&\frac{u}{u+w}\exp\left[\frac{(u-w)x}{2K_x}\right]\operatorname{erfc}\left(\frac{x-wt}{2\sqrt{K_xt}}\right)+\frac{u}{u-w}\exp\left[\frac{(u+w)x}{2K_x}\right]\operatorname{erfc}\left(\frac{x+wt}{2\sqrt{K_xt}}\right)\\&+\frac{u^2}{2kK_x}\exp\left[\frac{ux}{K_x}-kt\right]\operatorname{erfc}\left(\frac{x+ut}{2\sqrt{K_xt}}\right)\end{aligned} \tag{3-10e}$$

其中，

$$w=\sqrt{u^2+4kK_x} \tag{3-10f}$$

② 短时排放、含有化学反应问题的解

$$C(x,t)=\begin{cases}(C_0-\dfrac{S_0}{k})A(x,t)+B(x,t) & 0<t\leqslant t_0\\ (C_0-\dfrac{S_0}{k})A(x,t)+B(x,t)-C_0A(x,t-t_0) & t>t_0\end{cases} \tag{3-11}$$

③ 连续排放或短时排放、无化学反应问题的解

$$C(x,t)=\begin{cases}C_{\mathrm{i}}+(C_0-C_{\mathrm{i}})A_2(x,t)+V(x,t) & 0<t\leqslant t_0\\ C_{\mathrm{i}}+(C_0-C_{\mathrm{i}})A_2(x,t)+V(x,t)-C_0A_2(x,t-t_0) & t>t_0\end{cases} \tag{3-12a}$$

式中，

$$V(x,t)=S_0\left\{t-\left(\frac{t}{2}-\frac{x}{2u}-\frac{K_x}{2u^2}\right)\operatorname{erfc}\left(\frac{x-ut}{2\sqrt{K_xt}}\right)-\sqrt{\frac{t}{4\pi K_x}}\left(x+ut+\frac{2K_x}{u}\right)\exp\left[-\frac{(x-ut)^2}{4K_xt}\right]\right.$$
$$\left.+\left[\frac{t}{2}-\frac{K_x}{2u^2}+\frac{(x+ut)^2}{4K_x}\right]\exp\left(\frac{ux}{K_x}\right)\operatorname{erfc}\left[\frac{x+ut}{2\sqrt{K_xt}}\right]\right\} \tag{3-12b}$$

④ 排放通量按 e 指数函数衰减、无化学反应问题的解

$$C(x,t)=C_{\mathrm{i}}-C_{\mathrm{i}}A_2(x,t)+C_0W(x,t)+V(x,t) \tag{3-13a}$$

式中，

$$W(x,t)=\exp(-at)\left\{\frac{u}{u+\xi}\exp\left[\frac{(u-\xi)x}{2K_x}\right]\operatorname{erfc}\left(\frac{x-\xi t}{2\sqrt{K_xt}}\right)\right.$$
$$\left.+\frac{u}{u-\xi}\exp\left[\frac{(u+\xi)x}{2K_x}\right]\operatorname{erfc}\left(\frac{x+\xi t}{2\sqrt{K_xt}}\right)\right\}-\frac{u^2}{2aK_x}\exp\left(\frac{ux}{K_x}\right)\operatorname{erfc}\left(\frac{x+ut}{2\sqrt{K_xt}}\right) \tag{3-13b}$$

其中，

$$\xi=\sqrt{u^2-4aK_x} \tag{3-13c}$$

式中 C ——浓度，μg/m^3；

C_{i} ——初始浓度，μg/m^3；

mg——左边界通量（单位时间单位断面排放污染物的质量），mg/（m^2·s）；

S_0 ——沿程均匀分布的源强度（单位时间单位体积大气所得到的污染物质量），mg/（m^3·s）；

u ——风速，m/s；

K_x ——湍流扩散系数，m^2/s；

C_0 ——左边界浓度，μg/m^3（若给定，则边界通量 $mg=C_0u$）；

k ——清除系数与一级反应速率常数之和，s^{-1}；

t_0 ——源排放污染物的持续时间，s；

a ——排放浓度按 e 指数函数规律衰减时的衰减速率常数，s^{-1}；

x ——计算点的位置坐标，m；

t ——计算时间，s。

3.3.1.4　给定源强度一维扩散解

(1)解的简述

给定源强度一维扩散解，简称定强度源一维解，是在给定源强度的域内源作用下的污染物一维大气扩散解。当源的厚度较大而不宜忽略时，可选择考虑源厚度解，否则选择忽略源厚度解。实际源都有一定厚度，只是当源的厚度较小时可以忽略而按无厚度源概化。本解考虑了以下情况：

① 源连续排放问题；

② 源短时排放问题；

③ 源强度按 e 指数函数衰减问题；

④ 源瞬时排放问题。

(2)假设条件(应用条件)

① 研究域：管壁光滑的无限长管道，在管道的任意位置有污染物排放，污染物没有到达管道的端口，见图 3-6。

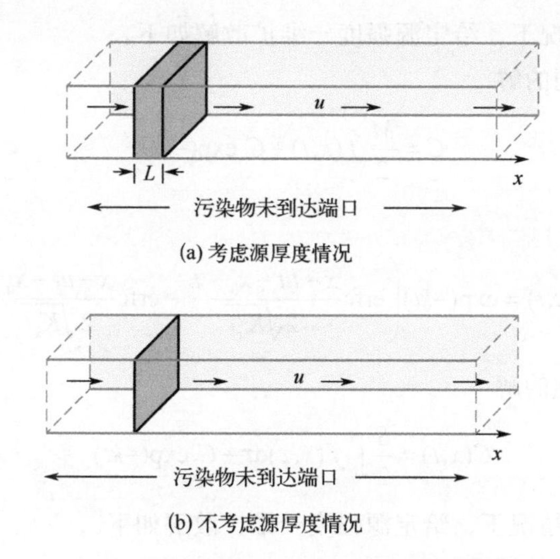

图 3-6　给定源强度一维扩散求解条件示意

② 风速场：沿管道均匀等速一维风速场，风速 u 为常数。

③ 初始条件：初始时刻全域无目标污染物或污染物浓度 C_i 为常数。

④ 源条件：依据是否考虑源厚度分两种情况(一是考虑源厚度，表示从管道的某一垂直风向断面开始分布有厚度为 L 的源；二是不考虑源厚度，在管道的某一垂直风向断面处有源，但源的厚度很小，可以忽略)；源排放污染物的方式为定强度连续排放、源强度随时间变化、源强度按 e 指数函数规律衰减、瞬时排放四种情况之一。

⑤ 干湿沉降和化学反应：污染物在扩散过程中可发生湿沉降，也可发生化学反应，均符合一级动力学规律；忽略干沉降作用。

（3）数学模型

在上述假设条件下，取坐标原点于源的左端起始位置，可得问题的数学模型如下：

$$\frac{\partial C}{\partial t}=K_x\frac{\partial^2 C}{\partial x^2}-u\frac{\partial C}{\partial x}-kC+S\delta \qquad -\infty<x<\infty, t>0 \tag{3-14a}$$

$$C(x,t)\big|_{t=0}=0 \tag{3-14b}$$

$$C(x,t)\big|_{x\to\pm\infty}=0 \tag{3-14c}$$

其中，对于连续源，

$$\delta(x)=\begin{cases}1 & x=[0,L]\\ 0 & 其他\end{cases} \tag{3-14d}$$

对于瞬时源，

$$\delta(x,t)=\begin{cases}1 & x=[0,L], t=0\\ 0 & 其他\end{cases}，且用 M 取代 S \tag{3-14e}$$

（4）给定源强度一维扩散解

① 考虑源厚度情况下，给定源强度一维扩散解如下。

源瞬时排放污染物问题的解

$$C=\frac{M}{2}f(x,t)+C_{\mathrm{i}}\exp(-kt) \tag{3-15a}$$

其中，

$$f(x,t)=\exp(-kt)\left(\mathrm{erfc}\frac{x-ut-x_0-L}{2\sqrt{K_x t}}-\mathrm{erfc}\frac{x-ut-x_0}{2\sqrt{K_x t}}\right) \tag{3-15b}$$

源连续排放污染物问题的解

$$C(x,t)=\frac{S}{2}\int_0^t f(x,\tau)\mathrm{d}\tau+C_{\mathrm{i}}\exp(-kt) \tag{3-16}$$

② 不考虑源厚度情况下，给定源强度一维扩散解如下。

源瞬时排放污染物问题的解

$$C=\frac{M}{2\sqrt{\pi K_x t}}f(x,t)+C_{\mathrm{i}}\exp(-kt) \tag{3-17a}$$

其中，

$$f(x,t)=\exp\left[-kt-\frac{(x-ut-x_0)^2}{4K_x t}\right] \tag{3-17b}$$

源连续排放污染物问题的解

$$C=\frac{S}{2\sqrt{\pi K_x}}\int_0^t f(x,\tau)\frac{\mathrm{d}\tau}{\sqrt{\tau}}+C_{\mathrm{i}}\exp(-kt) \tag{3-18}$$

式中 C ——浓度，$\mu g/m^3$；

C_i——初始浓度，$\mu g/m^3$；

x_0——源的起点坐标，m；

L ——源在风向方向的厚度，m；

S ——源强度[考虑源厚度时，为单位时间单位源体积排放的污染物质量，mg/（m^3 · s）；不考虑源厚度时，为单位时间单位源面积排放的污染物质量，mg/（m^2 · s）]；

M——瞬时源强度（考虑源厚度时，为单位源体积瞬时排放的污染物质量，mg/m^3；不考虑源厚度时，为单位源面积瞬时排放的污染物质量，mg/m^2）；

u ——风速，m/s；

K_x——纵向湍流扩散系数，m^2/s；

k ——清除系数与一级反应速率常数之和，s^{-1}；

t_0 ——源排放污染物的持续时间，s；

a ——源强度按 e 指数函数规律衰减时的衰减速率常数，s^{-1}；

x ——计算点的位置坐标，m；

t ——计算时间，s。

3.3.2 污染物二维扩散解析解

若污染物在整个研究域高度上均匀排放，且风速场是等速的，就会形成二维大气污染区。污染物在沿风流方向纵向扩散的同时，还在垂直风流方向上产生横向扩散。这样的污染物扩散问题就是二维扩散问题。

ModOdor 可求解多种条件下的污染物二维大气扩散解析解，包括点源、线源、面源、给定上风边界浓度和给定上风边界通量等问题的污染物扩散解；研究域可以为条形、半无限或无限；源的作用形式包括连续排放、排放强度/浓度随时间变化、瞬时排放等；可存在干湿沉降和一级化学反应等污染物消减作用。

3.3.2.1 点源给定源强度二维扩散解

（1）解的简述

点源给定源强度二维扩散解，简称点源二维解，是在平面点源（空间上为全高度线源）作用下的污染物平面二维大气扩散解。空间直立线源与任意水平面相交都是点源，且污染物在同一平面位置的不同高度上的浓度相等，因此称为平面点源，简称点源。

（2）假设条件（应用条件）

① 研究域：研究域的高度 h 为常数；平面分布为条形（宽度为常数，两侧为反射边

界）、半无限（一侧为反射边界，另一侧无限远）、无限（两侧边界均无限远）三种情况之一，见图 3-7。

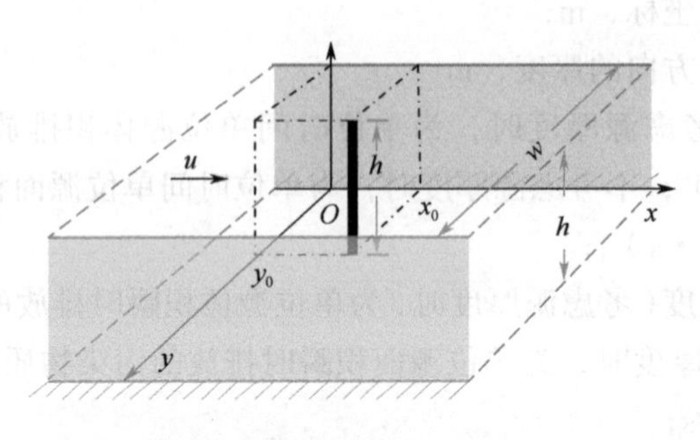

(a) 平面有限宽度域(条形)

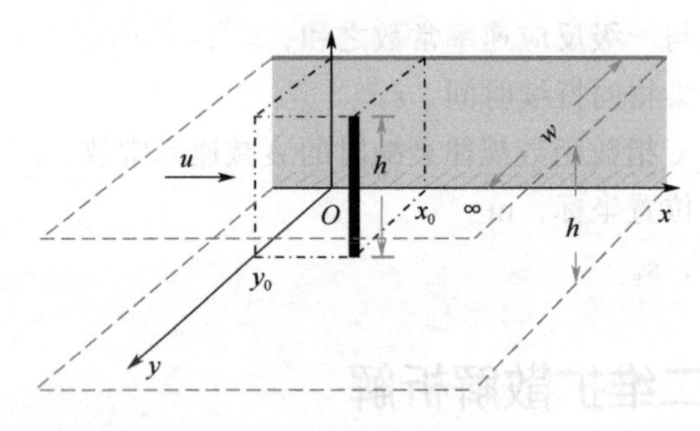

(b) 平面半无限域(半无限)

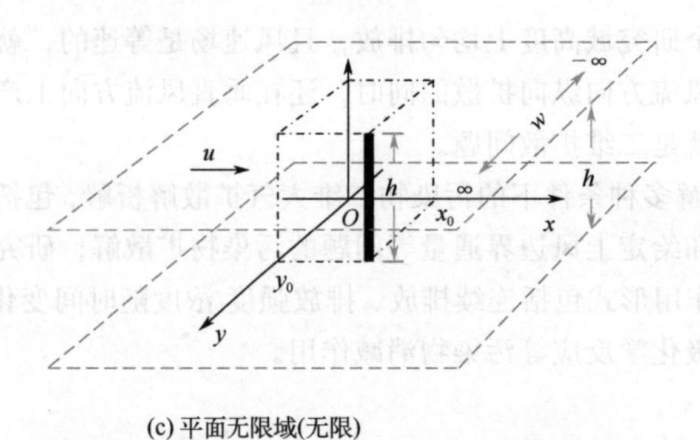

(c) 平面无限域(无限)

图 3-7 点源给定源强度二维扩散求解条件示意

② 风速场：均匀等速一维风速场，风速 u 为常数。

③ 初始条件：初始时刻全域无目标污染物或污染物浓度 C_{i} 为常数。

④ 源条件：平面点源（空间上为高度等于研究域高度的线源），源排放污染物的方式为定强度连续排放、源强度随时间变化、源强度按 e 指数函数规律衰减、瞬时排放四种情况之一。

⑤ 湍流扩散条件：平面二维扩散。

⑥ 干湿沉降和化学反应：污染物在扩散过程中可发生湿沉降，也可发生化学反应，均符合一级动力学规律；忽略干沉降作用。

（3）数学模型

在上述假设条件下，取 x 轴方向与风速方向一致，y 轴水平且与 x 轴垂直，可得问题的数学模型如下：

$$\frac{\partial C}{\partial t}=K_x\frac{\partial^2 C}{\partial x^2}+K_y\frac{\partial^2 C}{\partial y^2}-u\frac{\partial C}{\partial x}-kC+S_{\mathrm{p}}\delta \qquad -\infty<x,y<\infty,\ t>0 \tag{3-19a}$$

$$C(x,y,t)\big|_{t=0}=C_{\mathrm{i}} \tag{3-19b}$$

$$C(x,y,t)\big|_{x\to\pm\infty}=C_{\mathrm{i}}\exp(-kt) \tag{3-19c}$$

对于有限宽度域（$y=0\sim w$）

$$\left.\frac{\partial C}{\partial y}\right|_{y=0}=\left.\frac{\partial C}{\partial y}\right|_{y=w}=0 \tag{3-19d}$$

对于平面半无限域（$y=0\sim\infty$）

$$\left.\frac{\partial C}{\partial y}\right|_{y=0}=0,\quad C(x,y,t)\big|_{y\to\infty}=C_{\mathrm{i}}\exp(-kt) \tag{3-19e}$$

对于无限宽度域（$-\infty<y<+\infty$）

$$C(x,y,t)\big|_{y\to\pm\infty}=C_{\mathrm{i}}\exp(-kt) \tag{3-19f}$$

其中，对于连续源

$$\delta(x,y)=\begin{cases}1 & (x,y)\in\text{源}\\ 0 & \text{其他}\end{cases} \tag{3-19g}$$

对于瞬时源

$$\delta(x,y,t)=\begin{cases}1 & (x,y)\in\text{源},\ t=0\\ 0 & \text{其他}\end{cases}\text{，且用 } M \text{ 取代 } S_{\mathrm{p}} \tag{3-19h}$$

（4）点源给定源强度二维扩散解

① 平面有限宽度域解

源瞬时排放污染物问题的解

$$C(x,y,t)=\frac{M}{2hw\sqrt{\pi K_x t}}f(x,y,t)+C_{\mathrm{i}}\exp(-kt) \tag{3-20a}$$

其中，

$$\begin{aligned}f(x,y,t)=&\exp\left[-kt-\frac{(x-ut-x_0)^2}{4K_x t}\right]\\&\times\left[1+2\sum_{m=1}^{\infty}\cos\left(\frac{m\pi y_0}{w}\right)\cos\left(\frac{m\pi y}{w}\right)\exp\left(-\frac{K_y m^2\pi^2}{w^2}t\right)\right]\end{aligned} \tag{3-20b}$$

源连续排放污染物问题的解

$$C(x,y,t)=\frac{1}{2hw\sqrt{\pi K_x}}\int_0^t S(t-\tau)f(x,y,\tau)\frac{\mathrm{d}\tau}{\sqrt{\tau}}+C_{\mathrm{i}}\exp(-kt) \tag{3-21}$$

② 平面半无限宽度域解

源瞬时排放污染物问题的解

$$C=\frac{M}{4\pi ht\sqrt{K_xK_y}}f(x,y,t)+C_\mathrm{i}\exp(-kt) \tag{3-22a}$$

其中，

$$f(x,y,t)=\exp[-kt-\frac{(x-ut-x_0)^2}{4K_xt}]\left\{\exp\left[-\frac{(y-y_0)^2}{4K_yt}\right]+\exp\left[-\frac{(y+y_0)^2}{4K_yt}\right]\right\} \tag{3-22b}$$

源连续排放污染物问题的解

$$C(x,y,t)=\frac{1}{4\pi h\sqrt{K_xK_y}}\int_0^t S(t-\tau)f(x,y,\tau)\frac{\mathrm{d}\tau}{\tau}+C_\mathrm{i}\exp(-kt) \tag{3-23}$$

③ 平面无限宽度域解

源瞬时排放污染物问题的解

$$C(x,y,t)=\frac{M}{4\pi ht\sqrt{K_xK_y}}f(x,y,t)+C_\mathrm{i}\exp(-kt) \tag{3-24a}$$

其中，

$$f(x,y,t)=\exp\left[-kt-\frac{(x-ut-x_0)^2}{4K_xt}-\frac{(y-y_0)^2}{4K_yt}\right] \tag{3-24b}$$

源连续排放污染物问题的解

$$C(x,y,t)=\frac{1}{4\pi h\sqrt{K_xK_y}}\int_0^t S(t-\tau)f(x,y,\tau)\frac{\mathrm{d}\tau}{\tau}+C_\mathrm{i}\exp(-kt) \tag{3-25}$$

式中 C——浓度，μg/m³；

C_i——初始浓度，μg/m³；

S——源强度（单位时间排放的污染物质量），mg/s；

S_p——源在单位时间整个研究域高度上排放的污染物质量，mg/s；

M——源瞬时排放的污染物质量，mg；

u——风速，m/s；

K_x，K_y——纵向和横向湍流扩散系数，m²/s；

h——研究域高度，m；

w——平面条形域的宽度，m；

k——清除系数与一级反应速率常数之和，s^{-1}；

t_0——源排放污染物的持续时间，s；

a——源强度按 e 指数函数规律衰减时的衰减速率常数，s^{-1}；

x_0，y_0——点源的位置坐标，m；

x，y——计算点的位置坐标，m；

t——计算时间，s。

3.3.2.2　线源给定源强度二维扩散解

（1）解的简述

线源给定源强度二维扩散解，简称线源二维解，是在平面线源（在空间上为全高度面源）作用下的污染物平面二维大气扩散解。空间直立面源与任意水平面相交都得到线源，且污染物在同一平面位置的不同高度上的浓度相等，因此称为平面线源，简称线源。

（2）假设条件（应用条件）

① 研究域：研究域的高度 h 为常数；平面分布为条形（宽度为常数，两侧是反射边界）、半无限（一侧为反射边界，另一侧无限远）、无限（两侧边界均无限远）三种情况之一，见图 3-8。

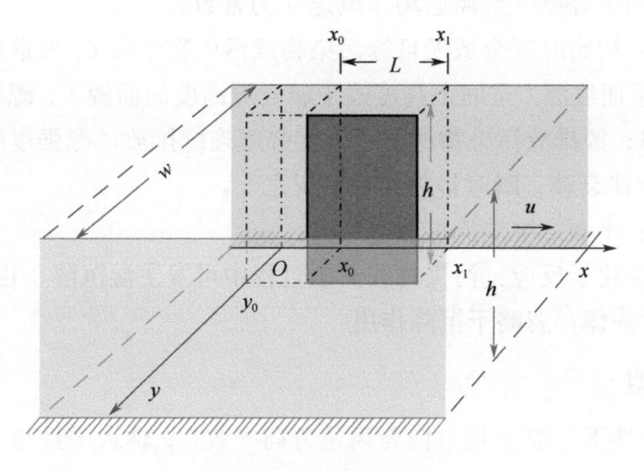

(a) 平面有限宽度域(条形)

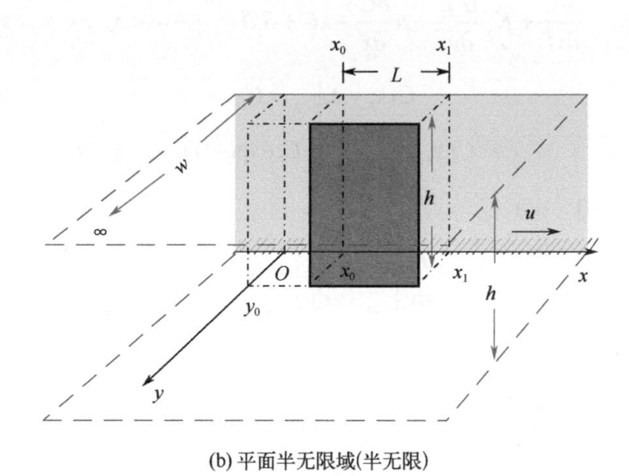

(b) 平面半无限域(半无限)

图 3-8

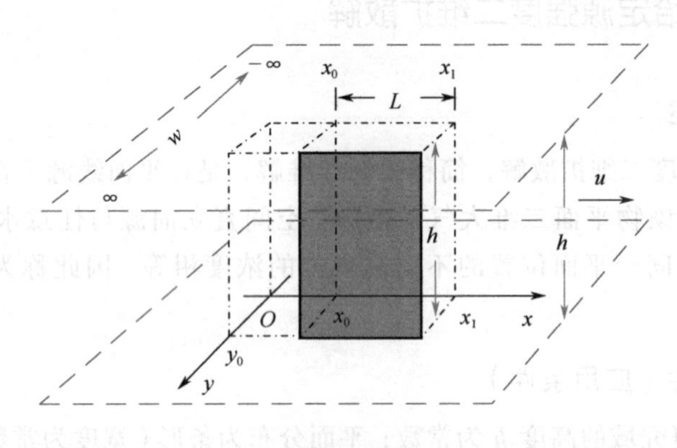

(c) 平面无限域(无限)

图 3-8　线源给定源强度二维扩散求解条件示意

② 风速场：均匀等速一维风速场，风速 u 为常数。

③ 初始条件：初始时刻全域无目标污染物或污染物浓度 C_{i} 为常数。

④ 源条件：平面线源（空间上高度等于研究域高度的面源）；源的展布方向可平行或垂直于风速方向；源排放污染物的方式为定强度连续排放、源强度随时间变化、源强度按 e 指数函数规律衰减、瞬时排放四种情况之一。

⑤ 扩散条件：平面二维湍流扩散。

⑥ 干湿沉降和化学反应：污染物在扩散过程中可发生湿沉降，也可发生化学反应，均符合一级动力学规律；忽略干沉降作用。

（3）数学模型

在上述假设条件下，取 x 轴方向与风速方向一致，y 轴水平且与 x 轴垂直，可得问题的数学模型如下：

$$\frac{\partial C}{\partial t}=K_x\frac{\partial^2 C}{\partial x^2}+K_y\frac{\partial^2 C}{\partial y^2}-u\frac{\partial C}{\partial x}-kC+S_1\delta \qquad -\infty<x,y<\infty, t>0 \tag{3-26a}$$

$$C(x,y,t)\big|_{t=0}=C_{\mathrm{i}} \tag{3-26b}$$

$$C(x,y,t)\big|_{x\to\pm\infty}=C_{\mathrm{i}}\exp(-kt) \tag{3-26c}$$

对于有限宽度域（$y=0\sim w$）

$$\left.\frac{\partial C}{\partial y}\right|_{y=0}=\left.\frac{\partial C}{\partial y}\right|_{y=w}=0 \tag{3-26d}$$

对于平面半无限域（$y=0\sim\infty$）

$$\left.\frac{\partial C}{\partial y}\right|_{y=0}=0,\quad C(x,y,t)\big|_{y\to\infty}=C_{\mathrm{i}}\exp(-kt) \tag{3-26e}$$

对于无限宽度域（$-\infty<y<+\infty$）

$$C(x,y,t)\big|_{y\to\pm\infty}=C_{\mathrm{i}}\exp(-kt) \tag{3-26f}$$

其中，对于连续源

$$\delta(x,y)=\begin{cases}1 & (x,y)\in \text{源}\\ 0 & \text{其他}\end{cases} \tag{3-26g}$$

对于瞬时源

$$\delta(x,y,t)=\begin{cases}1 & (x,y)\in \text{源},\ t=0\\ 0 & \text{其他}\end{cases}\text{，且用 } M \text{ 取代 } S_1 \tag{3-26h}$$

（4）线源给定源强度二维扩散解

线源给定源强度下的二维扩散解如下[注：以下各解均针对 $C_i=0$ 条件。当 $C_i\neq 0$ 时，只需在各解中加上 $C_i\exp(-kt)$ 即可]。

① x 方向线源——平面有限宽度域

源瞬时排放污染物问题的解

$$C(x,y,t)=\frac{M}{2hwL}f(x,y,t) \tag{3-27a}$$

其中，

$$\begin{aligned}f(x,y,t)=&\exp(-kt)\left(\operatorname{erfc}\frac{x-ut-x_0-L}{2\sqrt{K_xt}}-\operatorname{erfc}\frac{x-ut-x_0}{2\sqrt{K_xt}}\right)\\&\times\left[1+2\sum_{m=1}^{\infty}\cos\left(\frac{m\pi y_0}{w}\right)\cos\left(\frac{m\pi y}{w}\right)\exp\left(-\frac{K_ym^2\pi^2}{w^2}t\right)\right]\end{aligned} \tag{3-27b}$$

源连续排放污染物问题的解

$$C(x,y,t)=\frac{1}{2hwL}\int_0^t S(t-\tau)f(x,y,\tau)\mathrm{d}\tau \tag{3-28}$$

② x 方向线源——平面半无限宽度域

源瞬时排放污染物问题的解

$$C(x,y,t)=\frac{M}{4hL\sqrt{\pi K_yt}}f(x,y,t) \tag{3-29a}$$

其中，

$$\begin{aligned}f(x,y,t)=&\exp(-kt)\left(\operatorname{erfc}\frac{x-ut-x_0-L}{2\sqrt{K_xt}}-\operatorname{erfc}\frac{x-ut-x_0}{2\sqrt{K_xt}}\right)\\&\times\left\{\exp\left[-\frac{(y-y_0)^2}{4K_yt}\right]+\exp\left[-\frac{(y+y_0)^2}{4K_yt}\right]\right\}\end{aligned} \tag{3-29b}$$

源连续排放污染物问题的解

$$C(x,y,t)=\frac{1}{4hL\sqrt{\pi K_y}}\int_0^t S(t-\tau)f(x,y,\tau)\frac{\mathrm{d}\tau}{\sqrt{\tau}} \tag{3-30}$$

③ x 方向线源——平面无限宽度域

源瞬时排放污染物问题的解

$$C(x,y,t)=\frac{M}{4hL\sqrt{\pi K_y t}}f(x,y,t) \tag{3-31a}$$

其中，

$$f(x,y,t)=\exp\left[-kt-\frac{(y-y_0)^2}{4K_y t}\right]\left(\operatorname{erfc}\frac{x-ut-x_0-L}{2\sqrt{K_x t}}-\operatorname{erfc}\frac{x-ut-x_0}{2\sqrt{K_x t}}\right) \tag{3-31b}$$

源连续排放污染物问题的解

$$C(x,y,t)=\frac{1}{4hL\sqrt{\pi K_y}}\int_0^t S(t-\tau)f(x,y,\tau)\frac{\mathrm{d}\tau}{\sqrt{\tau}} \tag{3-32}$$

④ y 方向线源——平面有限宽度域

源瞬时排放污染物问题的解

$$C(x,y,t)=\frac{M}{2hL\sqrt{\pi K_x t}}f(x,y,t) \tag{3-33a}$$

其中，

$$f(x,y,t)=\exp\left[-kt-\frac{(x-ut-x_0)^2}{4K_x t}\right]\times\left\{\frac{W}{w}+\frac{2}{\pi}\sum_{m=1}^{\infty}\frac{1}{m}\left[\sin\frac{m\pi(y_0+W)}{w}-\sin\frac{m\pi y_0}{w}\right]\cos\left(\frac{m\pi y}{w}\right)\exp\left(-\frac{K_y m^2\pi^2}{w^2}t\right)\right\} \tag{3-33b}$$

源连续排放污染物问题的解

$$C(x,y,t)=\frac{1}{2hL\sqrt{\pi K_x}}\int_0^t S(t-\tau)f(x,y,\tau)\frac{\mathrm{d}\tau}{\sqrt{\tau}} \tag{3-34}$$

⑤ y 方向线源——平面半无限宽度域

源瞬时排放污染物问题的解

$$C(x,y,t)=\frac{M}{4hL\sqrt{\pi K_x t}}f(x,y,t) \tag{3-35a}$$

其中，

$$f(x,y,t)=\exp\left[-kt-\frac{(x-ut-x_0)^2}{4K_x t}\right]\times\left(\operatorname{erfc}\frac{y-y_0-W}{2\sqrt{K_y t}}-\operatorname{erfc}\frac{y-y_0}{2\sqrt{K_y t}}+\operatorname{erfc}\frac{y+y_0}{2\sqrt{K_y t}}-\operatorname{erfc}\frac{y+y_0+W}{2\sqrt{K_y t}}\right) \tag{3-35b}$$

源连续排放污染物问题的解

$$C(x,y,t)=\frac{1}{4hL\sqrt{\pi K_x}}\int_0^t S(t-\tau)f(x,y,\tau)\frac{\mathrm{d}\tau}{\sqrt{\tau}} \tag{3-36}$$

⑥ y 方向线源——平面无限宽度域

源瞬时排放污染物问题的解

$$C(x,y,t)=\frac{M}{4hL\sqrt{\pi K_x t}}f(x,y,t) \tag{3-37a}$$

其中，

$$f(x,y,t)=\exp\left[-kt-\frac{(x-ut-x_0)^2}{4K_x t}\right]\left(\operatorname{erfc}\frac{y-y_0-W}{2\sqrt{K_y t}}-\operatorname{erfc}\frac{y-y_0}{2\sqrt{K_y t}}\right) \tag{3-37b}$$

源连续排放污染物问题的解

$$C(x,y,t)=\frac{1}{4hL\sqrt{\pi K_x}}\int_0^t S(t-\tau)f(x,y,\tau)\frac{\mathrm{d}\tau}{\sqrt{\tau}} \tag{3-38}$$

式中 C——浓度，μg/m^3；

C_i——初始浓度，μg/m^3；

S——源强度（单位时间排放的污染物质量），mg/s；

S_1——源在单位时间单位研究域高度上排放的污染物质量，mg/（m·s）；

M——源瞬时排放的污染物质量，mg；

W——线源的长度，m；

u——风速，m/s；

K_x，K_y——纵向和横向湍流扩散系数，m^2/s；

h——研究域高度，m；

w——平面条形域的宽度，m；

k——清除系数与一级反应速率常数之和，s^{-1}；

t_0——源排放污染物的持续时间，s；

a——源强度按 e 指数函数规律衰减时的衰减速率常数，s^{-1}；

x_0，y_0——源的起点坐标，m；

x，y——计算点的位置坐标，m；

t——计算时间，s。

3.3.2.3　面源给定源强度二维扩散解

（1）解的简述

面源给定源强度二维扩散解，简称面源二维解，是在平面面源（在空间上为全高度体源）作用下的污染物平面二维大气扩散解。面源是常见的源形式，其展布方向可平行于风向或垂直于风向（直立或水平）。在面源的作用下，污染物的扩散通常是三维的。当直立面源的高度等于研究域的高度时问题等同于平面线源二维扩散问题。

（2）假设条件（应用条件）

① 研究域：研究域的高度 h 为常数；平面分布为条形（宽度为常数，两侧是反射边界）、半无限（一侧是反射边界，另一侧无限远）、无限（两侧边界均无限远）三种情况之一，见图 3-9。

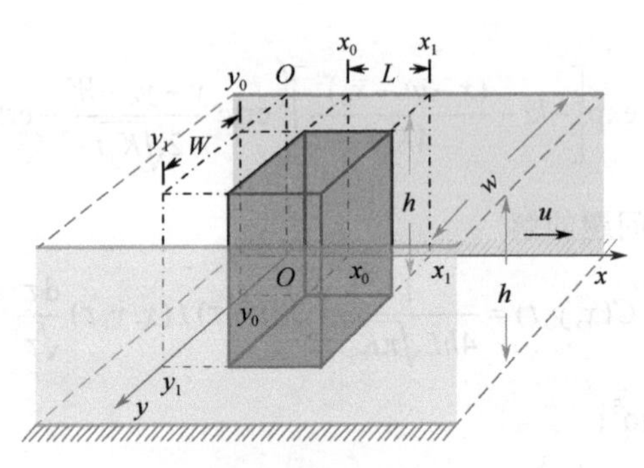

(a) 平面有限宽度域(条形)

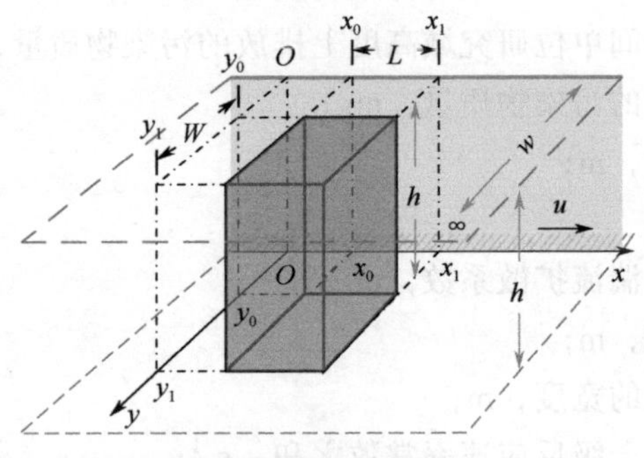

(b) 平面半无限域(半无限)

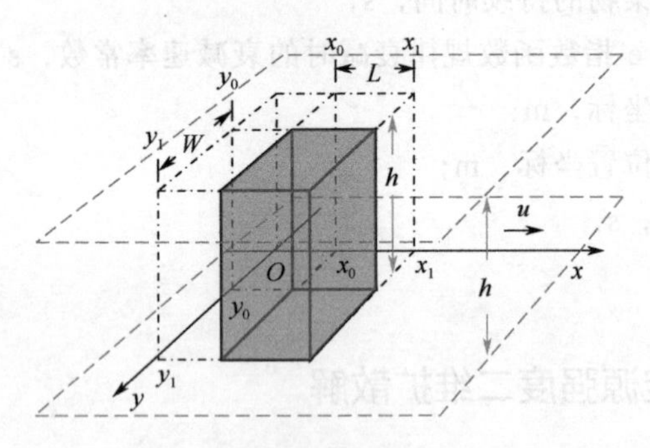

(c) 平面无限域(无限)

图 3-9 面源给定源强度二维扩散求解条件示意

② 风速场：均匀等速一维风场，风速 u 为常数。

③ 初始条件：初始时刻全域无目标污染物或污染物浓度 C_i 为常数。

④ 源条件：平面面源；源的展布方向可平行或垂直于风速方向；源排放污染物的方式为定强度连续排放、源强度随时间变化、源强度按 e 指数函数规律衰减、瞬时排放四

种情况之一。

⑤ 扩散条件：平面二维湍流扩散。

⑥ 干湿沉降和化学反应：污染物在扩散过程中可发生湿沉降，也可发生化学反应，均符合一级动力学规律；忽略干沉降作用。

（3）数学模型

在上述假设条件下，取 x 轴方向与风速方向一致，y 轴水平且与 x 轴垂直，可得问题的数学模型如下：

$$\frac{\partial C}{\partial t}=K_x\frac{\partial^2 C}{\partial x^2}+K_y\frac{\partial^2 C}{\partial y^2}-u\frac{\partial C}{\partial x}-kC+S_a\delta \qquad -\infty<x,y<\infty,t>0 \tag{3-39a}$$

$$C(x,y,t)\big|_{t=0}=C_i \tag{3-39b}$$

$$C(x,y,t)\big|_{x\to\pm\infty}=C_i\exp(-kt) \tag{3-39c}$$

对于有限宽度域（$y=0\sim w$）

$$\left.\frac{\partial C}{\partial y}\right|_{y=0}=\left.\frac{\partial C}{\partial y}\right|_{y=w}=0 \tag{3-39d}$$

对于平面半无限域（$y=0\sim\infty$）

$$\left.\frac{\partial C}{\partial y}\right|_{y=0}=0,\quad C(x,y,t)\big|_{y\to\infty}=C_i\exp(-kt) \tag{3-39e}$$

对于无限宽度域（$-\infty<y<+\infty$）

$$C(x,y,t)\big|_{y\to\pm\infty}=C_i\exp(-kt) \tag{3-39f}$$

其中，对于连续源

$$\delta(x,y)=\begin{cases}1 & (x,y)\in\text{源}\\0 & \text{其他}\end{cases} \tag{3-39g}$$

对于瞬时源

$$\delta(x,y,t)=\begin{cases}1 & (x,y)\in\text{源},\ t=0\\0 & \text{其他}\end{cases}\text{，且用 }M\text{ 代替 }S_a \tag{3-39h}$$

（4）面源给定源强度二维扩散解

面源给定源强度二维扩散解如下[注：以下各解均针对 $C_i=0$ 条件。当 $C_i\neq 0$ 时，只需在各解中加上 $C_i\exp(-kt)$ 即可]。

① 平面有限宽度域

源瞬时排放污染物问题的解

$$C(x,y,z)=\frac{M}{2hLW}f(x,y,t) \tag{3-40a}$$

其中，

$$f(x,y,t)=\exp(-kt)\left(\operatorname{erfc}\frac{x-ut-x_0-L}{2\sqrt{K_x t}}-\operatorname{erfc}\frac{x-ut-x_0}{2\sqrt{K_x t}}\right)\times\left\{\frac{W}{w}+\frac{2}{\pi}\sum_{m=1}^{\infty}\frac{1}{m}\left[\sin\frac{m\pi(y_0+W)}{w}-\sin\frac{m\pi y_0}{w}\right]\cos\left(\frac{m\pi y}{w}\right)\exp\left(-\frac{K_y m^2\pi^2}{w^2}t\right)\right\} \quad (3\text{-}40b)$$

源连续排放污染物问题的解

$$C(x,y,t)=\frac{1}{2hLW}\int_0^t S(t-\tau)f(x,y,\tau)\mathrm{d}\tau \quad (3\text{-}41)$$

② 平面半无限域

源瞬时排放污染物问题的解

$$C(x,y,t)=\frac{M}{4hLW}f(x,y,t) \quad (3\text{-}42a)$$

其中，

$$f(x,y,t)=\exp(-kt)\left(\operatorname{erfc}\frac{x-ut-x_0-L}{2\sqrt{K_x t}}-\operatorname{erfc}\frac{x-ut-x_0}{2\sqrt{K_x t}}\right)\times\left(\operatorname{erfc}\frac{y-y_0-W}{2\sqrt{K_y t}}-\operatorname{erfc}\frac{y-y_0}{2\sqrt{K_y t}}+\operatorname{erfc}\frac{y+y_0}{2\sqrt{K_y t}}-\operatorname{erfc}\frac{y+y_0+W}{2\sqrt{K_y t}}\right) \quad (3\text{-}42b)$$

源连续排放污染物问题的解

$$C(x,y,t)=\frac{1}{4hWL}\int_0^t S(t-\tau)f(x,y,\tau)\mathrm{d}\tau \quad (3\text{-}43)$$

③ 平面无限域

源瞬时排放污染物问题的解

$$C(x,y,t)=\frac{M}{4hLW}f(x,y,t) \quad (3\text{-}44a)$$

其中，

$$f(x,y,t)=\exp(-kt)\left(\operatorname{erfc}\frac{x-ut-x_0-L}{2\sqrt{K_x t}}-\operatorname{erfc}\frac{x-ut-x_0}{2\sqrt{K_x t}}\right)\times\left(\operatorname{erfc}\frac{y-y_0-W}{2\sqrt{K_y t}}-\operatorname{erfc}\frac{y-y_0}{2\sqrt{K_y t}}\right) \quad (3\text{-}44b)$$

源连续排放污染物问题的解

$$C(x,y,t)=\frac{1}{4hLW}\int_0^t S(t-\tau)f(x,y,\tau)\mathrm{d}\tau \quad (3\text{-}45)$$

式中　C——浓度，μg/m³；

　　　C_i——初始浓度，μg/m³；

S——源强度（单位时间排放的污染物质量），mg/s;

S_a——源在单位时间单位研究域高度上排放的污染物质量，mg/（m·s）;

M——源瞬时排放的污染物质量，mg;

L——源在 x 方向上的长度，m;

W——源在 y 方向上的宽度，m;

u——风速，m/s;

K_x，K_y——纵向和横向湍流扩散系数，m^2/s;

h——研究域高度，m;

k——清除系数与一级反应速率常数之和，s^{-1};

t_0——源排放污染物的持续时间，s;

a——源强度按 e 指数函数规律衰减时的衰减速率常数，s^{-1};

x_0，y_0——源的起点坐标，m;

x，y——计算点的位置坐标，m;

t——计算时间，s。

3.3.2.4 给定上风边界源浓度二维扩散解

（1）解的简述

给定上风边界源浓度二维扩散解，简称给定边界浓度二维解，是在给定上风边界源浓度条件下的污染物平面二维大气扩散解。在平面上，上风边界为垂直风速方向的直线，源位于边界上；在空间上，源位于上风边界处，源的高度等于研究域的高度（全高度边界面源）。需要注意的是，该解对上风边界（$x=0$）处的浓度条件进行了严格限制：a.在线源位置，污染物浓度等于源的浓度；b.在边界的其他位置，浓度等于初始浓度。这一假设忽略了污染物向上游的逆风扩散，因此当风速较小时在源附近存在计算误差。

（2）假设条件（应用条件）

① 研究域：研究域的高度 h 为常数；平面分布为条形（宽度为常数，两侧为反射边界）、半无限（一侧为反射边界，另一侧无限远）、无限（两侧边界均无限远）三种情况之一，见图 3-10。

② 风速场：均匀等速一维风场，风速 u 为常数。

③ 初始条件：初始时刻全域无目标污染物或污染物浓度 C_i 为常数。

④ 边界条件：源分布在 $x=0$ 平面（上风边界）上[当 $y \in$ 源时，$C=C_0(t)$，其中，C_0 为源排放污染物的浓度；当 $y \notin$ 源时，$C=C_i$]；源排放污染物的方式为定浓度连续排放、源浓度随时间变化、源浓度按 e 指数函数规律衰减、瞬时排放四种情况之一。

⑤ 扩散条件：二维湍流扩散。

⑥ 干湿沉降和化学反应：污染物在扩散过程中可发生湿沉降，也可发生化学反应，均符合一级动力学规律；忽略干沉降作用。

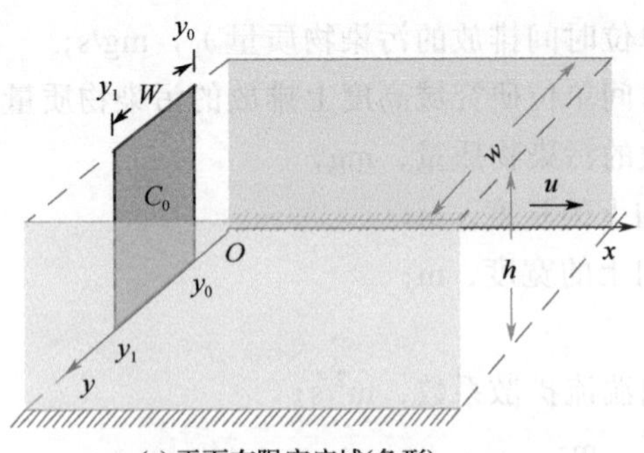

(a) 平面有限宽度域(条形)

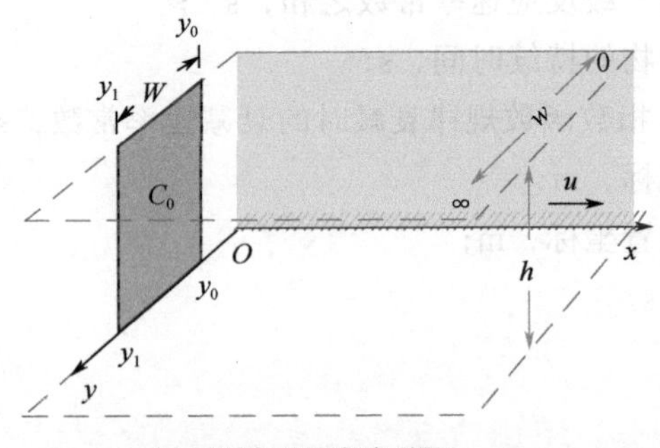

(b) 平面半无限域(半无限)

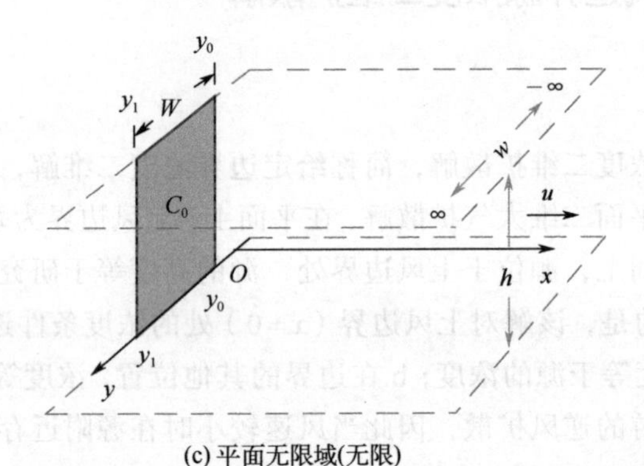

(c) 平面无限域(无限)

图 3-10 给定上风边界源浓度二维扩散求解条件示意

(3) 数学模型

在上述假设条件下，取 x 轴方向与风速方向一致，y 轴水平且与 x 轴垂直，可得问题的数学模型如下：

$$\frac{\partial C}{\partial t}=K_x\frac{\partial^2 C}{\partial x^2}+K_y\frac{\partial^2 C}{\partial y^2}-u\frac{\partial C}{\partial x}-kC \quad 0<x<\infty, t>0 \tag{3-46a}$$

$$C(x,y,t)\big|_{t=0}=C_{\mathrm{i}} \tag{3-46b}$$

$$C(x,y,t)\big|_{x\to\infty}=C_{\mathrm{i}}\exp(-kt) \tag{3-46c}$$

$$C(x,y,t)\big|_{x=0}=\begin{cases}C_0(t) & y\in\text{源}\\ C_{\mathrm{i}}\exp(-kt) & y\notin\text{源}\end{cases} \tag{3-46d}$$

若源浓度 e 指数衰减，则有

$$C(x,y,t)\big|_{x=0}=\begin{cases}C_0\exp(-at) & y\in 源\\ C_i\exp(-kt) & y\notin 源\end{cases} \tag{3-46e}$$

平面有限宽度域（$y=0\sim w$）

$$\left.\frac{\partial C}{\partial y}\right|_{y=0}=\left.\frac{\partial C}{\partial y}\right|_{y=w}=0 \tag{3-46f}$$

平面半无限域（$y=0\sim\infty$）

$$\left.\frac{\partial C}{\partial y}\right|_{y=0}=0,\quad C(x,y,t)\big|_{y\to\infty}=C_i\exp(-kt) \tag{3-46g}$$

平面无限宽度域（$-\infty<y<+\infty$）

$$C(x,y,t)\big|_{y\to\pm\infty}=C_i\exp(-kt) \tag{3-46h}$$

（4） 给定上风边界源浓度二维扩散解

给定上风边界浓度下二维扩散解如下[注：以下各解均针对 $C_i=0$ 条件。当 $C_i\neq0$ 且 $k=0$ 时，只需在各解中加上 $C_i\exp(-kt)$ 即可；当 $C_i\neq0$ 且 $k\neq0$ 时，采用步进叠加法求解]。

① 平面有限宽度域

源瞬时排放污染物问题的解

$$C(x,y,t)=\frac{C_0x}{2\sqrt{\pi K_xt}}f(x,y,t) \tag{3-47a}$$

其中，

$$f(x,y,t)=\exp\left[-kt-\frac{(x-ut)^2}{4K_xt}\right]\times\left\{\frac{W}{w}+\frac{2}{\pi}\sum_{m=1}^{\infty}\frac{1}{m}\left[\sin\frac{m\pi(y_0+W)}{w}-\sin\frac{m\pi y_0}{w}\right]\cos\left(\frac{m\pi y}{w}\right)\exp\left(-\frac{K_ym^2\pi^2}{w^2}t\right)\right\} \tag{3-47b}$$

源连续排放污染物问题的解

$$C(x,y,t)=\frac{x}{2\sqrt{\pi K_x}}\int_0^t C_0(t-\tau)f(x,y,\tau)\frac{d\tau}{\tau^{3/2}} \tag{3-48}$$

② 平面半无限域

源瞬时排放污染物问题的解

$$C(x,y,t)=\frac{C_0x}{4\sqrt{\pi K_xt}}f(x,y,t) \tag{3-49a}$$

其中，

$$f(x,y,t)=\exp\left[-kt-\frac{(x-ut)^2}{4K_xt}\right]\times\left(\operatorname{erfc}\frac{y-y_0-W}{2\sqrt{K_y\tau}}-\operatorname{erfc}\frac{y-y_0}{2\sqrt{K_y\tau}}+\operatorname{erfc}\frac{y+y_0}{2\sqrt{K_y\tau}}-\operatorname{erfc}\frac{y+y_0+W}{2\sqrt{K_y\tau}}\right) \tag{3-49b}$$

源连续排放污染物问题的解

$$C(x,y,t)=\frac{x}{4\sqrt{\pi K_x}}\int_0^t C_0(t-\tau)f(x,y,\tau)\frac{d\tau}{\tau^{3/2}} \tag{3-50}$$

③ 平面无限域

源瞬时排放污染物问题的解

$$C(x,y,t)=\frac{C_0 x}{4\sqrt{\pi K_x t}}f(x,y,t) \tag{3-51a}$$

其中，

$$f(x,y,t)=\exp\left[-kt-\frac{(x-ut)^2}{4K_x t}\right]\left(\text{erfc}\frac{y-y_0-W}{2\sqrt{K_y t}}-\text{erfc}\frac{y-y_0}{2\sqrt{K_y t}}\right) \tag{3-51b}$$

源连续排放污染物问题的解

$$C=\frac{x}{4\sqrt{\pi K_x}}\int_0^t C_0(t-\tau)f(x,y,\tau)\frac{d\tau}{\tau^{3/2}} \tag{3-52}$$

式中 C——浓度，μg/m³；

C_i——初始浓度，μg/m³；

C_0——源的浓度，μg/m³；

u——风速，m/s；

K_x，K_y——湍流扩散系数主值，m²/s；

w——条形域宽度，m；

h——研究域高度，m；

k——清除系数与一级反应速率常数之和，s^{-1}；

t_0——源排放污染物的持续时间，s；

a——源强度按 e 指数函数规律衰减时的衰减速率常数，s^{-1}；

y_0——源位置的 y 坐标，m；

x，y——计算点的位置坐标，m；

t——计算时间，s。

3.3.2.5 给定上风边界源通量二维扩散解

(1) 解的简述

给定上风边界源通量二维扩散解，简称给定边界通量二维解，是在给定上风边界源通量条件下的污染物平面二维大气扩散解。在平面上，上风边界为垂直风速方向的直线，源位于边界上；在空间上，上风边界为全高度平面，面源位于上风边界处，源的高度等于研究域的高度。需要注意的是，该解对上风边界（$x=0$）处的通量条件进行了严格的

限制：在源位置，边界通量 $F=uC_0$；在其他位置，$F=uC_i$。这一条件表明，通过边界进入研究域的平流与湍流扩散通量之和等于平流通量，湍流扩散通量被忽略，因此当风速较小时计算得到的浓度存在一定误差。尽管如此，计算结果对实际浓度的拟合程度仍高于给定上风边界源浓度二维扩散解。求解条件见图 3-11。

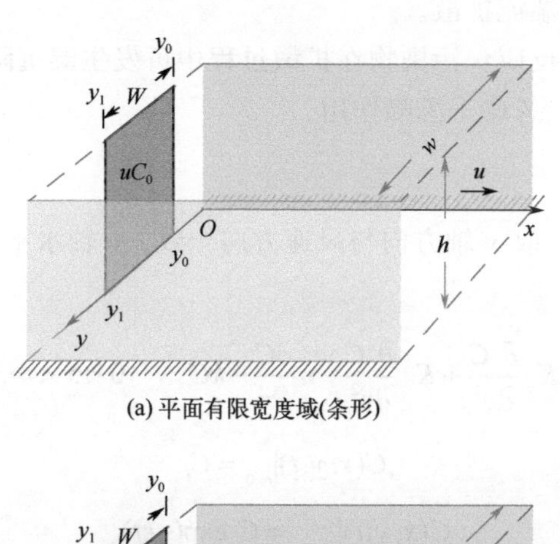

(a) 平面有限宽度域(条形)

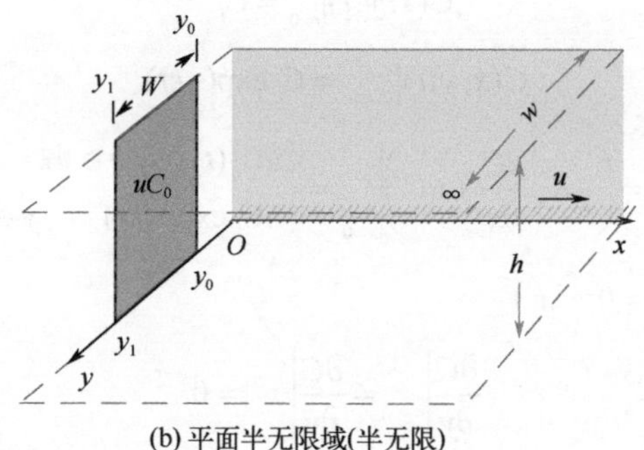

(b) 平面半无限域(半无限)

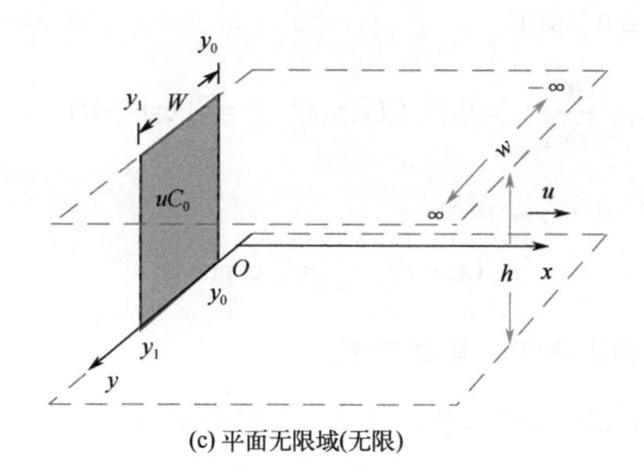

(c) 平面无限域(无限)

图 3-11　给定上风边界源通量二维扩散求解条件示意

（2）假设条件（应用条件）

① 研究域：研究域的高度 h 为常数；平面分布为条形（宽度为常数，两侧为反射边界）、半无限（一侧为反射边界，另一侧无限远）、无限（两侧边界均无限远）三种情况之一。

② 风速场：均匀等速一维风场，风速 u 为常数。

③ 初始条件：初始时刻全域无目标污染物或污染物浓度 C_i 为常数。

④ 边界条件：源分布在 x=0 平面（上风边界）[当 $y\in$源时，平流 + 湍流扩散通量 $F=uC_0(t)$，其中，C_0 为源排放污染物的浓度；当 $y\notin$源时，$F=uC_i$]；源排放污染物的方式为定浓度连续排放、源浓度随时间变化、源浓度按 e 指数函数规律衰减三种情况之一。

⑤ 扩散条件：二维湍流扩散。

⑥ 干湿沉降和化学反应：污染物在扩散过程中可发生湿沉降，也可发生化学反应，均符合一级动力学规律；忽略干沉降作用。

（3）数学模型

在上述假设条件下，取 x 轴方向与风速方向一致，y 轴水平且与 x 轴垂直，可得问题的数学模型如下：

$$\frac{\partial C}{\partial t}=K_x\frac{\partial^2 C}{\partial x^2}+K_y\frac{\partial^2 C}{\partial y^2}-u\frac{\partial C}{\partial x}-kC \qquad 0<x<\infty, t>0 \tag{3-53a}$$

$$C(x,y,t)\big|_{t=0}=C_{\mathrm{i}} \tag{3-53b}$$

$$C(x,y,t)\big|_{x\to\infty}=C_{\mathrm{i}}\exp(-kt) \tag{3-53c}$$

$$F\big|_{x=0}=\left(-K_x\frac{\partial C}{\partial x}+uC\right)\bigg|_{x=0}=\begin{cases}uC_0(t) & y\in 源\\ uC_{\mathrm{i}}\exp(-kt) & y\notin 源\end{cases} \tag{3-53d}$$

平面有限宽度域（$y=0\sim w$）

$$\left.\frac{\partial C}{\partial y}\right|_{y=0}=\left.\frac{\partial C}{\partial y}\right|_{y=w}=0 \tag{3-53e}$$

平面半无限域（$y=0\sim\infty$）

$$\left.\frac{\partial C}{\partial y}\right|_{y=0}=0,\quad C(x,y,t)\big|_{y\to\infty}=C_{\mathrm{i}}\exp(-kt) \tag{3-53f}$$

平面无限宽度域（$-\infty<y<+\infty$）

$$C(x,y,t)\big|_{y\to\pm\infty}=C_{\mathrm{i}}\exp(-kt) \tag{3-53g}$$

（4）给定上风边界源通量二维扩散解

给定上风边界源通量污染物二维扩散解一般可表示为

$$C(x,y,t)=\sum_{k=1}^{N_t}\left\{\left[C_x(x,t_k)-C_x(x,t_{k-1})\right]\sum_{i=1}^{N_G}w_iG_y(y,t_{ki})\right\}+C_n(x,t) \tag{3-54}$$

式中 N_t——时间步数；

k——时步计数，$k=1,2,\cdots,N_t$；

$G_y(y,t_{ki})$——y 方向的 Green 函数，代表污染物的横向扩散能力；

N_G——Green 数值积分点数；

i——Green 数值积分点计数，$i=1,2,\cdots,N_G$；

w_i——第 i 个 Green 点的权重；

t_{ki}——时间。

$$t_{ki} = \left[(t_k - t_{k-1})g_i + t_k + t_{k-1}\right]/2 \tag{3-55}$$

式中　t_k，t_{k-1}——k 时步和 $k-1$ 时步所对应的时间；

g_i——第 i 个 Green 点的位置。

设上述数学模型对应的沿 x 方向的一维问题解为 $C(x, t)$，则有

$$C_n(x,t) = C(x,t)\big|_{C_0=0} \tag{3-56a}$$

$$C_x(x,t) = C(x,t) - C_n(x,t) \tag{3-56b}$$

下面针对具体情况讨论式（3-54）中各函数的表示式。

1）函数 C_x 和 C_n 的表达式

① 连续排放、含有化学反应问题

$$C(x,t) = C_0 A(x,t) + C_{\mathrm{i}} \exp(-kt)[1 - A_2(x,t)] \tag{3-57a}$$

$$C_x(x,t) = C_0 A(x,t) \tag{3-57b}$$

$$C_n(x,t) = C_{\mathrm{i}} \exp(-kt)\left[1 - A_2(x,t)\right] \tag{3-57c}$$

式中，

$$\begin{aligned} A(x,t) = {} & \frac{u}{u+w}\exp\left[\frac{(u-w)x}{2K_x}\right]\mathrm{erfc}\left(\frac{x-wt}{2\sqrt{K_x t}}\right) + \frac{u}{u-w}\exp\left[\frac{(u+w)x}{2K_x}\right]\mathrm{erfc}\left(\frac{x+wt}{2\sqrt{K_x t}}\right) \\ & + \frac{u^2}{2kK_x}\exp\left(\frac{ux}{K_x} - kt\right)\mathrm{erfc}\left(\frac{x+ut}{2\sqrt{K_x t}}\right) \end{aligned} \tag{3-57d}$$

$$\begin{aligned} A_2(x,t) = {} & \frac{1}{2}\mathrm{erfc}\left(\frac{x-ut}{2\sqrt{K_x t}}\right) + \sqrt{\frac{u^2 t}{\pi K_x}}\exp\left[-\frac{(x-ut)^2}{4K_x t}\right] \\ & - \frac{1}{2}\left(1 + \frac{ux}{K_x} + \frac{u^2 t}{K_x}\right)\exp\left(\frac{ux}{K_x}\right)\mathrm{erfc}\left(\frac{x+ut}{2\sqrt{K_x t}}\right) \end{aligned} \tag{3-57e}$$

$$w = \sqrt{u^2 + 4kK_x} \tag{3-57f}$$

② 源按 e 指数函数衰减、含有化学反应问题

$$C(x,t) = \begin{cases} C_0\exp(-at)A_1(x,t) + C_{\mathrm{i}}\exp(-kt)[1 - A_2(x,t)] & a \neq k \\ C_0\exp(-at)A_2(x,t) + C_{\mathrm{i}}\exp(-kt)[1 - A_2(x,t)] & a = k \end{cases} \tag{3-58a}$$

$$C_x(x,t) = \begin{cases} C_0\exp(-at)A_1(x,t) & a \neq k \\ C_0\exp(-at)A_2(x,t) & a = k \end{cases} \tag{3-58b}$$

$$C_n(x,t) = C_{\mathrm{i}}\exp(-kt)\left[1 - A_2(x,t)\right] \tag{3-58c}$$

式中，

$$A_1(x,t)=\frac{u}{u+w'}\exp\left[\frac{(u-w')x}{2K_x}\right]\operatorname{erfc}\left(\frac{x-w't}{2\sqrt{K_xt}}\right)$$

$$+\frac{u}{u-w'}\exp\left[\frac{(u+w')x}{2K_x}\right]\operatorname{erfc}\left(\frac{x+w't}{2\sqrt{K_xt}}\right) \tag{3-58d}$$

$$+\frac{u^2}{2K_x(k-a)}\exp\left[\frac{ux}{K_x}+(a-k)t\right]\operatorname{erfc}\left(\frac{x+ut}{2\sqrt{K_xt}}\right)$$

$$w'=\sqrt{u^2+4K_x(k-a)} \tag{3-58e}$$

③ 连续排放、无化学反应问题

$$C(x,t)=C_i+(C_0-C_i)A_2(x,t) \tag{3-59a}$$

$$C_x(x,t)=C_0A_2(x,t) \tag{3-59b}$$

$$C_n(x,t)=C(x,t)\big|_{C_0=0}=C_i[1-A_2(x,t)] \tag{3-59c}$$

④ 排放通量按 e 指数函数衰减、无化学反应问题的解

$$C(x,t)=C_i-C_iA_2(x,t)+C_0W(x,t) \tag{3-60a}$$

$$C_x(x,t)=C_0W(x,t) \tag{3-60b}$$

$$C_n(x,t)=C(x,t)\big|_{C_0=0}=C_i[1-A_2(x,t)] \tag{3-60c}$$

式中，

$$W(x,t)=\exp(-at)\left\{\frac{u}{u+\xi}\exp\left[\frac{(u-\xi)x}{2K_x}\right]\operatorname{erfc}\left(\frac{x-\xi t}{2\sqrt{K_xt}}\right)\right.$$

$$\left.+\frac{u}{u-\xi}\exp\left[\frac{(u+\xi)x}{2K_x}\right]\operatorname{erfc}\left(\frac{x+\xi t}{2\sqrt{K_xt}}\right)\right\}-\frac{u^2}{2aK_x}\exp\left(\frac{ux}{K_x}\right)\operatorname{erfc}\left(\frac{x+ut}{2\sqrt{K_xt}}\right) \tag{3-60d}$$

$$\xi=\sqrt{u^2-4aK_x} \tag{3-60e}$$

2）函数 $G_y(y, t_{ki})$的表达式

① 平面有限宽度域

$$G_y(y,t_{ki})=\frac{W}{w}+\frac{2}{\pi}\sum_{m=1}^{\infty}\frac{1}{m}\left[\sin\left(\frac{m\pi y_1}{w}\right)-\sin\left(\frac{m\pi y_0}{w}\right)\right]\cos\left(\frac{m\pi y}{w}\right)\exp\left(\frac{K_ym^2\pi^2t_{ki}}{w^2}\right) \tag{3-61a}$$

② 平面半无限域

$$G_y(y,t_{ki})=\frac{1}{2}\left(\operatorname{erfc}\frac{y-y_1}{2\sqrt{K_yt_{ki}}}-\operatorname{erfc}\frac{y-y_0}{2\sqrt{K_yt_{ki}}}+\operatorname{erfc}\frac{y+y_0}{2\sqrt{K_yt_{ki}}}-\operatorname{erfc}\frac{y+y_1}{2\sqrt{K_yt_{ki}}}\right) \tag{3-61b}$$

③ 平面无限域

$$G_y(y,t_{ki})=\frac{1}{2}\left(\operatorname{erfc}\frac{y-y_1}{2\sqrt{K_yt_{ki}}}-\operatorname{erfc}\frac{y-y_0}{2\sqrt{K_yt_{ki}}}\right) \tag{3-61c}$$

上面各式中，C_x 不含初始浓度 C_i 且均与 C_0 成正比，可表示为

$$C_x(x,t)=C_0F(x,t) \tag{3-61d}$$

C_n 中必含 C_i 且有 $C_\mathrm{i}=0$ 时，$C_n=0$。

式中 C——浓度，μg/m^3；

C_i——初始浓度，μg/m^3；

C_0——源的浓度，μg/m^3；

u——风速，m/s；

K_x，K_y——湍流扩散系数主值，m^2/s；

w——条形域宽度，m；

h——研究域高度，m；

k——清除系数与一级反应速率常数之和，s^{-1}；

a——源强度按 e 指数函数规律衰减时的衰减速率常数，s^{-1}；

y_0、y_1——源起始和结束位置的 y 坐标，m；

W——源在 y 方向上的宽度，m；

x，y——计算点的位置坐标，m；

t——计算时间，s。

3.3.3　污染物三维扩散解析解

ModOdor 求解了恶臭气体三维扩散的多个解析解。其中，源的类型包括点源、线源、面源和体源；源可以是单个源或多个源，也可以是不同形态源的混合；源的作用方式可以是连续的或瞬时的；源的强度/浓度可以为常数，也可随时间变化。污染物在扩散过程中可以发生一级化学反应和干湿沉降作用；研究域的平面分布分为条形、半无限和无限三种情况；研究域的垂向分布亦分为有限高度、半无限高度和无限高度三种情况。研究域在垂直风速方向上的分布对于给定上风边界处浓度或给定上风边界处通量浓度问题为半无限，其余情况为无限。

（1）点源给定源强度三维扩散解

点源给定源强度三维扩散解，简称点源三维解，是点源在给定源强度条件下的污染物三维大气扩散解。当源的尺度很小且计算点距离源较远时，源可按点源概化。在点源的作用下，即使风速是一维的污染物扩散也是三维的。

（2）线源给定源强度三维扩散解

线源给定源强度三维扩散解，简称线源三维解，是线源在给定源强度条件下的污染物三维大气扩散解。当源的直径与其长度相比很小且计算点距离源较远时，源可按线源概化。线源的展布方向可平行于风向或垂直于风向（直立或水平）。在线源的作用下，污染物的扩散通常是三维的。当直立线源的高度等于研究域的高度时，问题等同于平面点源二维扩散问题。

（3）面源给定源强度三维扩散解

面源给定源强度三维扩散解，简称面源三维解，是面源在给定源强度条件下的污染物三维大气扩散解。面源是常见的源形式，其展布方向可平行于风向或垂直于风向（直立或水平）。在面源的作用下，污染物的扩散通常是三维的。当直立面源的高度等于研究域的高度时问题等同于平面线源二维扩散问题。

（4）体源给定源强度三维扩散解

体源给定源强度三维扩散解，简称体源三维解，是体源在给定源强度条件下的污染物三维大气扩散解。体源的形状是平行六面体。在体源的作用下，污染物的扩散通常是三维的。当源的高度等于研究域的高度时问题等同于平面面源二维扩散问题。

（5）混合源(点、线、面、体)给定源强度三维扩散解

混合源（点、线、面、体）给定源强度三维扩散解，简称混合源三维解，是多种类型源在给定源强度条件下的污染物三维大气扩散解。实现了点源、线源、面源和体源三维扩散问题的混合运算，当在研究域中存在两种或两种以上类型的源时可使用本解进行计算。

（6）给定底边界或侧边界源浓度三维扩散解

给定底边界或侧边界源浓度三维扩散解，简称给定底/侧边浓度三维解，是给定底边界/侧边界源浓度条件下的污染物三维大气扩散解。源位于底边界或侧边界（与风向一致的边界）之上。该解对于给定浓度边界有严格限制：a.在源所占据的区域，污染物浓度等于源的浓度；b.在其他区域，浓度为零或等于初始浓度。需要注意的是，给定第一类边界条件问题在边界附近不能满足质量守恒条件，计算结果可能与实际情况存在误差，尤其在边界附近。

（7）给定上风边界源浓度三维扩散解

给定上风边界源浓度三维扩散解，简称给定浓度三维解，是在给定上风边界源浓度条件下的污染物三维大气扩散解。该解对源所在平面（$x=0$）的浓度条件进行了严格限制：在源所占据的区域，污染物浓度等于源的浓度；在其他区域，浓度为零或等于初始浓度。需要注意的是，给定第一类边界条件问题在边界附近不能满足质量守恒条件，因此计算结果可能与实际情况存在误差，尤其在边界附近。

（8）给定上风边界源通量三维扩散解

给定上风边界源通量三维扩散解，简称给定通量三维解，是在给定上风边界源通量条件下的污染物三维大气扩散解。该解对源所在平面（$x=0$，即研究域的上风边界）的通量条件进行了严格限制：在源所占据的区域，边界通量 $F=uC_0$；在其他位置，$F=uC_i$。这一条件表明，通过边界进入研究域的通量等于对流通量，扩散通量被忽略，因此当风速较小时计算得到的浓度存在一定误差。

（9）给定底边界源通量下二维风场中三维扩散解

给定底边界源通量下二维风场中三维扩散解，简称二维风场三维解，是在给定底边

界源通量条件下在剖面二维风场中的污染物三维大气扩散解。该解对底边界（$z=0$）处的平流与湍流扩散通量条件进行了严格限制：a.在源所占据的区域，通过边界的通量 $F=u_zC_0$；b.在底边界的其他位置，$F=u_zC_i$。这一假设有其局限性，应用该解计算底边界附近的浓度时存在一定误差。

3.4 恶臭污染迁移扩散模拟的三维数值法

ModOdor——恶臭气体大气扩散模拟软件，包含一维、二维、三维解析解和三维大气扩散有限差分法数值模拟等模拟计算方法。其中，三维大气扩散有限差分法数值模拟是最为重要的恶臭污染物三维大气扩散模拟计算模型。

三维大气扩散有限差分法数值模拟模型具有如下主要功能：

① 适用于中小尺度研究域的恶臭气体大气扩散问题模拟，也可用于室内较大空间的空气污染模拟及治理效果预报。研究域内的大气是严格不可压缩的。

② 采用等大小或不等大小的立方体形差分网格，由用户定义水平网格数、垂向层数和网格大小。

③ 可模拟非稳态和稳态大气扩散问题。

④ 通过域内网格和域外网格设定，可较好地模拟地形和地表建筑的复杂变化；可根据地形参数形成与地形起伏趋于一致的差分网格系统。

⑤ 允许有 4 种形式的风场：a.全研究域风速相同（风速为常数）；b.按差分网格输入风速；c.风速随时间变化，需要用户输入；d.观测-诊断风场，风速场基本信息来自风速观测站点上的风速观测值，通过插值法确定风速在差分网格上的值，并应用气象信息、下垫面条件、风场诊断模式和拉格朗日乘数的有限差分法对风场进行诊断调整，这一方法体现了边界层理论所取得的最新进展。

⑥ 允许有 5 种形式的湍流扩散系数形式：a.全域扩散系数相同（扩散系数为常数）；b.按差分网格输入扩散系数；c.扩散系数随时间变化，需要用户输入；d.依据大气稳定度等级计算扩散系数（GB/T 3840—1991）；e.湍流特征量法计算扩散系数，应用 Monin-Obukhov 相似理论计算垂向扩散系数 K_{zz}，应用湍流特征量计算水平扩散系数 K_{xx} 和 K_{yy}。

⑦ 可存在点、线、面、体状源汇及其任意组合；源汇的形式可以是给定浓度，也可是给定强度/气体流量。

⑧ 允许存在气体干沉降作用，干沉降速率等于空气动力阻尼、片流层阻尼和地表阻尼之和的倒数，干沉降以汇的形式从研究域下垫面离开研究域。

⑨ 允许存在降水湿沉降作用，清除系数不随空间位置变化，但可随时间变化。

⑩ 允许存在化学反应，反应速率常数不随空间位置变化，但可随时间变化。

3.4.1 求解恶臭气体三维大气扩散问题的有限差分法——非稳态问题

3.4.1.1 概述

大气扩散模式是评价污染物大气扩散迁移的通用方法。目前广为应用的大气扩散模型主要分为两类：一类是基于高斯扩散模式的稳态模型，如 ISC3、AERMOD、ADMS 等；另一类是非稳态模型，如 CALPUFF 等。

AERMOD 是 20 世纪 90 年代中后期由美国气象协会和美国环境保护署联合开发的新一代法规性质的稳态大气扩散模型，并于 2000 年 4 月开始作为美国空气质量评价模型，用来替代之前的 ISC3 模型。AERMOD 是一个稳态烟羽模型，适用范围一般小于 50km。在稳定边界层（SBL）内，假设水平和垂直方向的污染物浓度满足高斯分布。在对流边界层（CBL）水平方向满足高斯分布，垂直方向满足双高斯概率密度分布函数。该模型可用于预测平均 1h 或以上时间的污染物浓度。AREMOD 主要是针对工业源设计的。工业源通常具有连续排放的特征，排放强度相对比较稳定，容易达到稳定状态。AERMOD 得到的是统计平均参数下的统计平均浓度，而不是某一位置处的瞬时浓度。AERMOD 不适合于风速较小的情况。

ADMS（advanced dispersion modeling system）是英国剑桥环境研究中心开发的基于高斯烟羽模型的三维稳态大气扩散模型，可以用于模拟点源、面源、线源、体源所排放的污染物在短期或长期的浓度分布，计算范围通常<50km。与普通高斯模型的最大区别在于，该模型应用了边界层高度和 Monin-Obukhov 长度的边界层结构，并使用 Monin-Obukhov 长度与边界层高度的比值作为稳定度分类标准，而不是传统的 Pasquill-Turner 稳定度分类法。ADMS 考虑了污染物的去除过程，如重力沉降、干湿沉降和化学反应等。对于复杂地形问题，ADMS 首先利用该地形下的风场和湍流参数对平坦地形下的烟羽高度和烟羽扩散系数进行修正，然后采用平坦地形下的浓度计算公式计算浓度分布。

CALPUFF 是由加州西格玛研究公司开发的非定常三维拉格朗日烟团大气扩散模型，是我国环境保护部（现生态环境部）推荐使用的大气扩散模式之一。不同于 AERMOD 和 ADMS，CALPUFF 是非稳态模型，采用拉格朗日烟团输送模式，能更好地处理污染物长距离输送问题。CALPUFF 采用烟团函数分割方法，垂直坐标采用地形追随坐标，水平结构为等间距的网格，空间分辨率为一至几百公里，垂直不等距分为 30 多层。CALPUFF 的计算尺度较大（10～100km 量级），能够较好地模拟 50km 以上距离范围内的污染物传输。可针对平坦、粗糙或复杂地形情况计算平均时间为 1h～1a 的污染物浓度。CALPUFF 利用诊断风场算法对观测资料进行插值、调整、垂直速度计算等产生最终风场，并利用地表热通量、边界层高度、Monin-Obukhow 长度、摩擦风速等描述边界层结构，对气象场的计算更为客观、合理。需要指出的是，CALPUFF 不适合预测短期排放和短期产生的峰值浓度。其计算时间精度为 1h，对于以脉动为主要因素的扩散过程不适用。

CALPUFF 模型本身较复杂，对数据要求高，需要至少包括每日逐时的地面气象数据和一天两次的探空数据，这些气象数据在我国有时并不容易获得。

1983 年我国首次颁布了法规性的大气扩散模型《制定地方大气污染物排放标准的技术原则与方法》（GB 3840—1983），在 1993 年颁布的《环境影响评价技术导则　大气环境》（HJ/T 2.2—1993）对大气环境评价又做了进一步的规定，并推荐用于大气环境评价的大气扩散模式，即 93 导则模型。93 导则模型属于第一代大气扩散模型，是根据统计理论建立起来的假设烟羽浓度为正态分布的高斯模型，采用 Pasquill-Tunrner 稳定度分类法及 Pasquill-Gifford 扩散系数体系，应用修正的 Holland 公式及 Briggs 公式计算烟气抬升高度，其计算精度受到限制。

目前可进行恶臭气体局地大气扩散模拟的模型如 AERMOD 等都是稳态模型，而填埋场等固体废物处置设施恶臭气体产生源所释放的恶臭气体其强度具有很强的时变特征，不易达到稳定，而且这些模型通常不能模拟复杂的地形变化。CALPUFF 等虽采用非稳态模型，但它是大尺度（10～100km 数量级）长距离模拟软件，不适于模拟恶臭气体产生源附近（通常<5km）的大气污染。此外，CALPUFF 对气象数据的要求较高，在多数情况下恶臭气体产生源区的气象观测数据不能满足计算要求。

求解恶臭气体大气扩散的数值方法主要有有限差分法（finite difference method，FDM）和有限单元法（finite element method，FEM）。数值方法将连续域上的求解问题转化为求解有限个离散点上的解的问题。与解析解相比，数值方法不仅可以细致刻画地形地貌的复杂变化，还可精确地模拟风速场和湍流扩散场的时空变化以及污染物在迁移过程中发生的物理化学变化（如化学反应、干湿沉降等），得到精度较高的计算结果。

数值方法在求解扩散作用为主的污染物大气迁移模型方面功能强大，可以得到令人满意的计算结果。然而，当其应用到求解平流作用为主的污染物迁移问题时则存在不同程度的解的振动。减小数值误差的根本方法是缩小网格的空间步长和时间步长，但受模型容量和计算时间的制约，空间步长和时间步长均不能无限制地缩小下去。而一种能够控制解的振动的数值系统（如上游加权法）通常又会导致更大的数值弥散；反之，一个数值系统能使数值弥散较少时通常又都会造成解的振动，这是数值方法存在的问题。

3.4.1.2　假设条件和数学模型

（1）假设条件

三维大气扩散有限差分法数值模拟模型重点模拟中小尺度研究域的恶臭气体大气扩散问题，采用上游加权有限差分数值法求解。模型的假设条件如下：

① 研究域内的大气是严格的不可压缩流体，且充满整个研究域，在任意时刻进入和流入研究域的气体体积均相等；气体的压力是大气压。

② 排放源所产生的是气态大气污染物，污染物进入大气后，与空气形成理想混合，共同输运扩散。忽略污染物与空气因密度差而形成的分离，如重力上升或下降等。

③ 在同一时刻，研究域中各点的温度是相同的，但不同时刻的温度可以不同；污染物与大气处于相同的温度场中，忽略因温度差而造成的污染物抬升作用。

④ 污染物在大气中的主要迁移动力是平均风速引起的平流作用和大气湍流引起的湍流扩散作用。

⑤ 研究域的边界条件可以是给定污染物浓度的第一类边界条件（Dirichlet 条件）、给定湍流扩散通量的第二类边界条件（Neumann 条件）、给定平流和湍流扩散通量的第三类边界条件（Cauchy 条件），或三者的组合。

⑥ 污染物的主要去除作用是化学反应、干沉降和湿沉降。其中，化学反应满足一级动力学方程；干沉降用沉降速率度量，以汇的形式从下垫面离开研究域；湿沉降对污染物的清除作用也满足一级动力学方程。

需要特别强调以下方面：

a. 假设条件①是保证所建数学模型成立和模拟结果正确的前提条件。ModOdor 允许用户直接输入研究域上的风速数据（见 3.4 部分模型功能⑤中的 a～c 情况），此时，要由用户来保证在任意时刻进入和流出研究域的气体量相等。如果进入研究域的气体量大于流出量，则研究域内的大气将被压缩，压力大于大气压；反之，如果进入研究域的气体量小于流出量，则研究域内的大气就会膨胀，压力小于大气压。这两种情况都不符合不可压缩流体的假设（也不符合室外大气环境的实际情况），因此将产生计算误差甚至得到错误的计算结果。对于观测-诊断风场情况（见 3.4 部分模型功能⑤中的 d 情况），ModOdor 会应用变分法对基于观测值插值得到的风场进行调整，以满足其对质量守恒的要求。因此，观测-诊断风场情况不存在上述问题（见 3.4.3 部分相关内容）。用户在进行实际计算时，建议使用观测-诊断风场。

b. 假设条件⑤是关于研究域边界条件的假设。对于用户直接输入研究域风速的情况 3.4 部分模型功能⑤中的 a～c 情况），因为风速已经给定，因此，上述边界条件无法对风速在边界上的值进行约束。这就要求用户在输入风场数据时，在边界上要满足相应的边界条件。例如，对于关闭边界，垂直于边界方向的风速分量在接近边界时，必须逐渐趋于零，以保证关闭边界对于风速场也是关闭的。如果垂直风速分量在关闭边界附近不等于零，则必有气体从关闭边界流出，而污染物被关闭边界阻隔于域内，形成积累，这是不正确的。对于观测-诊断风场情况（见 3.4 部分模型功能⑤中的 d 情况），由于其经过了风场诊断和调整过程，因此开放和关闭边界条件能够自动得到满足。

（2）数学模型

在上述假设条件下，取坐标原点位于研究域的左下后角，x 轴指向右，y 轴指向前，z 轴指向上，可建立恶臭气体三维非稳态平流扩散问题的数学模型如下。

微分方程

$$\frac{\partial C}{\partial t}=L_K(C)+L_U(C)-\left(W+k+k_{\mathrm{w}}\right)C+S \qquad (x,y,z)\in \boldsymbol{G},\quad t>0 \tag{3-62a}$$

$$L_K(C)=\frac{\partial}{\partial x}\left(K_x\frac{\partial C}{\partial x}\right)+\frac{\partial}{\partial y}\left(K_y\frac{\partial C}{\partial y}\right)+\frac{\partial}{\partial z}\left(K_z\frac{\partial C}{\partial z}\right) \tag{3-62b}$$

$$L_U(C)=-\frac{\partial u_x C}{\partial x}-\frac{\partial u_y C}{\partial y}-\frac{\partial u_z C}{\partial z} \tag{3-62c}$$

$$L_{KU}(C)=L_K(C)+L_U(C)=\frac{\partial}{\partial x}\left(K_x\frac{\partial C}{\partial x}-u_x C\right)+\frac{\partial}{\partial y}\left(K_y\frac{\partial C}{\partial y}-u_y C\right)+\frac{\partial}{\partial z}\left(K_z\frac{\partial C}{\partial z}-u_z C\right) \tag{3-62d}$$

初始条件

$$C(x,y,z,t)\big|_{t=0}=C_0(x,y,z)\qquad (x,y,z)\in \boldsymbol{G} \tag{3-63a}$$

第一类边界条件

$$C(x,y,z,t)\big|_{\Gamma_1}=C_1(x,y,z,t)\qquad (x,y,z)\in \boldsymbol{\Gamma}_1,\quad t>0 \tag{3-63b}$$

第二类边界条件

$$\left[K_x\frac{\partial C}{\partial x}\cos(n,x)+K_y\frac{\partial C}{\partial y}\cos(n,y)+K_z\frac{\partial C}{\partial z}\cos(n,z)\right]\Bigg|_{\Gamma_2}=f(x,y,z,t)\quad (x,y,z)\in \boldsymbol{\Gamma}_2,\ t>0 \tag{3-63c}$$

第三类边界条件

$$\left[\left(K_x\frac{\partial C}{\partial x}-u_x C\right)\cos(n,x)+\left(K_y\frac{\partial C}{\partial y}-u_y C\right)\cos(n,y)+\left(K_z\frac{\partial C}{\partial z}-u_z C\right)\cos(n,z)\right]\Bigg|_{\Gamma_3}=g(x,y,z,t)\qquad (x,y,z)\in \boldsymbol{\Gamma}_3,\ t>0 \tag{3-63d}$$

式中　$C(x, y, z, t)$——恶臭气体的浓度，μg/m³；

K_x，K_y，K_z——湍流扩散系数张量的主值，m²/s；

W——气体汇强度，为单位时间单位汇体积带走的气体体积（输入正值），m³/（m³ • s），其浓度等于 $C(x, y, z, t)$；

S——源汇项，为单位时间单位源体积排放的恶臭气体质量，μg/（m³ • s）；

k——一级化学反应常数，s⁻¹；

k_w——湿沉降中的清除系数，s⁻¹；

u_x，u_y，u_z——风速的坐标分量，m/s；

$C_0(x, y, z)$——给定研究域上的初始浓度，μg/m³；

$C_1(x, y, z, t)$——第一类边界 $\boldsymbol{\Gamma}_1$ 上给定的浓度，μg/m³；

$f(x, y, z, t)$——在第二类边界 $\boldsymbol{\Gamma}_2$ 上给定的湍流扩散通量，μg/（m² · s），为湍流扩散作用在单位时间垂直通过单位边界面积进入研究域的恶臭气体质量；

$g(x, y, z, t)$——在第三类边界 $\boldsymbol{\Gamma}_3$ 上给定的平流和湍流扩散通量之和，μg/（m² • s），为风速和湍流扩散共同作用下单位时间垂直通过单位边界面积进入研究域的恶臭气体质量；

$\cos(n, x)$，$\cos(n, y)$，$\cos(n, z)$——方向余弦；

G——空间研究域；

Γ——研究域的边界，$\Gamma_1+\Gamma_2+\Gamma_3=\Gamma$；

x，y，z——计算点的位置，m；

t——计算时间，s。

ModOrdor 中使用的度量单位如下：浓度 μg/m^3；长度 m；质量 μg；体积 m^3；时间 s。

3.4.2 求解恶臭气体三维大气扩散问题的有限差分法——稳态问题

恶臭气体三维稳态大气扩散问题的微分方程为

$$L_K(C)+L_U(C)-(W+k+k_{\text{w}})C+S=0 \qquad (x,y,z)\in \boldsymbol{G} \tag{3-64}$$

式中，L_K（C）和 L_U（C）见式（5-62b）和式（5-62c）。这一微分方程的边界条件同非稳态情况，见式（5-62）～式（5-63），但没有初始条件。

对微分方程式（5-64）进行差分，并将平流项和湍流扩散项的差分代入，得到

$$L_K\left(C_{i,j,l}\right)+L_U\left(C_{i,j,l}\right)-\left(W_{i,j,l}+k_{i,j,l}+k_{\text{w}i,j,l}\right)C_{i,j,l}+S_{i,j,l}=0 \tag{3-65}$$

这就是稳态差分方程。

假设 C 是问题的解，若 $C+a$ 也是问题的解，其中，a 是任意常数，则问题有无数个解，即原问题的解不是唯一的。对于非稳态问题，因初始条件是必需的，所以没有这一问题。对于稳态问题，这种情况就可能存在，需要在 ModOdor 中加以识别并避免。将 $C+a$ 代入稳态微分方程和边界条件中得

$$L_K(C)+L_U(C)-(k+k_{\text{w}})(C+a)+S=0 \tag{3-66a}$$

$$(C+a)\big|_{\Gamma_1}=C_1(x,y,z,t) \tag{3-66b}$$

$$\left[K_x\frac{\partial C}{\partial x}\cos(n,x)+K_y\frac{\partial C}{\partial y}\cos(n,y)+K_z\frac{\partial C}{\partial z}\cos(n,z)\right]\Bigg|_{\Gamma_2}=f \tag{3-66c}$$

$$\begin{aligned}&\left[\left(K_x\frac{\partial C}{\partial x}-u_x(C+a)\right)\cos(n,x)+\left(K_y\frac{\partial C}{\partial y}-u_y(C+a)\right)\cos(n,y)+\right.\\&\left.\left(K_z\frac{\partial C}{\partial z}-u_z(C+a)\right)\cos(n,z)\right]\Bigg|_{\Gamma_3}=g\end{aligned} \tag{3-66d}$$

由上述各式可知，必须同时满足下列各条件解才是不唯一的：

① 化学反应速率常数和清除系数之和等于零，即 $k+k_{\text{w}}=0$；

② 研究域上没有给定浓度边界条件，也没有给定浓度网格；

③ 研究域上没有第三类边界条件，即没有给定平流与扩散边界条件。

3.4.3 诊断风场模式及其有限差分法

观测-诊断风场是ModOdor确定实际风速场的最主要方法。在进行实际问题模拟时，用户都需要应用这种方法。观测-诊断风场方法中，风速场的基本信息来自风速观测站点上的风速观测值。以观测值为基础，通过插值法确定风速在观测层差分网格上的值，然后应用气象信息、下垫面条件、莫宁-奥布霍夫长度（Monin-Obukhov长度，简称莫奥长度）进行垂直方向上的风场诊断，确定垂直方向上的风速分布。最后应用拉格朗日乘数的有限差分法对风场进行诊断调整。这一方法体现了边界层理论所取得的最新进展。

3.4.3.1 诊断风场模式的计算顺序与所需资料

（1）计算顺序

诊断风场计算顺序如下：

① 输入风速的实测资料；

② 定义研究域的空间剖分网格；

③ 内插值法计算地表处水平风场；

④ 计算垂直风场分布，获得全研究域的原始插值风速场；

⑤ 求解调整风场的 λ 场；

⑥ 求解调整后的各剖分网格上的风速分布。

（2）剖分网格和观测资料

风速场诊断的研究域，空间网格剖分与气体扩散模拟的空间网格剖分情况一致，沿 x 方向剖分为 N_x 列（$i=1, 2, \cdots, N_x$），每列的长度为 dx；沿 y 方向剖分为 N_y 行（$j=1, 2, \cdots, N_y$），每行的宽度为 dy；沿 z 方向剖分为 N_z 层（$l=1, 2, \cdots, N_z$），每层的高度为 dz。

需要输入的参数如下：

① 风速观测点的位置（x, y, z）（水平坐标和高度）；

② 观测的风速 u、风速的方位角 α 和仰角 β；

③ 计算坐标系的 x 轴正向的方位角 ψ；

④ 气温 T；

⑤ 云量比 n（为云量遮蔽天空的比例，$n=0\sim1$；将天空分为10份，n=云量/10）；

⑥ 地表粗糙长度 z_0；

⑦ 当地的经度 η 和纬度 ϕ；

⑧ 计算日（月、日）和计算的北京时间；

⑨ 波文比 B_0。

3.4.3.2 原始风场的插值法计算

（1）风速的坐标变换

实际观测到的风速通常用矢量表示，包括风速的绝对值、风向的方位角和风向的仰角。计算中需要将它们转换到计算域的坐标系统中。已知风速矢量 $\boldsymbol{u}$、$\boldsymbol{\alpha}$、$\boldsymbol{\beta}$，求风速的坐标分量（u_x，u_y，u_z）的公式如下：

$$\theta=\frac{\pi}{2}-\beta \tag{3-67}$$

$$\varphi=\begin{cases}\alpha-\psi & \alpha\geqslant\psi\\ 2\pi+(\alpha-\psi) & \alpha<\psi\end{cases} \tag{3-68}$$

$$u_x=u\sin\theta\cos\varphi \tag{3-69a}$$

$$u_y=u\sin\theta\sin\varphi \tag{3-69b}$$

$$u_z=u\cos\theta \tag{3-69c}$$

式中　u——风速的绝对值，m/s；

α——风速的方位角（0～2 π）；

β——风速的仰角（0～± π/2）；

ψ——x 轴正向的方位角（0～2 π）；

u_x，u_y，u_z——风速的坐标分量，m/s。

已知风速的坐标分量（u_x，u_y，u_z），可以应用下面公式计算风速矢量 $\boldsymbol{u}$、$\boldsymbol{\alpha}$、$\boldsymbol{\beta}$:

$$u=\sqrt{u_x^2+u_y^2+u_z^2} \tag{3-70}$$

$$\beta=\frac{\pi}{2}-\arccos\left(\frac{u_z}{u}\right) \tag{3-71}$$

$$\theta=\arccos\left(\frac{u_x}{\sqrt{u_x^2+u_y^2}}\right) \tag{3-72}$$

$$\varphi=\begin{cases}\theta & u_y\geqslant 0\\ 2\pi-\theta & u_y<0\end{cases} \tag{3-73}$$

$$\alpha=\begin{cases}\psi+\varphi & \psi+\varphi\leqslant 2\pi\\ \psi+\varphi-2\pi & \psi+\varphi>2\pi\end{cases} \tag{3-74}$$

（2）插值法计算初始地面风场

根据观测资料，使用权重内插值法计算有限差分网格中落地层网格点上的风场。假设有 N 个风速观测站点，第 n 个观测点在第 k 时段内的平均风速分量为（u_{xn}, u_{yn}, u_{zn}），$n=1, 2, \cdots, N$。

Montero 以计算点到观测点距离平方的倒数为权重进行内差值，可得到观测站高度层（通常 10m）网格点上的风速值，公式如下：

$$u_{x0i,j}=\left(1-w_{i,j}\right)\frac{\sum_{n=1}^{N}\frac{u_{xn}}{r_{n,i,j}^{2}}}{\sum_{n=1}^{N}\frac{1}{r_{n,i,j}^{2}}}+w_{i,j}\frac{\sum_{n=1}^{N}\frac{u_{xn}}{\left|\Delta h_{n,i,j}\right|}}{\sum_{n=1}^{N}\frac{1}{\left|\Delta h_{n,i,j}\right|}} \tag{3-75a}$$

$$u_{y0i,j}=(1-w_{i,j})\frac{\sum_{n=1}^{N}\frac{u_{yn}}{r_{n,i,j}^{2}}}{\sum_{n=1}^{N}\frac{1}{r_{n,i,j}^{2}}}+w_{i,j}\frac{\sum_{n=1}^{N}\frac{u_{yn}}{\left|\Delta h_{n,i,j}\right|}}{\sum_{n=1}^{N}\frac{1}{\left|\Delta h_{n,i,j}\right|}} \tag{3-75b}$$

$$u_{z0i,j}=(1-w_{i,j})\frac{\sum_{n=1}^{N}\frac{u_{zn}}{r_{n,i,j}^{2}}}{\sum_{n=1}^{N}\frac{1}{r_{n,i,j}^{2}}}+w_{i,j}\frac{\sum_{n=1}^{N}\frac{u_{zn}}{\left|\Delta h_{n,i,j}\right|}}{\sum_{n=1}^{N}\frac{1}{\left|\Delta h_{n,i,j}\right|}} \tag{3-75c}$$

$$u_{0i,j}=\sqrt{u_{x0i,j}^{2}+u_{y0i,j}^{2}+u_{z0i,j}^{2}}\qquad i=1,2,\cdots,N_{x};\quad j=1,2,\cdots,N_{y} \tag{3-75d}$$

其中，

$$r_{n,i,j}=\sqrt{\left(x_{i,j}-x_{n}\right)^{2}+\left(y_{i,j}-y_{n}\right)^{2}} \tag{3-76a}$$

$$w_{i,j}=\frac{2}{\pi N}\sum_{n=1}^{N}\arctan\left(\frac{\left|\Delta h_{n,i,j}\right|}{r_{n,i,j}}\right) \tag{3-76b}$$

式中　$u_{0i,j}$，$u_{x0i,j}$，$u_{y0i,j}$，$u_{z0i,j}$——插值得到的观测站高度层风速绝对值和风速坐标分量，m/s，因之后还要据此进行风速场调整，所以称其为初始风速，用下标 0 表示；下标 i、j 为差分网格的列、行计数；

$r_{n,i,j}$——计算网格点（$x_{i,j}$，$y_{i,j}$）到第 n 个观测点（x_n，y_n）之间的水平距离，m；

$\left|\Delta h_{n,i,j}\right|$——计算点与观测点高度差的绝对值，m；

$w_{i,j}$——权重。

注意，在地形有起伏的情况下我们在差分网格中使用域外网格来模拟地形的变化。此时，观测站高度层是指距离地面为观测站高度、与地形起伏变化一致的一层，它不是差分网格的第 1 层，其层号随位置变化而变化。

Chino 给出了另一种将地形起伏考虑在内的权重插值法。插值函数不仅包括水平距离的影响，还将地形高度及计算网格点与观测点之间障碍物高度的影响考虑在内。具体算法如下：

$$u_{x0i,j}=\frac{\sum_{n=1}^{N}u_{xn}W_{n}}{\sum_{n=1}^{N}W_{n}} \tag{3-77a}$$

$$u_{y0i,j}=\frac{\sum_{n=1}^{N}u_{yn}W_n}{\sum_{n=1}^{N}W_n} \tag{3-77b}$$

$$u_{z0i,j}=\frac{\sum_{n=1}^{N}u_{zn}W_n}{\sum_{n=1}^{N}W_n} \tag{3-77c}$$

其中，$i=1, 2, \cdots, N_x$；$j=1, 2, \cdots, N_y$；$r_{n,i,j}$ 与 $u_{0i,j}$ 算法同式（3-76a）、式（3-75d），权重函数的算法如下：

$$W_n=W\left(r_{n,i,j}\right)W\left(h_{n,i,j}\right)W\left(h_{bn,i,j}\right) \tag{3-78a}$$

$$W\left(r_{n,i,j}\right)=\exp\left(-\alpha r_{n,i,j}^2\right) \tag{3-78b}$$

$$W\left(h_{bn,i,j}\right)=\exp\left(-\gamma h_{bn,i,j}^2\right) \tag{3-78c}$$

当观测点高于计算网格点时：

$$W\left(h_{n,i,j}\right)=\exp\left[-\beta\left(\frac{h_{n,i,j}}{h_{s,n}-h_{g,i,j}}\right)^4\right] \tag{3-78d}$$

当观测点低于计算网格点时：

$$W\left(h_{n,i,j}\right)=\exp\left(-r_{n,i,j}h_{n,i,j}^2\right) \tag{3-78e}$$

式中 $W(r_{n,i,j})$——计算网格点（$x_{i,j}$，$y_{i,j}$）到第 n 个观测点（x_n，y_n）之间水平距离 $r_{n,i,j}$ 的权重函数；

$W(h_{n,i,j})$——计算网格点（$x_{i,j}$，$y_{i,j}$）到第 n 个观测点（x_n，y_n）之间垂直距离 $h_{n,i,j}$ 的权重函数；

$W(h_{bn,i,j})$——计算网格点（$x_{i,j}$，$y_{i,j}$）到第 n 个观测点（x_n，y_n）之间障碍物高度 $h_{bn,i,j}$ 的权重函数；

$r_{n,i,j}$——计算网格点（$x_{i,j}$，$y_{i,j}$）到第 n 个观测点（x_n，y_n）之间的水平距离，m；

$h_{n,i,j}$——计算网格点（$x_{i,j}$，$y_{i,j}$）到第 n 个观测点（x_n，y_n）之间的垂直距离，m；

$h_{bn,i,j}$——计算网格点（$x_{i,j}$，$y_{i,j}$）到第 n 个观测点（x_n，y_n）之间最高障碍物的高度，m；

$h_{s,n}$——第 n 个观测点（x_n，y_n）的绝对高度，m；

$h_{g,i,j}$——计算网格点（$x_{i,j}$，$y_{i,j}$）所在位置的地形高度，m；

α，β，γ——计算参数，α 推荐取 0.1。

（3）垂直方向初始风场的计算

通过插值法得到地面层的风场后，可以进一步求得各计算点在垂直方向不同高度上的风速和风向。

首先根据研究域的地理位置和模拟时间计算太阳净辐射量 R_{n} 和地面热通量 H；然后

利用迭代法计算摩擦风速 u^*和代表大气稳定度的莫宁-奥布霍夫长度（简称莫奥长度）L；然后根据摩擦风速和莫奥长度求解各计算点的大气边界层高度 z_{plb} 和地面层高度 z_{sl}；最后根据计算点所处的大气层位置计算出不同垂直高度上的风速。

第一步：计算净辐射量 R_n 和地面热通量 H。

① 太阳高度角 φ 的计算

太阳高度角 φ 的计算公式为：

$$\varphi = \arcsin\left[\sin\left(\pi\frac{\phi}{180}\right)\sin\delta + \cos\left(\pi\frac{\phi}{180}\right)\cos\delta\cos\left(\pi\frac{15t+\eta-300}{180}\right)\right]\frac{180}{\pi} \tag{3-79a}$$

$$\begin{aligned}\delta = &0.006918 - 0.39912\cos\theta_0 + 0.070257\sin\theta_0 - 0.006758\cos 2\theta_0 \\ &+0.000907\sin 2\theta_0 - 0.002697\cos 3\theta_0 + 0.001480\sin 3\theta_0\end{aligned} \tag{3-79b}$$

$$\theta_0 = \frac{360d_n}{365}\times\frac{\pi}{180} = \frac{2\pi d_n}{365} \tag{3-79c}$$

式中　φ——太阳高度角，（°）；

δ——太阳倾角，（°）；

d_n——计算日在一年中的日期序数（1, 2, …, 365）；

ϕ——当地的纬度，（°）；

η——当地的经度，（°）；

t——北京时间，h。

如果太阳高度角 $\varphi \geqslant 0$，需进行净辐射量 R_n、地面热通量 H、对流边界层中摩擦风速 u^*和莫奥长度 L 计算；如果太阳高度角 $\varphi < 0$，直接进行第二步中稳定边界层中摩擦风速 u^*和莫奥长度 L 计算。之后的第三步与第四步算法一样。

② 净辐射量 R_n 的计算

在比云量为 n 的情况下净辐射量 R_n 为：

$$R_n = \frac{[1-r(\varphi)]R + c_1T^6 - \sigma_{SB}T^4 + c_2 n}{1.12} \tag{3-80a}$$

其中，

$$R = R_0\left(1-0.75n^{3.4}\right) \tag{3-80b}$$

$$R_0 = 990\sin\varphi - 30 \tag{3-80c}$$

$$r(\varphi) = a + (1-a)\exp(-0.1\varphi + b) \tag{3-80d}$$

$$b = -0.5\times(1-a)^2 \tag{3-80e}$$

式中　R_n——比云量为 n 时的净辐射量，W/m^2；

n——比云量，$n = 0 \sim 1$；

R——比云量为 n 时的太阳辐射量，W/m^2；

R_0——晴空下的太阳辐射量，W/m^2；

c_1——热传递系数，$W/(m^2 \cdot K^6)$，取值 5.31×10^{-13}；

c_2——热传递系数，W/m^2 取值 60；

σ_{SB}——Stefin Boltzman 常数，取值 5.67×10^{-8} W/（$m^2\cdot K^4$）；

T——在监测站点高度上测得的环境温度，K；

φ——太阳高度角，（°）；

$r(\varphi)$——太阳高度角为 φ 时的地表反照率，取值范围 0 ~ 1；

a——地表反照率典型值，取值范围 0 ~ 1。

③ 地面热通量 H 的计算

根据净辐射量 R_n 和波文比 B_0 求地面热通量 H:

$$H=\frac{0.9R_n}{1+1/B_0} \tag{3-81}$$

式中 B_0——波文比，是显热通量（又称感热通量）与潜热通量的比值。

第二步：摩擦风速 $\boldsymbol{u}^*$和莫宁-奥布霍夫长度 L 的计算。

① 在对流边界层（白天情况）使用迭代法求解摩擦风速 $\boldsymbol{u}^*$（u_x^*, u_y^*, u_z^*）和莫奥长度 L，公式如下:

$$u^*=\frac{\kappa u_0(z_1)}{\ln\frac{z_1}{z_0}-\psi_m\frac{z_1}{L}+\psi_m\frac{z_0}{L}} \tag{3-82}$$

$$u_i^*=\frac{u_{i0}(z_1)}{u_0(z_1)}u^* \tag{3-83}$$

$$L=-\frac{\rho c_p T u^{*3}}{\kappa g H} \tag{3-84}$$

其中，

$$\psi_m\frac{z_1}{L}=2\ln\frac{1+x_1}{2}+\ln\frac{1+x_1^2}{2}-2\arctan x_1+\frac{\pi}{2} \tag{3-85a}$$

$$\psi_m\frac{z_0}{L}=2\ln\frac{1+x_0}{2}+\ln\frac{1+x_0^2}{2}-2\arctan x_0+\frac{\pi}{2} \tag{3-85b}$$

$$x_1=\left(1-\frac{16z_1}{L}\right)^{1/4} \tag{3-86a}$$

$$x_0=\left(1-\frac{16z_0}{L}\right)^{1/4} \tag{3-86b}$$

式中 u^*，u_i^*——计算点的摩擦风速绝对值和摩擦风速分量，m/s，$i=x$，y，z；

$u_0(z_1)$，u_{i0}（z_1）——初始风场的风速绝对值和风速坐标分量，m/s，$i=x$，y，z；

L——莫奥长度，m；

c_p——定压比热容，c_p= 1004 J/（g · K）；

z_1——观测站高度，m；

κ——卡曼常数，常取 0.4；

z_0——地表粗糙长度，m；

ρ——空气密度，kg/m^3，取 1.20kg/m^3；

T——观测站点温度，K；

g——重力加速度，9.8m/s^2；

H——地表潜热通量，kW/m^2；

$\psi_{\rm m}$——稳定度函数。

② 稳定边界层（太阳高度角 $\varphi \leqslant 0$，如夜间存在逆温，大气边界层处于逆温条件下）引入温度尺度参数θ^*计算摩擦风速 $\boldsymbol{u}^*$（u_x^*，u_y^*，u_z^*）和莫奥长度 L，公式如下：

$$\theta^* = 0.09\times\left(1-0.5n^2\right) \tag{3-87}$$

令 $\theta^* = -H/(\rho c_p u^*)$

$$L = -\frac{\rho c_p T u^{*3}}{\kappa g H} = \frac{T u^{*2}}{\kappa g \theta^*} \tag{3-88}$$

令

$$C_{\rm D} = \frac{\kappa}{\ln\left(z_1/z_0\right)} \tag{3-89a}$$

$$w = \frac{5 z_1 g \theta^*}{T} \tag{3-89b}$$

可得

$$u^* = \frac{C_D u_0\left(z_1\right)}{2}\left[-1+\sqrt{1+\frac{4w}{C_D u_0^2\left(z_1\right)}}\right] \tag{3-90}$$

$$u_i^* = \frac{u_{i0}\left(z_1\right)}{u_0\left(z_1\right)}u^* \tag{3-91}$$

式中　θ^*——温度尺度参数；

n——比云量；

u^*，u_i^*——计算点的摩擦风速绝对值和摩擦风速分量，m/s，$i=x$，y，z；

z——计算点的高度，m；

$u_0(z_1)$，$u_{i0}(z_1)$——初始风场的风速绝对值和风速坐标分量，m/s，$i=x$，y，z；

L——莫奥长度，m；

c_p——定压比热容，$c_p=1004$ J/（g・K）；

z_1——观测站高度，m；

κ——卡曼常数，常取 0.4；

z_0——地表粗糙长度，m；

ρ——空气密度，kg/m^3，取 1.20kg/m^3；

T——观测站点温度，K；

g——重力加速度，9.8m/s^2；

H——地表潜热通量，kW/m^2。

第三步：计算大气边界层高度 $z_{\rm pbl}$ 和地面层高度 $z_{\rm sl}$。

大气边界层高度 z_{pbl} 与大气稳定条件（用莫奥长度 L 度量）有关。

在稳定条件下（$L>0$）

$$z_{pbl}=0.4\sqrt{\frac{u^*}{f}L} \qquad L>0 \tag{3-92a}$$

在非稳定条件下（$L<0$）

$$z_{pbl}=0.3\frac{u^*}{f} \qquad L<0 \tag{3-92b}$$

式中 u^*——摩擦风速绝对值，m/s；

f ——科里奥利频率，$f=2\Omega\sin\frac{\phi\pi}{180}$[$\phi$ 为当地的纬度，（°）；Ω 为地转速度，$\Omega=7.2921\times10^{-5}$rad/s]。

第四步：计算不同高度的风速。

风速在不同高度上的变化从地表向上分为三个带：第一带从地表到等于粗糙长度的高度带（$z<7z_0$）；第二带从第一带上边界起到大气边界层（$7z_0 \leqslant z \leqslant z_{pbl}$）；第三带为大气边界层高度以上带。

当 $z<7z_0$ 时，

$$u_i(z)=u_i(7z_0)\frac{z}{7z_0} \tag{3-93a}$$

当 $7z_0 \leqslant z \leqslant z_{pbl}$ 时，

$$u_i(z)=\frac{u_i^*}{\kappa}\left(\ln\frac{z}{z_0}-\psi_m\frac{z}{L}+\psi_m\frac{z_0}{L}\right) \tag{3-93b}$$

当 $z_{pbl}<z$ 时，

$$u_i(z)=u_i z_{plb} \tag{3-93c}$$

其中，稳定度函数 ψ_m 的表达式，当 $z/L<0$ 时见式（3-85）；当 $z/L>0$ 时为

$$\psi_m\left(\frac{z}{L}\right)=-17\left[1-\exp\left(-0.29\frac{z}{L}\right)\right] \tag{3-94a}$$

$$\psi_m\left(\frac{z_0}{L}\right)=-17\left[1-\exp\left(-0.29\frac{z_0}{L}\right)\right] \tag{3-94b}$$

式中 $u_i(z)$——计算点的风速分量，m/s，$i=x，y，z$；

u^*——计算点的摩擦风速绝对值，m/s；

$u_i^*(z)$——计算点的摩擦风速分量，m/s，$i=x，y，z$；

z——计算点的高度，m；

z_0——地表粗糙长度，m；

κ——卡曼常数，常取 0.4；

L——莫奥长度，m。

3.4.3.3　变分法风场调整的控制方程

变分方法的原理是使调整后的风场和初始（观测内插）风场之差最小，同时还满足流场质量守恒的约束。假设风流是不可压缩的，则风速应满足如下的连续性方程：

$$\frac{\partial u_x}{\partial x}+\frac{\partial u_y}{\partial y}+\frac{\partial u_z}{\partial z}=0 \tag{3-95}$$

调整后的风速与初始风速的平方差在研究域上的积分可表示为：

$$I\left(u_x,u_y,u_z\right)=\int_G\left[\alpha_1^2\left(u_x-u_{x0}\right)^2+\alpha_1^2\left(u_y-u_{y0}\right)^2+\alpha_2^2\left(u_z-u_{z0}\right)^2\right]\mathrm{d}x\mathrm{d}y\mathrm{d}z \tag{3-96}$$

为使三维风场的调整量最小，必须使函数 I 取得最小值。式中，（u_x，u_y，u_z）为调整后的风速分量；（u_{x0}，u_{y0}，u_{z0}）为插值法得到的原始风速分量；α_i 为高斯精度模数，$\alpha_i=\sigma_i^2/2$（σ_i 为水平和垂直风场观测误差的方差，σ_i 与风场的稳定度有关，在很多文献中都取常数）；$\alpha_1=0.25$；$\alpha_2=1-2\alpha_1=0.5$。

求函数 I 取得最小值的速度场 $\boldsymbol{u}$（u_x, u_y, u_z）等价于求下面拉格朗日方程的最小值点。

$$E\left(u_x,u_y,u_z,\lambda\right)=\min I\left(u_x,u_y,u_z\right)+\int_G\left[\lambda\left(\frac{\partial u_x}{\partial x}+\frac{\partial u_y}{\partial y}+\frac{\partial u_z}{\partial z}\right)\right]\mathrm{d}x\mathrm{d}y\mathrm{d}z \tag{3-97}$$

式中　λ——拉格朗日乘数，m^2/s。

这里引入拉格朗日乘数法来求式（3-97）的最小值。要使方程取得最小值，必须满足如下的欧拉-拉格朗日方程。

$$u_x=u_{x0}+T_{\mathrm{h}}\frac{\partial\lambda}{\partial x} \tag{3-98a}$$

$$u_y=u_{y0}+T_{\mathrm{h}}\frac{\partial\lambda}{\partial y} \tag{3-98b}$$

$$u_z=u_{z0}+T_{\mathrm{v}}\frac{\partial\lambda}{\partial z} \tag{3-98c}$$

式中，

$$T_{\mathrm{h}}=\frac{1}{2\alpha_1^2} \tag{3-99a}$$

$$T_{\mathrm{v}}=\frac{1}{2\alpha_2^2} \tag{3-99b}$$

将式（3-98）代入连续性方程式（3-95）中得到问题的微分方程为：

$$\frac{\partial^2\lambda}{\partial x^2}+\frac{\partial^2\lambda}{\partial y^2}+\frac{T_{\mathrm{v}}}{T_{\mathrm{h}}}\times\frac{\partial^2\lambda}{\partial z^2}=-\frac{1}{T_{\mathrm{h}}}\left(\frac{\partial u_{x0}}{\partial x}+\frac{\partial u_{y0}}{\partial y}+\frac{\partial u_{z0}}{\partial z}\right)\quad (x,y,z)\in\boldsymbol{G} \tag{3-100}$$

这一方程的求解需要边界条件。边界条件有两种：一种是第一类（Dirichlet）边界条件，即给定 λ 边界条件，对应于开放边界（风可流入流出研究域，如四周边界）；另一种是第二类（Neumann）边界条件，即流量边界，对于关闭边界（没有风流通过边界流入流出，如地面边界），流量为零。边界条件表示如下：

对于开放边界

$$\lambda(x,y,z)\big|_{\Gamma_1}=0 \quad (x,y,z)\in\boldsymbol{\Gamma}_1 \tag{3-101a}$$

对于关闭边界

$$\left[\left(T_{\text{h}}\frac{\partial\lambda}{\partial x}+u_{x0}\right)\cos(n,x)+\left(T_{\text{h}}\frac{\partial\lambda}{\partial y}+u_{y0}\right)\cos(n,y)+\left(T_{\text{v}}\frac{\partial\lambda}{\partial z}+u_{z0}\right)\cos(n,z)\right]\Bigg|_{\Gamma_2}=0 \quad (x,y,z)\in\boldsymbol{\Gamma}_2 \tag{3-101b}$$

式中　$\boldsymbol{\Gamma}_1$、$\boldsymbol{\Gamma}_2$——第一类、第二类边界。

应用数值方法求解式（3-100）和式（3-101）可得到$\lambda(x,y,z)$，代入式（3-98）即可得到调整后的风场（u_x, u_y, u_z）。

为了书写方便起见，将式（3-101a）改写为：

$$\frac{\partial^2\lambda}{\partial x^2}+\frac{\partial^2\lambda}{\partial y^2}+a\frac{\partial^2\lambda}{\partial z^2}=F \tag{3-102a}$$

其中，

$$a=T_{\text{v}}/T_{\text{h}} \tag{3-102b}$$

$$F=-\frac{1}{T_{\text{h}}}\times\left(\frac{\partial u_{x0}}{\partial x}+\frac{\partial u_{y0}}{\partial y}+\frac{\partial u_{z0}}{\partial z}\right) \tag{3-102c}$$

式（3-101b）变为：

$$\left[\left(\frac{\partial\lambda}{\partial x}+\frac{u_{x0}}{T_{\text{h}}}\right)\cos(n,x)+\left(\frac{\partial\lambda}{\partial y}+\frac{u_{y0}}{T_{\text{h}}}\right)\cos(n,y)+\left(a\frac{\partial\lambda}{\partial z}+\frac{u_{z0}}{T_{\text{h}}}\right)\cos(n,z)\right]\Bigg|_{\Gamma_2}=0 \tag{3-103}$$

3.4.3.4　风速场的调整结果

求解有限差分方程式（3-97）可得到研究域各网格上的λ值。应用式（3-98）可得到调整后各网格上的风速。

（1）u_x的计算

式（3-98a）的差分可表示为：

$$u_{xi,j,l}=u_{x0i,j,l}+\frac{T_{\text{h}}}{\Delta x_i}\left(\lambda_{i+\frac{1}{2},j,l}-\lambda_{i-\frac{1}{2},j,l}\right) \tag{3-104}$$

若i+1网格为计算网格，则有

$$\lambda_{i+\frac{1}{2},j,l}=\frac{\lambda_{i,j,l}\Delta x_{i+1}+\lambda_{i+1,j,l}\Delta x_i}{\Delta x_{i+1}+\Delta x_i} \tag{3-105a}$$

若$i+\frac{1}{2}$边是第一类边界边，则有

$$\lambda_{i+\frac{1}{2},j,l}=0 \tag{3-105b}$$

若$i+\frac{1}{2}$边是第二类边界边，由式（3-101b）可知

$$\left(T_{\mathrm{h}}\frac{\partial\lambda}{\partial x}+u_{x0}\right)_{i+\frac{1}{2},j,l}=0 \tag{3-105c}$$

即

$$\left.\frac{\partial\lambda}{\partial x}\right|_{i+\frac{1}{2},j,l}=2\frac{\lambda_{i+\frac{1}{2},j,l}-\lambda_{i,j,l}}{\Delta x_i}=-\frac{u_{x0i+\frac{1}{2},j,l}}{T_{\mathrm{h}}} \tag{3-106}$$

可知

$$\lambda_{i+\frac{1}{2},j,l}=\lambda_{i,j,l}-\frac{u_{x0i+\frac{1}{2},j,l}\Delta x_i}{2T_{\mathrm{h}}} \tag{3-107}$$

若$i-1$网格为计算网格，则有

$$\lambda_{i-\frac{1}{2},j,l}=\frac{\lambda_{i,j,l}\Delta x_{i-1}+\lambda_{i-1,j,l}\Delta x_i}{\Delta x_{i-1}+\Delta x_i} \tag{3-108a}$$

若$i-\frac{1}{2}$边是第一类边界边，则有

$$\lambda_{i-\frac{1}{2},j,l}=0 \tag{3-108b}$$

若$i-\frac{1}{2}$边是第二类边界边，由式（3-101b）可知

$$\left(T_{\mathrm{h}}\frac{\partial\lambda}{\partial x}+u_{x0}\right)_{i-\frac{1}{2},j,l}=0 \tag{3-108c}$$

即

$$\left.\frac{\partial\lambda}{\partial x}\right|_{i-\frac{1}{2},j,l}=-\frac{u_{x0i-\frac{1}{2},j,l}}{T_{\mathrm{h}}} \tag{3-109}$$

可知

$$\lambda_{i-\frac{1}{2},j,l}=\lambda_{i,j,l}+\frac{u_{x0i-\frac{1}{2},j,l}\Delta x_i}{2T_{\mathrm{h}}} \tag{3-110}$$

（2）u_y的计算

式（3-98b）的差分可表示为

$$u_{yi,j,l}=u_{y0i,j,l}+\frac{T_h}{\Delta y_j}\left(\lambda_{i,j+\frac{1}{2},l}-\lambda_{i,j-\frac{1}{2},l}\right) \tag{3-111}$$

若j+1 网格为计算网格，则有

$$\lambda_{i,j+\frac{1}{2},l}=\frac{\lambda_{i,j,l}\Delta y_{j+1}+\lambda_{i,j+1,l}\Delta y_j}{\Delta y_{j+1}+\Delta y_j} \tag{3-112a}$$

若$j+\frac{1}{2}$边是第一类边界边，则有

$$\lambda_{i,j+\frac{1}{2},l}=0 \tag{3-112b}$$

若$j+\frac{1}{2}$边是第二类边界边，由式（3-101b）可知

$$\left(T_h\frac{\partial\lambda}{\partial y}+u_{y0}\right)_{i,j+\frac{1}{2},l}=0 \tag{3-112c}$$

即

$$\left.\frac{\partial\lambda}{\partial y}\right|_{i,j+\frac{1}{2},l}=2\frac{\lambda_{i,j+\frac{1}{2},l}-\lambda_{i,j,l}}{\Delta y_j}=-\frac{u_{y0i,j+\frac{1}{2},l}}{T_h} \tag{3-113}$$

可知

$$\lambda_{i,j+\frac{1}{2},l}=\lambda_{i,j,l}-\frac{u_{y0i,j+\frac{1}{2},l}\Delta y_j}{2T_h} \tag{3-114}$$

若$j-1$网格为计算网格，则有

$$\lambda_{i,j-\frac{1}{2},l}=\frac{\lambda_{i,j,l}\Delta y_{j-1}+\lambda_{i,j-1,l}\Delta y_j}{\Delta y_{j-1}+\Delta y_j} \tag{3-115a}$$

若$j-\frac{1}{2}$边是第一类边界边，则有

$$\lambda_{i,j-\frac{1}{2},l}=0 \tag{3-115b}$$

若$j-\frac{1}{2}$边是第二类边界边，由式（3-101b）可知

$$\left(T_h\frac{\partial\lambda}{\partial y}+u_{y0}\right)_{i,j-\frac{1}{2},l}=0 \tag{3-115c}$$

即

$$\left.\frac{\partial\lambda}{\partial y}\right|_{i,j-\frac{1}{2},l}=-\frac{u_{y0i,j-\frac{1}{2},l}}{T_h} \tag{3-116}$$

可知

$$\lambda_{i,j-\frac{1}{2},l}=\lambda_{i,j,l}+\frac{u_{y0i,j-\frac{1}{2},l}\Delta y_j}{2T_{\mathrm{h}}} \tag{3-117}$$

（3）u_z的计算

式（3-98c）的差分为

$$u_{zi,j,l}=u_{z0i,j,l}+\frac{T_{\mathrm{v}}}{\Delta z_l}\left(\lambda_{i,j,l+\frac{1}{2}}-\lambda_{i,j,l-\frac{1}{2}}\right) \tag{3-118}$$

若 $l+1$ 网格为计算网格，则有

$$\lambda_{i,j,l+\frac{1}{2}}=\frac{\lambda_{i,j,l}\Delta z_{l+1}+\lambda_{i,j,l+1}\Delta z_l}{\Delta z_{l+1}+\Delta z_l} \tag{3-119a}$$

若 $l+\frac{1}{2}$ 边是第一类边界边，则有

$$\lambda_{i,j,l+\frac{1}{2}}=0 \tag{3-119b}$$

若 $l+\frac{1}{2}$ 边是第二类边界边，由式（3-101b）可知

$$\left(T_{\mathrm{v}}\frac{\partial\lambda}{\partial z}+u_{z0}\right)_{i,j,l+\frac{1}{2}}=0 \tag{3-119c}$$

即

$$\left.\frac{\partial\lambda}{\partial z}\right|_{i,j,l+\frac{1}{2}}=2\frac{\lambda_{i,j,l+\frac{1}{2}}-\lambda_{i,j,l}}{\Delta z_l}=-\frac{u_{z0i,j,l+\frac{1}{2}}}{T_{\mathrm{v}}} \tag{3-120}$$

可知

$$\lambda_{i,j,l+\frac{1}{2}}=\lambda_{i,j,l}-\frac{u_{z0i,j,l+\frac{1}{2}}\Delta z_l}{2T_{\mathrm{v}}} \tag{3-121}$$

若 $l-1$ 网格为计算网格，则有

$$\lambda_{i,j,l-\frac{1}{2}}=\frac{\lambda_{i,j,l}\Delta z_{l-1}+\lambda_{i,j,l-1}\Delta z_l}{\Delta z_{l-1}+\Delta z_l} \tag{3-122a}$$

若 $l-\frac{1}{2}$ 边是第一类边界边，则有

$$\lambda_{i,j,l-\frac{1}{2}}=0 \tag{3-122b}$$

若 $l-\frac{1}{2}$ 边是第二类边界边，由式（3-101b）可知

$$\left(T_{\mathrm{v}}\frac{\partial\lambda}{\partial z}+u_{z0}\right)_{i,j,l-\frac{1}{2}}=0 \tag{3-122c}$$

即

$$\left.\frac{\partial\lambda}{\partial z}\right|_{i,j,l-\frac{1}{2}}=-\frac{u_{z0i,j,l-\frac{1}{2}}}{T_{\mathrm{v}}} \tag{3-123}$$

可知

$$\lambda_{i,j,l-\frac{1}{2}}=\lambda_{i,j,l}+\frac{u_{z0i,j,l-\frac{1}{2}}\Delta z_{l}}{2T_{\mathrm{v}}} \tag{3-124}$$

3.4.3.5 地表特征参数参考值

美国 EPA 设计了 AERSURFACE 工具作为 AERMET 的输入值，旨在帮助用户获得符合实际情况的地表特征值参数，地表特征值包括地表粗糙长度 z_0、波文比 B_0 和地表反照率 a。AERSURFACE 根据已有的土地覆盖数据，提供了不同土地覆盖类型和季节分类的地表特征参数表。ModOdor 采用 AERSURFACE 中使用的地表粗糙长度 z_0、波文比 B_0 和地表反照率 a 参数表作为缺省参数参考值供用户使用。

（1）地表粗糙长度 z_0 参考值

粗糙长度是指在边界层大气中，近地层风速向下递减到零时的高度。在大气边界层中，粗糙长度通常为植被覆盖高度的 1/7～1/8，或约等于地表粗糙元真实高度的 1/10。粗糙长度包括地形粗糙长度（topographic roughness length）和地表粗糙长度（surface roughness length）两种，风场计算中用到的是地表粗糙长度。地表粗糙长度是由地表植被、水体、建筑等不同下垫面的粗糙度差异形成的。

国标《建筑结构荷载规范》中将地表粗糙度分为 A、B、C、D 四类：A 类指近海海面和海岛、海岸、湖岸及沙漠地区；B 类指田野、乡村、丛林、丘陵以及房屋比较稀疏的乡镇；C 类指有密集建筑群的城市市区；D 类指有密集建筑群且房屋较高的城市市区。由于此规范没有给出粗糙度的具体数值，不便使用。

粗糙长度的估算方法包括拟合风速垂直变化的对数廓线法和土地类型划分法等。土地类型划分法因直观简便而得到较多的应用。土地类型划分法从 1953 年开始用于土地粗糙度的评价。表 3-1 给出了地形特征分类与地表粗糙长度 z_0 参考值。

表 3-1 地形特征分类与地表粗糙长度 z_0 参考值

序号	类别	不同季节[①]地表粗糙长度/m				
		1	2	3	4	5
1	水面	0.001	0.001	0.001	0.001	0.001
2	常年积雪	0.002	0.002	0.002	0.002	0.002
3	低密度住宅区[②]	0.40	0.40	0.30	0.30	0.40
4	高密度住宅区	1	1	1	1	1

续表

序号	类别	不同季节①地表粗糙长度/m				
		1	2	3	4	5
5	商业/工业/交通区（机场区域）③	0.07	0.07	0.07	0.07	0.07
6	商业/工业/交通区（非机场）③	0.7	0.7	0.7	0.7	0.7
7	岩石/沙/黏土（干旱地区）	0.05	0.05	0.05	NA	0.05
8	岩石/沙/黏土（非干旱地区）	0.05	0.05	0.05	0.05	0.05
9	采石场/条矿山/砾石④	0.3	0.3	0.3	0.3	0.3
10	过渡⑤	0.2	0.2	0.2	0.2	0.2
11	落叶林	1.3	1.3	0.6	0.5	1
12	针叶林	1.3	1.3	1.3	1.3	1.3
13	混合森林⑥	1.3	1.3	0.9	0.8	1.1
14	灌木丛（干旱地区）⑦	0.15	0.15	0.15	NA	0.15
15	灌木丛（非干旱地区）	0.3	0.3	0.3	0.15	0.3
16	果园/葡萄园	0.3	0.3	0.1	0.05	0.2
17	草地/草本植物	0.1	0.1	0.014	0.005	0.05
18	牧场/干草	0.15	0.15	0.02	0.01	0.03
19	行栽作物	0.2	0.2	0.02	0.01	0.03
20	小粒谷类作物	0.15	0.15	0.02	0.01	0.03
21	休耕地⑧	0.05	0.05	0.02	0.01	0.02
22	城市/娱乐草坪	0.02	0.015	0.01	0.005	0.015
23	木本湿地⑨	0.5	0.5	0.4	0.3	0.5
24	草本湿地	0.2	0.2	0.2	0.1	0.2

① 季节分类：1.夏季，6～8月；2.秋季，9～11月；3.无雪冬季，12月、1月、2月；4.冬季有连续冰雪覆盖，12月、1月、2月；5.初春，3～5月。

② 假设“低密度住宅区”是由50%的“低密度住宅区”、25%“混合森林”和25%“城市/娱乐草坪”组成。

③ 假设机场区域由90%“过渡”和10%“商业/工业”类型覆盖。非机场区域由10%“过渡”和90%“商业/工业”类型覆盖。“过渡”类型的粗糙长度近似于“岩石/沙/黏土”类型，“商业/工业”类型的粗糙长度近似于“高密度住宅区”类型。

④ 根据地面主要覆盖物的表面性质估算。

⑤ 反映地面混合覆盖情况的类型估算。

⑥ 假设“混合森林”中“针叶林”和“落叶林”各占一半。

⑦ 假设干旱地区灌木丛的植物量按非干旱地区的50%计。

⑧ 季节1、2根据“岩石/沙/黏土”类型确定，季节3、4、5根据“牧场/干草”“行栽作物”“小粒谷类作物”类型确定。季节5和季节3的植被数量相当，地表粗糙长度相同。

⑨ 假设“木本湿地”由50%“混合森林”和50%“草本湿地”组成。

注：NA表示不适用。

(2)波文比参考值

波文比（B_0）是显热通量（又称感热通量）与潜热通量的比值，即水面和空气间的湍流交换热量与自由水面向空气中蒸发水汽的耗热量之比。波文比通常是随时间和各地天气及下垫面情况的变化而变化，潮湿地面的大部分能量用于蒸发，B_0较小；干燥地面的大部分能量以显热通量的方式进入大气，B_0较大。$B_0 > 5$为干旱地区；$0.4 \leqslant B_0 \leqslant 5$为半湿润半干旱地区；$B_0 < 0.4$ 为湿润地区。波文比的典型量值为：半干旱区域 5，草原和森林 0.5，水浇果园或草地 0.2，海面 0.1，绿洲可能为负值。表 3-2 给出了地形特征分类与 B_0 参考值。

表 3-2　地形特征分类与不同季节波文比参考值

序号	类别	不同季节①波文比（平均）					不同季节①波文比（湿润条件）					不同季节①波文比（干燥条件）				
		1	2	3	4②	5	1	2	3	4②	5	1	2	3	4②	5
1	水面	0.1	0.1	0.1	0.1	0.1	0.1	0.1	0.1	0.1	0.1	0.1	0.1	0.1	0.1	0.1
2	常年积雪	0.5	0.5	0.5	0.5	0.5	0.5	0.5	0.5	0.5	0.5	0.5	0.5	0.5	0.5	0.5
3	低密度住宅区	0.8	1	1	0.5	0.8	0.6	0.6	0.6	0.5	0.6	2	2.5	2.5	0.5	2
4	高密度住宅区	1.5	1.5	1.5	0.5	1.5	1	1	1	0.5	1	3	3	3	0.5	3
5	商业/工业/交通区（机场区域）	1.5	1.5	1.5	0.5	1.5	1	1	1	0.5	1	3	3	3	0.5	3
6	商业/工业/交通区（非机场）	1.5	1.5	1.5	0.5	1.5	1	1	1	0.5	1	3	3	3	0.5	3
7	岩石/沙/黏土（干旱地区）	4	6	6	NA	3	1.5	2	2	NA	1	6	10	10	NA	5
8	岩石/沙/黏土（非干旱地区）	1.5	1.5	1.5	0.5	1.5	1	1	1	0.5	1	3	3	3	0.5	3
9	采石场/条矿山/砾石	1.5	1.5	1.5	0.5	1.5	1	1	1	0.5	1	3	3	3	0.5	3
10	过渡③	1	1	1	0.5	1	0.7	0.7	0.7	0.5	0.7	2	2	2	0.5	2
11	落叶林	0.3	1	1	0.5	0.7	0.2	0.4	0.4	0.5	0.3	0.6	2	2	0.5	1.5
12	针叶林	0.3	0.8	0.8	0.5	0.7	0.2	0.3	0.3	0.5	0.3	0.6	1.5	1.5	0.5	1.5
13	混合森林④	0.3	0.9	0.9	0.5	0.7	0.2	0.35	0.35	0.5	0.3	0.6	1.75	1.75	0.5	1.5
14	灌木丛（干旱地区）	4	6	6	NA	3	1.5	2	2	NA	1	6	10	10	NA	5
15	灌木丛（非干旱地区）	1	1.5	1.5	0.5	1	0.8	1	1	0.5	0.8	2.5	3	3	0.5	2.5
16	果园/葡萄园	0.5	0.7	0.7	0.5	0.3	0.3	0.4	0.4	0.5	0.2	1.5	2	2	0.5	1
17	草地/草本植物	0.8	1	1	0.5	0.4	0.4	0.5	0.5	0.5	0.3	2	2	2	0.5	1
18	牧场/干草	0.5	0.7	0.7	0.5	0.3	0.3	0.4	0.4	0.5	0.2	1.5	2	2	0.5	1
19	行栽作物	0.5	0.7	0.7	0.5	0.3	0.3	0.4	0.4	0.5	0.2	1.5	2	2	0.5	1
20	小粒谷类作物	0.5	0.7	0.7	0.5	0.3	0.3	0.4	0.4	0.5	0.2	1.5	2	2	0.5	1
21	休耕地	0.5	0.7	0.7	0.5	0.3	0.3	0.4	0.4	0.5	0.2	1.5	2	2	0.5	1
22	城市/娱乐草坪	0.5	0.7	0.7	0.5	0.3	0.3	0.4	0.4	0.5	0.2	1.5	2	2	0.5	1
23	木本湿地⑤	0.2	0.2	0.3	0.5	0.2	0.1	0.1	0.1	0.5	0.1	0.2	0.2	0.2	0.5	0.2
24	草本湿地	0.1	0.1	0.1	0.5	0.1	0.1	0.1	0.1	0.5	0.1	0.2	0.2	0.2	0.5	0.2

① 季节分类：1.夏季，6～8 月；2.秋季，9～11 月；3.无雪冬季，12 月、1 月、2 月；4.冬季有连续冰雪覆盖，12 月、1 月、2 月；5.初春，3～5 月。

② “高密度居民区”“混合森林”“城市/娱乐草坪”三种分类是根据其基本组成计算的等价结果。

③ “过渡”区的波文比在“岩石/沙/黏土”和“草地/草本植物”之间。

④ 假设“混合森林”中“针叶林”和“落叶林”各占 1/2。

⑤ 与其他类别的波文比比较的估算值。

注：NA 表示不适用。

（3）地表反照率 a 典型值参考值

地表反照率是指地表物体向各个方向上反射的太阳总辐射通量与到达该物体表面上的总辐射通量之比，是反映地表对太阳短波辐射反射特性的物理量。表 3-3 给出了不同地形特征分类与季节地表反照率典型参考值。

表 3-3　地形特征分类与不同季节地表反照率典型参考值

序号	类别	不同季节①地表反照率典型值				
		1	2	3	4	5
1	水面②	0.1	0.1	0.1	0.1	0.1
2	常年积雪	0.6	0.6	0.7	0.7	0.6
3	低密度住宅区③	0.16	0.16	0.18	0.45	0.16
4	高密度住宅区	0.18	0.18	0.18	0.35	0.18
5	商业/工业/交通区（机场区域）	0.18	0.18	0.18	0.35	0.18
6	商业/工业/交通区（非机场）	0.18	0.18	0.18	0.35	0.18
7	岩石/沙/黏土（干旱地区）	0.2	0.2	0.2	NA	0.2
8	岩石/沙/黏土（非干旱地区）	0.2	0.2	0.2	0.6	0.2
9	采石场/条矿山/砾石	0.2	0.2	0.2	0.6	0.2
10	过渡④	0.18	0.18	0.18	0.45	0.18
11	落叶林	0.16	0.16	0.17	0.5	0.16
12	针叶林	0.12	0.12	0.12	0.35	0.12
13	混合森林⑤	0.14	0.14	0.14	0.42	0.14
14	灌木丛（干旱地区）	0.25	0.25	0.25	NA	0.25
15	灌木丛（非干旱地区）⑥	0.18	0.18	0.18	0.5	0.18
16	果园/葡萄园	0.18	0.18	0.18	0.5	0.14
17	草地/草本植物	0.18	0.18	0.2	0.6	0.18
18	牧场/干草	0.2	0.2	0.18	0.6	0.14
19	行栽作物	0.2	0.2	0.18	0.6	0.14
20	小粒谷类作物	0.2	0.2	0.18	0.6	0.14
21	休耕地	0.18	0.18	0.18	0.6	0.18
22	城市/娱乐草坪	0.15	0.15	0.18	0.6	0.15
23	木本湿地	0.14	0.14	0.14	0.3	0.14
24	草本湿地	0.14	0.14	0.14	0.3	0.14

① 季节分类：1.夏季，6～8 月；2.秋季，9～11 月；3.无雪冬季，12 月、1 月、2 月；4.冬季有连续冰雪覆盖，12 月、1 月、2 月；5.初春，3～5 月。

② 假设水面未结冰，且反照率不随季节变化。

③ 假设“高密度住宅区”“混合森林”“城市/娱乐草坪”各占 1/3。

④ 假设“过渡”近似于“休耕地”类型。

⑤ 假设“混合森林”中“针叶林”和“落叶林”各占/1/2。

⑥ 假设干旱地区灌木丛的植物量按非干旱地区的 50%计。

注：NA 表示不适用。

3.4.4　湍流扩散系数的计算

湍流扩散系数 K 是大气污染物扩散输运的重要参数。ModOdor 采用两种方法计算湍流扩散系数。

第一种是“大气稳定度法”：首先依据气象信息进行大气稳定度计算，然后根据国标（GB/T 3840—1991）的规定确定大气稳定度等级，并查表确定扩散系数。

第二种是“湍流特征量法”：依据气象信息，应用Monin-Obukhov相似理论计算垂向扩散系数K_z，应用湍流特征量（湍流尺度λ_m和速度脉动量的标准差σ_n）计算水平扩散系数K_x和K_y。

3.4.5 大气中污染物的清除作用

污染物在进入大气之后，除了发生平流和扩散作用之外，还会发生物质的转化，从而影响研究域内污染物的质量平衡，并不断改变污染物浓度分布。大气中污染物的主要清除作用包括干沉降、湿沉降和化学反应，下面分别讨论它们的表示形式和在ModOdor中的实现方法。

3.4.5.1 干沉降

干沉降是由下垫面（地面）物质如土壤、水面、雪面、植物、建筑物等通过污染物质的重力沉降、碰撞与捕获、吸收与吸附等化学、物理、生物过程而产生的对污染物的去除作用。污染物从低层大气到下垫面的迁移，主要经历了3种过程：

① 通过湍流扩散作用，将污染物向贴地层输送。

② 污染物通过紧贴地面的片流层向地表扩散，这一过程也称地面输送过程。片流层也称粗糙度层，它是由于地面粗糙度而形成的污染物沉降阻力层。污染物在这层中的扩散是影响其沉降能力的因素之一。

③ 最终污染物在吸收、碰撞、光合作用，以及其他生物学、化学和物理学等作用下沉积到地表（植被、土壤、水面和雪面等）。

这里使用干沉降速率来度量干沉降过程。

假设干沉降所造成的污染物浓度随时间的改变与污染物浓度成正比，即有

$$\frac{\partial C}{\partial t}=-u_{\mathrm{dep}}\frac{C}{z} \tag{3-125}$$

式中　C——浓度，$\mu g/m^3$；

u_{dep}——污染物的沉降速率，m/s，它随污染物的种类、表面性质和大气稳定度的变化而变化。

干沉降是在下垫面的位置将污染物去除的，所以在模型计算中将其概化为水平面汇，从差分网格的地面层离开研究域，不再返回。干沉降对浓度的影响表示为

$$\left.\frac{\partial C}{\partial t}\right|_{\mathrm{dep}}=-\frac{u_{\mathrm{dep}}}{\Delta z_{\mathrm{dep}}}C\bigg|_{\mathrm{dep}} \tag{3-126}$$

式中　Δz_{dep}——模型地面层计算网格的高度，m。

干沉降计算需要输入的参数包括摩擦风速（由气象参数和观测风速计算得到）、地表粗糙长度、运动黏滞系数和地表阻尼。其中，前 3 个参数在“风速场”和“气象条件”输入，为前提参数；在此需要输入的参数仅有地表阻尼。

3.4.5.2　湿沉降

大气中雨、雪等降水形式和其他水汽凝结物，如云、雾、霜等对空气污染物清除的过程称为湿沉降或降水清除。根据湿沉降发生的位置可以将其分为云下清洗和云中清洗。这两种过程实际差别不大，在模拟计算中可合并考虑。模拟湿沉降过程对空气中污染物扩散影响的计算方法主要有两种：一种是定义降水清除系数 k_w，假定单位时间、单位体积空气中被清除的污染物质量与其浓度成正比，其比例系数即为清除系数；另一种是定义清洗比 W_r，即单位体积降水（如雨滴）与空气中的污染物浓度之比。

ModOdor 借鉴 ADMS 软件的处理方法，使用清除系数模拟湿沉降。假设：a.所有污染物分布在雨云内或雨云下方，且不区分云下清洗和云中清洗过程；b.污染物被雨滴吸附吸收的过程是不可逆的，即污染物被雨滴吸附吸收后不会再返回气体中，且吸附吸收率与浓度成正比；c.降水不会导致污染物分布形态的变化；d.污染物在雨滴中不会达到溶解饱和状态；e.在研究域内降水是均匀的，但可随时间变化。

在上述假设条件下，湿沉降导致的污染物浓度随时间的变化可表示为：

$$\frac{\partial C}{\partial t}=-k_w C \tag{3-127}$$

式中　k_w——清除系数，s^{-1}，与降水量、雨滴大小、污染物的可溶性等因素有关。

上式表明，受降水的清除作用，污染物的浓度呈指数衰减

$$C(t)=C_0\exp\left(-k_w t\right) \tag{3-128}$$

式中　$C(t)$——t 时刻污染物浓度，$\mu g/m^3$；

C_0——湿沉降开始时刻的污染物浓度，$\mu g/m^3$；

t——污染物在湿沉降过程中的历时，s；

k_w——清除系数，s^{-1}，其是用户需要直接给定的参数。

可以根据污染物类型或降水率估算清除系数。使用降水率进行清除系数估算时，雨滴尺度假定为固定值，而且不同类型的降水对其没有影响。计算公式为

$$k_w=aJ^b \tag{3-129}$$

式中　J——降水强度，mm/h；

a，b——与污染物类型有关的参数。

ADMS 给出的默认值为 $a=1.0\times10^{-4}$、$b=0.64$。野外试验结果表明，清除系数 k_w 的取值范围一般为 $0.4\times10^{-5}\sim3.0\times10^{-3}s^{-1}$，中值为 $1.5\times10^{-4}s^{-1}$，且发现当降雨特征改变时测量结果没有系统差异。

3.4.5.3 化学反应

污染物进入大气之后，各种化学物质和大气组分混合，共同扩散迁移。在适当的气象条件下，如太阳辐射、温度、湿度、降水等适宜，污染物将发生复杂的化学反应，其涉及大气化学、降水化学以及地球和生物化学等众多领域。不过，对于ModOdor所重点考虑的较小尺度的输运问题，可以采用较为简单的处理方法，只有在较大尺度、区域尺度乃至全球尺度上才有必要做深入细致的模拟处理。

ModOdor假设污染物在大气中的化学反应满足一级化学反应动力学方程，也即反应速率与污染物的浓度成正比，表示为：

$$\frac{\partial C}{\partial t} = -kC \tag{3-130}$$

式中　k——一级化学反应速率常数，s^{-1}，它是用户需要给定的参数。

可以根据污染物在大气条件下的半衰期来计算反应速率常数，如下式所示：

$$k = \frac{\ln 2}{t_{1/2}} \tag{3-131}$$

式中　$t_{1/2}$——污染物的半衰期，s。

式（3-130）的解为

$$C(t) = C_0 \exp(-kt) \tag{3-132}$$

此式表明，在一级化学反应作用下污染物的浓度按指数函数衰减。

参考文献

[1] Chino M, Ishikawa H. Experimental verification study for system for prediction of environmental emergency dose information; SPEEDI. (Ⅰ). Three-dimensional interpolation method for surface wind observations in complex terrain to produce gridded wind field[J]. Journal of Nuclear Science & Technology, 1989, 26(3): 365-373.

[2] EPA. User's guide for the AERMOD meteorological preprocessor (AERMET)[EB/OL]. EPA-454/B-03-002. U.S. Environmental Protection Agency, Research Triangle Park, 2004.

[3] Roland S. The atmospheric boundary layer[M]//Atmospheric Science. New York: Cambridge University Press, 2006: 375-417.

[4] Montero G, Sanin N. 3-D modelling of wind field adjustment using finite differences in a terrain conformal coordinate system[J]. Journal of Wind Engineering and Industrial Aerodynamics, 2001, 89(5): 471-488.

[5] Eichelmann U. Boundary layer climates[M]. New York: John Wiley and Sons, 1978.

[6] Roland B S. An introduction to boundary layer meteorology [M]. London: Kluwer Academic Publishers, 1988.

[7] 斯塔尔. 边界层气象学导论[M]. 青岛: 青岛海洋大学出版社, 1991.

[8] 崔耀平，刘纪远，张学珍，等. 城市不同下垫面的能量平衡及温度差异模拟[J]. 地理研究, 2012, 31(7): 1257-1268.

[9] 蒋维楣. 空气污染气象学[M]. 南京: 南京大学出版社, 2003.

[10]余琦，刘原中.复杂地形上的风场内插方法[J].辐射防护, 2001, 21(4): 213-218.

第4章 生活垃圾处理设施恶臭污染评估技术

- ▶ 生活垃圾处理设施中固定点源恶臭污染模拟评估
- ▶ 生活垃圾处理设施中移动点源恶臭污染模拟评估
- ▶ 生活垃圾处理设施中面源恶臭污染模拟评估
- ▶ 生活垃圾处理设施恶臭污染与健康风险评估

4.1 生活垃圾处理设施中固定点源恶臭污染模拟评估

本研究针对城市生活垃圾（MSW）初期降解过程中典型设施的恶臭物质迁移扩散规律进行了全面研究。首先利用恶臭气体大气扩散模拟软件——ModOdor，建立了针对典型恶臭物质迁移扩散的模拟方法。同时选取典型日典型时段对典型恶臭物质进行迁移扩散模拟，采用浓度梯度法对恶臭物质迁移扩散情况进行分析研究。进而以典型恶臭物质逐月释放速率和北京市全年气象条件为基础，在转运站工作时间内每隔 3h 一次共进行了约 2000 次的全年全气象条件的迁移扩散模拟。基于全年迁移扩散模拟结果，采用概率统计方法对典型恶臭物质各个梯度在 8 个方向上的迁移扩散距离进行了概率分布拟合，以 95%累积概率下的迁移扩散距离划定恶臭物质在典型月份及全年的迁移扩散距离和防护距离包络线，并结合典型恶臭物质释放源强及气象条件进行了相关分析。研究对 MSW 初期降解过程恶臭污染迁移扩散规律进行了详尽的阐述，为相关设施的安全防护距离确定及恶臭污染预测提供了重要理论方法。

4.1.1 恶臭物质迁移扩散模拟方法

在迁移扩散模拟过程中，转运站的两排气筒设置为 2 个 1m × 1m 的持续释放固定点源，根据实际调研两者距离 50m，对每个排气筒以每月各 4 次监测的典型恶臭物质释放速率平均值作为当月恶臭物质的输入源强。在垃圾转运站的日常工作时间（6:00～24:00）中，以北京市全年气象条件统计数据（数据来源：美国国家海洋和大气管理局网站，http://www.noaa.gov）为基础，每 3h（即 8:00、11:00、14:00、17:00、20:00 以及 23:00）选取一组气象数据（包括风速、风向、总云量、低云量以及气温等条件）进行各典型恶臭物质迁移扩散模拟，每日模拟 6 个时段，每月约 180 次，全年共 2190 次稳态条件模拟，从而获得反映全年恶臭物质迁移扩散规律的模拟结果，并结合典型恶臭物质释放源强及全年气象条件统计结果进行相关统计学分析。

本研究中，以转运站为中心设置边长为 6km × 6km 的平坦正方形区域作为模拟研究区域，研究区域的空间网格划分如图 4-1 所示。以东和北方向分别作为 x 轴和 y 轴的正方向，除去源强位置外（1m × 1m 网格），其他位置的网格大小均设置为 25m × 25m；z 轴正方向为垂直向上方向，以地面 z=0m 为下垫面底部，地面以下为域外区域，研究区域设定高度为 123m，总共 10 层。其中近地面层高度 dz 设定为 3m，以保证近地面层网格的中央位置高度为一般人类呼吸带所对应的高度（1.5m），释放源所在的第 5 层高度 dz 设定为 2m，以确保该层网格中央位置高度与排气筒释放源实际高度相同（22m）；此外 2～4 层高度 dz 设定为 6m，而 6～10 层高度 dz 设定为 20m。模拟组分包括第 3 章筛选出的乙醇、二甲二硫醚、甲硫醇以及甲硫醚 4 种典型恶臭物质，模拟状态设定为稳态

条件，模拟时长设定为 1h。风速设定为全域风速相同，不考虑 z 轴方向风速。同时忽略干湿沉降，求解方法采用上游加权法，时间步长缩小因子为 0.05，最大迭代次数为 100000 次，收敛绝对误差为 10^{-6}，松弛因子为 0.05；计算结果以矩阵方式输出，仅输出落地层网格上的恶臭物质浓度。

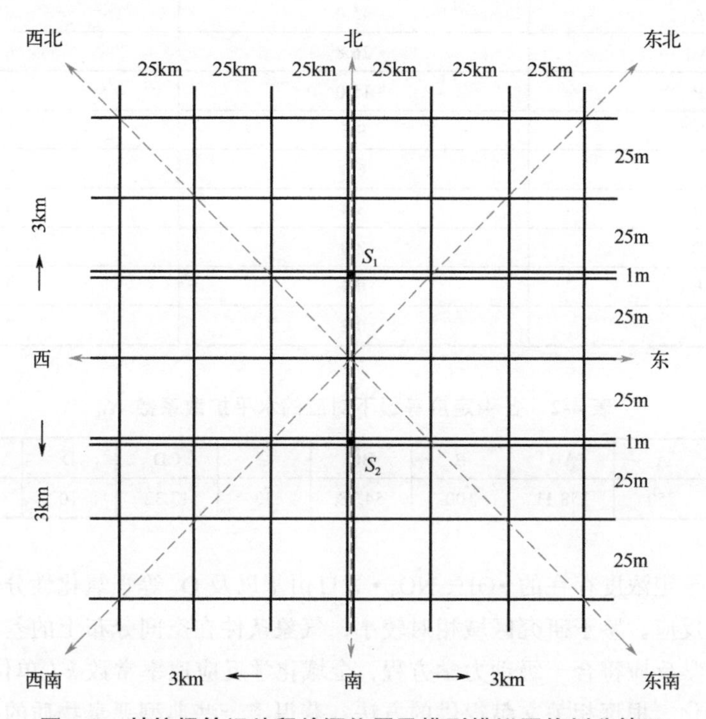

图 4-1　某垃圾转运站释放源位置及模型模拟网格划分情况

扩散系数采用大气稳定度法计算，大气稳定度等级根据《制定地方大气污染物排放标准的技术方法》（GB/T 3840—1991）确定，进而计算垂直方向和水平方向的扩散系数（K_z 与 K_H），其中 K_z 的计算方式如式（4-1）所示：

$$K_z(z)=K_z(z_1)\times\frac{z}{z_1}\exp\left(-\rho\frac{z-z_1}{h}\right) \tag{4-1}$$

式中　$K_z(z_1)$——z_1 高度的垂直扩散系数，m^2/s；

z——需要计算的高度，m；

ρ——与稳定性相关的计算参数；

h——大气边界层高度，m。

具体地，z_1、ρ 与大气稳定度的对应关系如表 4-1 所列。

而 K_x、K_y 大小与 K_H 大小相同，如式（4-2）所示：

$$K_H=K_x=K_y \tag{4-2}$$

式中　K_H——水平方向上的扩散系数，m^2/s；

K_x，K_y——恶臭物质在 x 轴和 y 轴方向上的扩散系数，m^2/s。

K_H与稳定度等级的对应关系如表 4-2 所列。

表 4-1　各稳定度等级下 $K_z(z_1)$ 和参数 ρ 的对应表（z_1=15m）

稳定度等级	$K_z(z_1)$/（m^2/s）	ρ
A	45.0	6
AB	26.8	6
B	15.0	6
BC	9.5	5
C	6.0	4
CD	3.4	4
D	2.0	4
E	0.4	2
F	0.2	2

表 4-2　各稳定度等级下对应的水平扩散系数 K_H

稳定度等级	A	AB	B	BC	C	CD	D	E	F
K_H/（m^2/s）	250	158.11	100	54.78	30	17.32	10	3	1

大气中以一定浓度存在的·OH、NO_3·等自由基以及 O_3 等强氧化性分子可与恶臭物质发生光化学反应。鉴于研究区域相对较小，气象条件在空间分布上的差异可以忽略，恶臭物质的化学反应符合一级动力学方程，全域化学反应速率常数 k（单位：s^{-1}）相同，且不随时间变化。根据相关文献提供的方法，获得了一些典型恶臭物质的一级化学反应速率常数，如表 4-3 所列。

表 4-3　典型恶臭物质的一级化学反应速率常数

恶臭物质	化学式	一级化学反应速率常数 k/s^{-1}
乙醇	C_2H_5OH	7.80×10^{-6}
二甲二硫醚	$(CH_3)_2S_2$	8.10×10^{-4}
甲硫醇	CH_3SH	5.26×10^{-4}
甲硫醚	$(CH_3)_2S$	5.60×10^{-4}

4.1.2　恶臭物质模拟浓度梯度划分

本研究中，每次迁移扩散模拟的结果仅以矩阵形式输出落地层浓度分布情况，由于典型恶臭物质各个网格的迁移扩散浓度均低于各物质对应的嗅阈值，本研究根据各典型恶臭物质实际迁移扩散时的浓度水平，通过设置相应浓度梯度研究各典型恶臭物质的迁移扩散规律，具体浓度梯度划分如表 4-4 所列。

表 4-4　各典型恶臭物质嗅阈值及浓度梯度划分

典型恶臭物质	嗅阈值/（μg/m³）	浓度梯度/（μg/m³）			
乙醇	1.07×10^3	100	10	1	0.1
二甲二硫醚	9.23	—	0.05	0.005	0.0005
甲硫醇	0.15	—	0.001	0.0001	0.00001
甲硫醚	8.30	—	0.001	0.0001	0.00001

4.1.3　恶臭污染的概率统计评估方法

由于恶臭污染本身具有局部性、偶发性等不同于常规大气污染的特性，其迁移扩散规律不符合持续释放恒定源特征，因此，本研究采用概率统计方法对各典型恶臭物质在各月及全年的恶臭污染影响范围进行了定量化研究。首先根据获取的气象数据，绘制各月及全年的风向风速玫瑰图（风速以风级表示）。其中一级风（包括零级）为 0～1.6m/s，二级风为 1.6～3.4m/s，三级风为 3.4～5.5m/s，四级及以上风为 5.5m/s 以上，由于四级及以上风级出现的频率较低，研究做了合并处理。

具体地，针对获得的 2000 余个扩散模拟结果，按照正北（N，0°）、东北（NE，45°）、东（E，90°）、东南（SE，135°）、南（S，180°）、西南（SW，225°）、西（W，270°）、西北（NW，315°）8 个方向记录各典型恶臭物质在各梯度下的迁移扩散距离。根据获得的各月及全年各方向的迁移扩散距离数据，使用概率分布函数进行迁移扩散距离拟合，统计分析软件为 Minitab 17.1。本研究测试了包括正态分布、对数正态分布、逻辑分布、对数逻辑分布等概率分布函数拟合效果，通过皮尔逊 χ^2 检验发现对数正态分布拟合是其中拟合效果最佳的形式，其概率密度函数见式（4-3）。

$$f(y)=\frac{1}{\sqrt{2\pi}\sigma y}\exp\left[-\frac{(\ln y-\mu)^2}{2\sigma^2}\right] \tag{4-3}$$

式中 y ——某浓度梯度下的某恶臭物质迁移扩散距离，m；

μ ——数学期望（平均值），m；

σ——标准差，m。

而对数正态分布的累积分布函数见式（4-4）。

$$F(y)=\frac{1}{2}+\frac{1}{2}\mathrm{erf}\left(\frac{\ln y-\mu_N}{\sigma_N\sqrt{2}}\right) \tag{4-4}$$

$$\sigma_N^2=\ln\left(\frac{\sigma^2+\mu^2}{\mu^2}\right),\ \mu_N=\ln\left(\frac{\mu^2}{\sqrt{\sigma^2+\mu^2}}\right) \tag{4-5}$$

式中　μ_N，σ_N^2——对数正态分布的尺寸参数和形状参数。

同时为克服恶臭污染迁移扩散随源强和气象条件变化而变化的波动性，以累积概率 95%的迁移扩散距离作为该恶臭物质对应浓度梯度下的迁移扩散距离。其中全年每天每间隔 3h 选取一个迁移扩散距离结果，其中凌晨 2:00、5:00 不在转运站工作时间范围内，其源强释放速率记为零。由此得到各恶臭物质不同浓度梯度在 8 个方向上的迁移扩散距离统计结果，据此作出各恶臭物质的各月及全年的迁移扩散距离包络线。

4.1.4 恶臭污染影响因素分析方法

针对获得的 4 种典型恶臭物质的全年迁移扩散数据，根据气象条件（风速）的划分，按照第 4.1.2 小节介绍的迁移扩散距离的统计学方法，得到一级风、二级风、三级风和四级及以上风速下的累积概率 95%的迁移扩散距离，分析在长期监测模拟中不同风级对恶臭物质迁移扩散的影响。同时，针对模拟过程中出现的恶臭物质迁移扩散极端情形进行了研究。以乙醇的迁移扩散模拟结果为对象，针对每月获得的迁移扩散数据（168～186 个迁移扩散结果不等），对各个方向特定浓度梯度的迁移扩散距离进行筛选（一般 100μg/m^3 的浓度梯度样本极少，以 10μg/m^3 作为特定梯度筛选样本），当该梯度在某一方向的迁移扩散距离超过当月累积概率 95%的扩散距离时，认为相应迁移扩散为恶臭物质迁移扩散的极端情形，若达到 100μg/m^3 浓度梯度时直接筛选为极端情形，否则将 10μg/m^3 梯度在各个方向的最远迁移距离由远到近排序，将其中迁移距离最远的 10 个模拟结果筛选为极端情形。在从 2000 余个模拟结果中筛选出极端情形后，根据这些极端情形出现的时段特征、风速条件、云量变化以及大气稳定度情况进行相关分析，揭示恶臭物质迁移扩散出现极端情形的条件规律。

4.1.5 典型日恶臭物质迁移扩散研究

本研究首先针对典型日期与典型时段的恶臭物质的迁移扩散过程采用 ModOdor 软件进行模拟研究。选取 2016 年 10 月 15 日 8:00、11:00、14:00、17:00 共 4 个时段作为典型日典型时段，对其近地层浓度分布情况进行模拟研究，以直观反映典型恶臭物质迁移扩散的浓度分布规律。在该典型日转运站内两个排气筒各典型恶臭物质的释放速率如表 4-5 所列。由于 2016 年 10 月的源强监测中，乙醇、二甲二硫醚及甲硫醚检出，而甲硫醇未检出，本节研究仅展示上述 3 种典型恶臭物质的迁移扩散模拟结果。同时，模拟时段的气象条件及扩散系数见表 4-6。

表 4-5 两个排气筒各典型恶臭物质释放速率 单位：μg/s

监测点	乙醇		二甲二硫醚		甲硫醚	
	平均值	标准差	平均值	标准差	平均值	标准差
S_1	2.93×10^5	0.94×10^5	2.68×10^2	2.68×10^2	—	—
S_2	2.90×10^5	0.46×10^5	6.32×10^2	3.09×10^2	3.73	6.46

表 4-6　典型日各模拟时段的气象条件及扩散系数

时段	风速/(m/s)	风向/(°)	总云量	低云量	大气稳定度	K_z/(m²/s)	K_H/(m²/s)
8:00	0.9	40	0	0	E	3.00	0.54
11:00	0.9	40	6	1	AB	158.10	36.79
14:00	0.9	20	7	1	AB	158.10	36.79
17:00	0.9	180	7	1	D	10.00	2.51

根据设定的浓度梯度，图 4-2 定量刻画了 3 种典型恶臭物质在该日典型时段的浓度分布情况。首先，各典型恶臭物质自释放源排出后，浓度均随迁移距离的增大迅速下降，研究区域内各恶臭物质的浓度均远低于各自嗅阈值。这表明在除臭设施正常运转的情况下，该转运站周边区域受到的恶臭污染影响一般很小。

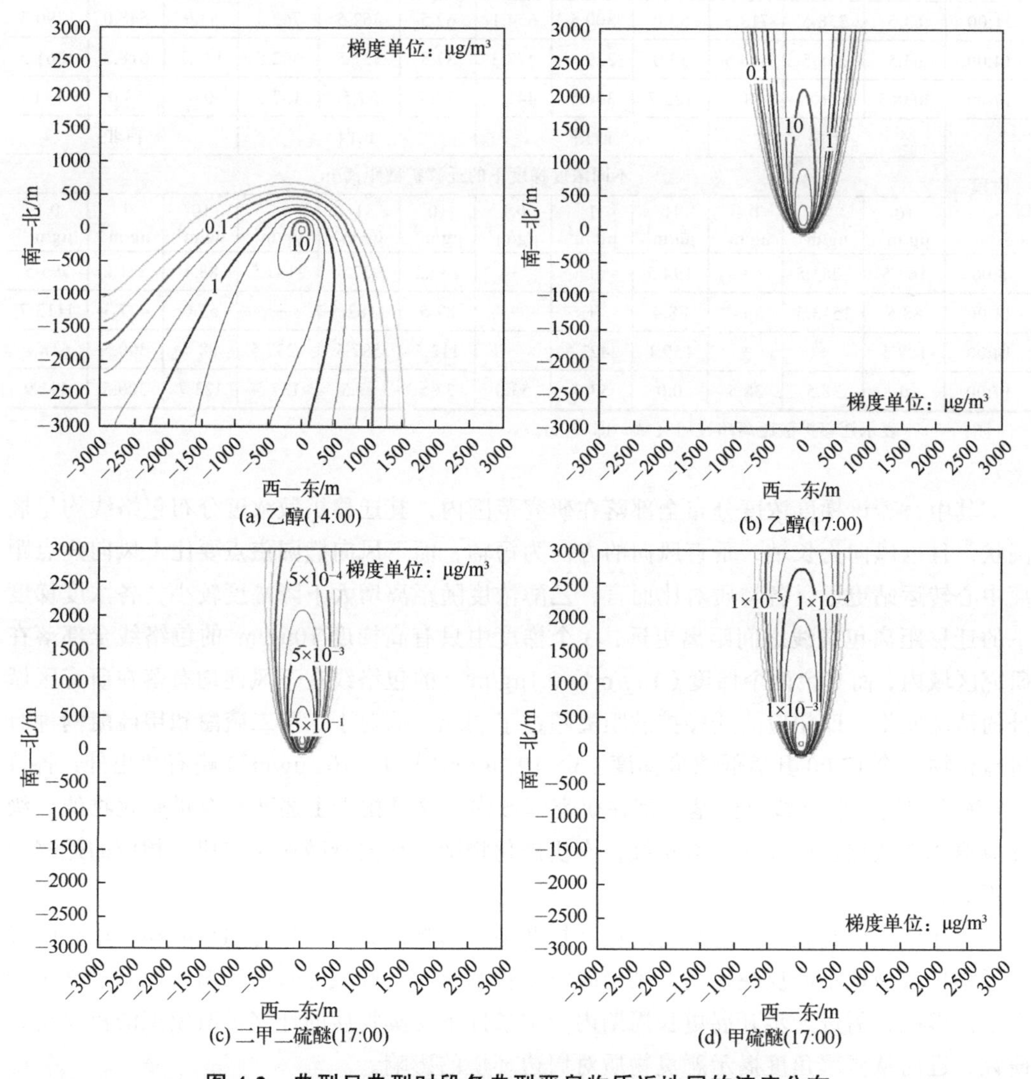

图 4-2　典型日典型时段各典型恶臭物质近地层的浓度分布

由图 4-2 可以看出，恶臭物质的迁移扩散对下风向的影响显著大于上风向。通常恶臭物质的浓度在上风向数十米即可降低一个数量级，而在下风向则需数百至数千米，且其迁移扩散后的浓度分布受到物质种类、风向、风速、扩散系数等影响显著。以乙醇为例，其在 4 个迁移扩散模拟时段内，8 个方向上 3 个浓度梯度的迁移扩散距离均沿下风向快速增加，详细迁移距离信息见表 4-7。

表 4-7　乙醇典型日各时段各浓度梯度迁移扩散距离

时段	正北			东北			正东			东南		
	不同浓度梯度下的迁移扩散距离/m											
	$10\mu g/m^3$	$1\mu g/m^3$	$0.1\mu g/m^3$	$10\mu g/m^3$	$1\mu g/m^3$	$0.1\mu g/m^3$	$10\mu g/m^3$	$1\mu g/m^3$	$0.1\mu g/m^3$	$10\mu g/m^3$	$1\mu g/m^3$	$0.1\mu g/m^3$
8:00	63.5	263.5	513.5	53.0	229.8	441.9	62.5	287.5	537.5	88.4	441.9	901.6
11:00	63.5	338.5	713.5	53.0	300.5	654.1	62.5	362.5	762.5	53.0	548.0	1290.5
14:00	63.5	238.5	463.5	53.0	229.8	477.3	87.5	337.5	662.5	123.7	618.7	1361.2
17:00	2038.5	+	+	123.7	300.5	441.9	37.5	87.5	137.5	0.0	53.0	53.0
时段	正南			西南			正西			西北		
	不同浓度梯度下的迁移扩散距离/m											
	$10\mu g/m^3$	$1\mu g/m^3$	$0.1\mu g/m^3$	$10\mu g/m^3$	$1\mu g/m^3$	$0.1\mu g/m^3$	$10\mu g/m^3$	$1\mu g/m^3$	$0.1\mu g/m^3$	$10\mu g/m^3$	$1\mu g/m^3$	$0.1\mu g/m^3$
8:00	163.5	1263.5	+	194.5	+	+	137.5	937.5	2137.5	88.4	371.2	795.5
11:00	88.5	1513.5	+	88.4	+	+	87.5	1162.5	+	53.0	477.3	1113.7
14:00	188.5	+	+	159.1	2421.8	+	112.5	587.5	1237.5	88.4	300.5	618.7
17:00	0	38.5	38.5	0.0	53.0	53.0	37.5	87.5	137.5	123.7	300.5	441.9

注：“+”表示迁移扩散距离超过研究域，即>3km。

其中，若该梯度浓度分布全部落在研究范围内，其迁移扩散浓度分布包络线均呈椭圆状，且以风向为长轴，垂直风向的方向为短轴，而下风向椭圆焦点要比上风向焦点距离中心转运站更远。各物质对比而言，乙醇浓度随距离增大下降幅度较小，各浓度梯度下的迁移距离包络线之间距离更远，3 个梯度中只有高梯度 $10\mu g/m^3$ 的包络线全部落在研究区域内，而其余两个梯度（$1\mu g/m^3$、$0.1\mu g/m^3$）的包络线在下风向均有落在研究区域外的情况发生，即相应的迁移扩散距离超过了 3km。而对于二甲二硫醚和甲硫醚两种有机硫化物，除 17:00 其最低浓度梯度（$5\times10^{-4}\mu g/m^3$ 及 $1\times10^{-5}\mu g/m^3$）略有超出外，各自 3 个浓度梯度的包络线范围基本都在研究区域内，这是由于上述两种有机硫化物的一级反应速率常数比乙醇高 2 个数量级，有机硫化物随距离的衰减速度更快，相应的迁移距离更短。

上述研究同时表明，恶臭物质迁移扩散随各影响因素的变化有明显波动，单一时段的迁移扩散模拟不能反映恶臭污染的时空变化及对周边区域的长期影响，现实意义十分有限。因此，需进一步开展更长周期内全部条件下恶臭物质的迁移扩散模拟的概率统计研究，进而从概率角度揭示恶臭物质对周边环境的影响。

4.1.6 典型月恶臭物质迁移扩散研究

研究选取 2016 年 6 月和 10 月作为典型月份，对恶臭物质迁移扩散的模拟结果进行了统计分析和对比研究。针对 MSW 初期降解过程的现场监测模拟，以每月中旬监测的源强作为当月恶臭物质的释放源强。其中，6 月的典型恶臭物质包括乙醇、二甲二硫醚及甲硫醇三种，而 10 月的典型恶臭物质包括乙醇、二甲二硫醚和甲硫醚三种。根据获得的每 3h 一次的气象数据（与模拟时间对应），绘制 6 月与 10 月的风向风速玫瑰图，如图 4-3 所示，其中风速以风级表示。

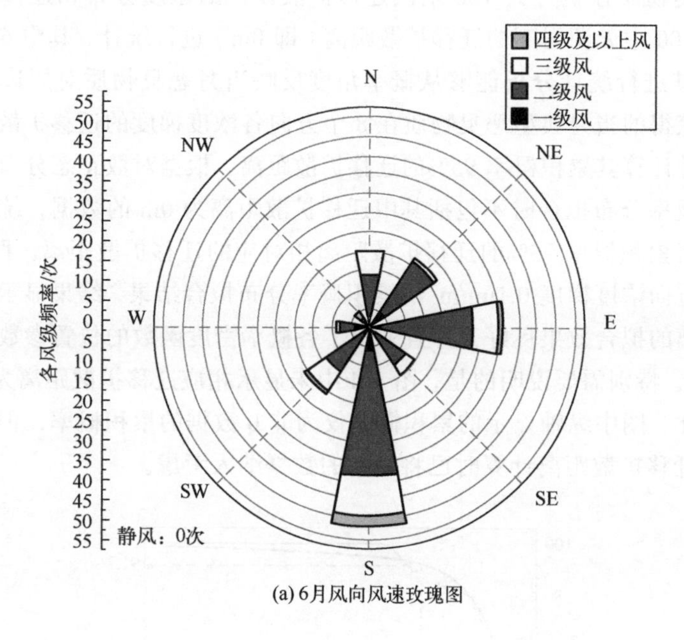

(a) 6月风向风速玫瑰图

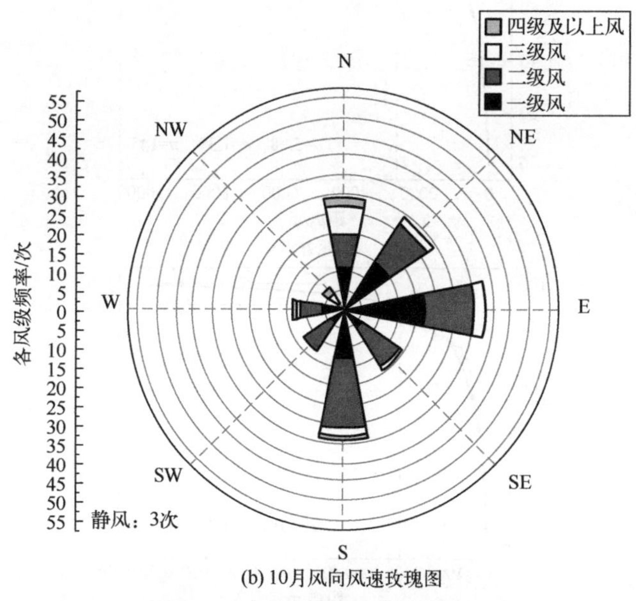

(b) 10月风向风速玫瑰图

图 4-3　典型月份风向风速玫瑰图

由图 4-3 可以看出，6 月风速以二级风为主，频率为 62.8%；一级风、三级风以及四级及以上风级频率分别为 13.9%、19.4%以及 3.9%。而风向以南风为主，其次是东风，从正北开始，顺时针旋转的 8 个风向风频分别为 11.1%、12.2%、20%、8.3%、28.9%、11.7%、5%以及 2.8%。而 10 月风速以一级风和二级风为主，从一级到四级及以上，频率依次为 44.1%、42.5%、10.2%以及 3.2%；风向中东风、东北风、北风以及南风的出现频率较高，从正北开始，顺时针旋转的 8 个风向风频分别为 15.6%、15.6%、20.4%、10.2%、18.3%、7.0%、7.5%及 3.8%，其中静风出现 3 次。

将每种恶臭物质在全月共 180 余次迁移扩散模拟的浓度分布和迁移距离以及全月每天 14:00、17:00 中无源强下的迁移扩散距离（即 0m）进行统计，其中 6 月 240 次、10 月 248 次，对其进行统计分析能够从概率角度反映当月恶臭物质对周边环境的影响特征。利用模拟获得的当月典型恶臭物质在 8 个方向各浓度梯度的迁移扩散距离，用对数正态分布拟合并计算其累积概率 95%的迁移扩散距离。根据对数正态分布拟合对数据的要求，在进行概率分布拟合时不包括其中迁移扩散距离为 0m 的数据，统计计算获得拟合分布中与全月累积概率 95%的迁移扩散距离相对应的迁移扩散距离。图 4-4 显示了 6 月乙醇在 8 个方向浓度梯度 0.1μg/m^3 的累积概率分布拟合结果，结果显示对数正态分布对迁移扩散距离的拟合效果良好，并且列出了各概率密度函数的位置参数（μ 值）和尺度参数（σ 值）。特别需要说明的是，图 4-4 中未显示相应迁移扩散距离为 0m 的情形和相应数据，因此，图中纵轴显示的累积概率仅为非 0 数据的累积概率，但在进行累积概率 95%对应的迁移扩散距离计算时已将为 0 的数据纳入考虑。

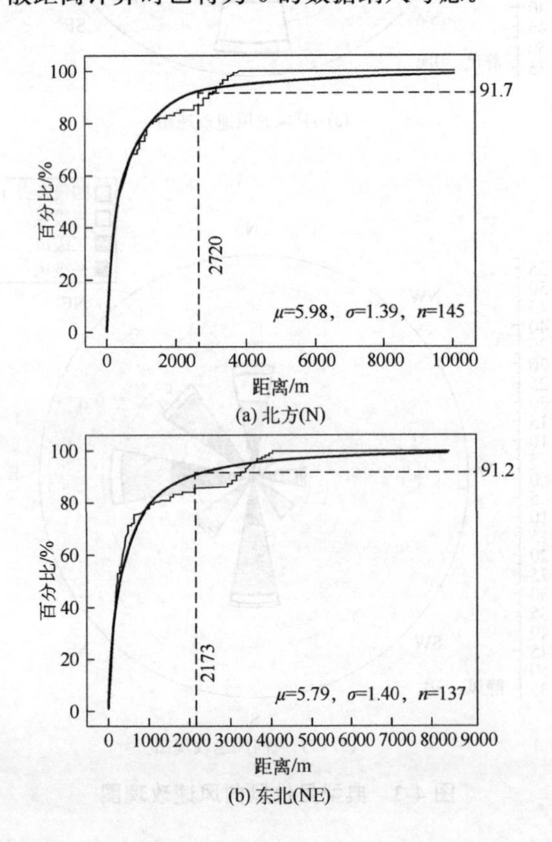

(a) 北方(N)

(b) 东北(NE)

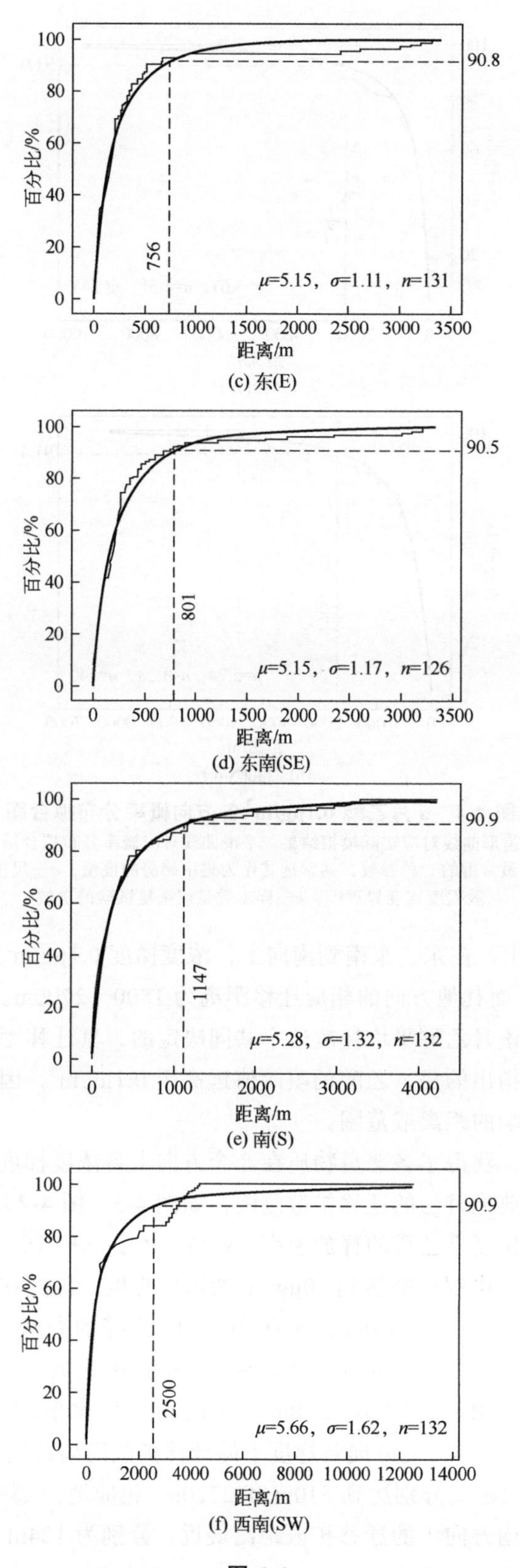

百分比/%
距离/m
90.8
756
μ=5.15，σ=1.11，n=131
(c) 东(E)
90.5
801
μ=5.15，σ=1.17，n=126
(d) 东南(SE)
90.9
1147
μ=5.28，σ=1.32，n=132
(e) 南(S)
90.9
2500
μ=5.66，σ=1.62，n=132
(f) 西南(SW)

图 4-4

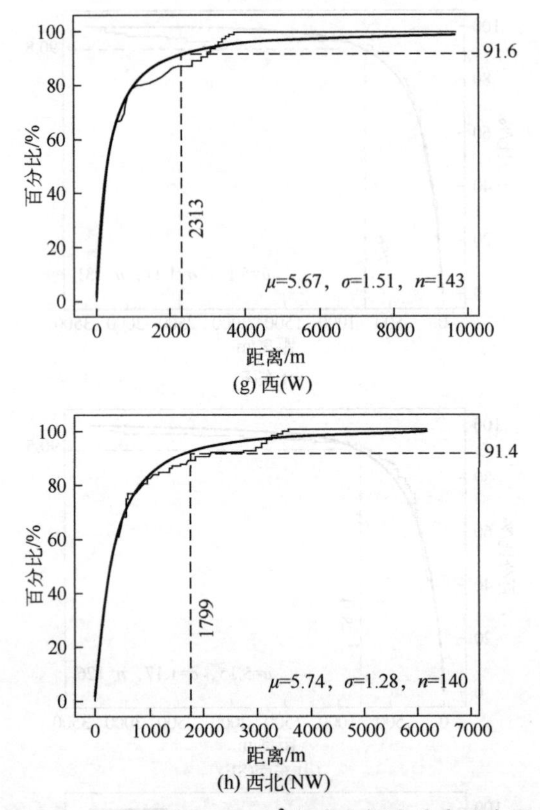

图 4-4　6 月乙醇 0.1μg/m^3 各方向概率分布拟合图

锯齿形曲线对应实际模拟结果，平滑曲线对应概率分布拟合结果

μ—位置参数，是描述总体最常用的一种参数，通常选其作为集中趋势的度量；σ—尺度参数，用于表示数据的离散程度或变异程度；n—样本数量或重复试验的次数

由图 4-4 可以看出，在东、东南到南向上，浓度梯度 0.1μg/m^3 的概率密度 95%迁移距离为 800～1100m，而其他方向的相应迁移距离为 1800～2700m。这是由该月风向、风速等气象条件变化和该月乙醇平均释放速率共同决定的，其迁移距离的分布符合相应概率分布特征。但需要指出的是，乙醇的嗅阈值远高于 0.1μg/m^3，因此该迁移距离并不表示受到其恶臭污染影响的距离或范围。

基于相同的方法，获得了各恶臭物质在 8 个方向上各浓度梯度的迁移扩散距离，据此得到了各恶臭物质典型月份的迁移扩散范围，如图 4-5～图 4-7 所示。

由于相对其他月份夏季乙醇的释放速率（9.06×10^4μg/s±1.16×10^4μg/s）较低，其迁移扩散模拟的浓度分布中很少能达到 10μg/m^3 的浓度梯度，因此在排除极端情况下其累积概率 95%的迁移扩散距离为 0m。而在 10 月中乙醇的释放速率（5.82×10^5μg/s±1.33×10^5μg/s）相对较高，其 10μg/m^3 浓度梯度迁移扩散距离（134～448m）与 6 月的 1μg/m^3 浓度梯度迁移扩散距离（124～510m）达到了相同的水平，如图 4-5 所示。在 6 月，主导风向南风的下风向，即正北方向各梯度下的迁移扩散距离最远，两浓度梯度 1μg/m^3、0.1μg/m^3 下的迁移扩散距离分别达到 510m 和 2720m；相应地，风频较低的西风和西北风对应下风向（东、东南方向）的迁移扩散距离最近，分别为 124m（东 1μg/m^3）、756m（东 0.1μg/m^3）以及 165m（东南 1μg/m^3）、801m（东南 0.1μg/m^3）。

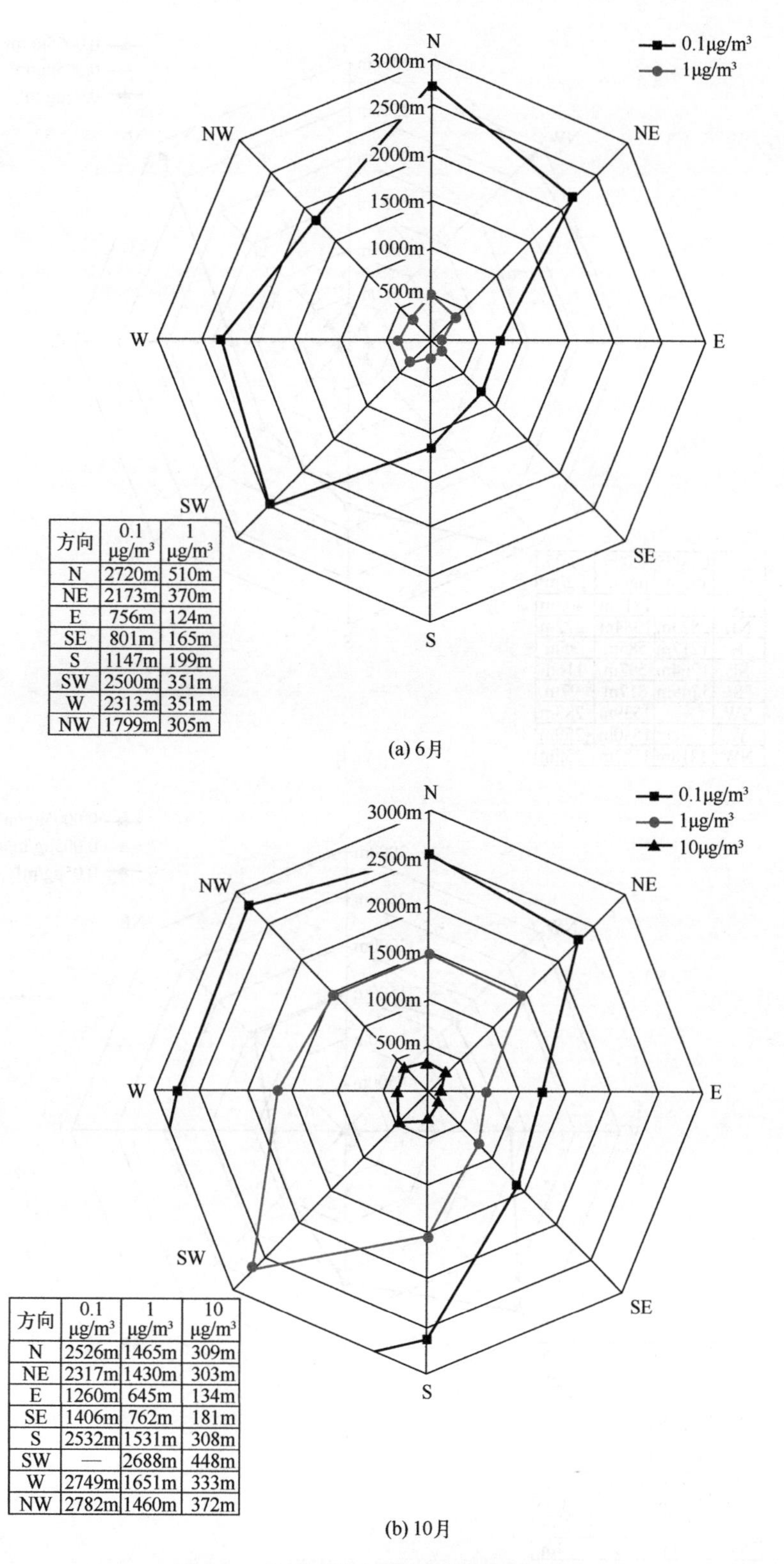

方向	0.1 μg/m³	1 μg/m³
N	2720m	510m
NE	2173m	370m
E	756m	124m
SE	801m	165m
S	1147m	199m
SW	2500m	351m
W	2313m	351m
NW	1799m	305m

(a) 6月

方向	0.1 μg/m³	1 μg/m³	10 μg/m³
N	2526m	1465m	309m
NE	2317m	1430m	303m
E	1260m	645m	134m
SE	1406m	762m	181m
S	2532m	1531m	308m
SW	—	2688m	448m
W	2749m	1651m	333m
NW	2782m	1460m	372m

(b) 10月

图 4-5　典型月份乙醇迁移扩散距离图

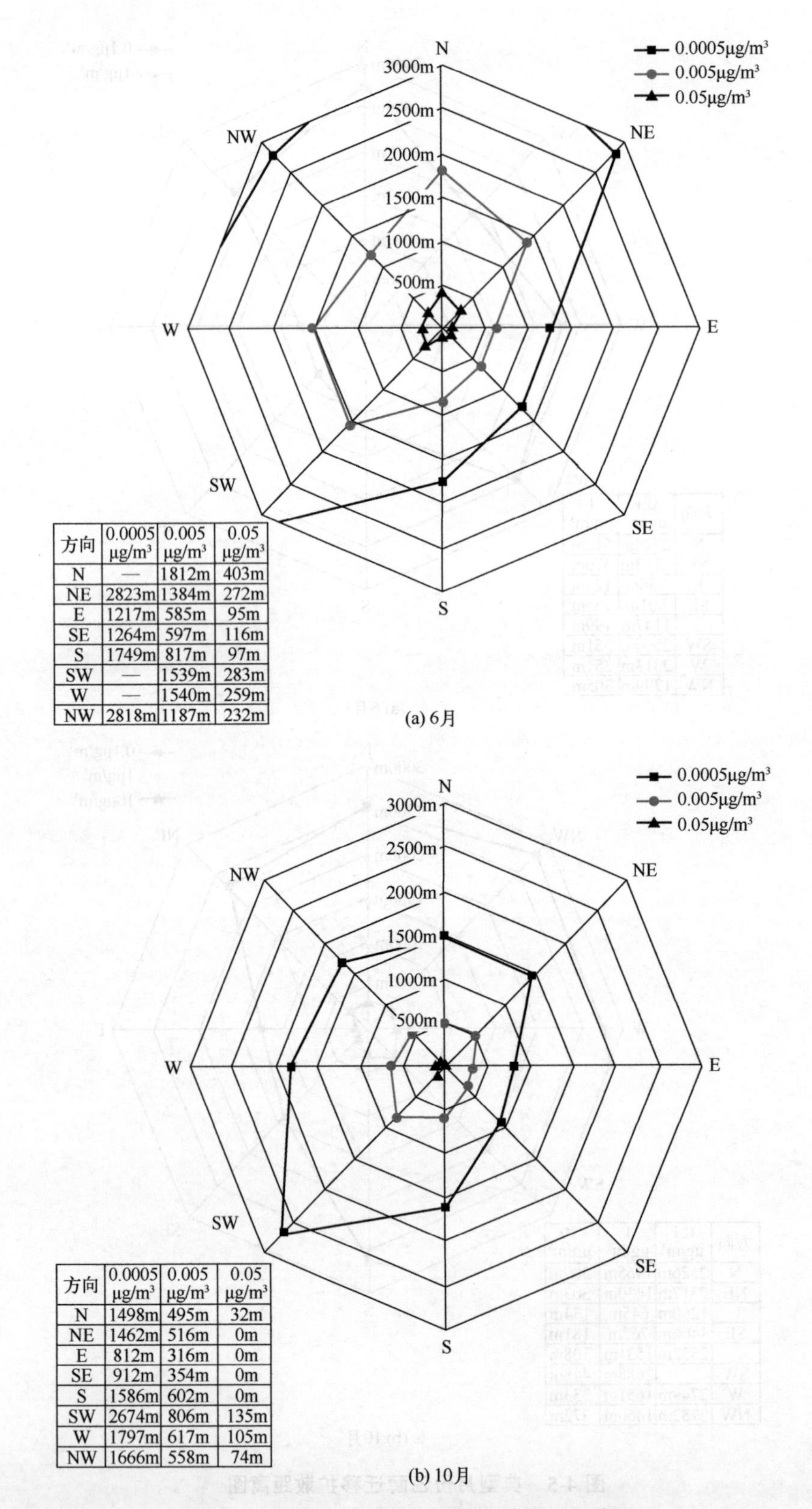

方向	0.0005 μg/m³	0.005 μg/m³	0.05 μg/m³
N	—	1812m	403m
NE	2823m	1384m	272m
E	1217m	585m	95m
SE	1264m	597m	116m
S	1749m	817m	97m
SW	—	1539m	283m
W	—	1540m	259m
NW	2818m	1187m	232m

(a) 6月

方向	0.0005 μg/m³	0.005 μg/m³	0.05 μg/m³
N	1498m	495m	32m
NE	1462m	516m	0m
E	812m	316m	0m
SE	912m	354m	0m
S	1586m	602m	0m
SW	2674m	806m	135m
W	1797m	617m	105m
NW	1666m	558m	74m

(b) 10月

图 4-6　典型月份二甲二硫醚迁移扩散距离图

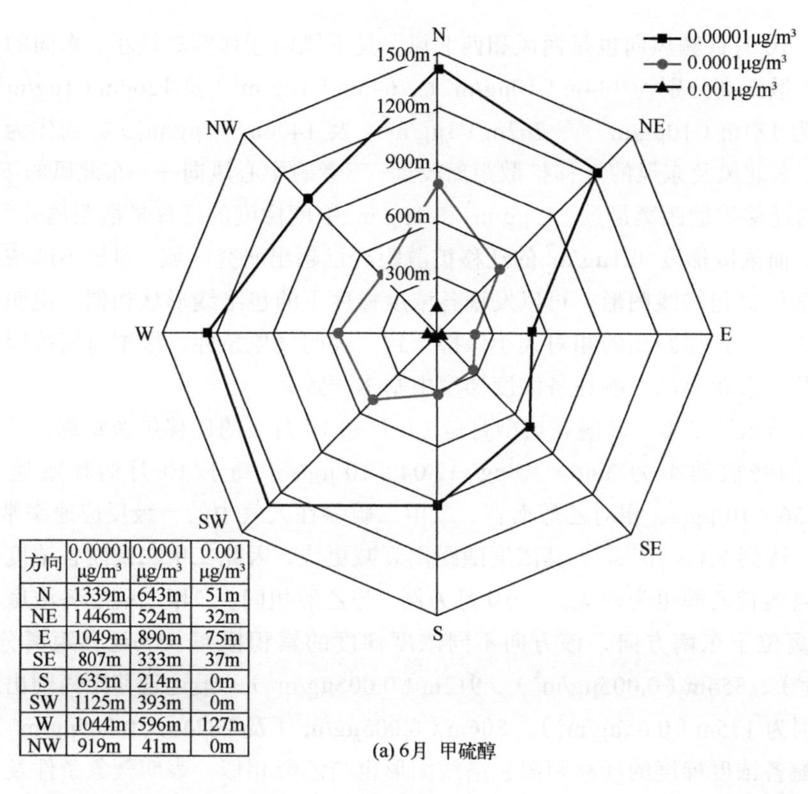

方向	0.00001 μg/m³	0.0001 μg/m³	0.001 μg/m³
N	1339m	643m	51m
NE	1446m	524m	32m
E	1049m	890m	75m
SE	807m	333m	37m
S	635m	214m	0m
SW	1125m	393m	0m
W	1044m	596m	127m
NW	919m	41m	0m

(a) 6月　甲硫醇

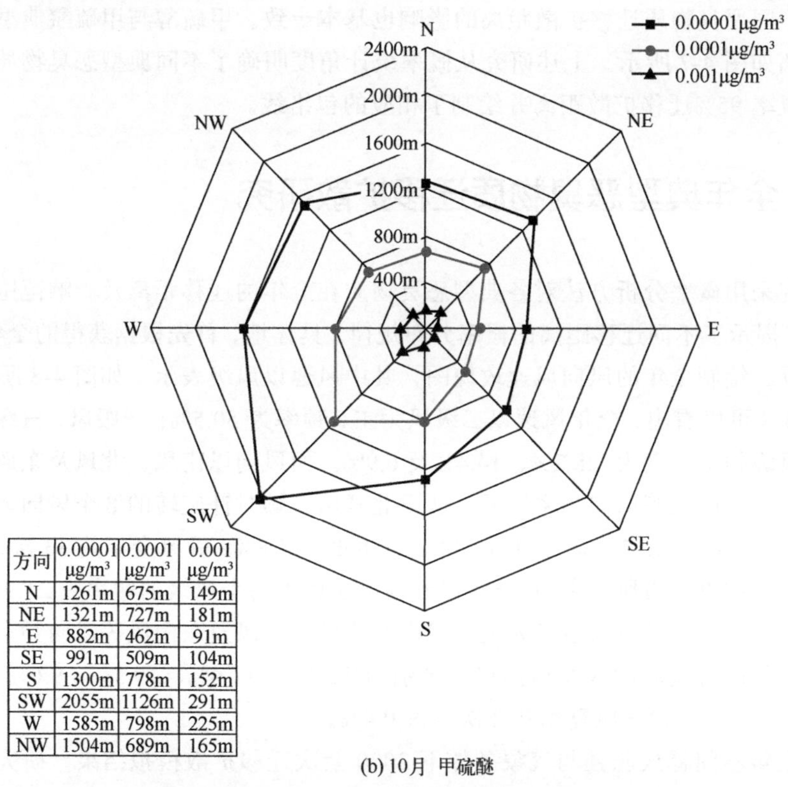

方向	0.00001 μg/m³	0.0001 μg/m³	0.001 μg/m³
N	1261m	675m	149m
NE	1321m	727m	181m
E	882m	462m	91m
SE	991m	509m	104m
S	1300m	778m	152m
SW	2055m	1126m	291m
W	1585m	798m	225m
NW	1504m	689m	165m

(b) 10月　甲硫醚

图 4-7　典型月份甲硫醇和甲硫醚迁移扩散距离图

同样，10 月低频风向也是西风和西北风，其下风向迁移距离较小，东向的累积概率 95%迁移扩散距离分别为 134m（10μg/m^3）、645m（1μg/m^3）及 1260m（1μg/m^3），东南方向分别为 181m（10μg/m^3）、762m（1μg/m^3）及 1406m（1μg/m^3）。而作为高频率风向的北风、东北风及东风的迁移扩散距离较远，三者的中心风向——东北风的下风向（西南方向）的迁移扩散距离最远，10μg/m^3 和 1μg/m^3 浓度梯度的迁移扩散距离分别为 448m 和 2688m，而浓度梯度 0.1μg/m^3 的迁移扩散距离已超出研究区域。对比不同浓度梯度下的迁移扩散距离包络线图形，可以发现各浓度梯度下的包络线形状相似，说明各浓度梯度下在各方向上迁移距离的相对大小保持一致，表明气象条件、模拟时间等因素对各恶臭物质迁移扩散距离的影响在各浓度梯度中基本一致。

图 4-6 显示了二甲二硫醚在典型月份（6 月和 10 月）的迁移扩散距离，其中二甲二硫醚 6 月的释放速率为 3.66×10^3μg/s$\pm2.04\times10^3$μg/s，高于 10 月的释放速率 9.01×10^2μg/s$\pm4.56\times10^2$μg/s。相对乙醇而言，二甲二硫醚在大气中的一级反应速率常数约高 2 个数量级，达到 8.1×10^{-4}s^{-1}，其浓度随距离衰减更快，因此二甲二硫醚各浓度梯度的迁移距离包络线较乙醇更为密集。以 10 月为例，与乙醇相同，二甲二硫醚各浓度梯度的最近迁移距离位于东南方向，该方向不同浓度梯度的累积概率 95%迁移距离分别为 0m（0.05μg/m^3）、354m（0.005μg/m^3）、912m（0.005μg/m^3）；最远迁移距离则出现在西南方向，分别为 135m（0.05μg/m^3）、806m（0.005μg/m^3）及 2674m（0.005μg/m^3）。同时，二甲二硫醚各浓度梯度的迁移距离包络线图形也与乙醇相似，表明气象条件及模拟时间等因素对不同恶臭物质迁移扩散距离的影响也基本一致。甲硫醇与甲硫醚典型月份的迁移扩散距离如图 4-7 所示。上述研究从概率统计角度明确了不同典型恶臭物质在不同方向的累积概率 95%迁移扩散距离并绘制了相应的包络线。

4.1.7 全年典型恶臭物质迁移扩散研究

本研究采用概率分析方法对各典型恶臭物质在全年的迁移距离及影响范围进行了定量研究，并揭示了不同迁移距离的概率分布规律。具体地，首先根据获得的全年 2000 余个气象数据，绘制全年的风向风速玫瑰图，其中风速以风级表示，如图 4-8 所示。

由图 4-8 可以看出，全年风速以二级风为主，频率为 50.5%；一级风、三级风以及四级及以上风级频率分别为 28.2%、14.4%及 6.9%。而风向以南风、北风及东风为主，西北风、西风及东南风等风向频率较低。从正北开始，顺时针旋转的 8 个风向风频分别为 18.3%、10.7%、17.4%、7.7%、20.0%、11.2%、8.4%、4.8%，静风全年共 33 次，占 1.5%。而夏季风速同样以二级风为主，从一级风到四级及以上各个风级的频率为 21.9%、62.5%、13.2%及 2.4%。夏季风向以南风为主，同样西北风、西风及东南风等风向频率较低。以正北开始，顺时针旋转的 8 个风向风频分别为 12.9%、11.4%、19.5%、9.6%、28.2%、10.0%、5.8%、2.2%，静风夏季共 2 次，占 0.4%。

基于全年不同释放源强与气象条件下 2000 余次迁移扩散模拟结果，研究针对各典型恶臭物质全年各方向的迁移扩散距离数据进行了对数正态分布拟合，以典型恶臭物

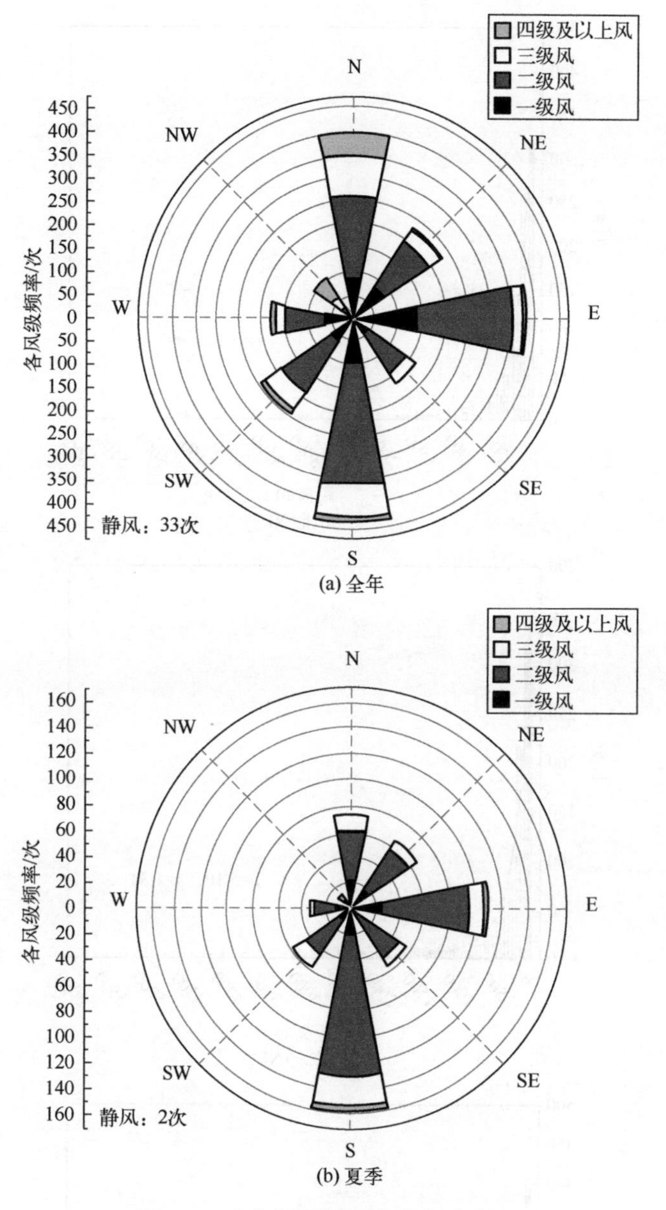

(a) 全年

(b) 夏季

图 4-8　全年及夏季风速风向玫瑰图

质——乙醇在浓度梯度 1μg/m^3 上的迁移扩散距离为例，图 4-9 显示了其在 8 个方向上迁移扩散距离的概率分布直方图，每列数据间隔为 100m，以对数正态分布拟合效果良好。图 4-9 同时列出了各概率密度分布函数的 μ 值和 σ 值。由迁移扩散距离的概率直方图可以看出，乙醇在浓度梯度 1μg/m^3 上绝大部分情况的迁移距离不超过 500m，多集中于 100～200m 范围内。可见，虽然存在极端情形乙醇的迁移扩散距离达到数千米，但在全年范围来看概率很低，进一步说明从概率统计角度划定恶臭物质的防护距离和范围，比根据单一条件下的扩散结果进行防护距离设定更为科学和合理。

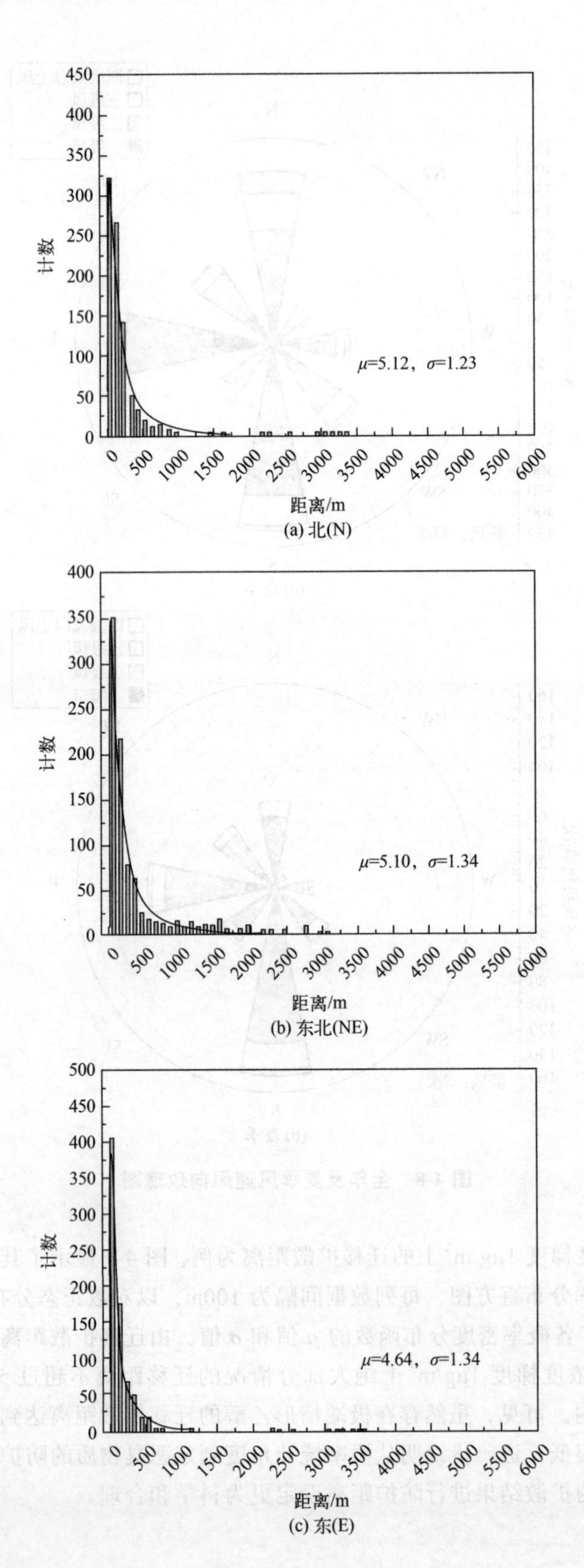

(a) 北(N)

(b) 东北(NE)

(c) 东(E)

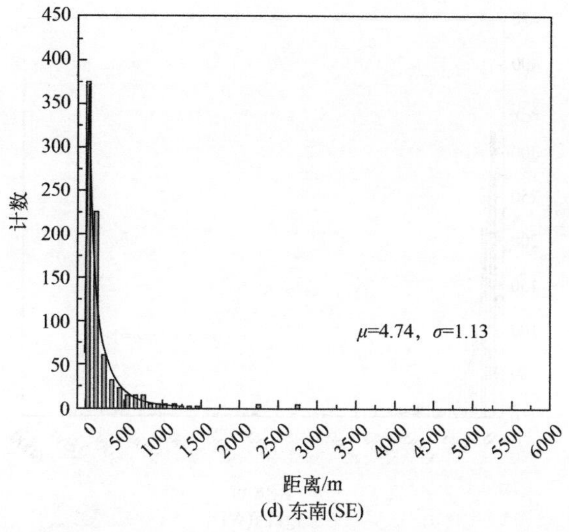

(d) 东南(SE)

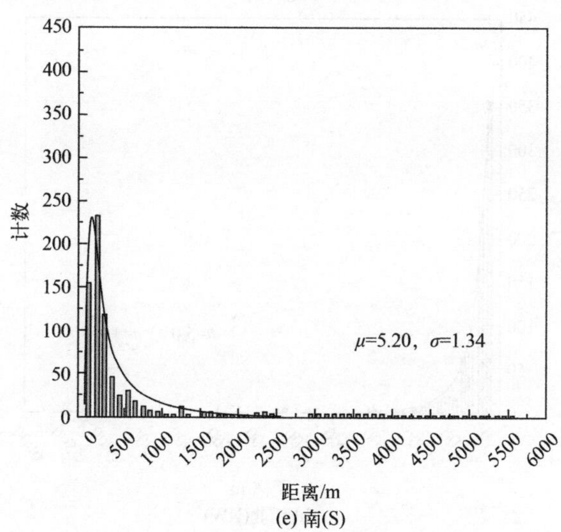

(e) 南(S)

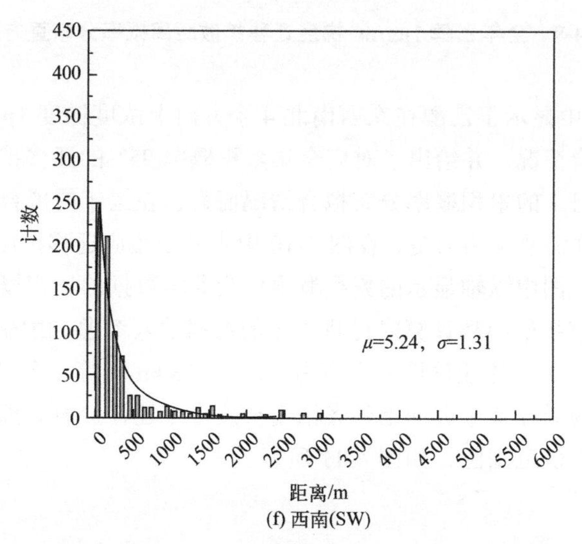

(f) 西南(SW)

图 4-9

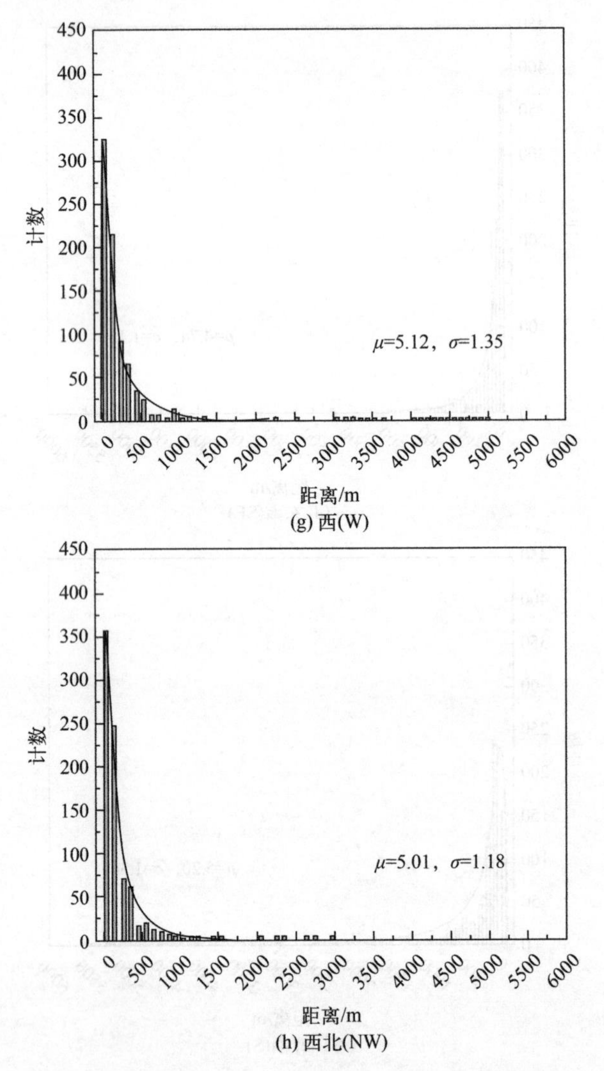

图 4-9　全年乙醇 1μg/m³ 梯度迁移扩散距离概率分布直方图

同时，图 4-10 中显示了乙醇在东西南北 4 个方向上浓度梯度 1μg/m³ 的迁移扩散距离累积概率分布拟合情况，并给出了对应全年累积概率 95%的迁移扩散距离。相较于各典型月（6 月、10 月）的累积概率分布拟合情况而言，在全年的拟合中数据量更大，拟合效果也更好。同样需要说明的是，在图 4-10 中未显示相应迁移扩散距离为 0m 的情形和相应数据，因此，图中纵轴显示的累积概率仅为非零数据的累积概率，但在进行累积概率 95%对应的迁移扩散距离计算时已将为零的数据纳入考虑。由图 4-10 可以看出，该浓度梯度下累积概率 95%的迁移扩散距离为 280m～680m 不等，东向最近而南向最远。根据获得的各恶臭物质在 8 个方向上的各浓度梯度全年迁移扩散距离，得到了各典型恶臭物质全年的迁移扩散范围图，如图 4-11 所示。

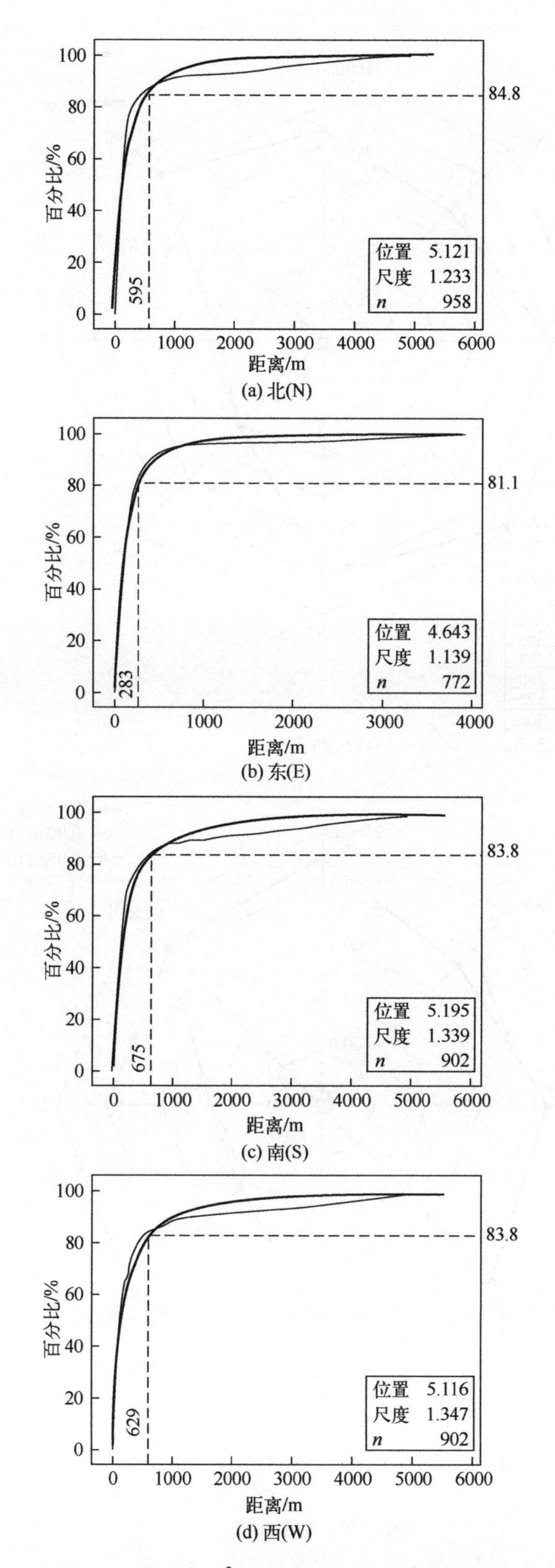

图 4-10　全年乙醇 1μg/m³ 梯度迁移扩散距离累积概率分布图

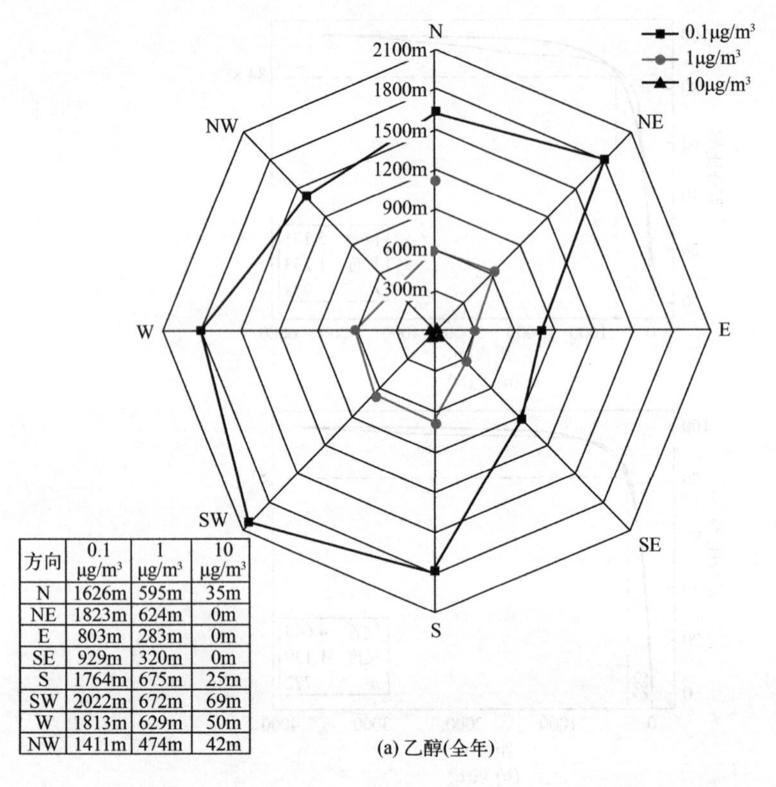

方向	0.1 μg/m³	1 μg/m³	10 μg/m³
N	1626m	595m	35m
NE	1823m	624m	0m
E	803m	283m	0m
SE	929m	320m	0m
S	1764m	675m	25m
SW	2022m	672m	69m
W	1813m	629m	50m
NW	1411m	474m	42m

(a) 乙醇(全年)

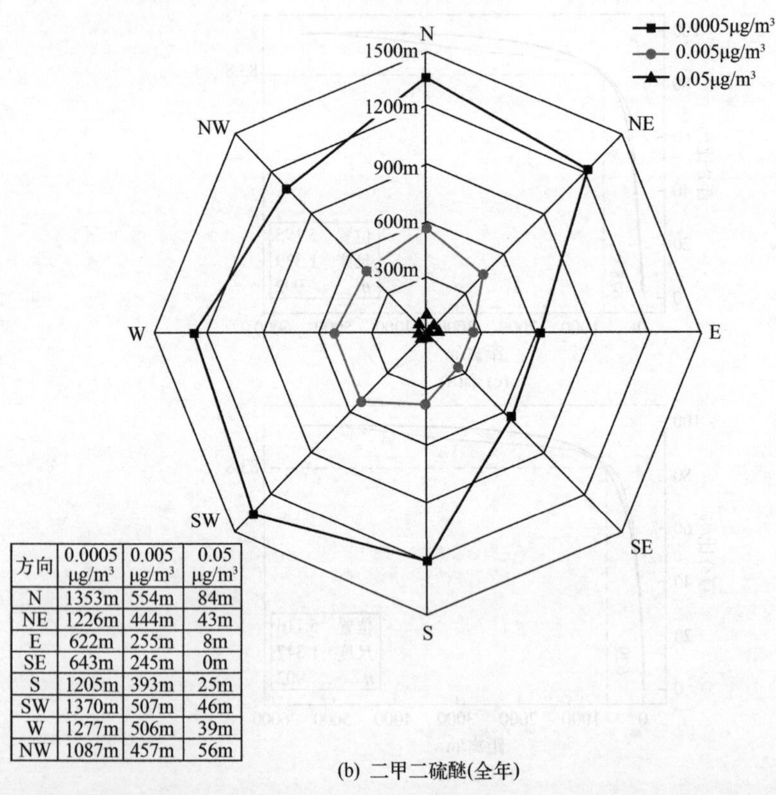

方向	0.0005 μg/m³	0.005 μg/m³	0.05 μg/m³
N	1353m	554m	84m
NE	1226m	444m	43m
E	622m	255m	8m
SE	643m	245m	0m
S	1205m	393m	25m
SW	1370m	507m	46m
W	1277m	506m	39m
NW	1087m	457m	56m

(b) 二甲二硫醚(全年)

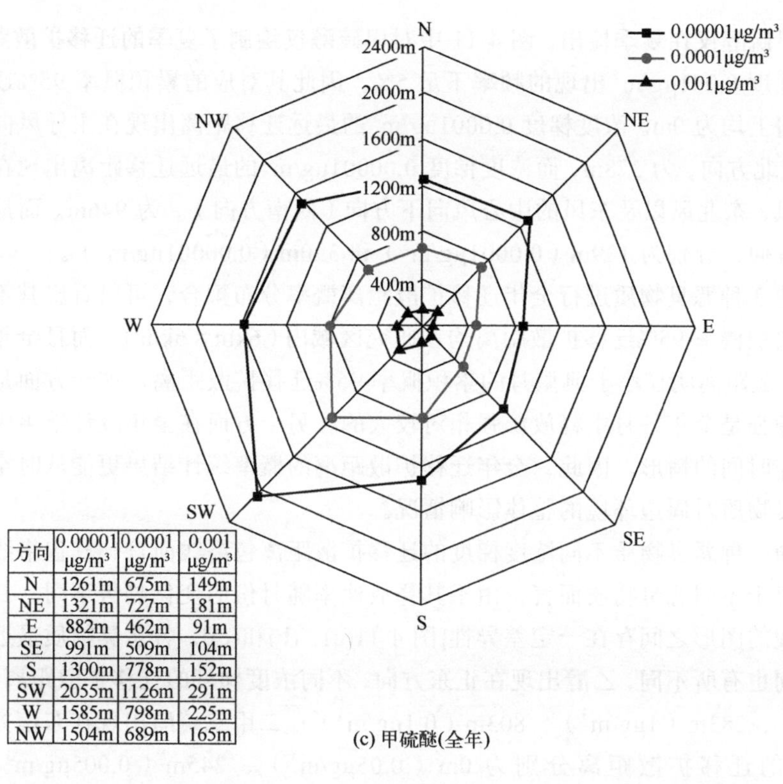

方向	0.00001 μg/m³	0.0001 μg/m³	0.001 μg/m³
N	1261m	675m	149m
NE	1321m	727m	181m
E	882m	462m	91m
SE	991m	509m	104m
S	1300m	778m	152m
SW	2055m	1126m	291m
W	1585m	798m	225m
NW	1504m	689m	165m

(c) 甲硫醚(全年)

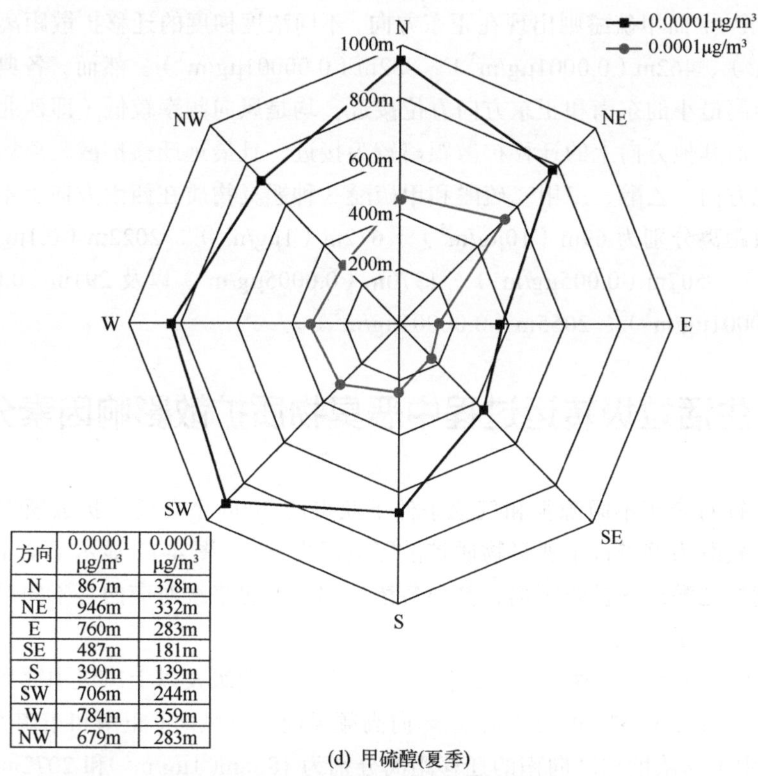

方向	0.00001 μg/m³	0.0001 μg/m³
N	867m	378m
NE	946m	332m
E	760m	283m
SE	487m	181m
S	390m	139m
SW	706m	244m
W	784m	359m
NW	679m	283m

(d) 甲硫醇(夏季)

图 4-11　全年（或夏季）各典型恶臭物质的迁移扩散距离图

甲硫醇仅在夏季检出

由于甲硫醇仅在夏季检出，图 4-11 中对甲硫醇仅绘制了夏季的迁移扩散距离图。其中，浓度梯度 0.001μg/m^3 出现的频率不足 5%，因此其对应的累积概率 95%迁移扩散距离在各方向上均为 0m。浓度梯度 0.0001μg/m^3 的最远迁移距离出现在主导风向南风的下风向，即正北方向，为 378m，而浓度梯度 0.00001μg/m^3 的最远迁移距离出现在风频相对较高的北风、东北风以及东风的中心风向下方向（西南方向），为 946m。而最近距离出现在正南方向，分别为 139m（0.0001μg/m^3）和 390m（0.00001μg/m^3）。

对其他 3 种恶臭物质进行全年迁移扩散距离概率分布拟合，可以看出其不同浓度梯度的全年累积概率 95%迁移扩散距离均在研究区域内（6km × 6km），而且全年累积概率 95%迁移扩散距离明显小于典型月的累积概率 95%迁移扩散距离。这一方面是由于典型月的释放源强是全年各月中释放源强相对较大的，另一方面在全年统计结果中考虑了转运站非工作时间的情形。因此，全年迁移扩散距离的概率统计结果更能从时空上科学反映相应恶臭物质对周边环境的整体影响情况。

对于同一种恶臭物质不同浓度梯度的迁移扩散距离包络线而言，其包络线图形基本相似。而对于不同恶臭物质而言，由于其释放速率随月份的变化趋势不同，其迁移扩散距离包络线的图形之间存在一定差异性[图 4-11(a)、(b)和(c)]。各恶臭物质最近迁移扩散距离的方向也有所不同，乙醇出现在正东方向，不同浓度梯度的迁移扩散距离分别为 0m（10μg/m^3）、283m（1μg/m^3）、803m（0.1μg/m^3）；二甲二硫醚出现在东南方向，不同浓度梯度的迁移扩散距离分别为 0m（0.05μg/m^3）、245m（0.005μg/m^3）、643m（0.0005μg/m^3）；而甲硫醚则出现在正东方向，不同浓度梯度的迁移扩散距离分别为 91m（0.001μg/m^3）、462m（0.0001μg/m^3）、882m（0.00001μg/m^3）。然而，各典型恶臭物质迁移扩散距离最小的东南和正东方向方位接近，均是风向频率较低（即西北风和西风）的下风向；而其他方向上的迁移扩散距离较为接近，且最远迁移扩散距离均出现在西南方向或正北方向。乙醇、二甲二硫醚和甲硫醚 3 种恶臭物质在西南方向上不同浓度梯度的迁移扩散距离分别为 69m（10μg/m^3）、672m（1μg/m^3）、2022m（0.1μg/m^3），46m（0.05μg/m^3）、507m（0.005μg/m^3）、1370m（0.0005μg/m^3）以及 291m（0.001μg/m^3）、1126m（0.0001μg/m^3）、2055m（0.00001μg/m^3）。

4.1.8 生活垃圾转运过程中恶臭物质扩散影响因素分析

本研究针对全年不同源强和气象条件下获得的 2000 余个迁移扩散模拟结果，以乙醇和二甲二硫醚为例进行了恶臭物质扩散影响因素分析。图 4-12 显示了全年不同风级下各浓度梯度的乙醇迁移扩散距离，其中各浓度梯度的包络线对应的是不同风级下累积概率 95%的迁移扩散距离。

首先，如全年风向风速玫瑰图[图 4-8（a）]所示，四级及以上风级中北风和西北风的风频较高，分别为 33.3%和 32.7%，乙醇向高频风向的下风向（正南和东南方向）迁移距离较远，其中不同浓度梯度向南的迁移距离分别为 1868m（1μg/m^3）和 2072m（0.1μg/m^3），向东南的迁移距离分别为 1094m（1μg/m^3）和 2371m（0.1μg/m^3），而其他风向的迁移距

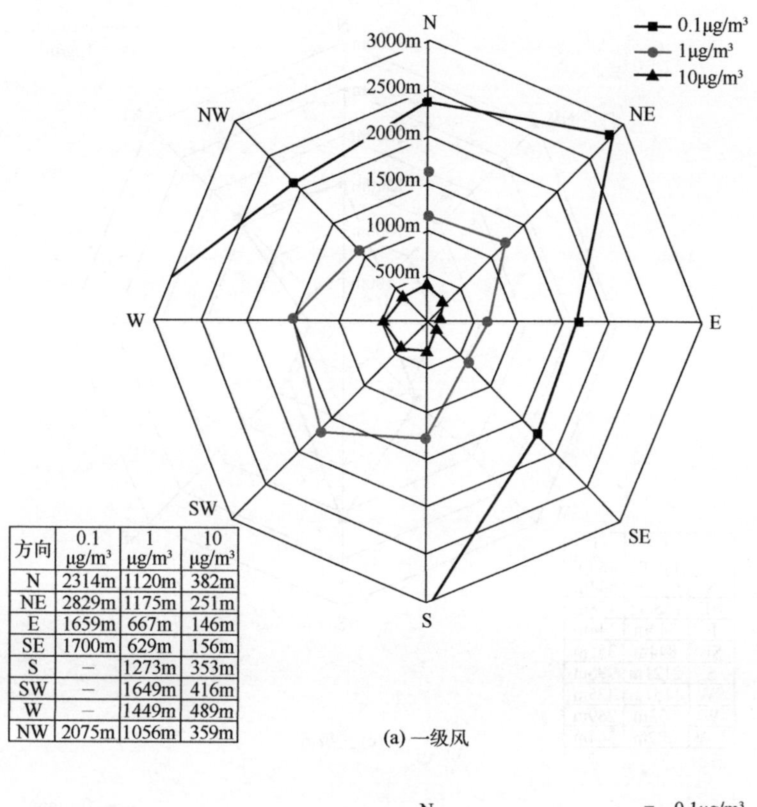

方向	0.1 μg/m³	1 μg/m³	10 μg/m³
N	2314m	1120m	382m
NE	2829m	1175m	251m
E	1659m	667m	146m
SE	1700m	629m	156m
S	–	1273m	353m
SW	–	1649m	416m
W	–	1449m	489m
NW	2075m	1056m	359m

(a) 一级风

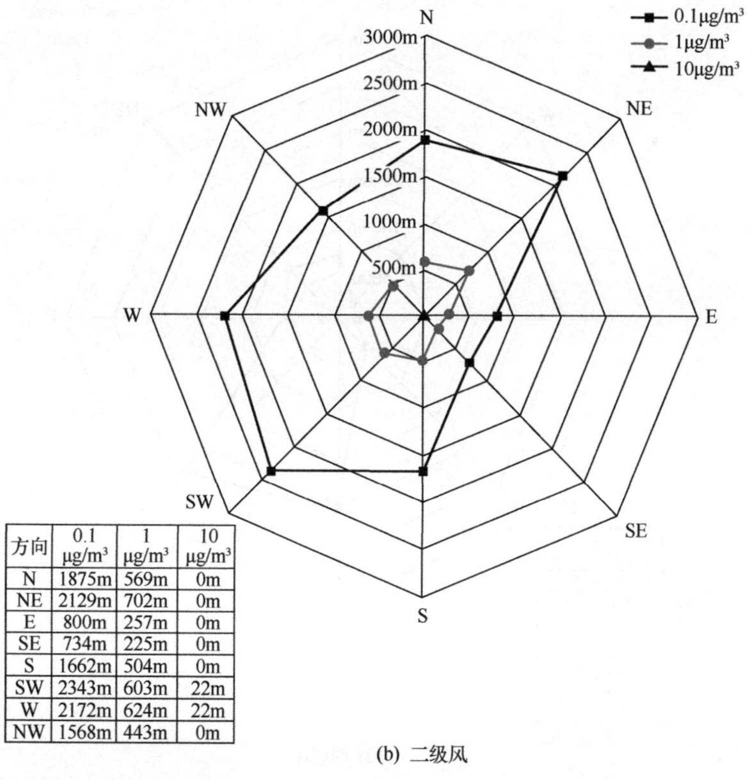

方向	0.1 μg/m³	1 μg/m³	10 μg/m³
N	1875m	569m	0m
NE	2129m	702m	0m
E	800m	257m	0m
SE	734m	225m	0m
S	1662m	504m	0m
SW	2343m	603m	22m
W	2172m	624m	22m
NW	1568m	443m	0m

(b) 二级风

图 4-12

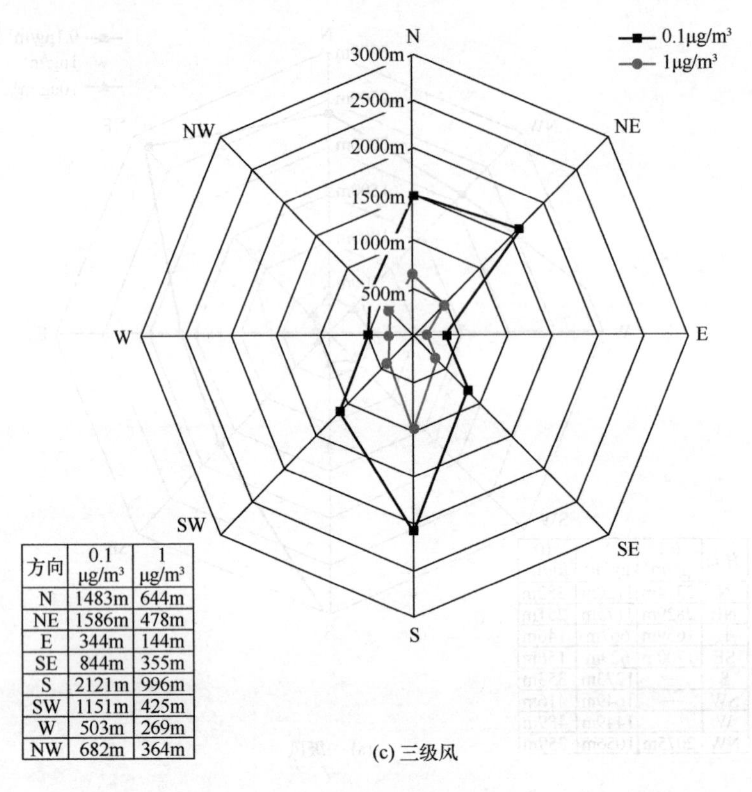

方向	0.1 μg/m³	1 μg/m³
N	1483m	644m
NE	1586m	478m
E	344m	144m
SE	844m	355m
S	2121m	996m
SW	1151m	425m
W	503m	269m
NW	682m	364m

(c) 三级风

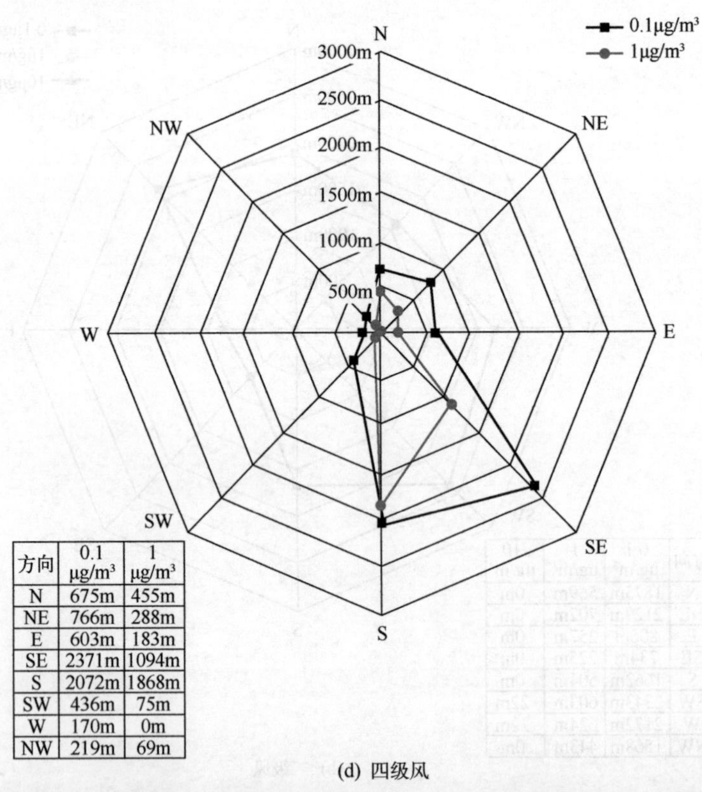

方向	0.1 μg/m³	1 μg/m³
N	675m	455m
NE	766m	288m
E	603m	183m
SE	2371m	1094m
S	2072m	1868m
SW	436m	75m
W	170m	0m
NW	219m	69m

(d) 四级风

图 4-12　全年乙醇各风级下迁移扩散距离图

离相对较近。同时由于风级大时对污染物的对流传输作用较强，相比于其他风级，四级及以上风级的迁移扩散距离包络线图形向高频风向的偏移更加明显，且最高浓度梯度 10μg/m³ 的迁移扩散距离均为 0m。对于三级风而言，浓度梯度 10μg/m³ 的迁移扩散距离也均为 0m，南北风向的风频较高，分别为 20.3%和 27.9%；东西风向的风频较低，分别为 7.3%和 5.7%。因此，在三级风条件下的迁移距离也呈现出南北方向远、东西方向近的特点。其中，往南北方向两梯度迁移距离分别为 996m（1μg/m³）、2121m（0.1μg/m³）和 664m（1μg/m³）、1483m（0.1μg/m³）；往东西方向两梯度迁移距离分别为 114m（1μg/m³）、344m（0.1μg/m³）和 269m（1μg/m³）、503m（0.1μg/m³）。

在全年气象条件中，二级风的频率最高（50.5%）。对比全年乙醇迁移扩散距离图[图 4-11（a）]与全年二级风下乙醇迁移扩散距离图[图 4-12（b）]，两者在浓度梯度 1μg/m³ 和 0.1μg/m³ 的迁移距离包络线图形相似度较高，说明全年中二级风对乙醇的迁移扩散起主要作用。对比图 4-12 中不同风级的迁移范围发现，虽然一级风（包括静风）风频（28.2%）低于二级风，但风级越小各浓度梯度的迁移扩散距离包络线覆盖的面积越大，表明风速越小越不利于乙醇等污染物的快速扩散，使受到恶臭物质影响的范围更大。一级风条件下，浓度梯度 10μg/m³ 的迁移扩散范围在 146～489m 之间，而二级风条件下仅在西南和正西方向的迁移扩散距离大于 0m（均为 22m），说明高浓度梯度的迁移扩散距离受一级风影响更大。可见，在全年恶臭物质迁移扩散中，一级风和二级风在扩散距离和影响范围中起主要作用。

而与乙醇相比，二甲二硫醚在不同风级下的迁移扩散距离表现出了不同的特点，如图 4-13 所示。一级风（包括静风）条件下各浓度梯度的迁移扩散距离包络线与二级风下各浓度梯度的迁移扩散距离包络线范围非常接近，而不同恶臭物质迁移扩散时的主要差别在于其在大气中的衰减反应速率常数不同，这表明物质衰减反应速率常数越大，其迁移扩散距离对风速的变化越不敏感。

对出现的极端恶臭污染情况进行分析表明，7～8 月由于乙醇的释放速率较低，其在研究区域的浓度未曾达到梯度浓度 10μg/m³ 及以上，因此未出现本研究设定的极端恶臭污染情况。对于其他 10 个月份，共筛选出了 103 个极端的恶臭污染情况。其中，在乙醇释放速率较高的秋季与冬季，其浓度梯度 100μg/m³ 的下风向最远迁移距离达到 600m 以上，甚至达到 1000m。对相应气象条件的大气稳定度进行分析发现，极端恶臭污染情况均发生在大气稳定度较高的条件下。在 103 个极端的恶臭污染情况中，大气稳定度等级 F 出现 25 次，稳定度等级 E 出现 63 次，稳定度等级 D 出现 15 次，无其他稳定度等级出现。这是由于大气稳定度越高，污染物在大气中的扩散系数就越小，越不利于恶臭物质的迁移扩散，形成局部区域的污染物积累。进一步对风速的分析发现，静风出现 11 次，一级风出现 77 次，二级风出现 15 次，无三级及以上的风级出现。风速对恶臭物质迁移扩散的影响主要体现在对恶臭物质的对流传输以及对扩散系数的影响，同样风速越小传输作用降低，扩散系数变小，不利于恶臭物质的快速迁移扩散。对极端恶臭污染出现的时段分析发现，其中 8:00 出现 22 次，17:00 出现 16 次，20:00 出现 30 次，23:00 出现 35 次，而 11:00 和 14:00 未出现。其原因主要是太阳高度角不同导致太阳辐射等级不同，太阳辐射等级越高，大气稳定度越低，从而使得中午时段不易发生极端的恶臭污染情况，而在凌晨或夜间更易出现污染物扩散不利条件。对云量特点分析发现，在高云量

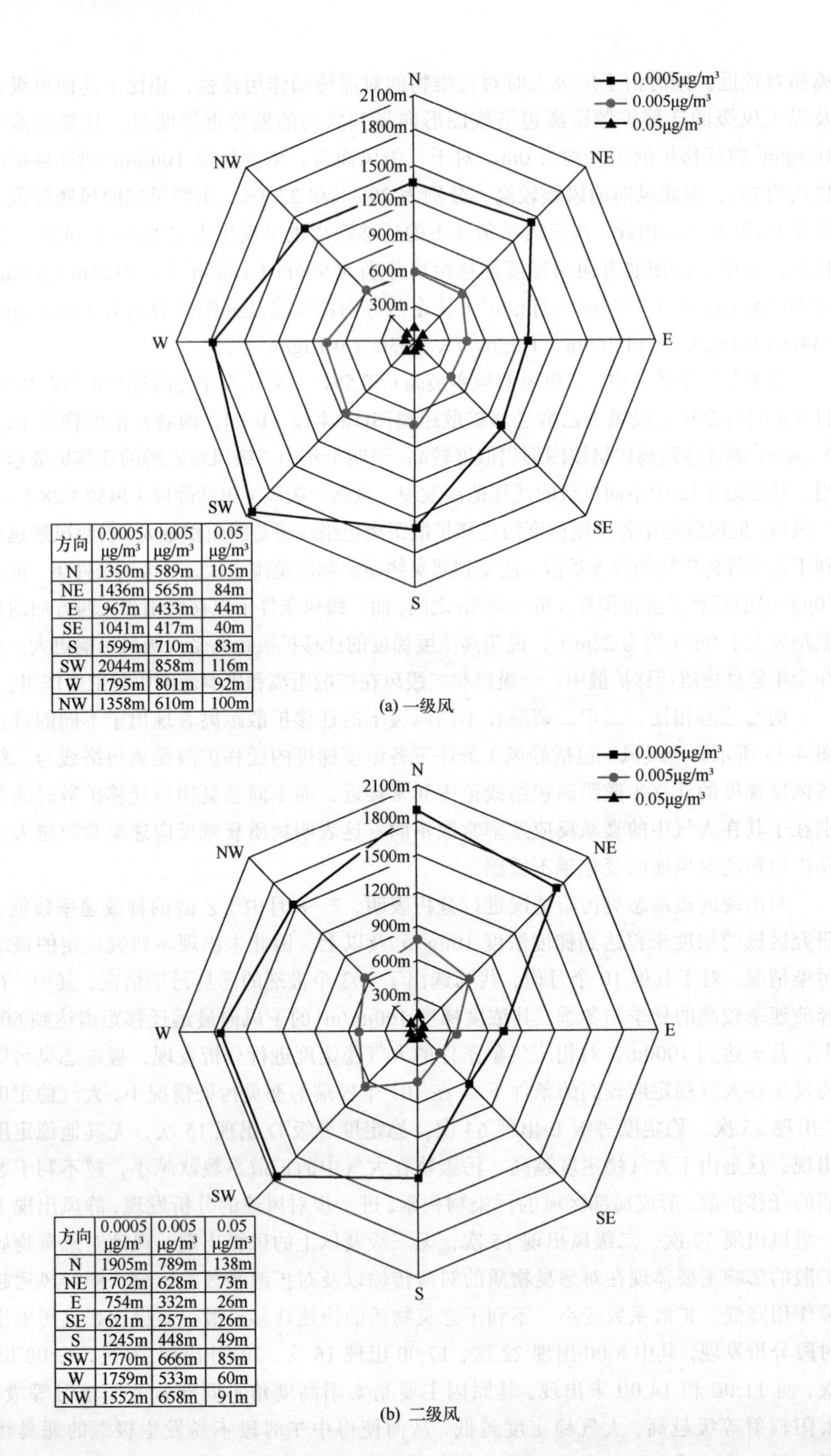

方向	0.0005 μg/m³	0.005 μg/m³	0.05 μg/m³
N	1350m	589m	105m
NE	1436m	565m	84m
E	967m	433m	44m
SE	1041m	417m	40m
S	1599m	710m	83m
SW	2044m	858m	116m
W	1795m	801m	92m
NW	1358m	610m	100m

(a) 一级风

方向	0.0005 μg/m³	0.005 μg/m³	0.05 μg/m³
N	1905m	789m	138m
NE	1702m	628m	73m
E	754m	332m	26m
SE	621m	257m	26m
S	1245m	448m	49m
SW	1770m	666m	85m
W	1759m	533m	60m
NW	1552m	658m	91m

(b) 二级风

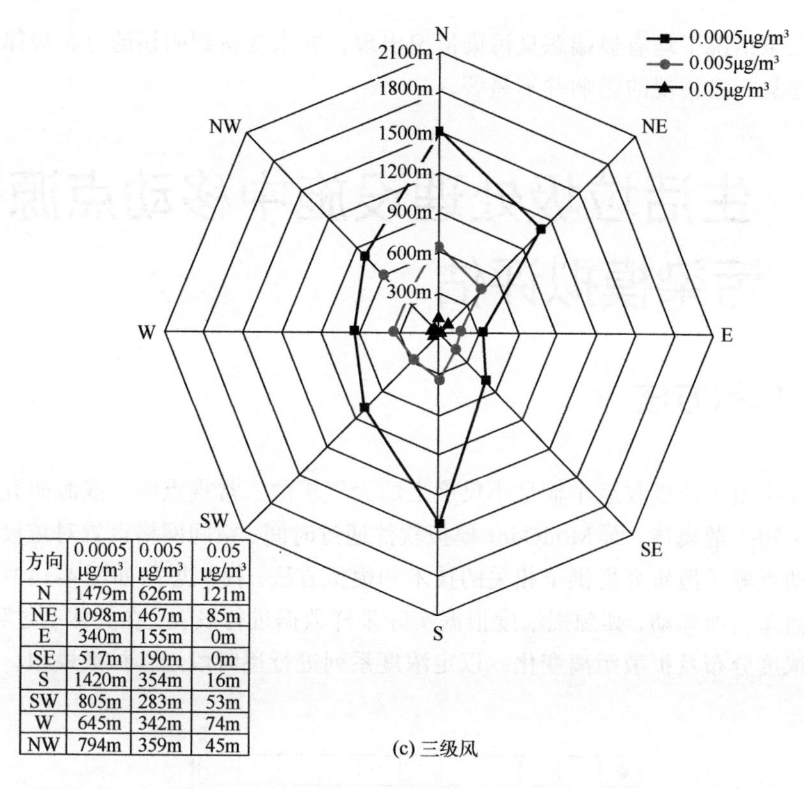

方向	0.0005 μg/m³	0.005 μg/m³	0.05 μg/m³
N	1479m	626m	121m
NE	1098m	467m	85m
E	340m	155m	0m
SE	517m	190m	0m
S	1420m	354m	16m
SW	805m	283m	53m
W	645m	342m	74m
NW	794m	359m	45m

(c) 三级风

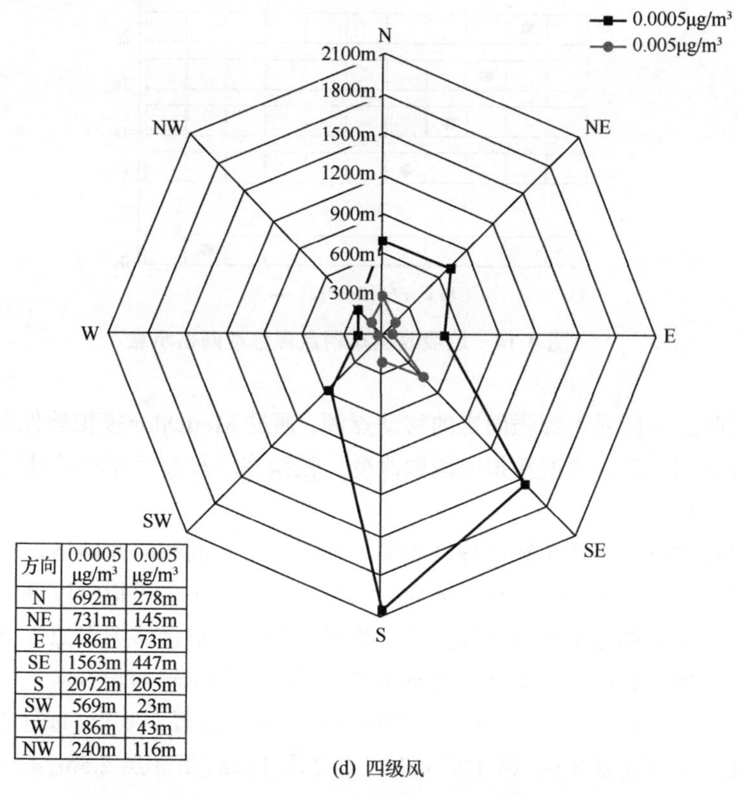

方向	0.0005 μg/m³	0.005 μg/m³
N	692m	278m
NE	731m	145m
E	486m	73m
SE	1563m	447m
S	2072m	205m
SW	569m	23m
W	186m	43m
NW	240m	116m

(d) 四级风

图 4-13　全年二甲二硫醚各风级下迁移扩散距离图

情况和低云量情况下均有极端恶臭污染情况出现，并未观察到明显的分布规律，表明云量对极端恶臭污染情况的影响并不显著。

4.2 生活垃圾处理设施中移动点源恶臭污染模拟评估

4.2.1 模拟方法

本研究中由于垃圾收运车辆是小尺度上的大气扩散，常规点源、线源研究方法难以描述其污染物扩散规律，而 ModOdor 模拟软件通过时间、空间网格设置对垃圾收运车辆的动态移动点源扩散研究提供了相关的技术和模拟方法。模拟思路如图 4-14 所示，移动点源由西向东匀速移动，其源强浓度根据实际采样数据进行设置，在其移动过程中时间、空间上的浓度分布及扩散距离变化，以定浓度系列进行逐时段迁移扩散模拟。

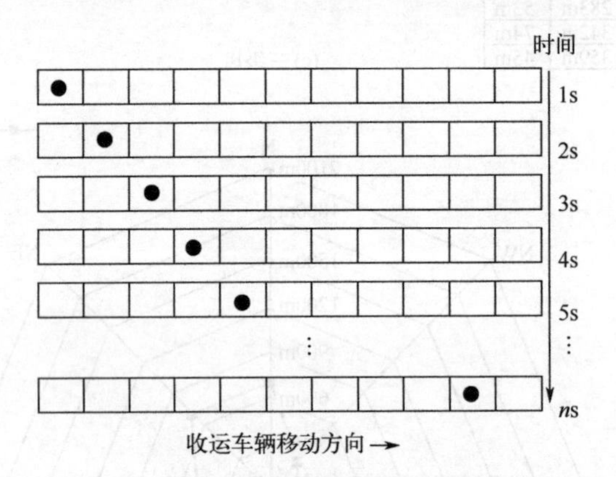

图 4-14　垃圾收运车辆点源移动网格示意

将垃圾收运车辆视为源强固定的移动点源，通过 ModOdor 模拟软件参数设置、网格设置定浓度系列，随着模型模拟时段数改变，模拟在垃圾收运车辆移动过程中的恶臭物质迁移扩散规律。

本研究针对垃圾收运车辆的移动点源，通过设置空间和时间网格，以恶臭污染指标性物质的浓度、气象条件（风速、风向、云量、温度等）、模拟时段等为输入参数进行运行计算，实现非稳态条件的迁移扩散三维模型模拟，揭示移动点源污染物的迁移扩散规律。在研究域设置上，以东和北方向分别作为 x 轴和 y 轴的正方向，研究域长度 x 方向设置 200 列，每列 2.5m，共 500m，研究域宽度 y 方向设置 200 行，每行 2.5m，共 500m，研究域高度 z 方向设置 8 层，第 1 层 0.7m，第 2 层 1.6m，第 3 层 2.5m，4～8 层均为 10m，共 54.8m，移动点源设置在第二层中心位置，其到地面的距离为 1.5m，以保证近地面层

网格的中央位置高度为一般人类呼吸带所对应的高度（1.5m）且与垃圾收运车辆垃圾箱中心位置高度接近。研究设定 100 个时段，每个时段时长为 1s，时间域长度为 100s，假设移动点源在第 50 个时段达到扩散平衡状态，以此为初始时刻，研究 500m×500m 研究域内恶臭物质的迁移扩散规律。

ModOdor 模型各参数输入界面如图 4-15～图 4-18 所示。

图 4-15　ModOdor 模型输入界面

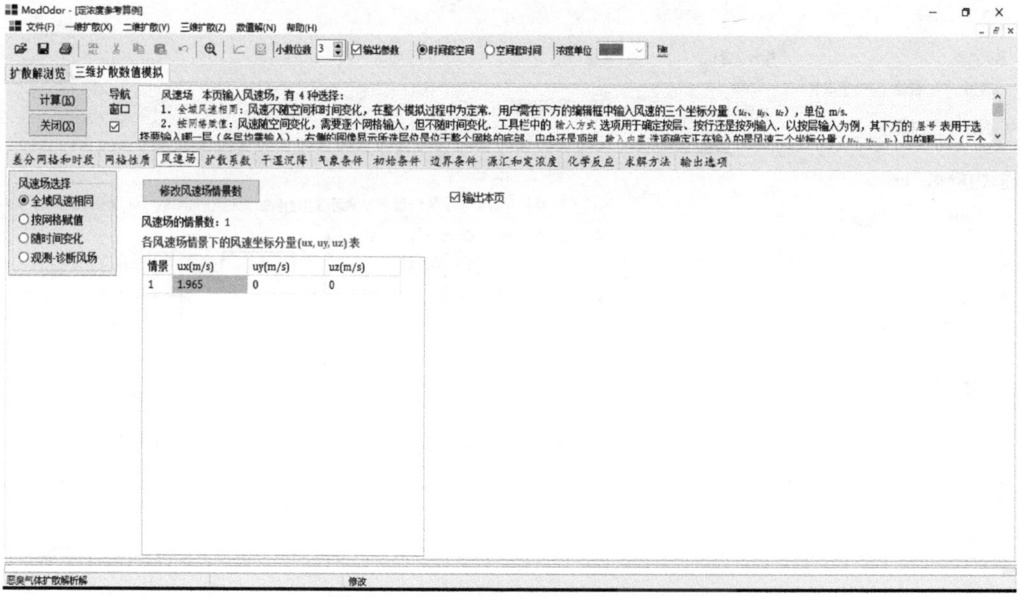

图 4-16　ModOdor 模型风速输入界面

ModOdor - [定浓度参考算例]

文件(F) 一维扩散(X) 二维扩散(Y) 三维扩散(Z) 数值解(N) 帮助(H)

小数位数 3 ☑输出参数 ◉时间套空间 ○空间套时间 浓度单位

扩散解浏览 三维扩散数值模拟

计算(K) 关闭(X) 导航窗口 ☑

气象条件 本页输入气象参数。只有风速场/扩散系数/干湿沉降的计算用到气象参数时，才需要输入本页。包括 4 项内容，需要逐项输入：

1. 时间、地点、云量和气温

（1）计算的起始时间(北京时间)：输入模拟计算的起始日期和时间，包括年、月、日、时（0~24h）。

差分网格和时段 网格性质 风速场 扩散系数 干湿沉降 气象条件 初始条件 边界条件 源汇和定浓度 化学反应 求解方法 输出选项

输入内容选择

◉时间、地点、云量和气温

○地表粗糙长度

○波文比

○反照率典型值

时间、地点、云量和气温

☑输出本页

计算的起始时间(北京时间)

年：2014 月：9 日：11 时间(h)：13

研究域所在地区

北京 当地经度(°) 116.46 当地纬度(°) 39.92

时段长度dt、总云量、低云量和气温数据表

说明：时段数据由时间域剖分结果确定（见"差分网格和时段"页）；低云量≤总云量

时段	时段长度dt(s)	总云量(0-10)	低云量(0-10)	气温(°C)
1	1	8	2	23
2	1	8	2	23
3	1	8	2	23
4	1	8	2	23
5	1	8	2	23
6	1	8	2	23
7	1	8	2	23
8	1	8	2	23
9	1	8	2	23
10	1	8	2	23

恶臭气体扩散解析解 修改

图 4-17 ModOdor 模型气象条件输入界面

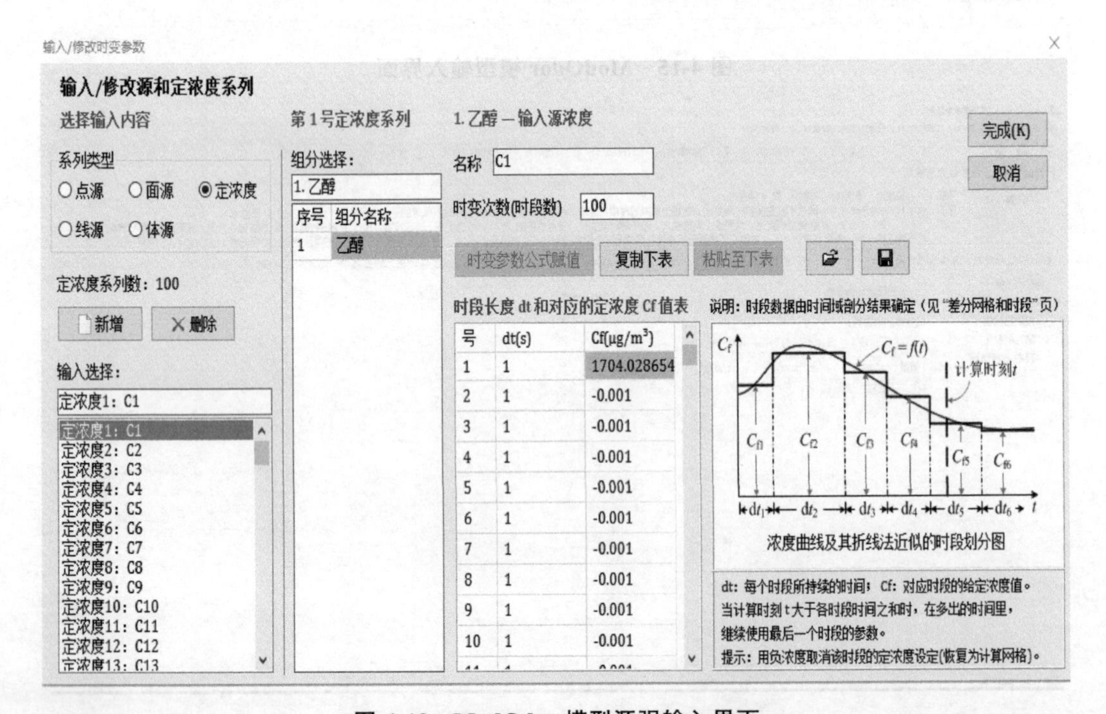

图 4-18 ModOdor 模型源强输入界面

4.2.2　典型物质迁移扩散特征

本研究中，每次迁移扩散模拟的结果仅以矩阵形式输出移动点源所在层及第 2 层浓度分布情况，对计算输出结果进行分析发现典型恶臭物质自释放源排出后，浓度均随迁移距离的增大迅速降低，典型恶臭物质的各个网格的迁移扩散浓度均低于各物质对应的嗅阈值（表 4-8），因此，本研究中根据各典型恶臭物质的实际迁移扩散时的浓度水平得出对应的阈稀释倍数（表 4-8），通过设置相应阈稀释倍数梯度来研究各典型恶臭物质的迁移扩散规律。

表 4-8　典型恶臭物质乙醇嗅阈值及阈稀释倍数梯度

典型恶臭物质	嗅阈值 /（μg/m³）	阈稀释倍数梯度（无量纲）			
乙醇	1.07×10^3	0.5	0.05	0.005	0.0005
		0.1	0.01	0.001	

选取 2016 年 10 月的乙醇浓度作为典型移动点源源强数据，用 ModOdor 软件进行模拟研究恶臭物质的迁移扩散过程。模拟时段的气象条件见表 4-9。

表 4-9　模拟时段的气象条件

时段	风速 /（m/s）	方向 /（°）	温度 /℃	总云量	低云量
11:00	1.788	90	11	8	3

图 4-19 展示了典型物质（乙醇）在典型月份（10 月）从时段 1 到时段 16（每个时段 2s，共 32s）时间里不同阈稀释倍数梯度下的迁移扩散图，研究域为 250m × 250m，这一过程被视作垃圾收运车辆的恶臭物质在车辆启动阶段的迁移扩散变化。可以看出第 2 秒时，各阈稀释倍数梯度线比较密集，恶臭物质乙醇浓度随距离增大下降幅度大。随着移动点源的移动，以移动点源为中心的附近区域浓度变化不大，较远区域浓度升高，恶臭物质逐渐扩散至整个研究域，而且较远距离处的各阈稀释倍数梯度线距离变大，乙醇浓度随距离增大而下降的幅度变小。第 16 秒后垃圾收运车辆驶离端（正西方向）恶臭物质浓度逐渐趋于稳定，之后才逐渐降低直至消散。而由于东风的影响，东北方向的恶臭物质浓度仍在增大，恶臭污染程度增加，典型物质在下风向的迁移较为明显。垃圾收运车辆行驶端（正东方向）恶臭物质浓度则持续增大。

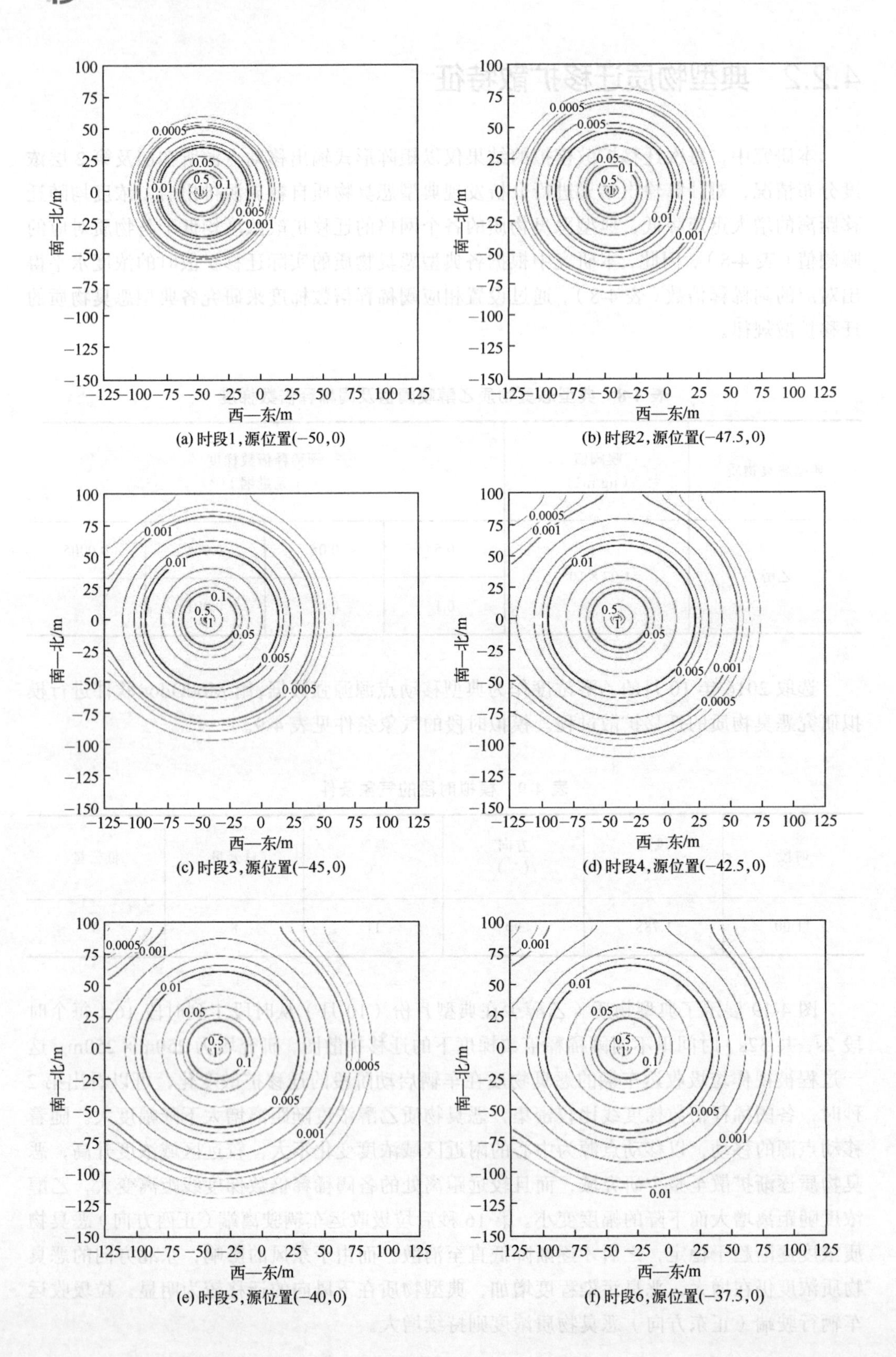

(a) 时段1，源位置(−50，0)

(b) 时段2，源位置(−47.5，0)

(c) 时段3，源位置(−45，0)

(d) 时段4，源位置(−42.5，0)

(e) 时段5，源位置(−40，0)

(f) 时段6，源位置(−37.5，0)

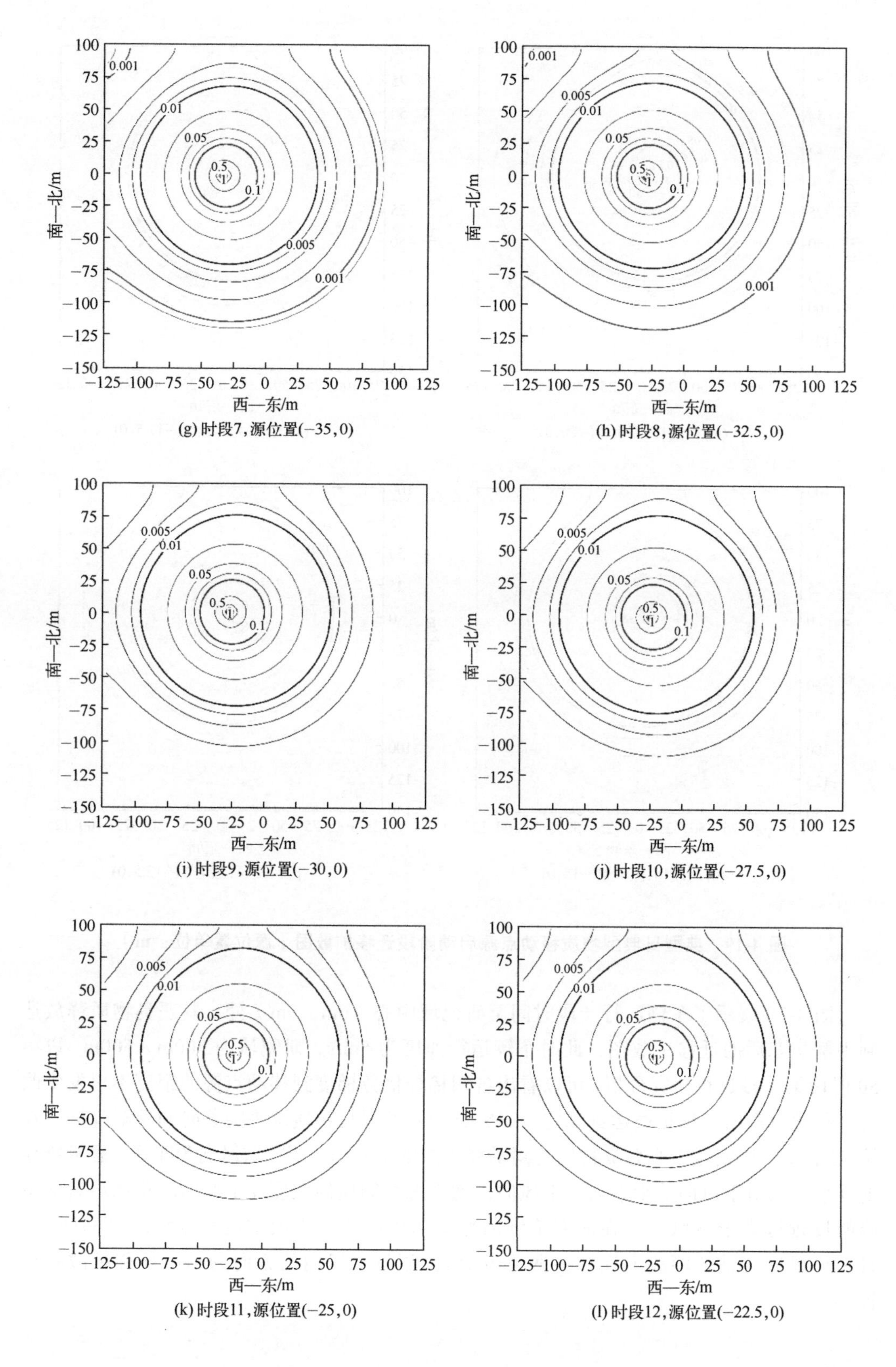

(g) 时段7，源位置(−35，0)

(h) 时段8，源位置(−32.5，0)

(i) 时段9，源位置(−30，0)

(j) 时段10，源位置(−27.5，0)

(k) 时段11，源位置(−25，0)

(l) 时段12，源位置(−22.5，0)

图 4-19

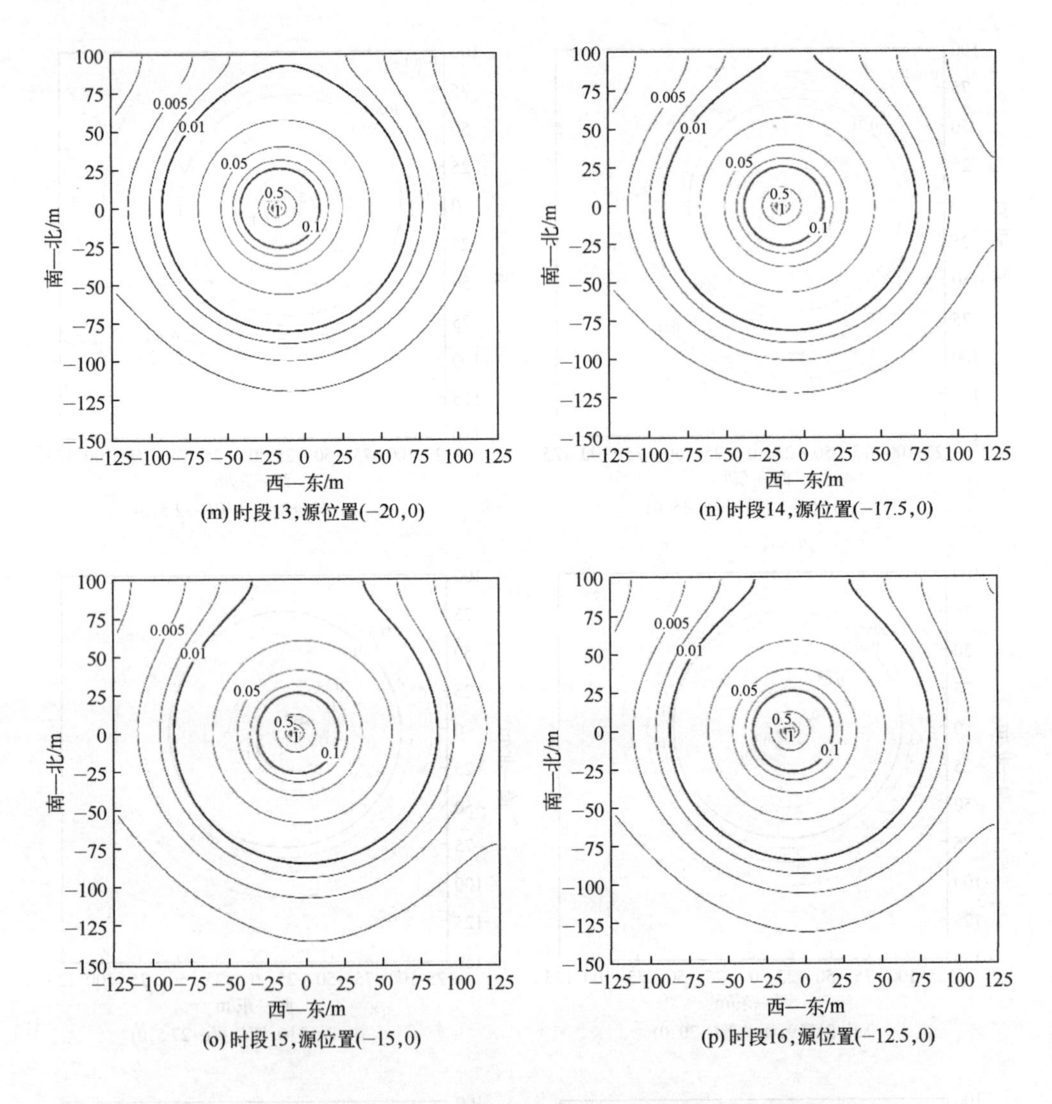

图 4-19　典型日典型物质移动点源启动阶段迁移扩散图（源位置单位：m）

图 4-20 展示了车辆运行一段时间至研究域中心（0m，0m）处，其恶臭物质释放达到平衡状态后的迁移扩散图，此时车辆运行速度为 5m/s，研究域为 500m × 500m，以第 50 时段第 1 秒进行研究分析，可以看出各阈稀释倍数梯度到移动点源的距离不再发生改变，移动点源的迁移扩散达到稳定，研究域中心的恶臭物质水平随着时间逐渐降低，在第 47 秒时，研究域中心恶臭物质的阈稀释倍数低于 0.01。研究域风向为东风，恶臭物质的迁移扩散对下风向的影响大于上风向。通常恶臭物质的浓度在上风向随距离增大的下降幅度远远大于下风向，在研究范围内恶臭物质的迁移扩散浓度梯度线均呈椭圆状，且在以风向为轴的距离上迁移扩散范围更大，以垂直风向的方向为轴的迁移扩散距离较小。

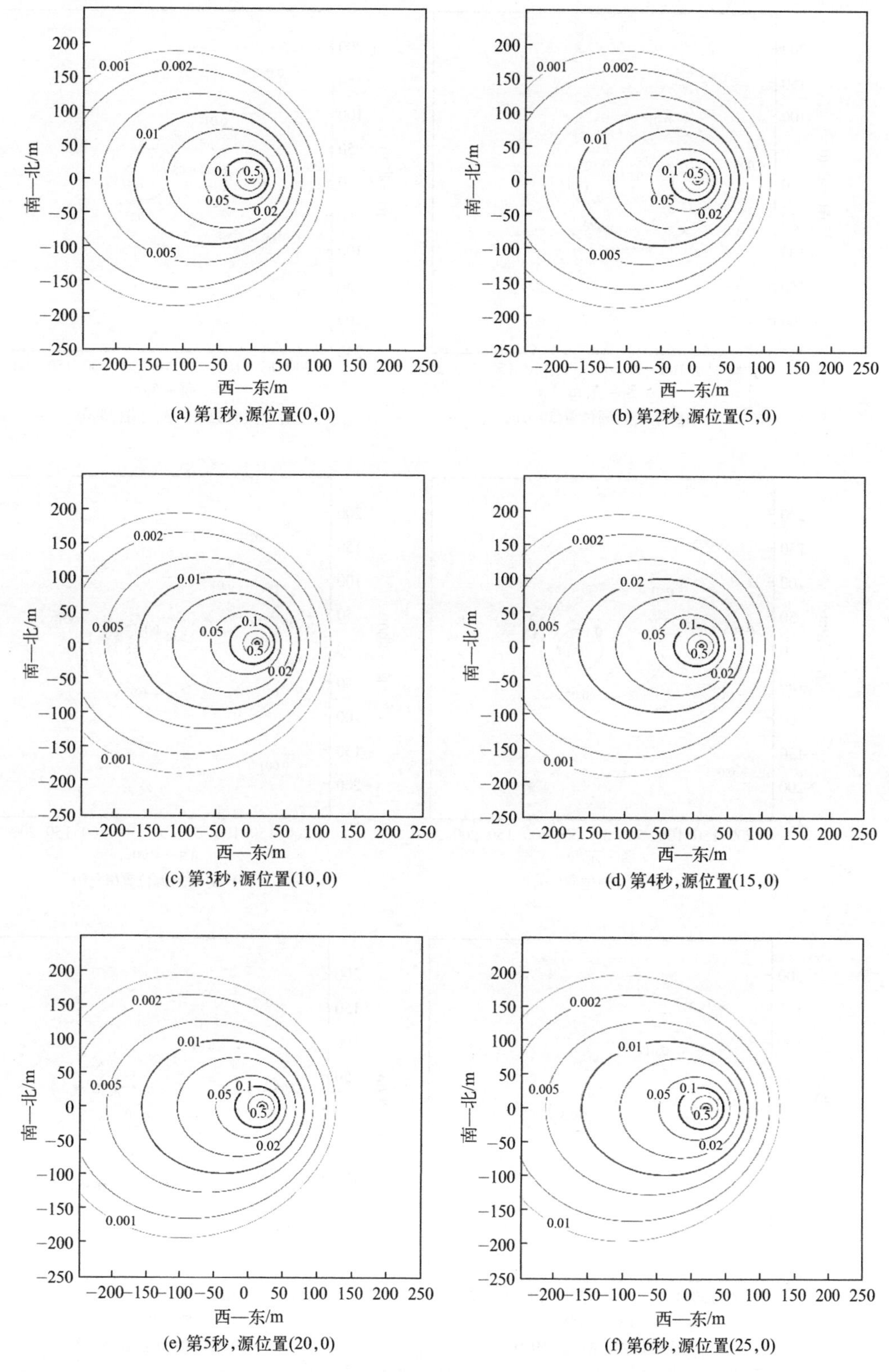

(a) 第1秒，源位置(0，0)

(b) 第2秒，源位置(5，0)

(c) 第3秒，源位置(10，0)

(d) 第4秒，源位置(15，0)

(e) 第5秒，源位置(20，0)

(f) 第6秒，源位置(25，0)

图 4-20

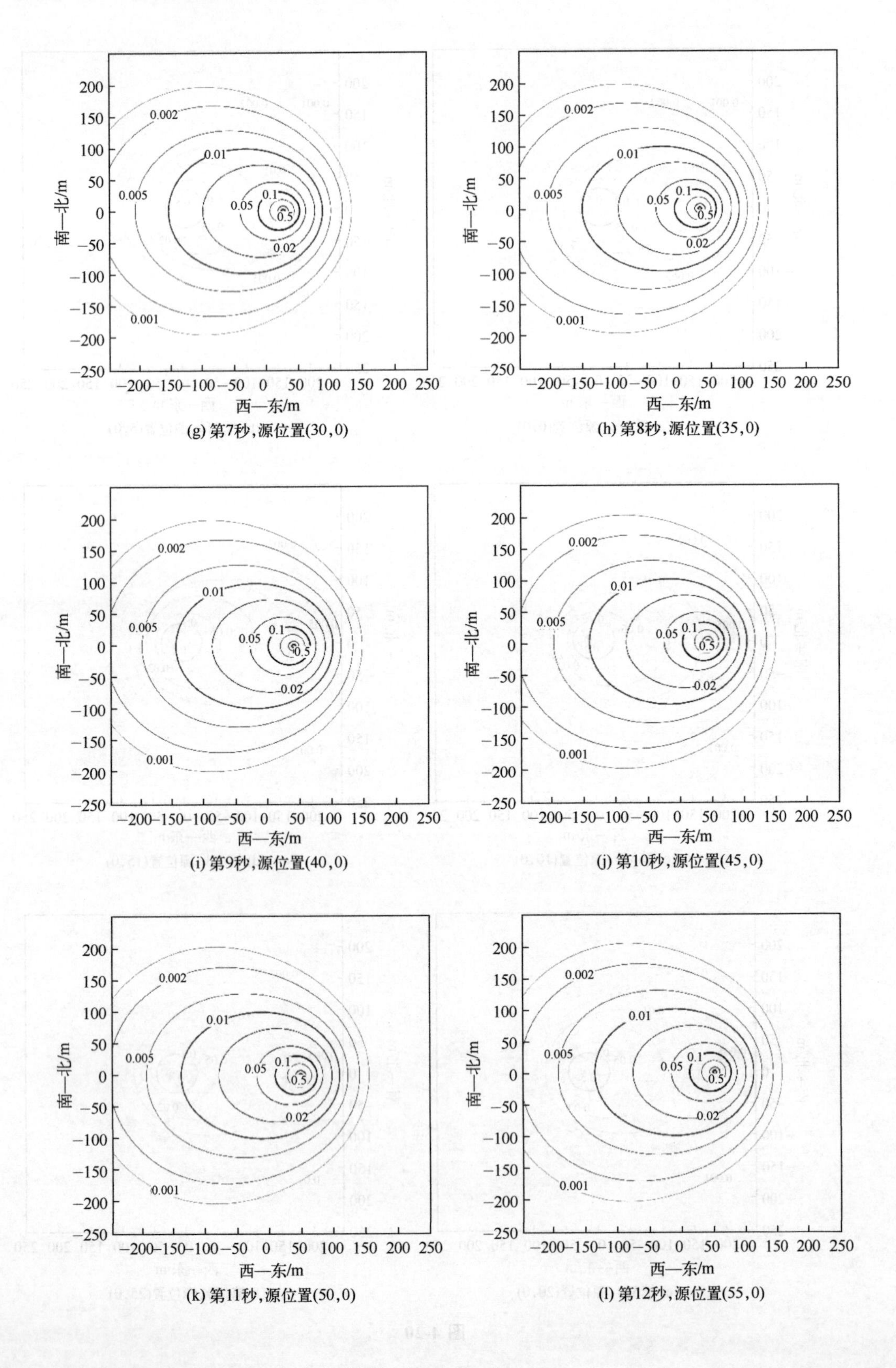

(g) 第7秒，源位置(30，0)

(h) 第8秒，源位置(35，0)

(i) 第9秒，源位置(40，0)

(j) 第10秒，源位置(45，0)

(k) 第11秒，源位置(50，0)

(l) 第12秒，源位置(55，0)

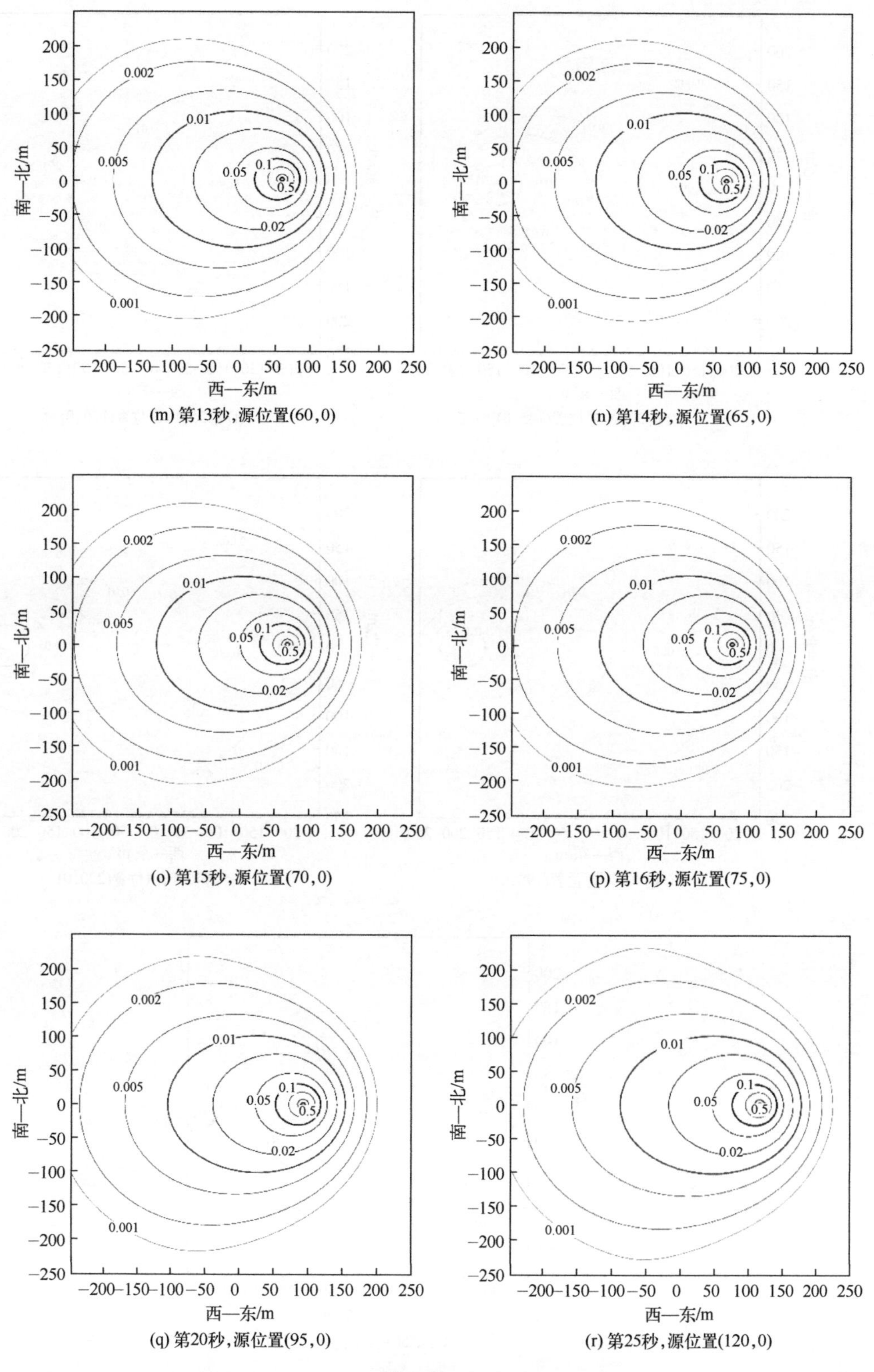

(m) 第13秒，源位置(60，0)

(n) 第14秒，源位置(65，0)

(o) 第15秒，源位置(70，0)

(p) 第16秒，源位置(75，0)

(q) 第20秒，源位置(95，0)

(r) 第25秒，源位置(120，0)

图 4-20

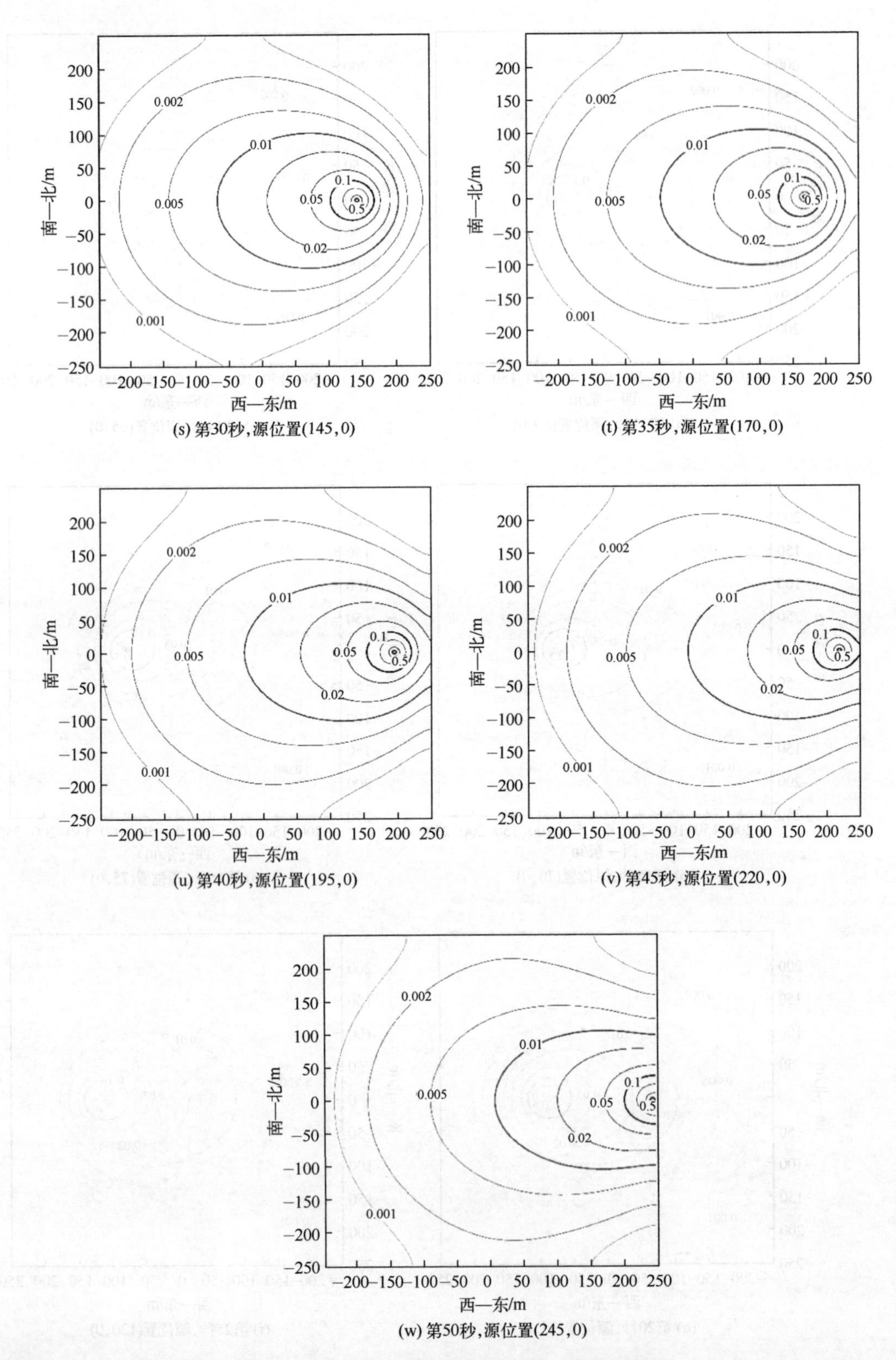

(s) 第30秒,源位置(145,0)

(t) 第35秒,源位置(170,0)

(u) 第40秒,源位置(195,0)

(v) 第45秒,源位置(220,0)

(w) 第50秒,源位置(245,0)

图 4-20 移动点源平衡稳定阶段迁移扩散图（源位置单位：m）

上述研究中较长时段的移动点源的迁移扩散模拟能反映恶臭污染的时空变化及对周边区域的长期影响变化，具有较强的现实意义。对迁移扩散过程中恶臭物质浓度水平的扩散范围及时间变化的研究，可以为移动点源周边设施建设的安全防护提供科学依据。

4.2.3 恶臭物质浓度对迁移扩散的影响

根据全年恶臭物质释放特征选择乙醇作为本小节恶臭物质模拟组分，分别设置 500μg/m^3、1000μg/m^3、1500μg/m^3 三个浓度值作为源强模拟移动点源的迁移扩散规律，根据迁移扩散模拟得到的浓度水平，如表 4-10 典型恶臭物质乙醇的嗅阈值及浓度梯度划分所示，设置 10μg/m^3 的浓度界限来研究典型恶臭物质乙醇在不同源强浓度下的迁移扩散规律。

表 4-10　典型恶臭物质乙醇的嗅阈值及浓度梯度划分

典型恶臭物质	嗅阈值/(μg/m^3)	浓度界限/(μg/m^3)
乙醇	1.07×10^3	10

根据获得的全年气象数据，分析得出全年风速以二级风为主，风向以南风为主，因此浓度因素对迁移扩散影响的模型参数按表 4-11 设置，对乙醇进行迁移扩散模型模拟，以第 50 时段为起始时刻第 1 秒，研究 x 轴负方向各时段浓度梯度到研究域中心（0m，0m）的迁移扩散距离。

表 4-11　浓度因素对迁移扩散影响的模型参数设置

影响因素	变量参数设置/(μg/m^3)	气象条件			其他条件	
		温度/℃	总云量	低云量	风速（x，y）/(m/s)	风向
浓度	500	25	5	2	（0，−2）	南风
	1000	25	5	2	（0，−2）	南风
	1500	25	5	2	（0，−2）	南风

由图 4-21 可以看出，随源强浓度的增大，在浓度界限 10μg/m^3 下，移动点源移动反方向轴线（x 轴负方向）上的扩散距离越远，研究域中心受恶臭污染影响的时间越长。当乙醇的源强浓度为 500μg/m^3 时，最远扩散距离为 92.5m，研究域中心在第 20 秒时乙醇浓度低于 10μg/m^3，当乙醇浓度为 1000μg/m^3 时，最远扩散距离为 147.5m，研究域中心在第 31 秒时浓度低于 10μg/m^3，当乙醇浓度为 1500μg/m^3 时，最远扩散距离为 200m，研究域中心在第 39 秒时浓度低于 10μg/m^3。同时，可以看出在不同源强浓度下迁移距离-时间图像斜率基本相同，乙醇浓度随时间延长的减小幅度基本一致。

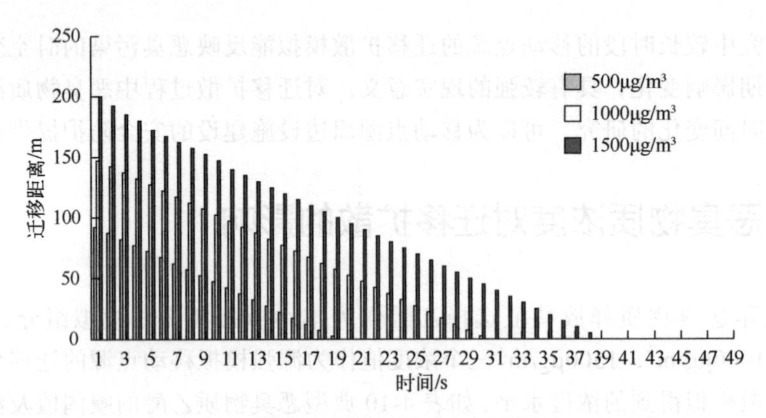

图 4-21　x 轴负方向同一时段不同源强浓度下的迁移距离对比

4.2.4　风向对迁移扩散的影响

移动点源朝 x 轴正方向（东方）移动，对风向对移动点源迁移扩散的影响研究，主要分析正东、正西两个风向对迁移扩散的影响。模型模拟的相关参数设置如表 4-12 所列，对模拟计算结果进行乙醇浓度在 10μg/m^3 梯度下 x 轴线负方向的迁移距离统计分析，研究风向对迁移扩散的影响规律。

表 4-12　浓度因素对迁移扩散影响的模型参数设置

影响因素	变量参数设置	气象条件			其他条件	
		温度/℃	总云量	低云量	风速（x，y）/（m/s）	浓度/（μg/m^3）
风向	正东	25	5	2	（2，0）	1000
	正西	25	5	2	（-2，0）	1000

由图 4-22 可以看出，当风向为东风时，与移动点源移动方向相反，乙醇在 10μg/m^3 梯度下 x 轴负方向的最远迁移距离为 200m，在第 40 秒时研究域中心的乙醇浓度低于 10μg/m^3，当风向为西风时最远扩散距离为 132.5m，在第 32 秒时研究域中心的乙醇浓度低于 10μg/m^3，表明当风向与移动点源移动方向相反时，移动点源对周围环境的影响更为显著，影响时间更长。在不同风向的影响作用下，乙醇浓度随时间推移的消减幅度相同。

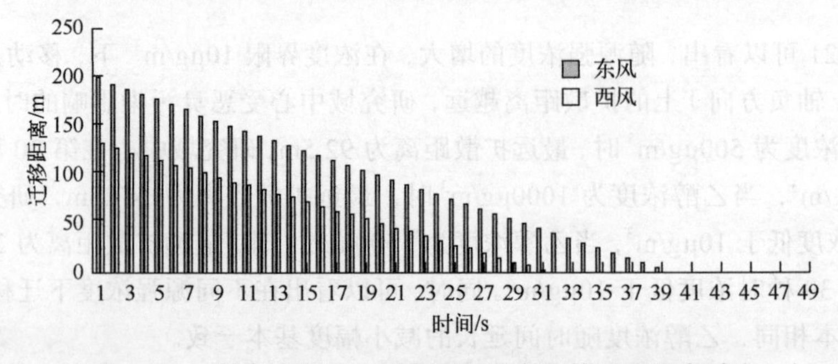

图 4-22　x 轴负方向同一时段不同风向下的迁移距离对比

4.2.5　风速对迁移扩散的影响

针对风速对移动点源迁移扩散的影响研究，模型模拟的相关参数设置如表 4-13 所列。

表 4-13　浓度因素对迁移扩散影响的模型参数设置

影响因素	变量参数设置/(m/s)	气象条件			其他条件		
		温度/℃	总云量	低云量	风速（x，y）/(m/s)	风向	源强浓度/(μg/m³)
风速	1	25	5	2	(0，−1)	南风	1000
	2	25	5	2	(0，−2)	南风	1000
	3	25	5	2	(0，−3)	南风	1000
	4	25	5	2	(0，−4)	南风	1000

由图 4-23（书后另见彩图）可以看出风速越小，移动点源的迁移距离越远，影响时间越久。具体而言，当风速为 1m/s、2m/s、3m/s、4m/s 时，其最远迁移距离分别为 162.5m、147.5m、107.5m、87.5m，研究域中心乙醇浓度开始低于 10μg/m^3 的时间分别为第 35 秒、第 31 秒、第 23 秒、第 19 秒。由于在 x 轴负方向的恶臭物质是移动点源移动过程中扩散叠加滞留的恶臭物质，在浓度梯度 10μg/m^3 下的迁移扩散距离越大，乙醇的迁移扩散越缓慢，表明风速越小越不利于移动点源的迁移扩散。

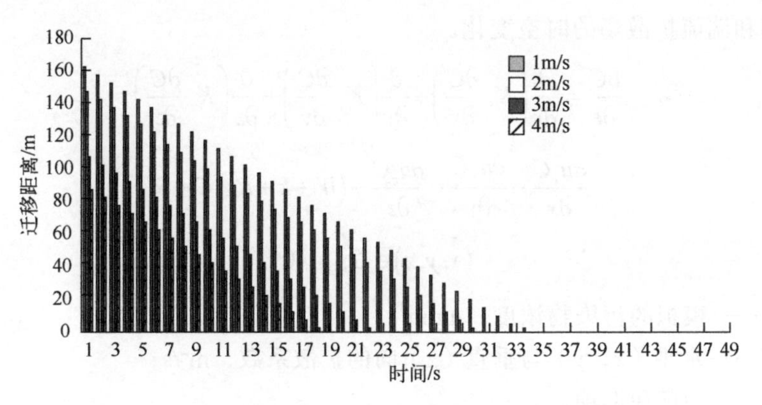

图 4-23　x 轴负方向同一时段不同风速下的迁移距离对比

4.3　生活垃圾处理设施中面源恶臭污染模拟评估

本研究以填埋场作业面为面源，由于填埋场作业面无组织释放的 VOCs 在大气环境中的迁移扩散过程受其释放源强、气象条件、地形条件等因素交互影响，其中释放源强和气象条件变化显著，具有随机性，使得 VOCs 在大气中的迁移扩散过程具有显著的不确定性。研究基于蒙特卡罗的不确定性分析方法耦合 GA-ANN 源强估算模型，设计了典型生活垃圾处理设施中面源污染的典型恶臭与健康风险物质的迁移扩散三维数值模拟方案。通过对服从特定分布的输入参数随机取值，开展了典型恶臭物质迁移扩散三维数值模拟研究，基于概率统计获得了各典型恶臭与健康风险物质落地浓度分布特征与不同浓度梯度下的 95%累积概率迁移扩散范围。

4.3.1 典型恶臭与健康风险物质迁移扩散模拟方法

4.3.1.1 模拟方法概述

本研究使用 ModOdor 模型开展填埋场作业面典型面源典型恶臭与健康风险物质迁移扩散三维数值模拟。ModOdor 是专门针对固体废物处置设施 VOCs 气体释放的迁移扩散模拟软件，模型主界面如图 4-24（a）所示。ModOdor 适用于中小尺度的稳态或非稳态扩散模拟，可对点源、线源、面源、体源、复杂组合源以及源浓度或源通量进行一维、二维以及三维扩散数值模拟。三维扩散数值模拟的基本方程如式（4-6）所示，采用有限差分法将连续时空域上的求解问题转化为求解有限个离散点上的解，随后迭代求解计算每个时间和空间网格中央位置的物质浓度，不仅能模拟复杂的地形地貌，而且还能精确模拟风速场和湍流扩散场的时空变化。

$$\frac{\partial C}{\partial t}=\frac{\partial}{\partial x}\left(K_x\frac{\partial C}{\partial x}\right)+\frac{\partial}{\partial y}\left(K_y\frac{\partial C}{\partial y}\right)+\frac{\partial}{\partial z}\left(K_z\frac{\partial C}{\partial z}\right)$$

$$-\frac{\partial u_x C}{\partial x}-\frac{\partial u_y C}{\partial y}-\frac{\partial u_z C}{\partial z}-\left(W+k+k_{\rm w}\right)C+S \tag{4-6}$$

$$\left(x,y,z\right)\in \boldsymbol{G},\ t>0$$

式中 C——模拟的污染物浓度，μg/m^3；

K_x，K_y，K_z——水平（x，y）与垂直（z）向的扩散系数，m^2/s；

S，W——源项和汇项，s^{-1}；

k——一级化学反应速率常数，s^{-1}；

$k_{\rm w}$——湿沉降速率，s^{-1}，本研究不考虑干湿沉降，即 $k_{\rm w}$=0；

$\boldsymbol{G}$——研究域，m；

x，y，z——计算点的坐标，m；

t——计算时间，s。

在此基础上，结合本研究需求对 ModOdor 进行改进升级，新增了蒙特卡罗模拟（MC 模拟）模块[图 4-24（b）]，解决了模型每次只能对一种给定条件下的气体进行迁移扩散模拟的不足，实现了数千组甚至上万组不同条件下的迁移扩散批量模拟。

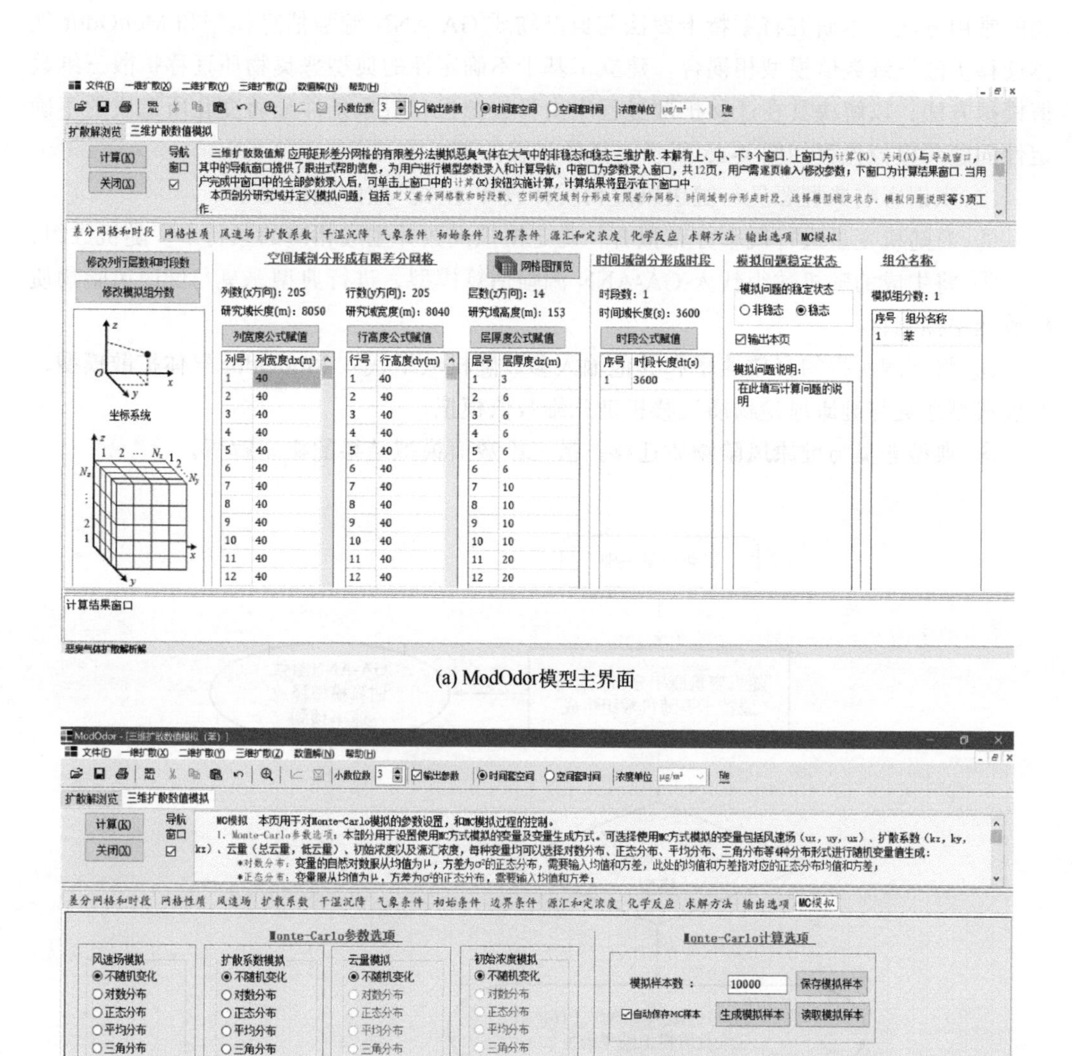

(a) ModOdor模型主界面

(b) ModOdor蒙特卡罗模拟(MC模拟)模块

图 4-24　固体废物处置设施 VOCs 气体迁移扩散模拟软件——ModOdor 界面示意

气体迁移扩散模拟过程中的不确定性主要由输入参数的随机变化和计算过程本身导致。蒙特卡罗法是一种随机的模拟方法，通过对服从特定分布的输入参数随机取值来解决模拟过程中的不确定性，是解决环境领域由模型输入参数的随机变化造成不确定性问题的常用方法。本研究将蒙特卡罗法与典型物质 GA-ANN 源强估算模型和 ModOdor 气体迁移扩散三维数值模型相耦合，建立了基于不确定性的典型恶臭物质迁移扩散三维数值模拟方法，以解决其在迁移扩散过程中由释放源强和气象条件显著变化所造成的不确定性问题。模拟流程如图 4-25 所示，具体步骤如下：

① 识别影响典型恶臭与健康风险物质释放和迁移扩散的随机变量；

② 对随机变量进行概率分布拟合，确定模拟次数并生成相应的蒙特卡罗随机数组；

③ 将生成的随机数组代入 GA-ANN 源强估算模型，进行典型恶臭与健康风险物质释放速率预测；

④ 将预测所得的释放速率和其他输入参数随机数组代入 ModOdor 气体扩散模型，开展典型恶臭与健康风险物质迁移扩散三维数值模拟；

⑤ 典型恶臭与健康风险物质迁移扩散三维数值模拟结果的概率解析。

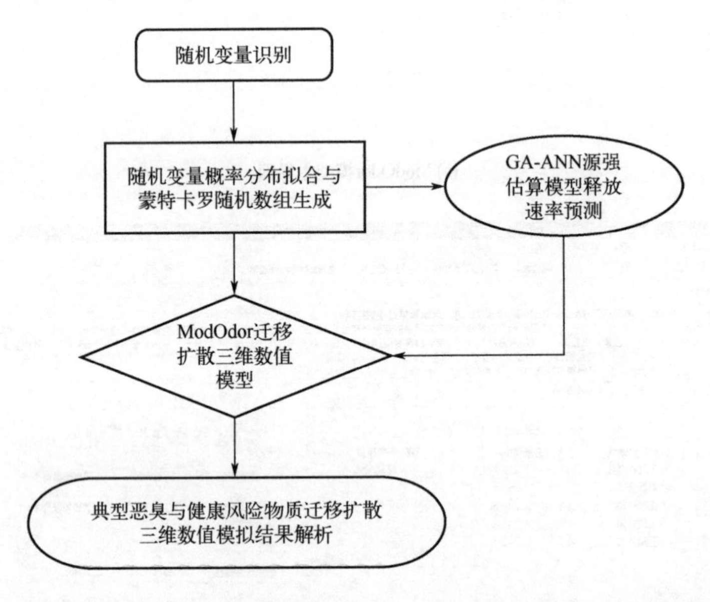

图 4-25　基于不确定性分析的典型恶臭与健康风险物质迁移扩散三维数值模拟流程

4.3.1.2　ModOdor 输入条件与输出选项设定

ModOdor 模型输入条件的设定如下：

填埋场作业面面积约为 2000m^2，将其等效为 50m × 40m（源长 × 源宽）的矩形面源，源高度约 30m，位于 101～105 列，101～105 行，第 6 层。对该面源进行稳态模拟，以填埋场作业面为中心，设置长×宽×高=8050m × 8040m × 153m 的立方体区域作为模拟研究域，研究域的空间网格划分如图 4-26 所示。长、宽、高的具体设置如图 4-26 所示。

① 研究域长度 x　设定为 8050m，划分为 205 列。源所在列（101～105 列），每列长度 dx 均设为 10m，以满足源长为 50m；其余列，每列长度 dx 均设为 40m。

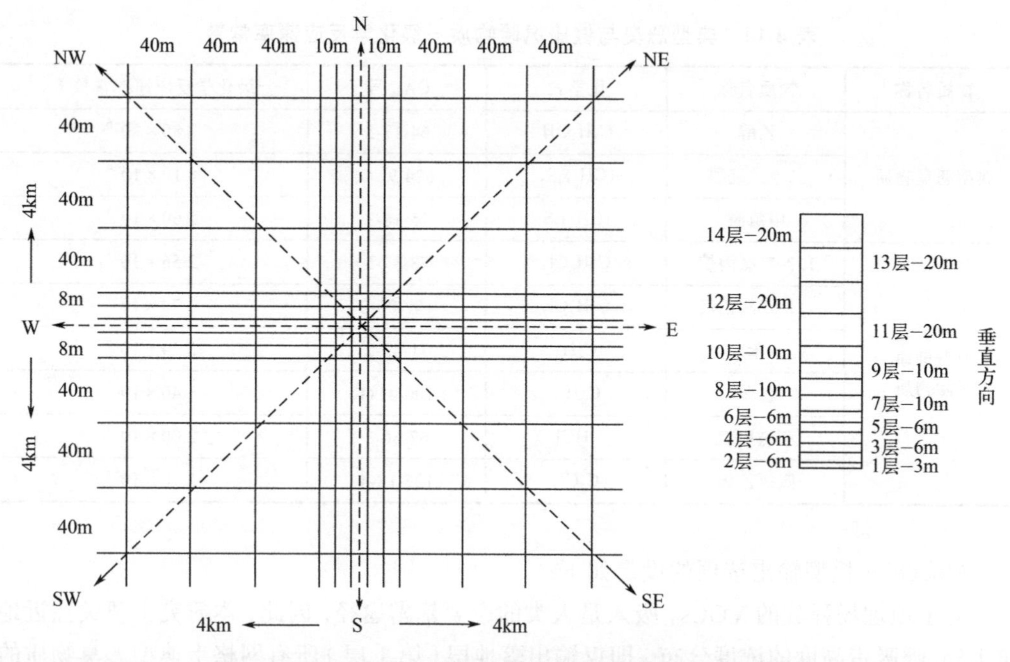

图 4-26　ModOdor 迁移扩散模拟研究域差分网格设置

② 研究域宽度 y　设定为 8040m，划分为 205 行。源所在行（101～105 行），每行宽度 dy 均设为 8m，以满足源宽为 40m；其余行，每行宽度 dy 均设为 40m。

③ 研究域高度 z　设定为 153m，划分为 14 层。第 1 层，即近地层高度 dz 设为 3m，从而使得近地层网格中央位置高度为一般人类呼吸带所对应的高度（1.5m）；2～6 层，每层高度 dz 均设为 6m，以确保第 6 层中央位置刚好为源高度 30m；7～10 层，每层高度 dz 均设为 10m；11～14 层，每层高度 dz 均设为 20m。同时将时段数设置为 1，时段长度设为 3600s，以保证气体扩散达到稳态。模拟组分包括典型恶臭物质乙醇、二甲二硫醚、甲硫醚，以及健康风险物质乙苯、苯、三氯甲烷、1,2-二氯乙烷、1,2-二氯丙烷、四氯乙烯。

网格即位于面源正下方的网格，即 1～5 层（101～105 列）×（101～105 行）的区域设置为域外网格。风速场设定为全域风速相同。扩散系数设定为全域扩散系数相同。本研究不考虑干沉降和湿沉降。边界条件分别为：前边界开放，后边界开放，左边界开放，右边界开放，上边界开放，下边界关闭。源汇为所设定面源系列的第 6 层，第 101～105 列，101～105 行。在适当的气象条件下，大气中的污染物之间、污染物与大气中的 ·OH、ONOO·、·O_2 等活性基团之间将发生光化学反应。鉴于本研究中气体扩散模拟研究区域相对较小，气象条件的空间分布差异可忽略不计，即模拟气体化学反应符合一级动力学方程，全域化学反应速率常数 k 相同，且不随时间变化。本研究中典型面源恶臭与健康风险物质的一级化学反应速率常数如表 4-14 所列。最后采用上游加权数值求解方法，时间步长缩小因子设为 0.05。迭代求解过程中，最大迭代次数设为 1×10^5，收敛绝对误差设为 1×10^{-6}，松弛因子为 0.1。

表 4-14 典型恶臭与健康风险物质一级化学反应速率常数

物质名称	物质名称	化学式	CAS 号	一级化学反应速率常数 k/s^{-1}
典型恶臭物质	乙醇	C_2H_5OH	64-17-5	7.80×10^{-6}
	二甲二硫醚	$(CH_3)_2S_2$	624-92-0	8.10×10^{-4}
	甲硫醚	$(CH_3)_2S$	75-18-3	5.60×10^{-4}
典型健康风险物质	1, 2-二氯丙烷	$C_3H_6Cl_2$	78-87-5	2.56×10^{-8}
	1, 2-二氯乙烷	$C_2H_4Cl_2$	107-06-2	1.70×10^{-7}
	苯	C_6H_6	71-43-2	2.44×10^{-6}
	乙苯	C_8H_{10}	100-41-4	1.40×10^{-5}
	三氯甲烷	$CHCl_3$	67-66-3	2.00×10^{-7}
	四氯乙烯	C_2Cl_4	127-18-4	5.10×10^{-8}

ModOdor 模型输出选项的设定如下：

对于填埋场释放的 VOCs，吸入是人类的主要暴露途径，因此，本研究主要关注近地面 1.5m 呼吸带高度的浓度分布，即仅输出落地层（第 1 层）所有网格上典型恶臭物质的浓度，计算结果以矩阵形式输出。同时，为了方便对迁移扩散模拟结果进行解析，根据差分网格设置，最终仅考虑以源为中心半径 4km 圆形区域的输出结果。

4.3.2 随机变量识别与随机数组生成

大气扩散模型的关键输入参数包括气象参数、地形因素和气体释放源强。对于特定的填埋场而言，地形条件固定，气象条件和释放源强是导致迁移扩散模拟不确定性的主要因素。在 ModOdor 中，与气象条件有关的输入变量是风速场（风向、风速）和扩散系数（气温、总云量、低云量）。此外，扩散系数的计算还需要月、日、时等时间参数。同时，影响填埋场作业面 VOCs 释放源强的因素包括风速、温湿度、气压等气象参数以及蛋白质、脂肪、碳水化合物、水分含量等垃圾组分参数。因此，使用 ModOdor 对填埋场作业面典型恶臭与健康风险物质进行迁移扩散模拟所涉及的随机变量包括风场参数（风向、风速）、其他气象参数（温度、湿度、气压、总云量、低云量）、时间参数（月、日、时）和垃圾组分参数（蛋白质含量、脂肪含量、碳水化合物含量、水分含量、灰分含量）。

各随机变量及其生成顺序如图 4-27 所示。

从中国气象数据网（http://data.cma.cn/）中国地面气象站逐小时观测资料累积中获取了北京市 2019 年 5 月～2020 年 4 月一年的逐时气象数据，与我们现场监测、采样的时段相对应，包括气温、气压、湿度、风速和风向 5 个气象参数，有效数据共 8753 组。鉴于该数据量足够庞大且能够完全反映相应时间范围内的气象参数变化，图 4-27 中的风场参数、时间参数和气象参数（气温、湿度、气压）以实际气象参数的大数据集为数据基础，并据此将本研究中迁移扩散三维数值模拟次数设置为 8753，即基于不确定性分析对填埋场作业面释放的典型恶臭与健康风险物质进行了全年逐小时的迁移扩散模拟。

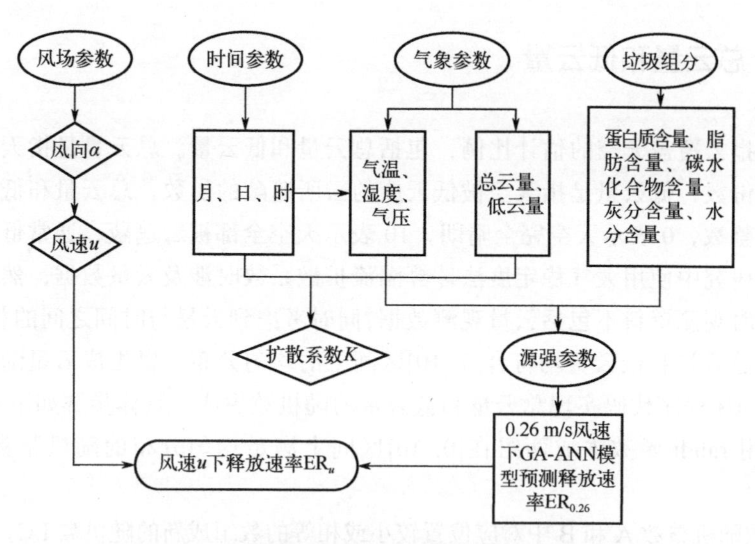

图 4-27　蒙特卡罗随机变量及其生成顺序

4.3.2.1 风向和风速

根据中国气象数据网中国地面气象站逐小时观测资料累积所获取的 8753 组风向和风速数据绘制了风向风速玫瑰图，如图 4-28 所示（书后另见彩图）。风向以常用的 8 方位划分来表示。由图 4-28 可知，在模拟时段内（2019 年 5 月～2020 年 4 月），风向以东北和西南为主，其次是南和北，东和西北再次之，东南和西频率较低。风速介于 0～11m/s 之间，极少数超过 11m/s，主要集中在 1～3m/s 的区间内。其中静风出现了 203 次。

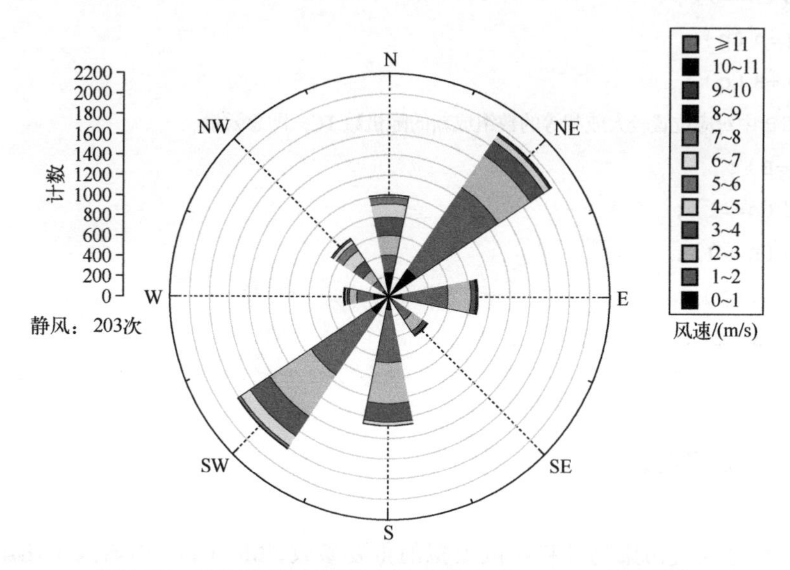

图 4-28　北京市风玫瑰图（2019 年 5 月～2020 年 4 月）

4.3.2.2 总云量和低云量

云量是指云覆盖天空的估计比例，包括总云量和低云量。总云量是指天空被所有的云遮蔽的总份数，低云量是指天空被低云族的云所遮蔽的份数。总云量和低云量均表示为0～10的整数，0表示天空完全晴朗，10表示天空全部被云遮蔽，通常低云量小于等于总云量。研究中使用大气稳定度法计算湍流扩散系数时涉及云量数据，然而中国地面气象站逐小时观测资料不包括云量观测数据，同时考虑到云量与时间之间的相关性较低，本研究假设总云量和低云量均符合[0, 10]区间上的均匀分布，以生成云量随机数。通过编写MATLAB程序代码实现总云量和低云量的随机数生成，具体步骤如下：

① 使用randi函数生成两组在[0, 10]区间上满足均匀分布的随机整数A和B各8753个；

② 选取随机整数A和B中对应位置较小或相等的数组成新的随机数LC，即低云量；

③ 选取随机整数A和B中对应位置较大或相等的数组成新的随机数TC，即总云量。

具体程序代码如下所示：

```
Clc;clear all
%取两组在[0, 10]之间均匀分布的随机整数A和B
A=randi（[0, 10]，8753，1）
B=randi（[0, 10]，8753，1）
%取A和B中对应位置较小或相等的数组成新的随机数LC，即低云量
n=（A<=B）;
p=find（n==1）;
q=find（n==0）;
LC（p）=A（p）;
LC（q）=B（q）;
%取A和B中对应位置较大或相等的数组成新的随机数TC，即总云量
n=（A>=B）;
p=find（n==1）;
q=find（n==0）;
TC（p）=A（p）;
TC（q）=B（q）;
```

4.3.2.3 扩散系数

扩散系数是大气污染物迁移扩散模拟的重要参数，ModOdor内嵌入了使用大气稳定度法计算扩散系数的程序模块，计算湍流扩散系数时需要输入的数据包括时间（年、月、日、时）和三个气象参数（气温、总云量、低云量）。依据《制定地方大气污染物排放

标准的技术方法》(GB/T 3840—1991)判定大气稳定度等级。扩散系数的计算方法如下：

竖直方向，即 z 轴方向扩散系数 K_z 的计算见式（4-1）。

x 轴和 y 轴方向上的扩散系数 K_x、K_y 与水平方向上的扩散系数 K_H 相等，见式（4-2）。

$K_z(z_1)$、ρ、K_H 与大气稳定度等级的对应关系如表 4-15 所列。

表 4-15　各大气稳定度等级对应的 $K_z(z_1)$、ρ 和 K_H 值（z_1=15m）

大气稳定度等级	$K_z(z_1)$ /(m^2/s)	ρ	K_H/(m^2/s)
A	45.0	6	250
AB	26.8	6	158.11
B	15.0	6	100
BC	9.5	5	54.78
C	6.0	4	30
CD	3.4	4	17.32
D	2.0	4	10
E	0.4	2	3
F	0.2	2	1

4.3.2.4　垃圾组分

使用 MATLAB Curve Fitting 工具箱分别对现场采样获得的蛋白质含量、脂肪含量、碳水化合物含量、灰分含量和水分含量数据进行概率分布拟合，随后根据概率分布拟合函数，在 MATLAB 中编写程序代码，使用 slicesample 函数实现对 4 种垃圾组分的随机取值。

根据各垃圾组分实地采样数据分布特征，采用高斯函数进行概率分布拟合，并取得了良好拟合效果。各垃圾组分概率分布拟合结果如表 4-16 所列，分布拟合曲线如图 4-29 所示。蛋白质含量、脂肪含量和灰分含量符合常规的高斯分布，即一阶高斯分布。然而，碳水化合物含量和水分含量数据分布特征较为复杂，常规的高斯分布拟合无法取得满意的拟合优度。因此，对碳水化合物含量和水分含量采用了多阶高斯分布拟合。结果显示，水分含量符合二阶高斯分布，拟合 R^2 值为 0.9374；碳水化合物含量符合三阶高斯分布，拟合 R^2 值为 0.9809。

表 4-16　垃圾组分概率分布拟合结果

垃圾组分	分布类型	置信限	拟合函数	拟合优度	
				R^2	RMSE
蛋白质含量	一阶高斯	95%	$f(x)=0.1259\times\exp\{-[(x-4.131)/2.084]^2\}$	0.9106	0.01614

续表

垃圾组分	分布类型	置信限	拟合函数	拟合优度	
				R^2	RMSE
脂肪含量	一阶高斯	95%	$f(x)=0.1016\times\exp\{-[(x-3.236)/2.194]^2\}$	0.8432	0.01588
碳水化合物含量	三阶高斯	95%	$f(x)=0.1293\times\exp\{-[(x-18.16)/2.451]^2\}$ $+0.112\times\exp\{-[(x-13.91)/2.482]^2\}$ $+0.03981\times\exp\{-[(x-20.23)/15.03]^2\}$	0.9809	0.01092
灰分含量	一阶高斯	95%	$f(x)=0.1556\times\exp\{-[(x-9.957)/8.245]^2\}$	0.9397	0.01573
水分含量	二阶高斯	95%	$f(x)=0.1881\times\exp\{-[(x-65.13)/4.875]^2\}$ $+0.08056\times\exp\{-[(x-60.2)/17.91]^2\}$	0.9374	0.02457

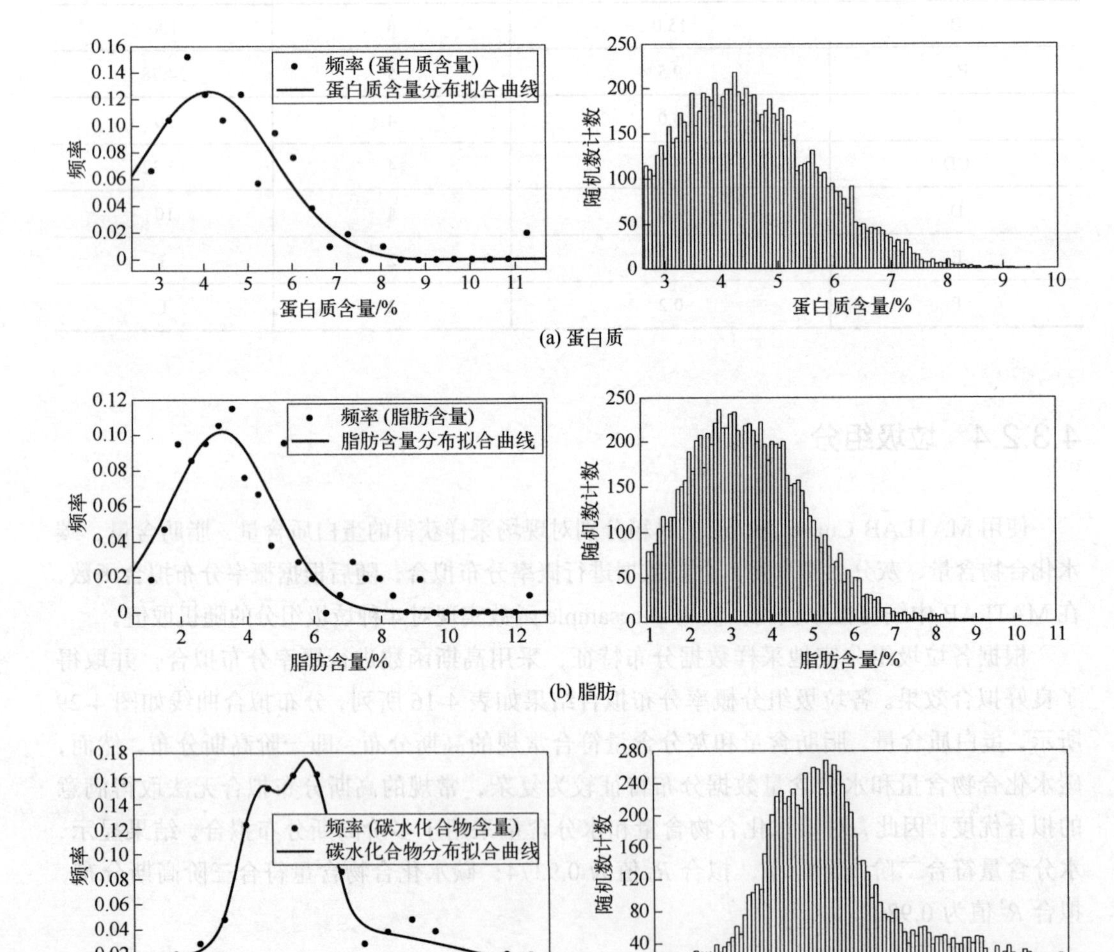

(a) 蛋白质

(b) 脂肪

(c) 碳水化合物

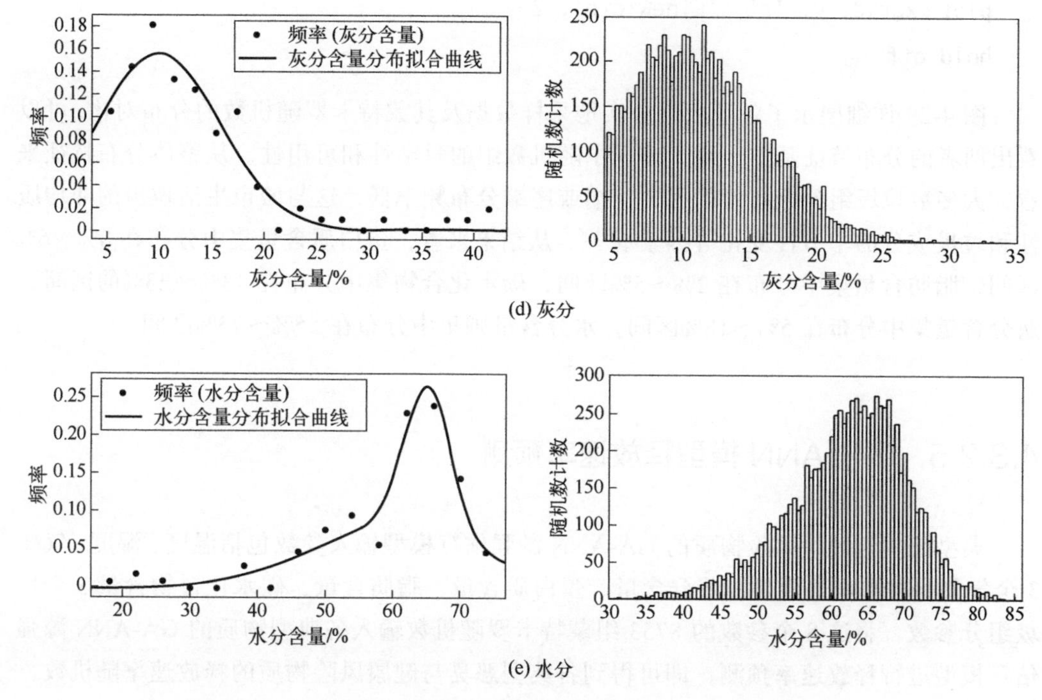

(d) 灰分

(e) 水分

图 4-29　各垃圾组分概率分布拟合及其相应的随机数分布对比

完成各垃圾组分的概率分布拟合后，编写如下 MATLAB 程序代码（以蛋白质含量为例）对各垃圾组分进行随机取值。

```
clc; clear all;
f=@(x)(0.1259*exp(-((x-4.131)/2.084).^2)).*(x>=2.63&x<=31.5);%定义函数，即分布拟合函数
area = integral(f, 2, 12);
N=8753;%所需随机数数量
x=slicesample(3, N, 'pdf', f);%取随机数
%画所取随机数的直方图
[binheight, bincenter] = hist(x, 100);%直方图区间数
h = bar(bincenter, binheight, 'hist');
h.FaceColor = [.8 .8 1];%图形颜色
%画所取随机数的分布拟合曲线
hold on
h = gca;
xd = h.XLim;
xgrid = linspace(xd(1), xd(2), 1000);
binwidth =(bincenter(2)-bincenter(1));
y =(N*binwidth/area)* f(xgrid);
```

```
plot(xgrid, y, 'r', 'LineWidth', 2)
hold off
```

图 4-29 详细展示了各垃圾组分实地采样数据及其蒙特卡罗随机数的分布对比，可以看出两者的分布特征基本一致，体现了随机数组的科学性和可用性。从整体分布特征来看，大多数垃圾组分分布跨度大，首端或尾端分布频率低，这与城市生活垃圾的非均质性和垃圾成分的季节性变化等因素有关。从结果来看，蛋白质含量集中分布在 3%～6%区间，脂肪含量集中分布在 2%～5%区间，碳水化合物集中分布在 13%～23%的区间，灰分含量集中分布在 5%～18%区间，水分含量则集中分布在 55%～75%区间。

4.3.2.5 GA-ANN 模型释放速率预测

典型恶臭与健康风险物质的 GA-ANN 源强估算模型输入参数包括温度、湿度、气压 3 个气象参数和水分含量、灰分含量、蛋白质含量、脂肪含量、碳水化合物含量 5 个垃圾组分参数。将这 8 个参数的 8753 组蒙特卡罗随机数输入各典型物质的 GA-ANN 源强估算模型进行释放速率预测，即可得到各典型恶臭与健康风险物质的释放速率随机数。GA-ANN 源强估算模型预测得到 0.26m/s 风速下的释放速率，需要通过式（4-7）将其转换为实际风速下的释放速率。此外，实地采样过程发现 19:00～5:00（次日）之间填埋场停止了作业，作业面被临时覆盖（释放速率约为倾倒区的 1/2），在转换实际风速下的释放速率时采用 0.5 的修正系数，以使源强估算和迁移扩散三维数值模拟结果更接近实际情况。

$$ER_v = \left(\frac{v}{u}\right)^{0.5} ER_u \tag{4-7}$$

式中 ER_v——实际风速下的 VOCs 释放速率，μg/（m^2·s）；

v——实际风速，m/s；

u——风道吹扫风速，m/s，本研究中为 0.24～0.27m/s；

ER_u——吹扫风速下的 VOCs 释放速率，μg/（m^2·s）。

采用概率分布的统计分析方法对各典型物质释放速率进行分析。典型恶臭与健康风险物质通过 GA-ANN 源强估算模型预测的释放速率随机数计数分布和累积概率，如图 4-30 所示。由图可知，各典型物质的预测释放速率分布特征相似，主要集中分布于释放速率较低的数值区域，随着数值的增加频率逐渐减小。但各典型物质的释放速率范围却存在显著差异。乙醇释放速率分布范围极广，为 0.03～17645.72μg/（m^2·s），二甲二硫醚也有较广的释放速率分布[0～366.76μg/（m^2·s）]，但仅为乙醇跨度的 2%。甲硫醚释放速率分布为 0～40.61μg/（m^2·s）；乙苯和四氯乙烯释放速率分布范围相当，为 0～30μg/（m^2·s）；1, 2-二氯丙烷和三氯甲烷释放速率分布范围也基本相同，为 0～14μg/（m^2·s）；苯释放速率分布为 0～23.11μg/（m^2·s）；1, 2-二氯乙烷释放速率分布范围相对较小，仅为 0～5.20μg/（m^2·s）。

为了更准确地反映各典型物质释放速率实际情况，对概率分布下的释放速率数值选取90%置信区间内的数值，用于后续迁移扩散的三维数值模拟研究。去除前5%极小值和后5%极大值后，各典型物质90%概率下的释放速率区间分别是乙醇0.96～8192.91μg/（m^2•s）、二甲二硫醚0～83.88μg/（m^2•s）、甲硫醚0～10.27μg/（m^2•s）、乙苯0～6.71μg/（m^2•s）、苯0～0.61μg/（m^2•s）、三氯甲烷0～2.25μg/（m^2•s）、1, 2-二氯乙烷0～1.91μg/（m^2•s）、1, 2-二氯丙烷0～3.75μg/（m^2•s）、四氯乙烯0～3.21μg/（m^2•s）。由此可见，除乙醇外，多数典型物质的释放速率处于较低水平，出现高释放速率的概率较低。

将95%累积概率下的释放速率作为各物质释放速率的典型值。如图4-30所示，各恶臭与健康风险物质95%累积概率下的释放速率典型值分别为乙醇8192.91μg/（m^2•s）、二甲二硫醚83.88μg/（m^2•s）、甲硫醚10.27μg/（m^2•s）、乙苯6.71μg/（m^2•s）、苯0.61μg/（m^2•s）、三氯甲烷2.25μg/（m^2•s）、1, 2-二氯乙烷1.91μg/（m^2•s）、1, 2-二氯丙烷3.75μg/（m^2•s）、四氯乙烯 3.21μg/（m^2•s）。这一典型值可进一步用于物质的迁移扩散模拟，从概率角度获得物质的浓度分布，从而开展物质的恶臭污染与健康风险概率评估，其评估结果表示物质造成的恶臭污染或健康风险有95%的概率不会超过设定值。

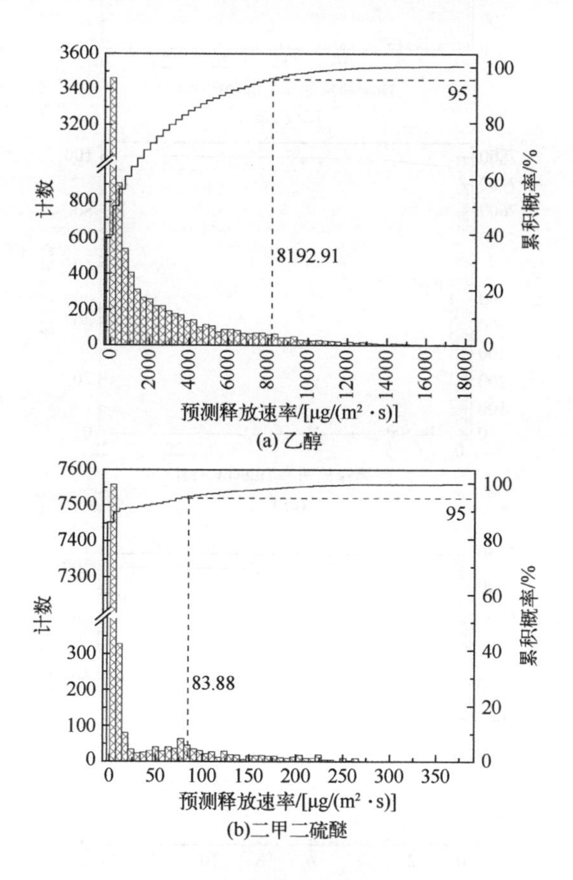

图4-30

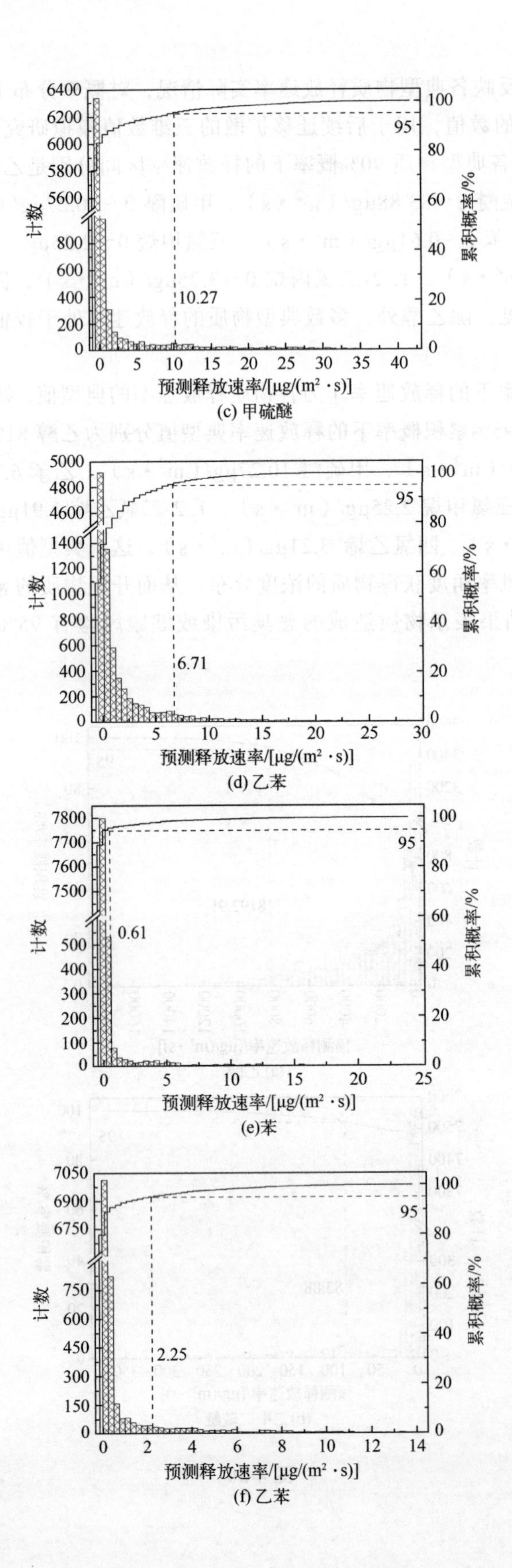

(c) 甲硫醚

(d) 乙苯

(e)苯

(f) 乙苯

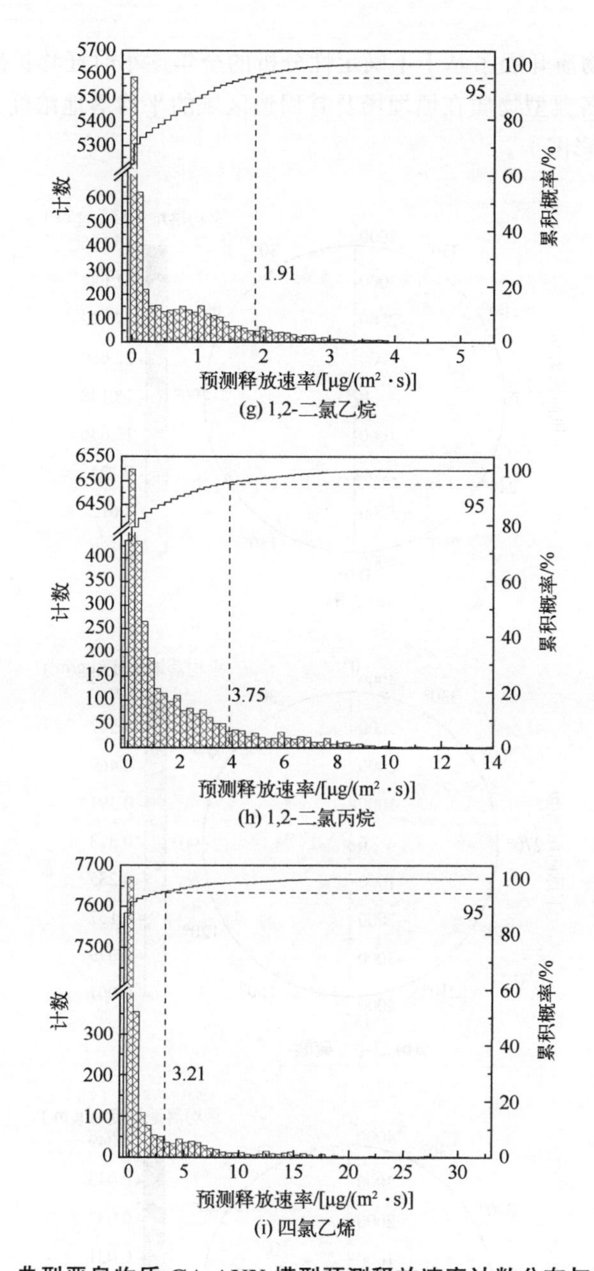

图 4-30　典型恶臭物质 GA-ANN 模型预测释放速率计数分布与累积概率

4.3.3　恶臭物质迁移扩散模拟浓度解析

4.3.3.1　典型恶臭物质迁移扩散三维数值模拟平均落地浓度分布

生成了各随机变量蒙特卡罗随机数后，将其输入 ModOdor 扩散模型，对填埋场作业面释放的典型恶臭物质开展了基于不确定性分析的全年逐小时迁移扩散三维数值模拟共8753 次，计算得到各典型物质在填埋场及其周边区域的平均落地浓度分布情况，如图 4-31 所示（书后另见彩图）。

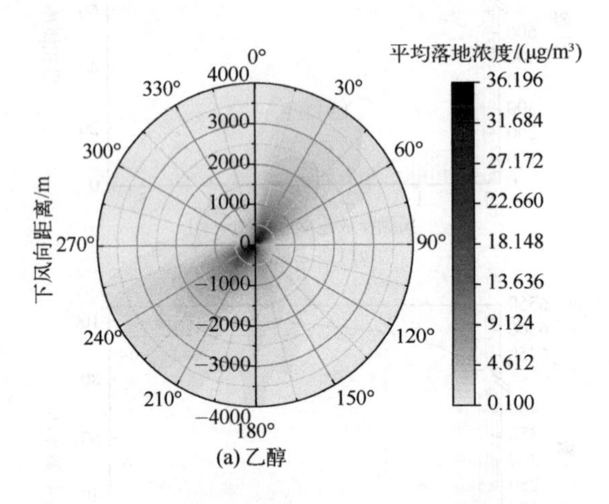

(a) 乙醇

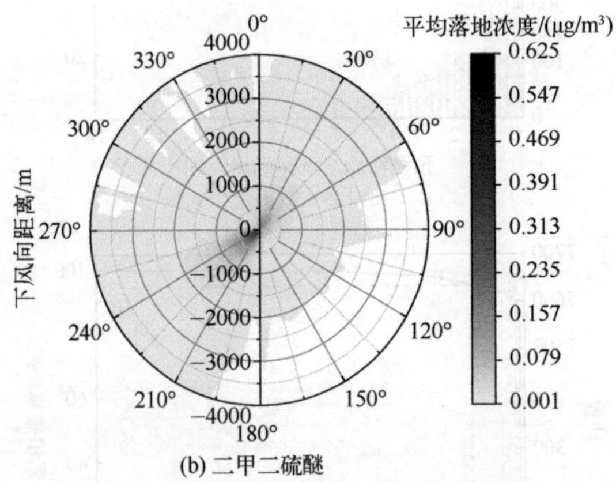

(b) 二甲二硫醚

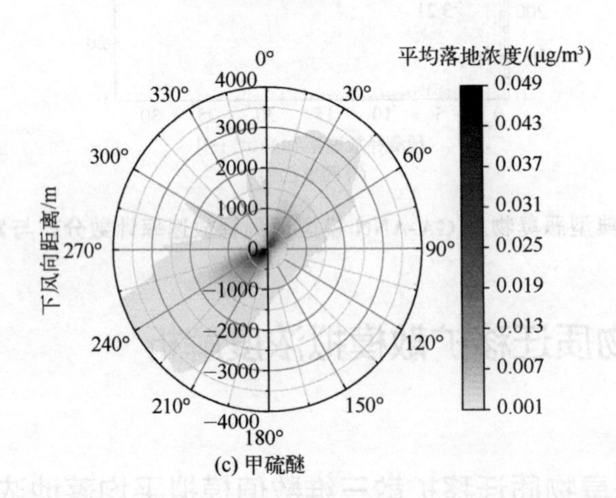

(c) 甲硫醚

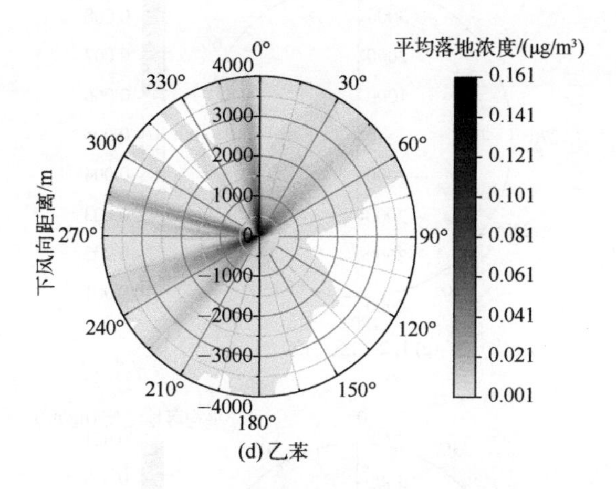

(d) 乙苯

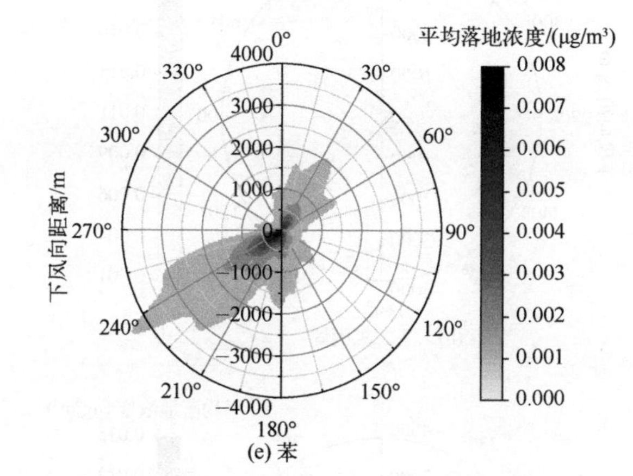

(e) 苯

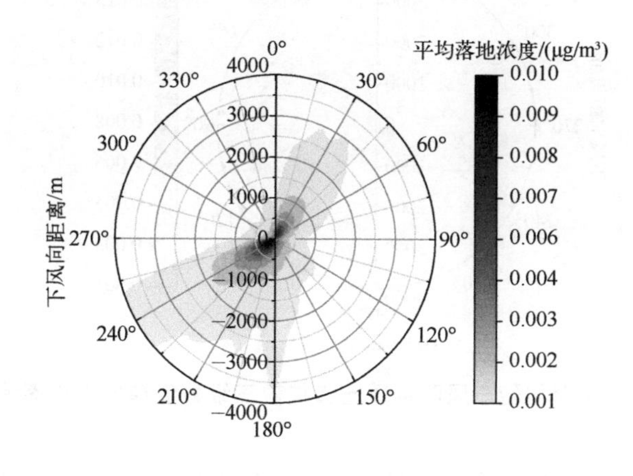

(f) 三氯甲烷

图 4-31

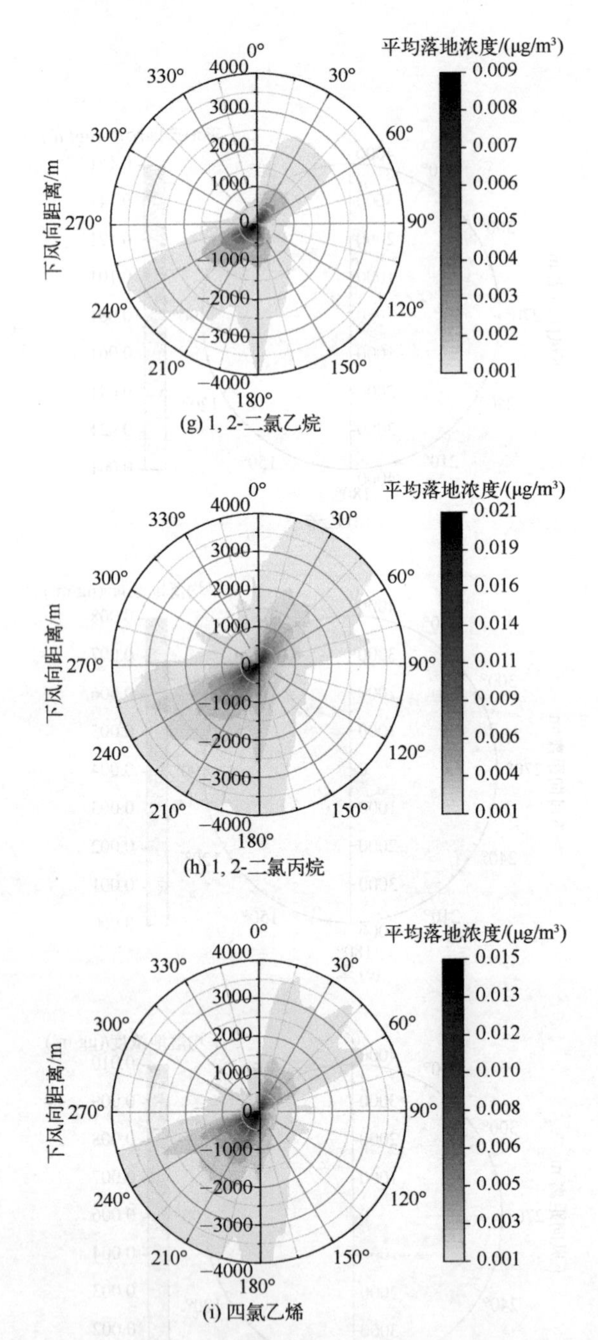

图 4-31　典型恶臭与健康风险物质迁移扩散三维数值模拟平均落地浓度分布

这一结果表示的是各典型物质近地面 1.5m 呼吸带高度的平均浓度分布，典型恶臭物质落地浓度分布受风速场（图 4-28）影响显著，主要分布在东北、西南和北三个高频风向的下风向。此外，各物质平均落地浓度水平差异显著。典型恶臭物质中，乙醇平均落地浓度分布范围为 0.100～36.196μg/m³，二甲二硫醚平均落地浓度分布范围为 0.001～0.625μg/m³，甲硫醚平均落地浓度分布范围为 0.001～0.049μg/m³，乙苯平均落地浓度分

布范围为 0.001～0.161μg/m³；苯、三氯甲烷、1,2-二氯乙烷平均落地浓度范围相当，且处于较低水平，其中苯平均落地浓度分布范围为 0.001～0.008μg/m³，三氯甲烷平均落地浓度分布范围为 0.001～0.010μg/m³，1, 2-二氯乙烷平均落地浓度分布范围为 0.001～0.009μg/m³。1, 2-二氯丙烷平均落地浓度分布范围为 0.001～0.021μg/m³，四氯乙烯平均落地浓度分布范围为 0.001～0.015μg/m³。

在 ModOdor 迁移扩散模拟过程中，不同物质模拟所输入的气象条件完全相同，各物质平均落地浓度分布之所以存在差异，主要是因为其释放速率分布存在差异以及不同物质在迁移扩散过程中的化学反应速率常数不同。如第 4.3.2.5 部分所述，去除前 5%极小值和后 5%极大值后的释放速率分布范围从大到小依次是乙醇、二甲二硫醚、甲硫醚、乙苯、1,2-二氯丙烷、四氯乙烯、三氯甲烷、1,2-二氯乙烷、苯。而各典型恶臭与健康风险物质的平均落地分布范围从大到小基本与此顺序一致。其中甲硫醚和乙苯的次序互换，二者释放速率分布范围接近，平均落地分布范围的差异与一级化学反应速率常数有关，从而甲硫醚在大气中降解速率更大，经过迁移扩散后的落地浓度低于乙苯。

4.3.3.2　典型恶臭物质各方向不同距离浓度解析

由图 4-31 可知，典型恶臭与健康风险物质的较高浓度主要集中分布在 1km 范围内，因此，需要对高浓度区域进行进一步模拟结果解析。为此，在 8 个风向上 1km 范围内每隔 100m 选取一个网格作为研究点，其中乙醇由于平均落地浓度水平最高且分布范围最广，在 1.8km 范围内选取 10 个网格作为研究点。然后，通过概率统计方法解析各典型物质在每个研究网格上的模拟浓度概率分布，结果如图 4-32 所示（以乙醇西南方向 100～400m 为例）。可以看出，典型物质在每个研究网格上的浓度概率分布特征与其释放速率的概率分布特征基本一致，即浓度分布范围较广，主要集中分布在浓度较低的区域，并随着浓度的增大频率逐渐减小。此外，模拟浓度的概率分布图也能直观体现物质 95%累积概率下的典型浓度值和最大浓度值等数据特征。据此进一步解析了典型恶臭物质各方向不同距离的 95%累积概率浓度和最大浓度分布规律。

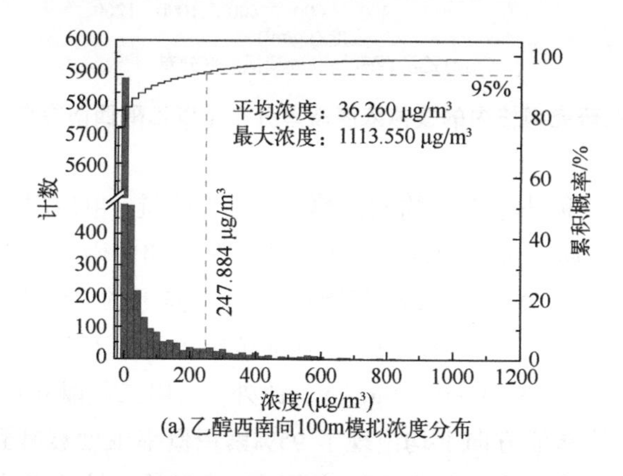

(a) 乙醇西南向100m模拟浓度分布

图 4-32

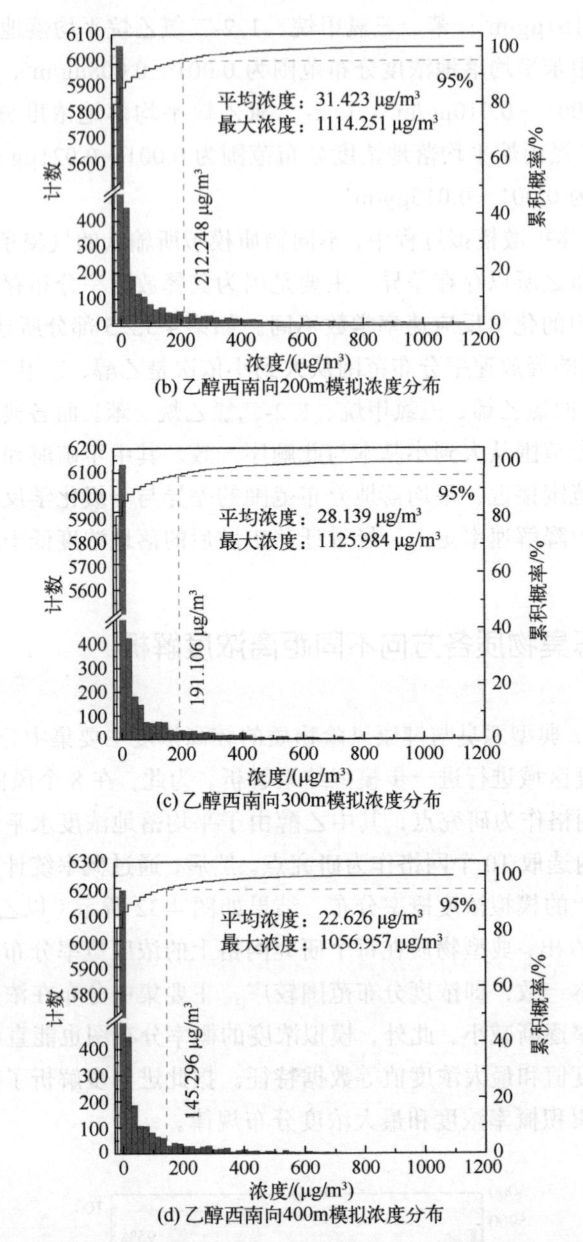

图 4-32　典型物质在研究网格内的模拟浓度概率分布（以乙醇西南方向 100～400m 为例）

如图 4-33 所示，三种典型恶臭物质乙醇、二甲二硫醚、甲硫醚不同方向上的 95%累积概率浓度整体随下风向距离的增加而逐渐减小，东北和西南方向上的 95%累积概率浓度显著高于其他方向。乙醇在 1.8km 范围内不同方向上的 95%累积概率浓度范围为 0.008～247.880μg/m³；二甲二硫醚和甲硫醚 1km 范围内不同方向上的 95%累积概率浓度范围分别为 0～0.567μg/m³ 和 0～0.179μg/m³。此外，二甲二硫醚和甲硫醚在 1km 范围内除了东北和西南以外的其他方向上均出现了 95%累积概率浓度衰减到 0μg/m³ 的情况。其中，东向和西北向的物质浓度随距离增加的衰减速度较快，这主要由于吹向东边的西风

和吹向西北方的东南风出现的频率较低，使得恶臭物质在东向和西北向较短距离内便开始沉降，迁移扩散能力相对较弱。

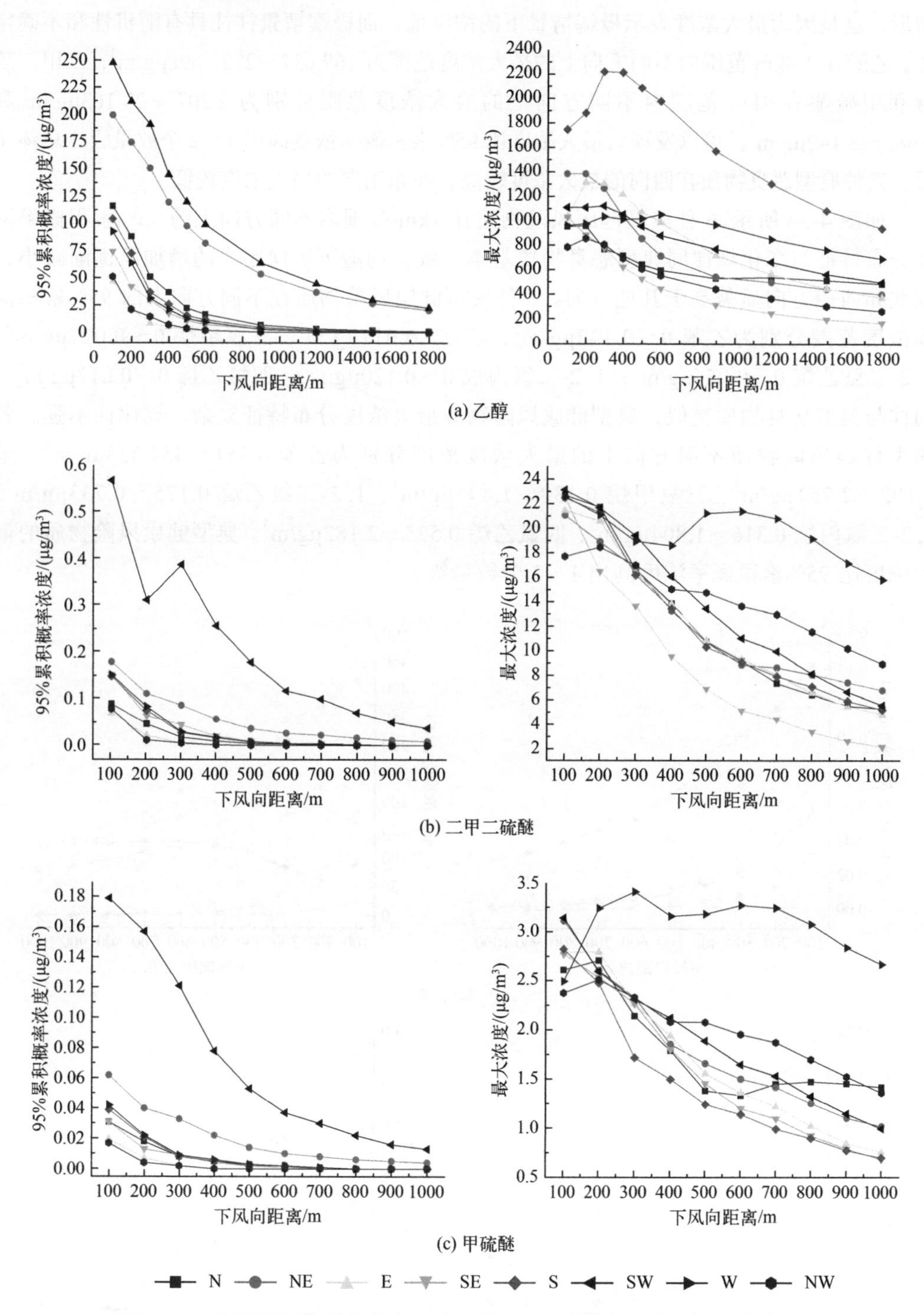

图 4-33　典型恶臭物质各方向不同距离 95%累积概率浓度与最大浓度

三种典型恶臭物质的最大浓度分布特征复杂，规律性不强，例如在某些方向发现最大浓度随下风向距离的增加而增加，乙醇在南向最大浓度最高而甲硫醚在南向最大浓度最低等情形。这是因为最大浓度表示极端情景下的浓度值，而极端情景往往具有随机性和不确定性。乙醇在 1.8km 范围内不同方向上的最大浓度范围为 169.637～2222.698μg/m³；二甲二硫醚和甲硫醚在 1km 范围内不同方向上的最大浓度范围分别为 2.207～23.163μg/m³ 和 0.682～3.142μg/m³。可以发现，最大浓度比 95%累积概率浓度高出 1～2 个数量级。总体来看，三种典型恶臭物质在西向的最大浓度较高，在东南向的最大浓度较低。

如图 4-34 所示，6 种典型健康风险物质在 1km 范围内不同方向上的 95%累积概率浓度分布特征与变化规律同典型恶臭物质基本一致，均随下风向距离的增加而逐渐减小，东北和西南方向显著高于其他方向。6 种典型健康风险物质在不同方向上的 95%累积概率浓度范围分别为乙苯 0～0.142μg/m³、苯 0～0.011μg/m³、三氯甲烷 0～0.027μg/m³、1, 2-二氯乙烷 0～0.056μg/m³、1, 2-二氯丙烷 0～0.120μg/m³、四氯乙烯 0～0.017μg/m³。同样与典型恶臭物质类似，典型健康风险物质最大浓度分布特征复杂，规律性不强。各典型健康风险物质不同方向上的最大浓度范围分别为乙苯 0.351～454.533μg/m³、苯 0.192～2.751μg/m³、三氯甲烷 0.138～1.494μg/m³、1, 2-二氯乙烷 0.175～0.733μg/m³、1, 2-二氯丙烷 0.316～1.804μg/m³、四氯乙烯 0.525～2.182μg/m³。典型健康风险物质的最大浓度比 95%累积概率浓度高出 1～3 个数量级。

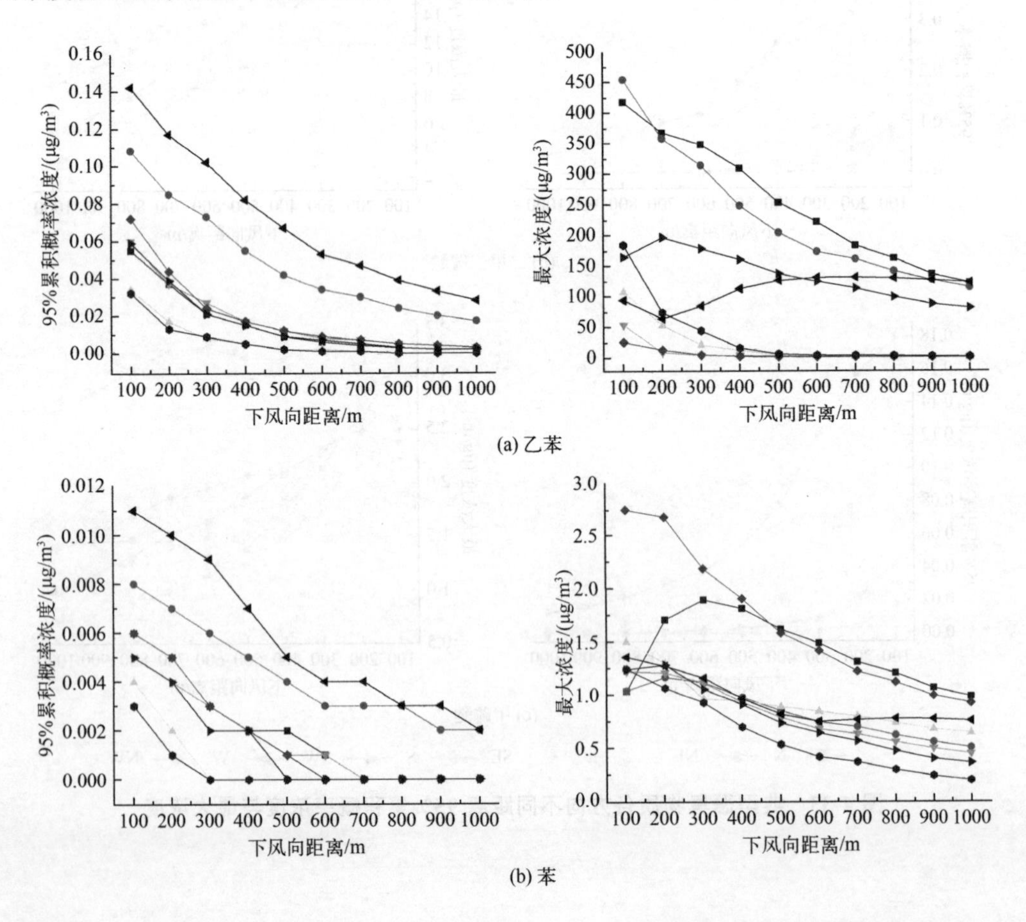

(a) 乙苯

(b) 苯

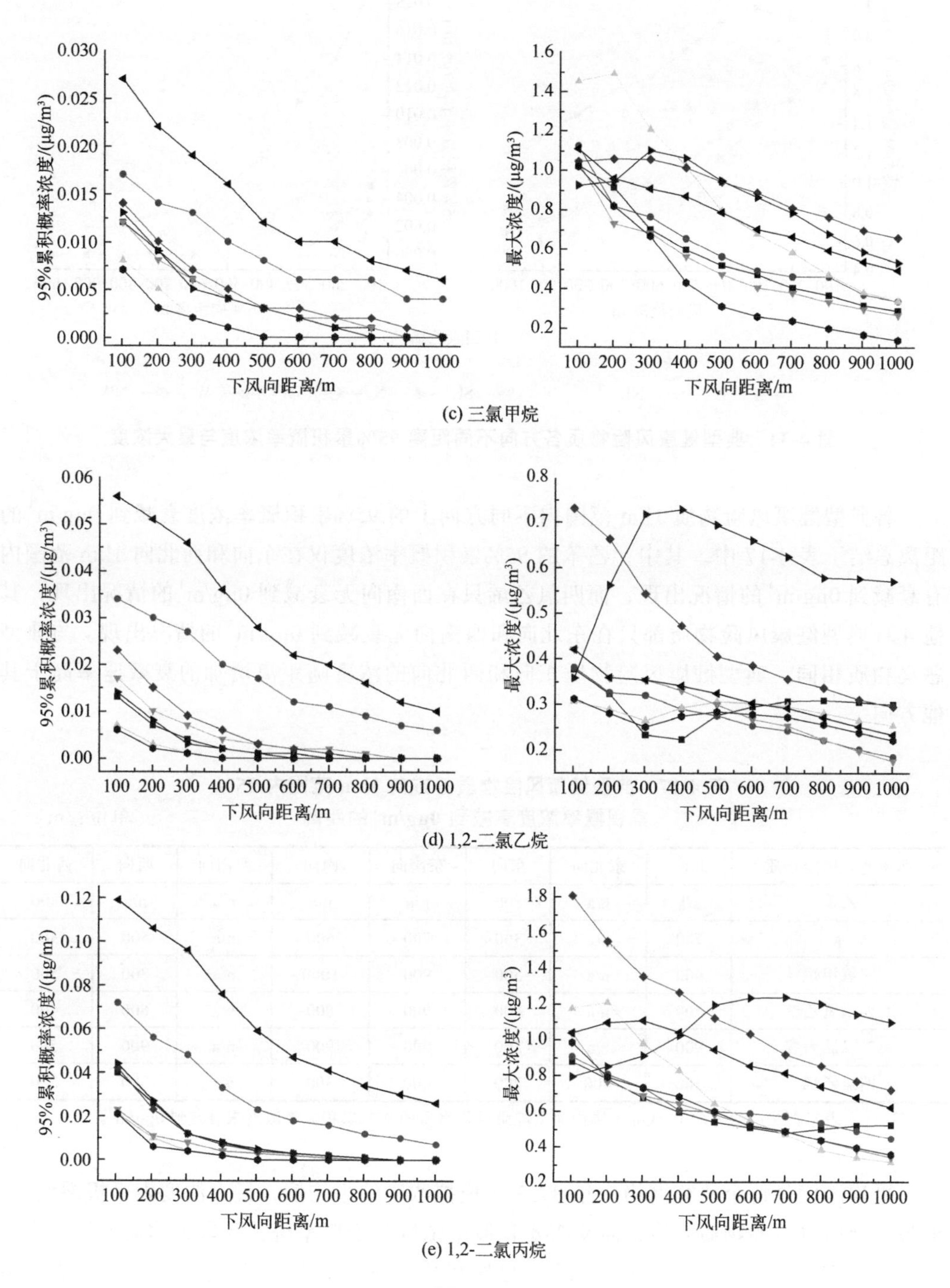

图 4-34

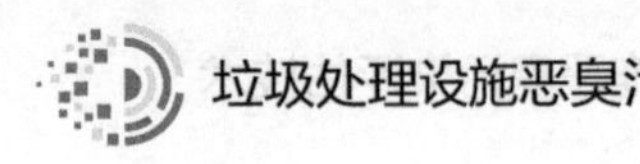

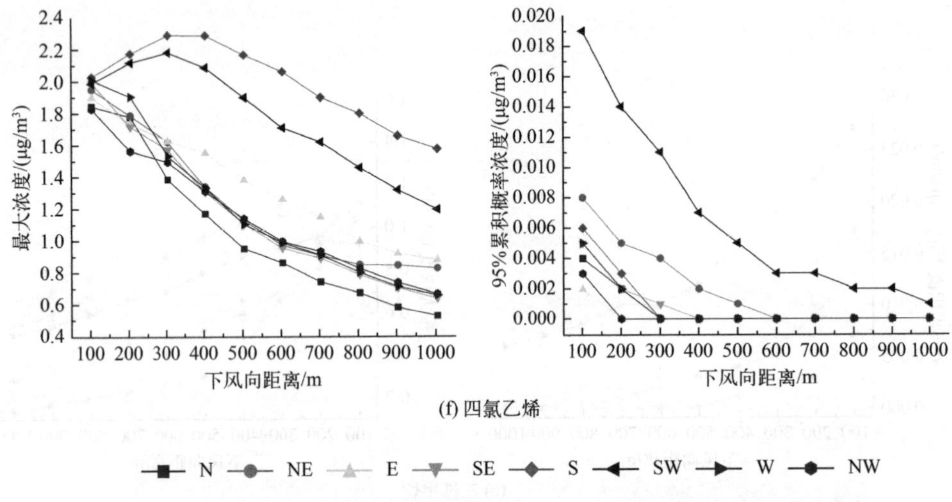

(f) 四氯乙烯

图 4-34　典型健康风险物质各方向不同距离 95%累积概率浓度与最大浓度

各典型健康风险物质 1km 范围内不同方向上的 95%累积概率浓度衰减到 0μg/m^3 的距离总结于表 4-17 中。其中，乙苯的 95%累积概率浓度仅在东向和西北向 1km 范围内有衰减到 0μg/m^3 的情况出现，而四氯乙烯只在西南向无衰减到 0μg/m^3 的情况出现，其他 4 种典型健康风险物质都只在东北向和西南向无衰减到 0μg/m^3 的情况出现。与典型恶臭物质相同，典型健康风险物质东向和西北向的浓度随距离增加的衰减速率高于其他方向。

表 4-17　典型健康风险物质各方向 1km 范围内 95% 累积概率浓度衰减到 0μg/m^3 的距离　　单位：m

典型健康风险物质	北向	东北向	东向	东南向	南向	西南向	西向	西北向
乙苯	n/a	n/a	800	n/a	n/a	n/a	n/a	800
苯	700	n/a	300	700	600	n/a	500	300
三氯甲烷	900	n/a	500	900	1000	n/a	800	500
1, 2-二氯乙烷	700	n/a	400	900	800	n/a	600	400
1, 2-二氯丙烷	900	n/a	500	800	900	n/a	900	500
四氯乙烯	300	600	200	400	300	n/a	300	200

注：n/a 表示在相应的方向上 1km 范围内典型健康风险物质的 95%累积概率浓度未衰减到 0μg/m^3。

平均浓度是每个研究网格全年 8753 次模拟浓度的平均值，最大浓度表示极端情景，即最不利情景下的物质浓度，而 95%累积概率浓度基于概率统计手段为物质的浓度水平提供了可靠的估计上限。对典型恶臭与健康风险物质从平均、95%累积概率和最大角度进行了浓度解析。

4.3.4　恶臭物质迁移扩散范围概率解析

根据各典型恶臭物质迁移扩散三维数值模拟输出的浓度水平，划分了相应的浓度梯度来解析各典型恶臭与健康风险物质的迁移扩散范围。其中，乙醇由于较高的落地浓度分布水平划分为 10μg/m^3、1μg/m^3、0.1μg/m^3 三个浓度梯度，其余典型物质均划分为 0.1μg/m^3、0.01μg/m^3、0.001μg/m^3 三个浓度梯度。采用概率统计方法对典型恶臭与健康风险物质全年的迁移扩散范围进行了定量解析。具体地，基于各典型物质在全年不同释放速率和气象条件下的 8753 次蒙特卡罗迁移扩散模拟结果，统计每个研究网格模拟浓度超过梯度浓度的概率，概率统计结果如图 4-35 所示（以二甲二硫醚和乙苯为例，书后另见彩图）。可以看出，研究网格模拟浓度超过梯度浓度的概率随下风向距离的增加而减小。当某网格模拟浓度超过梯度浓度的概率 <5%时，表示在相应的浓度梯度下，物质的迁移扩散有 95%的概率不会超过该网格所对应的距离。据此，进一步得到各典型恶臭物质在不同浓度梯度下的 95%累积概率迁移扩散范围，结果如图 4-35 所示。

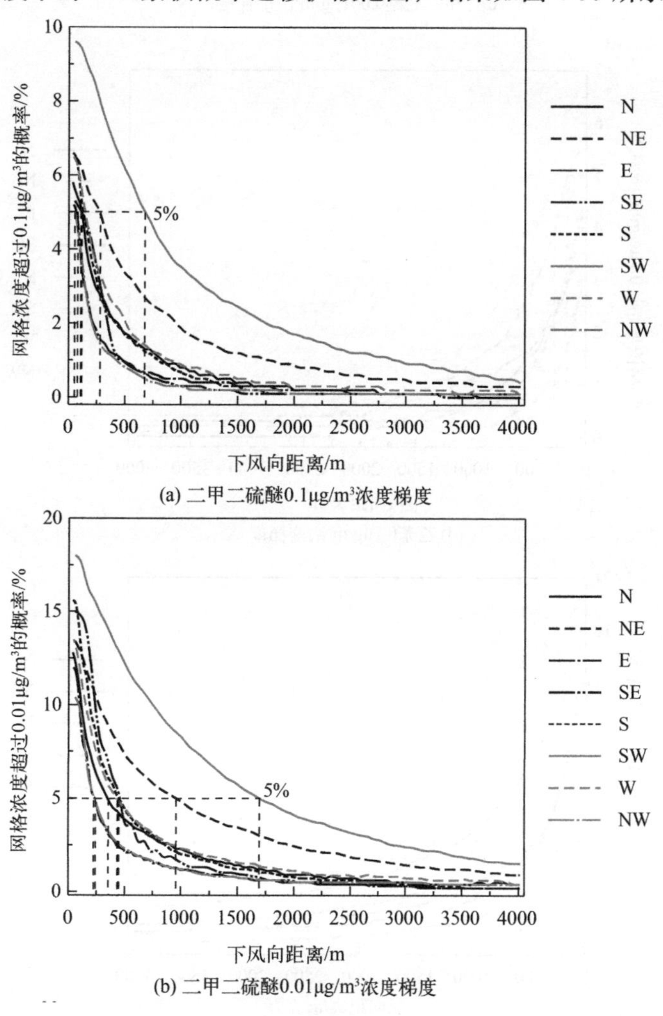

(a) 二甲二硫醚0.1μg/m^{3}浓度梯度

(b) 二甲二硫醚0.01μg/m^{3}浓度梯度

图 4-35

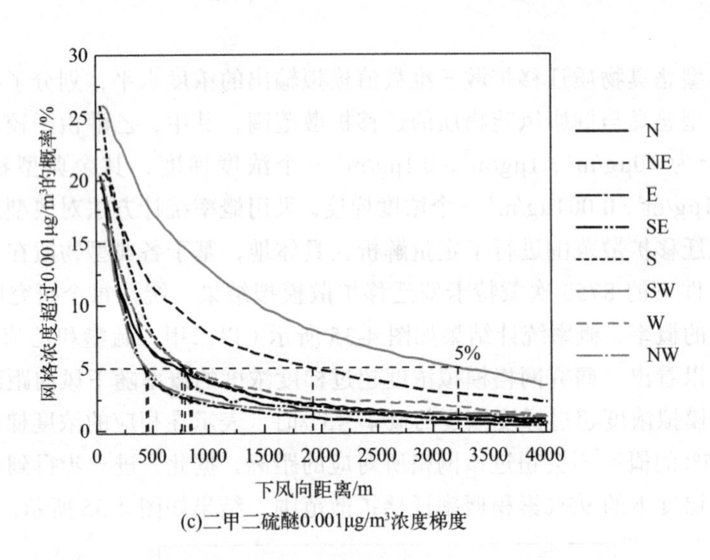

(c)二甲二硫醚0.001μg/m³浓度梯度

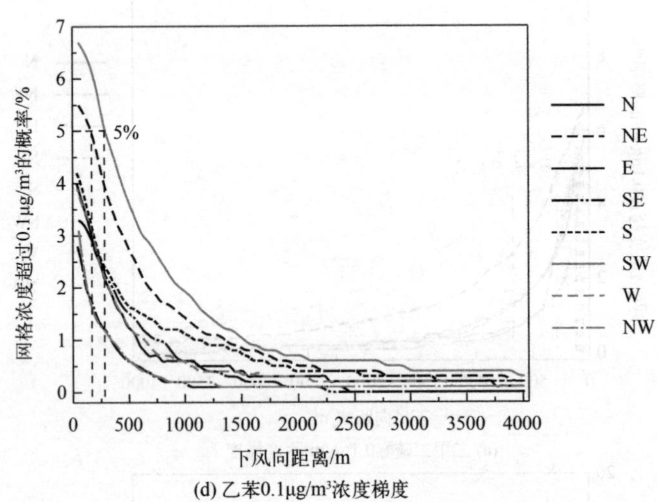

(d) 乙苯0.1μg/m³浓度梯度

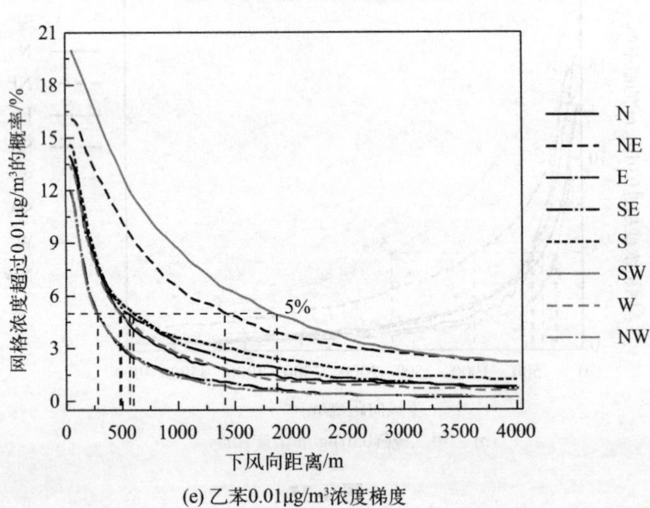

(e) 乙苯0.01μg/m³浓度梯度

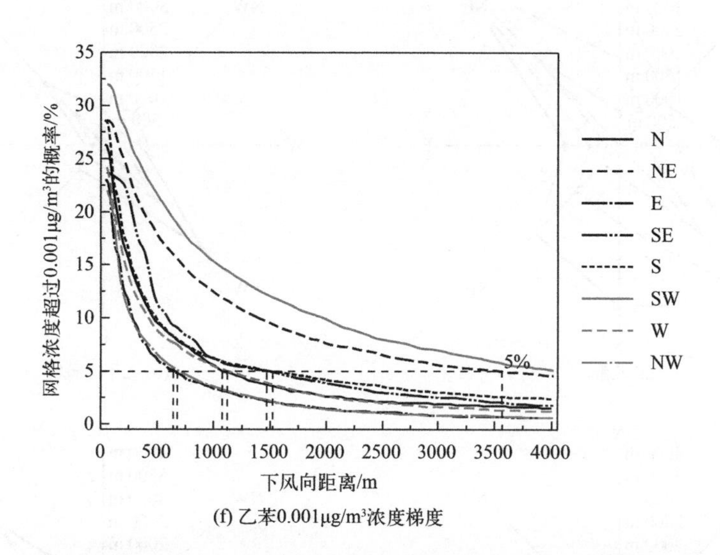

(f) 乙苯0.001μg/m³浓度梯度

图 4-35　研究网格模拟浓度超过梯度浓度的概率（以二甲二硫醚和乙苯为例）

由图 4-36（书后另见彩图）可以看出，不同物质同一浓度梯度下的 95%累积概率迁移扩散范围包络线形状基本一致，同一物质不同浓度梯度下的 95%累积概率迁移扩散范围包络线形状高度相似，且与风向风速玫瑰图形状类似，即越是高频风向的下风向物质的迁移扩散距离越远。所以各物质在西南方向上的迁移扩散距离最远，其次是东北方向，南向的迁移扩散距离略高于北向，东和西北两向的迁移扩散距离基本相当，且小于其他方向。结合浓度解析结果可知，风速场是影响物质落地浓度分布和迁移扩散距离的关键因素，对生活垃圾处理处置设施高频风向下风向的污染防控应特别关注。

在三种典型恶臭物质中，乙醇在 0.1μg/m³、1μg/m³ 两个浓度梯度下东北方向和西南方向的 95%累积概率迁移扩散距离均超出了研究域（半径 4km 的圆形区域），乙醇在这两个浓度梯度下其他方向的迁移扩散范围分别介于 1200～3756m（0.1μg/m³ 梯度）之间和 680～1916m（1μg/m³ 梯度）之间。乙醇在 10μg/m³ 浓度梯度下各方向的 95%累积概率迁移扩散距离介于 280～2826m 之间。二甲二硫醚在三个浓度梯度下各方向的 95%累积概率迁移扩散距离均不为 0m，且均在 4km 的研究区域内，分别介于 54～676m（0.1μg/m³ 梯度）、224～1694m（0.01μg/m³ 梯度）和 440～3222m（0.001μg/m³ 梯度）之间。甲硫醚除了西南方向，其他方向上 0.1μg/m³ 浓度梯度出现的概率不足 5%。因此，在 0.1μg/m³ 浓度梯度下，甲硫醚在除西南方向外（337m）的其他方向上的 95%累积概率迁移扩散距离均为 0m，在其他两个浓度梯度下分别介于 160～1129m（0.01μg/m³ 梯度）之间和 360～2430m（0.001μg/m³ 梯度）之间。

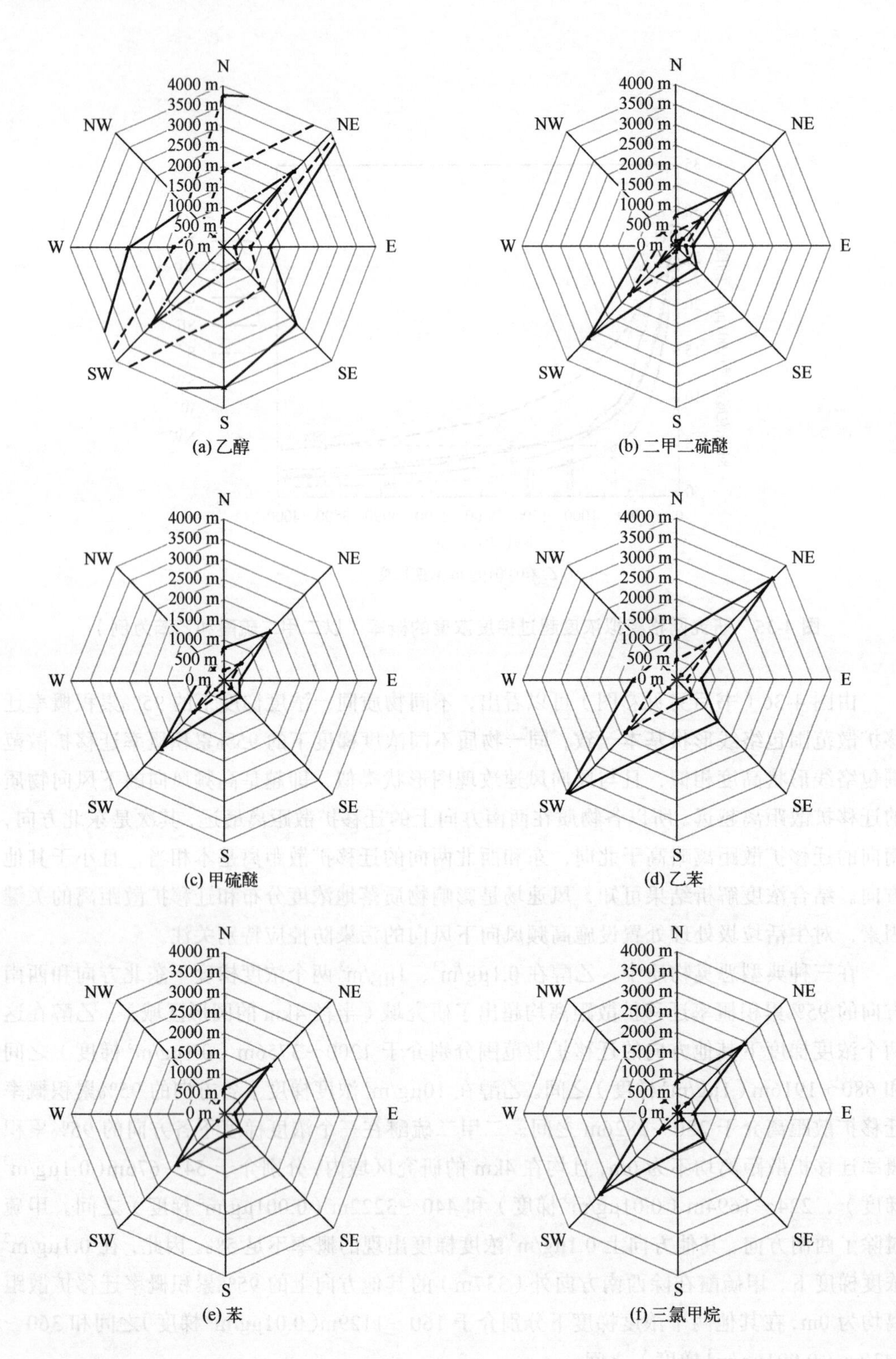
N
NE
E
SE
S
SW
W
NW
4000 m
3500 m
3000 m
2500 m
2000 m
1500 m
1000 m
500 m
0 m
(a) 乙醇
(b) 二甲二硫醚
(c) 甲硫醚
(d) 乙苯
(e) 苯
(f) 三氯甲烷

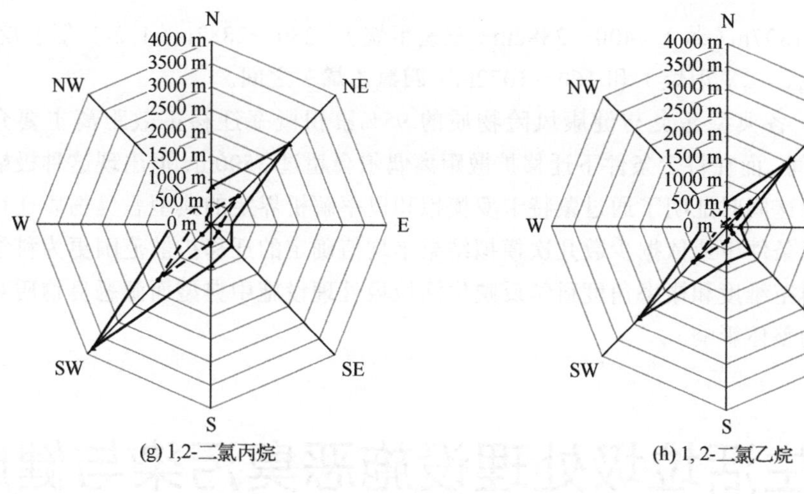

(g) 1,2-二氯丙烷　　(h) 1, 2-二氯乙烷

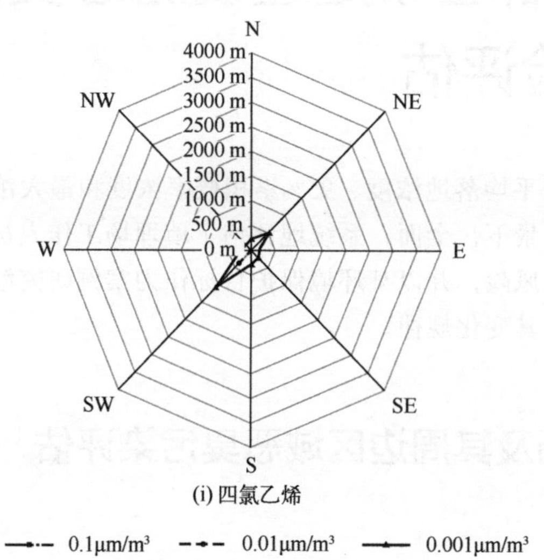

(i) 四氯乙烯

—•— 0.1μm/m³　- -•- - 0.01μm/m³　—▲— 0.001μm/m³

图4-36　典型恶臭与健康风险物质不同浓度梯度下的95%累积概率迁移扩散范围

在六种典型健康风险物质中，苯、三氯甲烷、1, 2-二氯乙烷、四氯乙烯在各方向上0.1μg/m³浓度梯度出现的概率均不足5%，所以它们在0.1μg/m³浓度梯度下各方向的95%累积概率迁移扩散距离均为0m。乙苯在0.1μg/m³浓度梯度下仅西南和东北方向有短距离迁移扩散，分别为280m和167m。1, 2-二氯丙烷在0.1μg/m³浓度梯度下仅有西南方向有短距离迁移扩散，为280m。苯和四氯乙烯在0.01μg/m³浓度梯度下，仅西南方向有短距离迁移扩散，分别为224m和337m。其他四种典型健康风险物质在0.01μg/m³浓度梯度下各方向的95%累积概率迁移扩散距离分别介于280～1864m（乙苯）、54～676m（三氯甲烷）、110～1072m（1, 2-二氯乙烷）和167～1694m（1, 2-二氯丙烷）之间。仅乙苯0.001μg/m³浓度梯度下西南方向的95%累积概率迁移扩散距离超出了研究区域，乙苯在该浓度梯度下其他方向上的95%累积概率迁移扩散距离介于640～3561m之间。其他五种典型健康风险物质在0.001μg/m³浓度梯度下各方向的95%累积概率迁移扩散距离

分别介于 280～1807m（苯）、400～2882m（三氯甲烷）、280～2882m（1, 2-二氯乙烷）、480～3844m（1, 2-二氯丙烷）和 160～1072m（四氯乙烯）之间。

由此可见，各典型恶臭与健康风险物质的 95%累积概率迁移扩散距离主要介于 200～2500m 之间，而在特定条件下迁移扩散距离偶尔会超过 3500m，但出现这种极端情况的概率较低。这同时证明了通过蒙特卡罗模拟和概率解析界定的典型恶臭物质迁移扩散范围，比单一条件下或依据少数几次模拟结果平均值确定的迁移扩散范围更为科学、合理，更能从时空维度和概率角度科学反映生活垃圾处理设施中典型面源恶臭物质对周边区域和人群的整体影响。

4.4 生活垃圾处理设施恶臭污染与健康风险评估

本节分别在依据平均落地浓度、95%累积概率浓度和最大浓度设定的平均情景、概率统计情景和极端情景下，全面、系统地评估了填埋场工作人员和填埋场附近居民所面临的恶臭污染与健康风险，并以某环境保护目标作为案例研究解析了不同高度的恶臭污染与健康风险水平及其变化规律。

4.4.1 填埋场及其周边区域恶臭污染评估

4.4.1.1 恶臭污染评估方法

研究采用阈稀释倍数作为每种典型恶臭物质的污染评估指标，阈稀释倍数反映了每种化合物对恶臭污染的贡献，其计算方法如式（4-10）所列：

$$D_i = \frac{C_i}{C_i^{\mathrm{T}}} \tag{4-10}$$

式中 D_i——第 i 种恶臭物质的阈稀释倍数，无量纲；

C_i——第 i 种恶臭物质的物质浓度，mg/m³；

C_i^{T}——第 i 种恶臭物质的嗅阈值，mg/m³；

i——计数变量，i=1, 2, 3, …。

通常认为 D_i<1 时，物质造成恶臭污染影响不显著。此外，本研究中三种典型恶臭物质乙醇、二甲二硫醚和甲硫醚的嗅阈值如表 4-18 所列。

表 4-18 三种典型恶臭物质乙醇、二甲二硫醚和甲硫醚嗅阈值

序号	恶臭物质	CAS 号	分子量	嗅阈值		
				10^{-6}	mg/m^3	$\mu g/m^3$
1	乙醇	64-17-5	46	0.1	0.205	205.357
2	二甲二硫醚	624-92-0	94	0.0022	0.009	9.232
3	甲硫醚	75-18-3	62	0.002	0.006	5.536

具体地，按如下步骤开展典型恶臭物质对填埋场及其周边区域造成恶臭污染的评估。

① 研究中填埋场占地面积 $49.26hm^2$，近似为半径为 400m 的圆形区域。因此，将迁移扩散三维数值模拟研究域中半径为 400m 的圆形区域划分为填埋场内部，半径为 400～4000m 的圆环区域划分为填埋场外部，如图 4-37 所示。

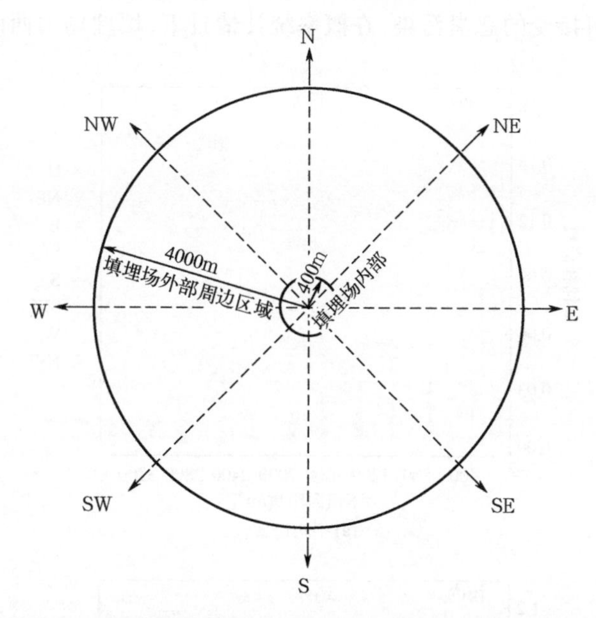

图 4-37 研究域中填埋场内部和外部周边区域划分示意

② 填埋场内部区域 8 个风向的下风向各选取 5 个网格作为研究点，填埋场外部区域根据 4.3.3 部分迁移扩散范围解析结果选取适当的 10 个网格作为研究点。进而获取各典型恶臭物质在每个研究网格的平均浓度、95%累积概率浓度和最大浓度。

③ 依据式（4-10）计算填埋场内和场外不同情景下的阈稀释倍数，分别是平均情景下的阈稀释倍数 D_{ave}（平均浓度/嗅阈值）、概率统计情景下的阈稀释倍数 $D_{95\%}$（95%累积概率浓度/嗅阈值）和极端情景下的阈稀释倍数 D_{max}（最大浓度/嗅阈值）。

④ 统计各典型恶臭物质在填埋场及其周边区域造成的恶臭污染概率，即对迁移扩散三维数值模拟研究域内所有网格的 8753 次模拟浓度进行阈稀释倍数计算，进而求得各典型恶臭物质的恶臭污染概率（阈稀释倍数 ≥1 的次数占总模拟次数的百分比）。

4.4.1.2 填埋场及其周边区域恶臭污染特征解析

在平均情景、概率统计情景和极端情景三个不同情景下，以阈稀释倍数作为污染评估指标对填埋场内部及周边一定范围内的区域开展了恶臭污染评估。平均情景下的阈稀释倍数是根据污染物长期（1 年内）的平均浓度计算获得，代表了受体人群对恶臭气体长期平均感受的估计；概率统计情景下的阈稀释倍数则提供了恶臭污染发生概率的上限，即 1 年中某物质造成的恶臭污染有 95%的可能性不会超过该值；极端情景下的阈稀释倍数是根据污染物 1 年内的最大浓度计算获得，代表了受体人群对短时暴露于高浓度恶臭气体的极端感受的估计。

乙醇在不同情景下各方向不同距离的阈稀释倍数如图 4-38 所示（书后另见彩图）。可以看出，在平均情景下，填埋场内不同方向下风向的 D_{ave} 均 <0.18，填埋场外的 D_{ave} 均 <0.07，均未造成不可接受的恶臭污染。在概率统计情景下，填埋场内西南方向 160～240m

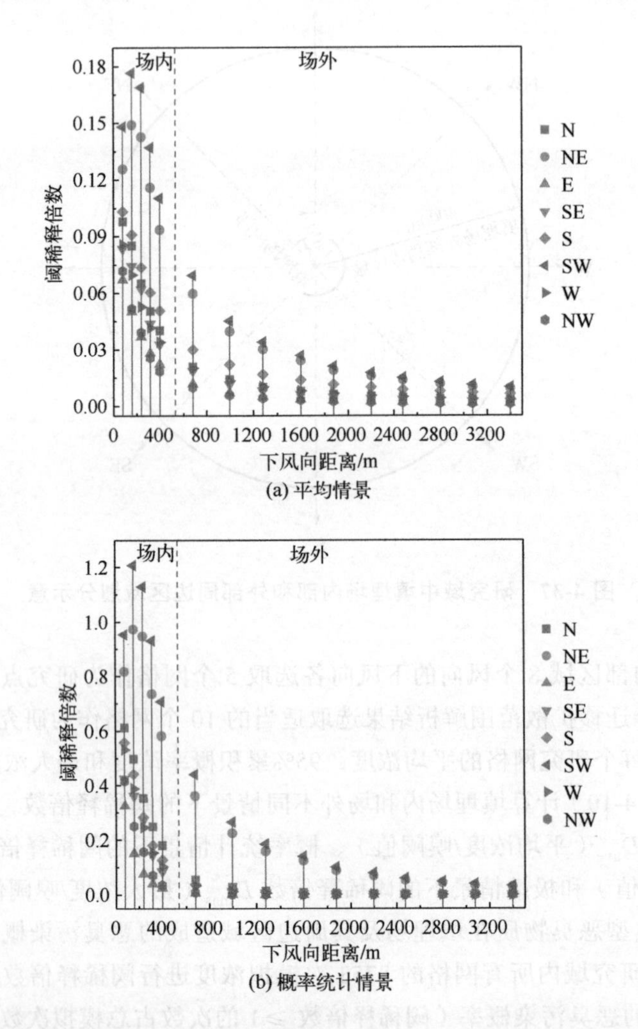

(a) 平均情景

(b) 概率统计情景

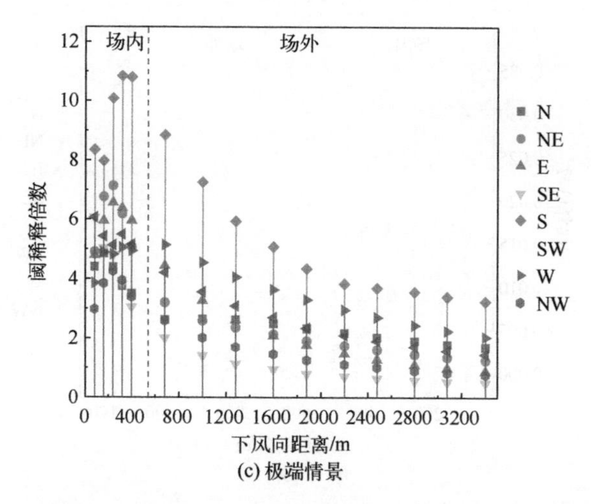

(c) 极端情景

图 4-38　乙醇在平均情景、概率统计情景和极端情景下的阈稀释倍数

区域的 $D_{95\%}$>1，东北方向 160～240m 区域的 $D_{95\%}$接近 1，表明有受到恶臭污染的风险。而在填埋场外的 $D_{95\%}$均<0.44，即在填埋场外乙醇有 95%的概率不会造成恶臭污染。在极端情景下，填埋场内各方向不同距离的 D_{max} 远大于 1，介于 3.38～10.82 之间；填埋场外周边区域只有东南方向 1600m、西北方向 2480m 和东向 3080m 后的 D_{max}<1，场外大于 1 的 D_{max} 介于 1.24～8.84 之间。这一结果表明极端情景下乙醇会在填埋场及其周边 3500m 范围内造成严重的恶臭污染。

二甲二硫醚在不同情景下各方向不同距离的阈稀释倍数如图 4-39 所示（书后另见彩图）。由图可知，二甲二硫醚在平均情景和概率统计情景下各方向不同距离的阈稀释倍数均小于 1。其中，在平均情景下，填埋场内的 D_{ave} 介于 1.41×10^{-3}～3.64×10^{-2} 之间，场外 1200m 区域的 D_{ave} 介于 1.19×10^{-4}～1.44×10^{-2} 之间。在概率统计情景下，填埋场内和填埋场外 1200m 区域的 $D_{95\%}$分别在 1.08×10^{-4}～6.14×10^{-2} 和 0～1.93×10^{-2} 之间。而在极端情景下，二甲二硫醚在填埋场内各方向不同距离的 D_{max} 均大于 1，介于 1.04～2.51 之间；同时，场外西向全域和其他方向 400～600m 区域的 D_{max} 也都大于 1。这表明二甲二硫醚在极端情景下会对填埋场内部和周边部分区域（主要是 400～600m 区域）造成显著的恶臭污染。

甲硫醚在不同情景下各方向不同距离的阈稀释倍数如图 4-40 所示（书后另见彩图）。与乙醇和二甲二硫醚不同，甲硫醚在平均情景、概率统计情景和极端情景下各方向不同距离的阈稀释倍数均小于 1。其中，在平均情景下，填埋场内各方向不同距离的 D_{ave} 介于 4.49×10^{-4}～8.81×10^{-3} 之间，场外 1200m 区域的 D_{ave} 则介于 4.32×10^{-5}～3.55×10^{-3} 之间。在概率统计情景下，填埋场内和填埋场外 1200m 区域各方向不同距离的 $D_{95\%}$分别介于 0～3×10^{-2} 和 0～9.57×10^{-3} 之间。在极端情景下，填埋场内和填埋场外 1200m 区域各方向不同距离的 D_{max} 范围分别是 0.27～0.62 和 0.07～0.59。因此，该填埋场作业面释放的甲硫醚不会对填埋场工作人员和附近居民造成不可接受的恶臭污染。

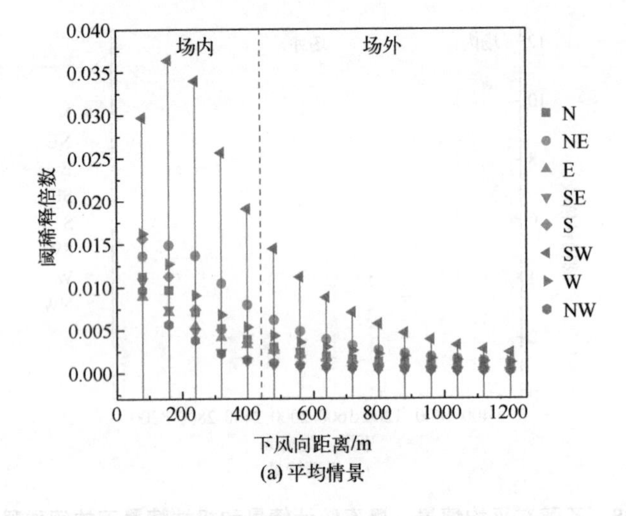

(a) 平均情景

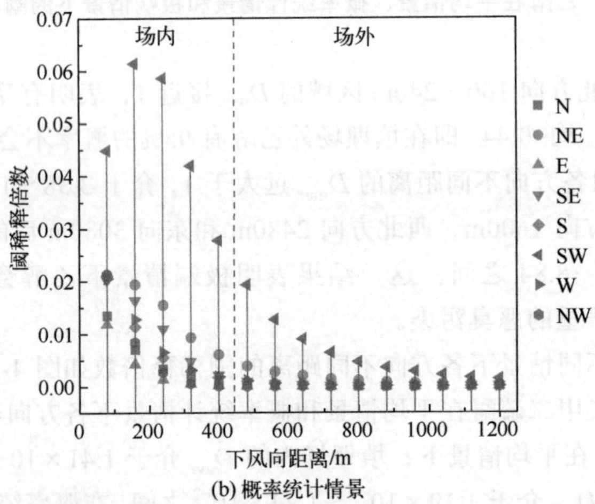

(b) 概率统计情景

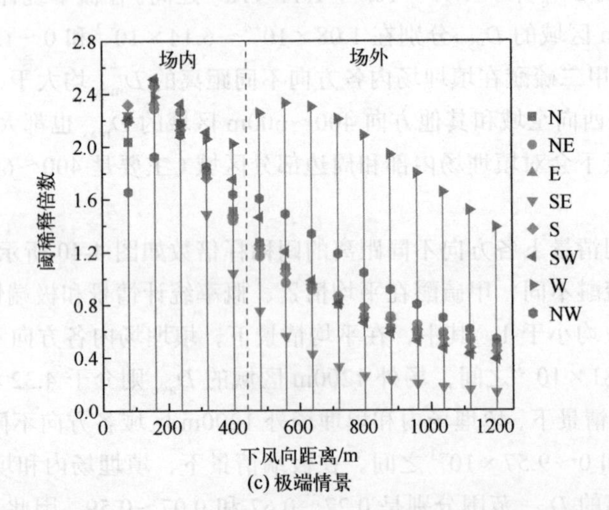

(c) 极端情景

图 4-39 二甲二硫醚在平均情景、概率统计情景和极端情景下的阈稀释倍数

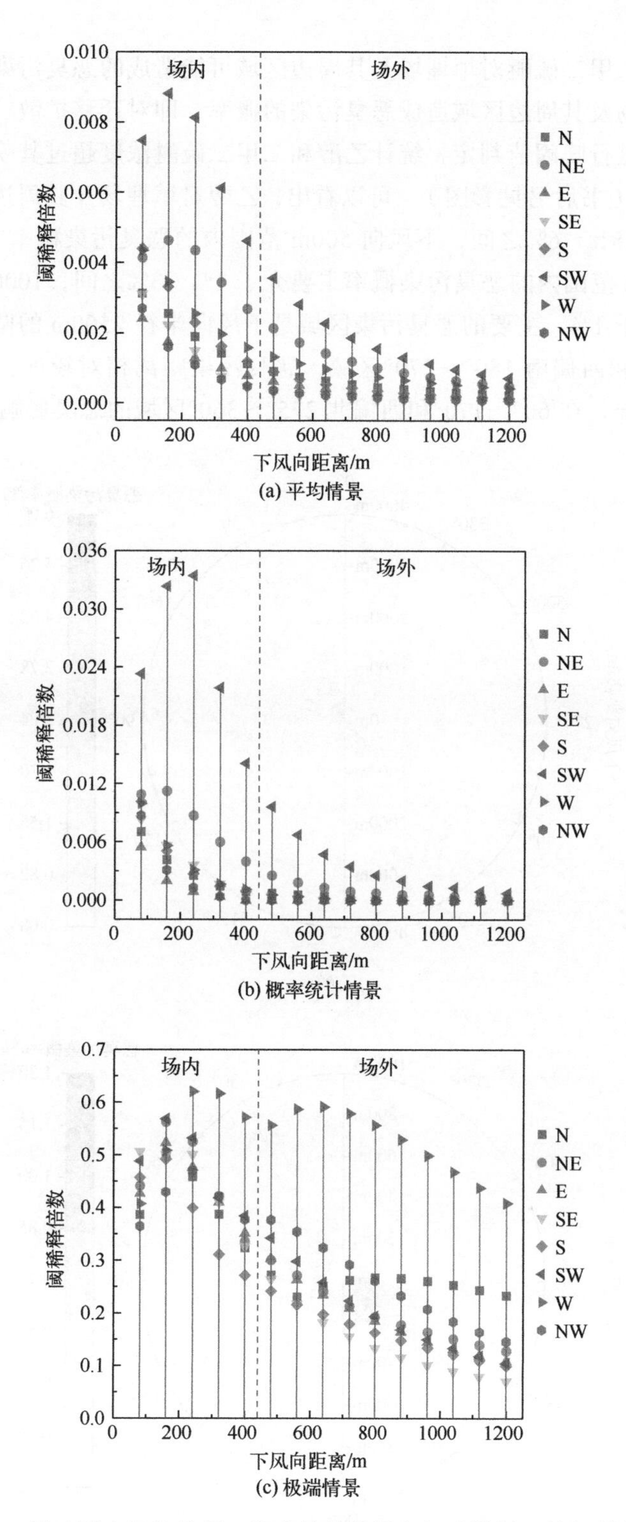

图 4-40　甲硫醚在平均情景、概率统计情景和极端情景下的阈稀释倍数

针对乙醇和二甲二硫醚对填埋场及其周边区域可能造成的恶臭污染风险，进一步研究了两者在填埋场及其周边区域造成恶臭污染的概率，即对迁移扩散三维数值模拟研究域内的所有网格进行嗅阈值判定，统计乙醇和二甲二硫醚浓度超过其嗅阈值的概率，结果如图 4-41 所示（书后另见彩图）。可以看出，乙醇对填埋场及其周边区域造成的恶臭污染概率介于 0.08%～6%之间，下风向 500m 范围内的恶臭污染概率主要集中在 3%～6%，500～1000m 范围内的恶臭污染概率主要介于 1%～3%之间，1000m 外的区域恶臭污染概率基本小于 1%。主要的恶臭污染区域是下风向半径 2500m 的圆形区域，在东偏北 10°～60°区域和西偏南 180°～270°区域，恶臭污染距离相对较远，部分区域超出了 3000m 甚至 3500m，在 60°～170°和西偏北 275°～360°区域的恶臭影响范围则基本不超

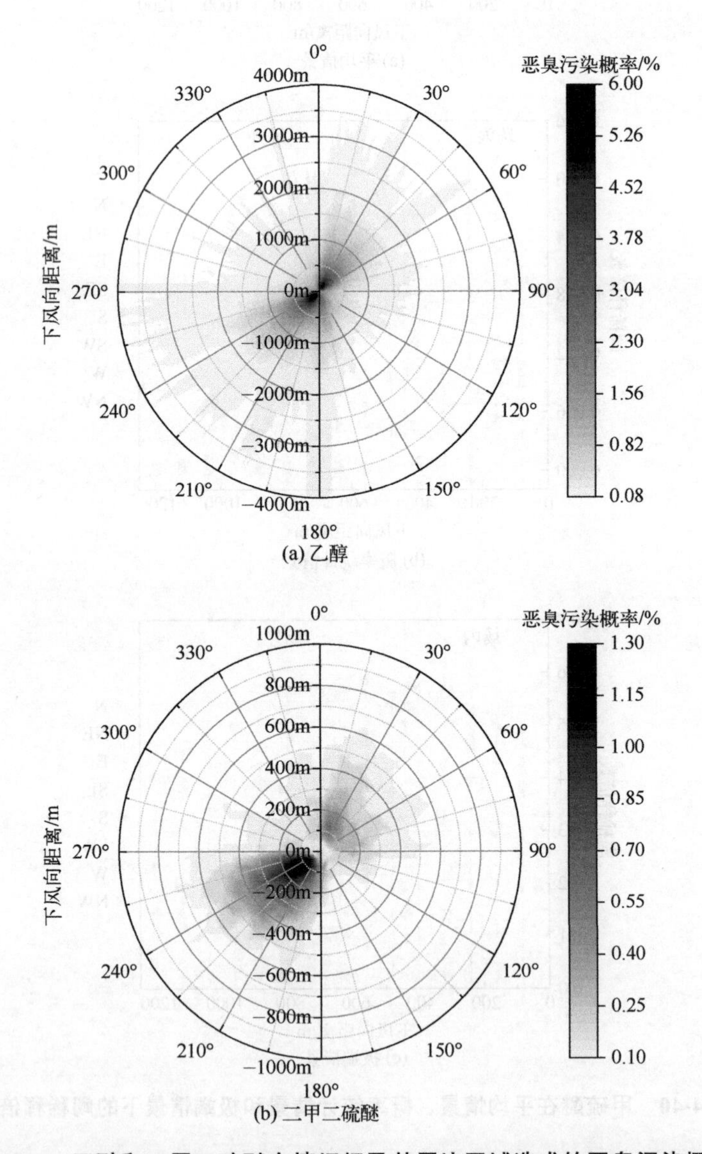

图 4-41　乙醇和二甲二硫醚在填埋场及其周边区域造成的恶臭污染概率

过 2000m。相较于乙醇，二甲二硫醚的恶臭污染概率和恶臭影响范围都小得多。二甲二硫醚对填埋场及其周边区域造成的恶臭污染概率在 0.1%～1.3%之间，主要的恶臭污染范围是下风向半径 600m 的圆形区域，所以二甲二硫醚主要在填埋场内部造成恶臭污染。下风向 200m 范围内的恶臭污染概率主要介于 0.7%～1.3%之间，200～400m 范围内的恶臭污染概率主要介于 0.4%～0.7%之间，400～600m 范围内的恶臭污染概率基本小于 0.4%。与落地浓度分布相同，乙醇和二甲二硫醚的恶臭污染区域受风速场影响显著，主要的恶臭污染区域仍是高频风向的下风向（东北和西南方向）。而乙醇和二甲二硫醚的恶臭污染概率，即其造成的恶臭影响程度主要由其释放速率、一级化学反应速率常数和嗅阈值共同决定。

综上，三种典型恶臭物质中，乙醇和二甲二硫醚对填埋场及其周边区域有造成恶臭污染风险的概率，而甲硫醚则对填埋场及其周边区域造成恶臭污染影响的概率较低。特别需要指出的是，三维数值模拟用于污染物迁移扩散模拟时，由于其基本原理是基于网格剖分和迭代求解的有限差分法，在越靠近源的网格数值解的误差也越大；同时，研究中迁移扩散结果仅输出了 1.5m 呼吸带高度的污染物浓度，而未关注与垃圾堆体相当高度的污染物浓度，因此评估结果可能与填埋场内部特别是具有一定高度的填埋堆体上的实际嗅觉感受不完全一致。

4.4.2　填埋场及其周边区域人类健康风险评估

4.4.2.1　人类健康风险评估方法

健康风险评估是一种全球公认的量化潜在致癌物和非致癌物对人体健康不利影响的程序，采用美国环境保护署推荐的风险评估方法《超级基金风险评价指南·人群健康评价手册》的 F 部分（RAGS-F）对典型健康风险物质进行风险评估，该方法已被研究者广泛使用。对于 VOCs，吸入是人类的主要暴露途径，而非摄入或皮肤接触，所以本研究仅考虑和评估吸入相关的暴露风险。RAGS-F 人类健康风险评估方法具体如下。

首先，估算人群在每种 VOC 中的暴露浓度，如式（4-11）所列：

$$\mathrm{EC}_i=\frac{C_i\times \mathrm{ET}\times \mathrm{EF}\times \mathrm{ED}}{\mathrm{AT}\times 365\times 24} \tag{4-11}$$

式中　EC_i——人体在物质 i 中的暴露浓度，$\mu g/m^3$；

C_i——空气中物质 i 的浓度，$\mu g/m^3$；

ET——每天的暴露时间，h/d；

EF——暴露频率，即每年的暴露天数，d/a；

ED——暴露年限，a；

AT——风险影响的平均时间，a。

对于非致癌风险，AT 等于暴露年限（AT＝ED），对于致癌风险，AT 等于人群平均寿命。

物质造成的非致癌风险，用危害指数（hazard index，HI）表示，如式（4-12）所列：

$$HI_i = \frac{EC_i}{RfC_i} \tag{4-12}$$

式中 HI_i ——物质 i 的危害指数；

EC_i ——人体在物质 i 中的暴露浓度，$\mu g/m^3$；

RfC_i ——物质 i 非致癌风险参考浓度，$\mu g/m^3$。

如果 $HI_i \leqslant 1$，则认为该物质的非致癌风险可以忽略，如果 $HI_i > 1$，则该物质的非致癌风险应该被关注。

填埋场作业面释放的 VOCs 种类众多且复杂。多种 VOCs 共同作用的累积风险不容忽视。根据 US EPA 发布的《化合物健康风险评价指南》，多种 VOCs 共同作用的非致癌风险 HI 的计算方法如式（4-13）所列：

$$HI_T = \sum_{i=1}^{n} HI_i \tag{4-13}$$

式中 HI_T —— n 种 VOCs 共同作用下累积危害指数；

HI_i ——物质 i 的危害指数。

如果 $HI_T > 1$，则这 n 种物质的累积非致癌风险应该被关注，若 $HI_T \leqslant 1$，则可忽略。

物质造成的致癌风险，定义为一生中罹患癌症的概率（R），如式（4-14）所列：

$$R_i = EC_i \times IUR_i \tag{4-14}$$

式中 R_i ——物质 i 的致癌风险；

EC_i ——人体在物质 i 中的暴露浓度，$\mu g/m^3$；

IUR_i ——吸入的单位风险，$m^3/\mu g$。

对于多种 VOCs 共同作用下的致癌风险，当认为各种 VOC 对人体的作用相互独立，即相互之间无协同作用或拮抗作用，且总致癌风险 $\leqslant 0.1$ 时，可通过加和的方式对多种 VOCs 的累积致癌风险进行描述，如式（4-15）所列：

$$R_T = \sum_{i=1}^{n} R_i \tag{4-15}$$

式中 R_T —— n 种 VOCs 的累积致癌风险；

R_i ——物质 i 的致癌风险。

一般认为若 $R \leqslant 1 \times 10^{-6}$，则致癌风险可以忽略；1980 年美国最高法院将 $R \geqslant 1 \times 10^{-3}$ 的致癌风险定义为重大风险；此外，也有研究认为 $R \leqslant 1 \times 10^{-4}$，则致癌风险相对较低。综上，做出如下风险划分：

① 当 $R \leqslant 1 \times 10^{-6}$ 时，认为物质的致癌风险可以忽略；

② 当 $1 \times 10^{-6} < R \leqslant 1 \times 10^{-4}$ 时，认为物质有轻微致癌风险；

③ 当 $1 \times 10^{-4} < R < 1 \times 10^{-3}$ 时，认为物质有中度致癌风险；

④ 当 $R \geqslant 1 \times 10^{-3}$ 时，认为物质有重大致癌风险。

本研究中采用 US EPA 首选的危险废物毒性信息来源——综合风险信息系统 IRIS

（https://www.epa.gov/iris）和 RAIS（https://rais.ornl.gov）数据库中提供的 RfC 和 IUR 毒理学指标值，6 种典型健康风险物质的 RfC 和 IUR 值如表 4-19 所列，其他参数设定如表 4-20 所列。

表 4-19　6 种典型健康风险物质 RfC 和 IUR 值

风险物质	CAS 号	RfC /（μg/m³）	RfC 值来源	IUR/ /（m³/μg）	IUR 值来源
苯	71-43-2	30	IRIS	7.8×10^{-6}	IRIS
乙苯	100-41-4	1000	IRIS	2.5×10^{-6}	CALEPA
三氯甲烷	67-66-3	98	ATSDR Final	2.3×10^{-5}	IRIS
四氯乙烯	127-18-4	40	IRIS	2.6×10^{-7}	IRIS
1, 2-二氯乙烷	107-06-2	7	PPRTV Current	2.6×10^{-5}	IRIS
1, 2-二氯丙烷	78-87-5	4	IRIS	3.7×10^{-6}	PPRTV Current

表 4-20　本研究中人类健康风险评估相关参数设定

参数	取值	依据
暴露时间 ET	13h/d	填埋作业面未临时覆盖时段 6:00～19:00
暴露频率 EF	300d/a	Rossi 等和 Lakhouit 等取值的平均值
暴露年限 ED	25a	填埋场服务年限
平均时间 AT	非致癌：25a；致癌：70a	非致癌：AT=ED；致癌：US EPA 推荐的取值

确定了相关参数取值后，按与恶臭污染评估类似的程序开展典型健康风险物质对填埋场及其周边区域造成的人类健康风险评估：

① 根据图 4-37 所示的填埋场内部和外部周边区域划分，在填埋场内部区域 8 个风向的下风向各选取 5 个网格作为研究点，填埋场外部区域根据 4.3 部分迁移扩散范围解析结果选取适当的 10 个网格作为研究点。进而获取各典型健康风险物质在每个研究网格的平均浓度 95%累积概率浓度和最大浓度。

② 依据式（4-11）～式（4-15）分别计算平均情景、概率统计情景和极端情景下典型健康风险物质单独和累积的致癌与非致癌风险。

③ 若有物质造成显著的健康风险，则进一步研究其在填埋场及其周边区域造成的人类健康风险概率。

4.4.2.2　填埋场及其周边区域人类健康风险特征解析

与恶臭污染评估类似，分别在平均情景、概率统计情景和极端情景下对填埋场内部（400m 内）5 个研究点和填埋场外部（400～1200m）10 个研究点开展典型物质的人类健康风险评估。平均情景下的健康风险评估结果代表了对长期平均暴露的慢性风险的估计；概率统计情景下的健康风险评估结果则提供了一个科学、可靠的健康风险上限，即某污染物造成的健康风险有95%的可能性不会超过该值，风险评估指南中也强调使用95%的健康风险置信上限；极端情景下的健康风险评估结果代表了对短期高浓度暴露的亚慢性风险的估计。填埋场内部的评估结果代表污染物对填埋场工作人员造成的健康风险影响，填埋场外部的评估结果代表污染物对附近居民造成的健康风险影响。

首先，六种典型健康风险物质在平均情景、概率统计情景和极端情景下各方向不同距离造成的单一非致癌健康风险如图4-42所示（书后另见彩图）。

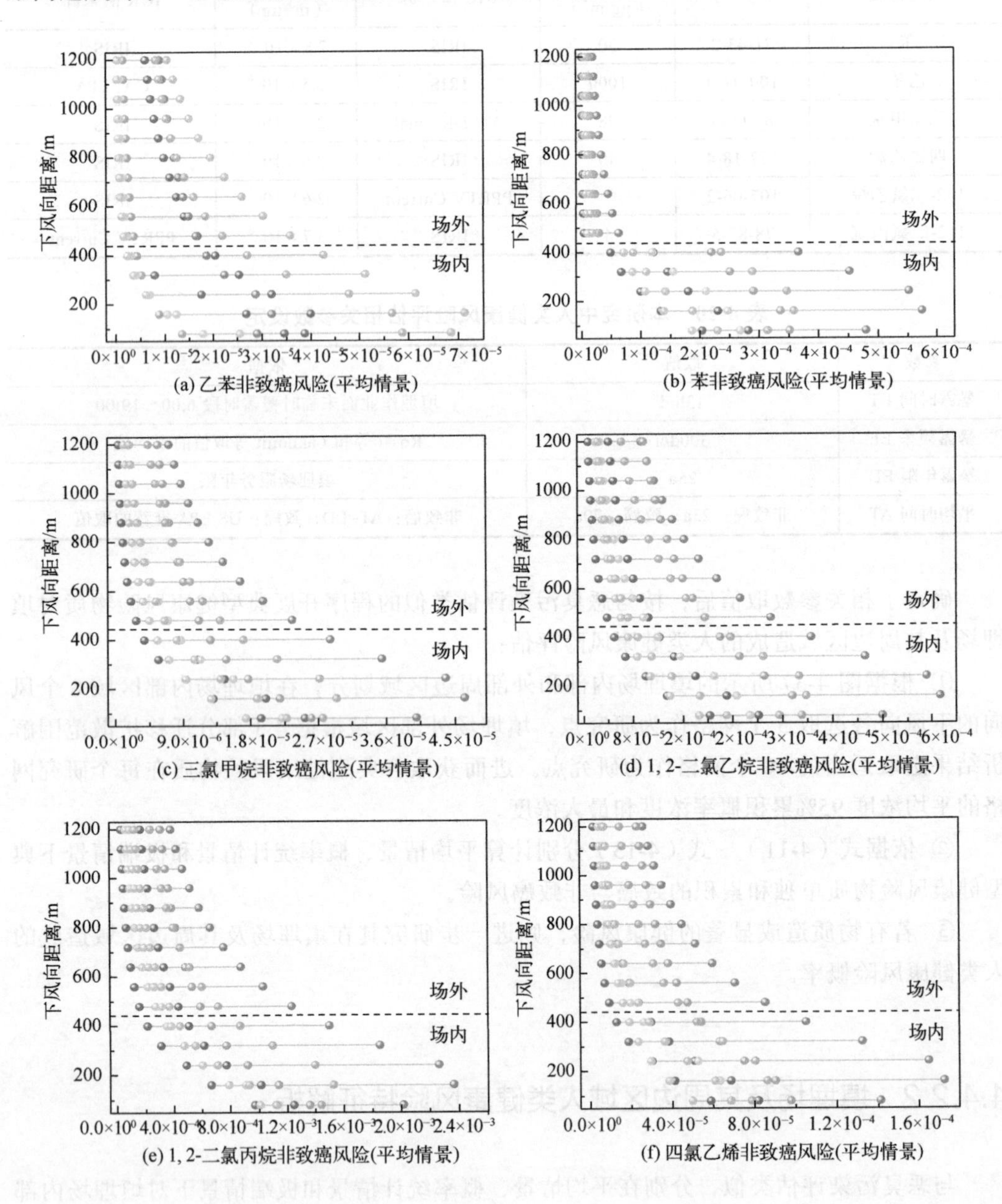

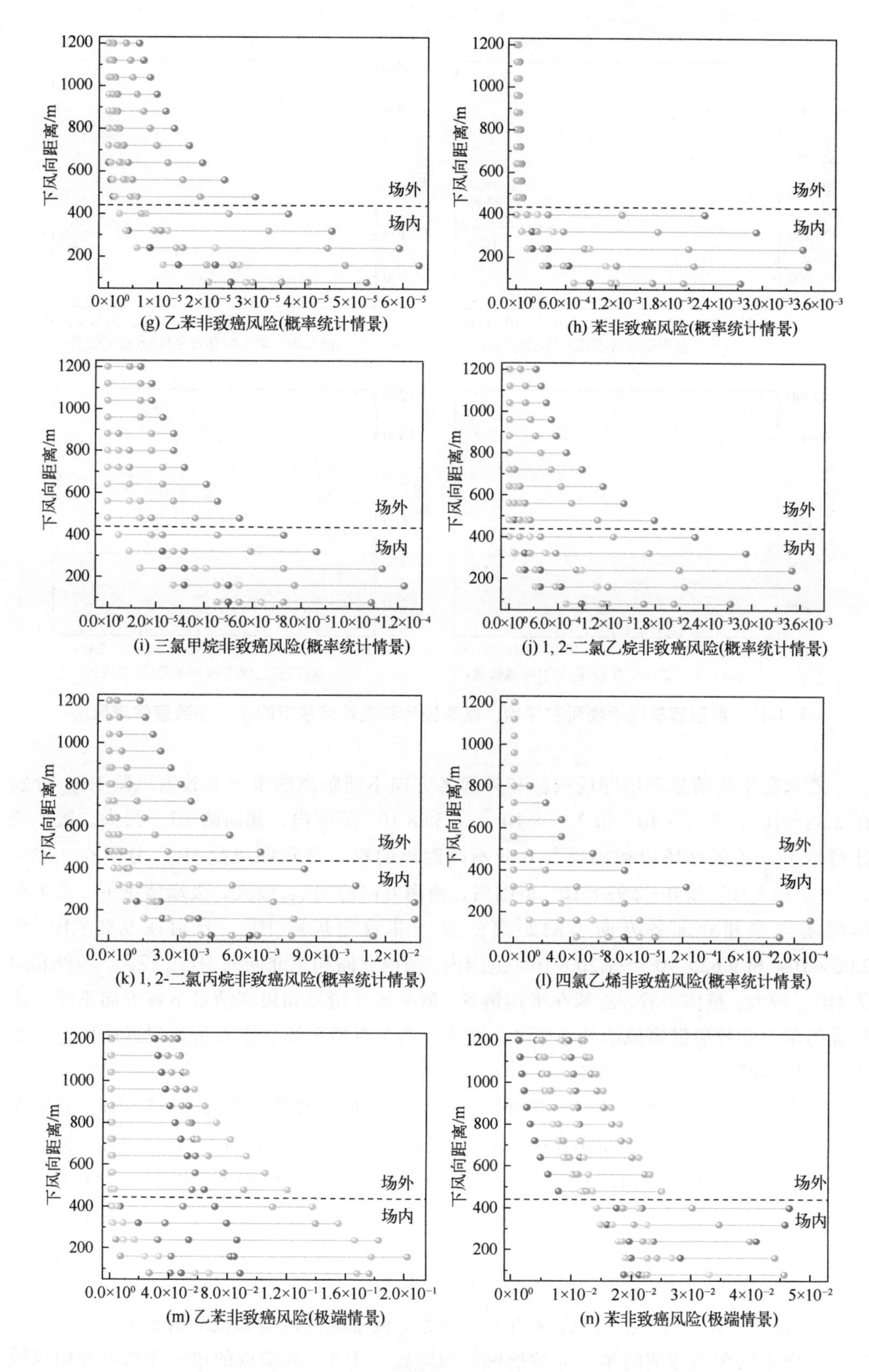

下风向距离/m
场外
场内
(g) 乙苯非致癌风险(概率统计情景)
(h) 苯非致癌风险(概率统计情景)
(i) 三氯甲烷非致癌风险(概率统计情景)
(j) 1, 2-二氯乙烷非致癌风险(概率统计情景)
(k) 1, 2-二氯丙烷非致癌风险(概率统计情景)
(l) 四氯乙烯非致癌风险(概率统计情景)
(m) 乙苯非致癌风险(极端情景)
(n) 苯非致癌风险(极端情景)

图 4-42

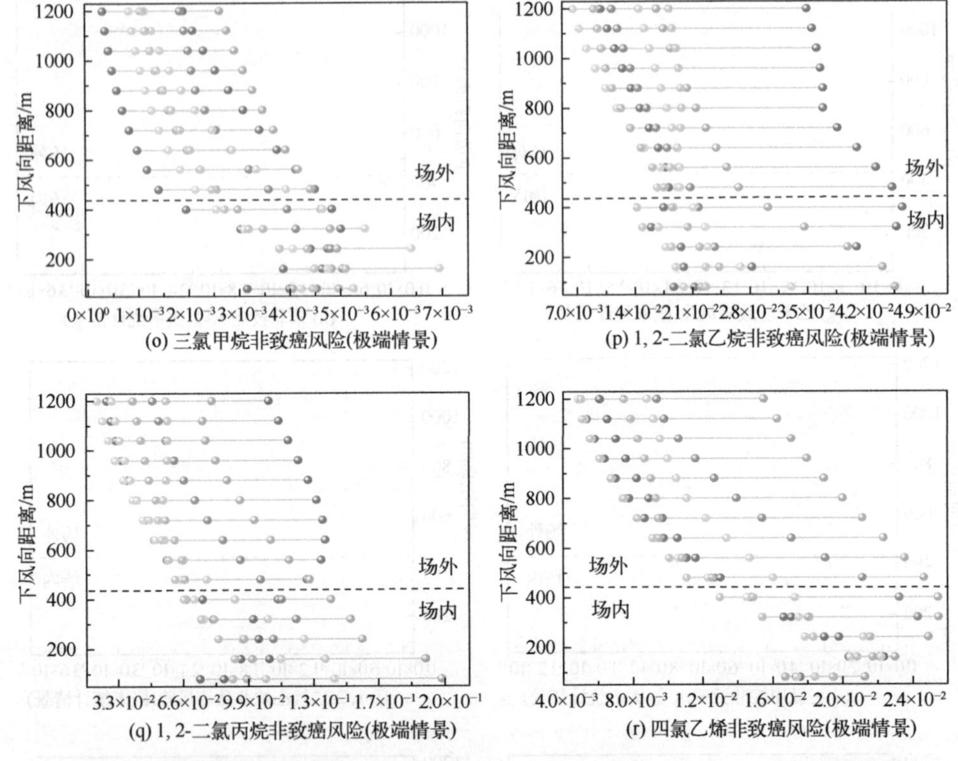

图 4-42 典型健康风险物质在平均、概率统计和极端情景下的单一非致癌健康风险

乙苯在平均情景下填埋场内部和外部各方向不同距离的单一非致癌风险 HI_{ave} 分别在 2.38×10^{-6}～7.13×10^{-5} 和 2.87×10^{-7}～3.58×10^{-5} 范围内，北向的 HI_{ave} 最大。概率统计情景下，乙苯在场内和场外各方向不同距离的单一非致癌风险 $HI_{95\%}$分别在 2.23×10^{-6}～6.32×10^{-5} 和 0～2.98×10^{-5} 范围内，西南方向的 $HI_{95\%}$最大。极端情景下，乙苯在填埋场内部和外部各方向不同距离的单一非致癌风险 HI_{max} 分别在 9.88×10^{-4}～2.00×10^{-1} 和 9.62×10^{-5}～1.20×10^{-1} 范围内，场内北向和东北向的 HI_{max} 较大，场外北向的 HI_{max} 较大。整体来看，乙苯在平均情景、概率统计情景和极端情景下各方向不同距离造成的单一非致癌健康风险均小于 1。因此，乙苯对填埋场工作人员和附近居民造成的单一非致癌健康风险可以忽略。

苯在平均情景下填埋场内部和外部各方向不同距离的单一非致癌风险 HI_{ave} 分别在 4.97×10^{-5}～5.74×10^{-4} 和 6.36×10^{-7}～6.34×10^{-5} 之间，西南方向的 HI_{ave} 最大。概率统计情景下，苯在填埋场内部和外部各方向不同距离的单一非致癌风险 $HI_{95\%}$分别在 0～3.56×10^{-3} 和 0～7.42×10^{-5} 之间，同样是西南方向的 $HI_{95\%}$最大。极端情景下，苯在填埋场内部和外部各方向不同距离的单一非致癌风险 HI_{max} 分别在 1.42×10^{-2}～4.65×10^{-2} 和 1.23×10^{-3}～2.51×10^{-2} 之间，场内西向和南向的 HI_{max} 较大，场外基本是北向的 HI_{max} 最大，西北向的 HI_{max} 最小。可见，苯在平均情景、概率统计情景和极端情景下对填埋场内外各方向不同距离造成的单一非致癌健康风险远小于 1，其造成的单一非致癌健康风险

可以忽略。

三氯甲烷在平均情景下填埋场内部和外部各方向不同距离的单一非致癌健康风险 HI_{ave} 范围分别为 3.82×10^{-6}～4.62×10^{-5} 和 4.59×10^{-7}～2.35×10^{-5}，西南向 HI_{ave} 最大。概率统计情景下，三氯甲烷在填埋场内部和外部各方向不同距离的单一非致癌健康风险 $HI_{95\%}$ 范围分别为 4.54×10^{-6}～1.23×10^{-4} 和 0～5.45×10^{-5}，西南向 $HI_{95\%}$ 最大，东向 HI_{ave} 最小。极端情景下，三氯甲烷在填埋场内部和外部各方向不同距离的单一非致癌健康风险 HI_{max} 范围分别为 1.95×10^{-3}～6.95×10^{-3} 和 3.00×10^{-4}～4.50×10^{-3}，场内东向 HI_{max} 较大，场外南向 HI_{max} 较大，场内和场外都是西北向的 HI_{max} 较小。同样地，三氯甲烷在三个情景下对填埋场内外各方向不同距离造成的非致癌健康风险均小于 1，其造成的单一非致癌健康风险可以忽略。

1, 2-二氯乙烷在平均情景下填埋场内部和外部各方向不同距离的单一非致癌风险 HI_{ave} 分别在 4.97×10^{-5}～5.74×10^{-4} 和 7.87×10^{-6}～3.01×10^{-4} 之间，基本上西南向 HI_{ave} 最大，西北向 HI_{ave} 最小。概率统计情景下，1, 2-二氯乙烷在填埋场内部和外部各方向不同距离的单一非致癌风险 $HI_{95\%}$ 分别在 0～3.56×10^{-3} 和 0～1.78×10^{-3} 之间，基本上西南向 $HI_{95\%}$ 最大，东向 $HI_{95\%}$ 最小。极端情景下，1, 2-二氯乙烷在填埋场内部和外部各方向不同距离的单一非致癌风险 HI_{max} 分别在 1.42×10^{-2}～4.65×10^{-2} 和 6.55×10^{-3}～4.53×10^{-2} 之间，场内南向和西向 HI_{max} 较大，场外西向 HI_{max} 最大。1, 2-二氯乙烷在平均情景、概率统计情景和极端情景下对填埋场内外各方向不同距离也不造成单一的非致癌健康风险。

1, 2-二氯丙烷在平均情景下填埋场内部和外部各方向不同距离的单一非致癌风险 HI_{ave} 范围分别为 2.14×10^{-4}～2.36×10^{-3} 和 3.23×10^{-5}～1.23×10^{-3}，西南向 HI_{ave} 最大，西北向 HI_{ave} 最小。概率统计情景下，1, 2-二氯丙烷在填埋场内部和外部各方向不同距离的单一非致癌健康风险 $HI_{95\%}$ 范围分别为 2.23×10^{-4}～1.32×10^{-2} 和 0～6.57×10^{-3}，西南向 $HI_{95\%}$ 最大，基本上东向 $HI_{95\%}$ 最小。极端情景下，1, 2-二氯丙烷在填埋场内部和外部各方向不同距离的单一非致癌健康风险 HI_{max} 范围分别为 0.07～0.20 和 0.02～0.14，场内南向 HI_{max} 最大，场外西向 HI_{max} 最大。1, 2-二氯丙烷的单一非致癌健康风险值在六种典型健康风险物质中处于较高水平，但总体仍小于 1，所以 1, 2-二氯丙烷在平均情景、概率统计情景和极端情景下对填埋场内外各方向不同距离造成的单一非致癌健康风险也可以忽略。

四氯乙烯在平均情景下填埋场内部和外部各方向不同距离的单一非致癌风险 HI_{ave} 范围分别为 1.29×10^{-5}～1.73×10^{-4} 和 1.85×10^{-6}～8.54×10^{-5}，西南向 HI_{ave} 最大，东向和西北向 HI_{ave} 较小。概率统计情景下，四氯乙烯在填埋场内部和外部各方向不同距离的单一非致癌健康风险 $HI_{95\%}$ 范围分别为 0～2.11×10^{-4} 和 0～5.57×10^{-5}，西南向 $HI_{95\%}$ 最大，东向 $HI_{95\%}$ 最小。极端情景下，四氯乙烯在填埋场内部和外部各方向不同距离的非致癌健康风险 HI_{max} 范围分别为 1.30×10^{-2}～2.55×10^{-2} 和 4.88×10^{-3}～2.47×10^{-2}，南向 HI_{max} 最大。与其他五种典型健康风险物质一样，四氯乙烯在平均情景、概率统计情景和极端情景下对填埋场内外各方向不同距离造成的单一非致癌健康风险均小于 1，其造成的单一非致癌健康风险可以忽略。

综上所述，六种典型健康风险物质均不对填埋场工作人员和附近居民造成单一的非致癌风险。整体来看，各物质潜在的单一非致癌风险从大到小依次是1, 2-二氯丙烷、1, 2-二氯乙烷、苯、四氯乙烯、乙苯和三氯甲烷。1, 2-二氯丙烷以较高的落地浓度和最小的RfC(4μg/m^3)表现出最高的单一非致癌风险，1, 2-二氯乙烷也以较小的RfC(7μg/m^3)表现出第二大的单一非致癌风险，三氯甲烷则以较低的落地浓度和较高的RfC(98μg/m^3)表现出最低的单一非致癌风险，乙苯的落地浓度虽然最高，但其RfC（1000μg/m^3）高出其他典型健康风险物质2～3个数量级，故表现出较低的单一非致癌风险。此外，各典型健康风险物质的单一非致癌健康风险均随下风向距离的增加而逐渐减小，在概率统计情景下各物质的$HI_{95\%}$在不同区域衰减到0，相关信息总结于表4-21中。

表4-21 典型健康风险物质各方向1.2km范围内$HI_{95\%}$衰减到0的距离 单位：m

典型健康风险物质	北向	东北向	东向	东南向	南向	西南向	西向	西北向
乙苯	1200	n/a	720	n/a	n/a	n/a	1200	640
苯	720	n/a	400	640	560	n/a	560	400
三氯甲烷	880	n/a	480	800	960	n/a	800	480
1, 2-二氯乙烷	640	n/a	400	720	800	n/a	640	400
1, 2-二氯丙烷	960	n/a	560	720	960	n/a	880	480
四氯乙烯	320	560	240	400	320	880	320	240

注：n/a表示在相应的方向上1.2km范围内典型健康风险物质的$HI_{95\%}$未衰减到0。

6种典型健康风险物质的累积非致癌健康风险如图4-43所示（书后另见彩图）。可以看出，平均情景和概率统计情景下均是西南方向的累积非致癌风险值HI_T最高，平均情景下基本上是西北方向的HI_T最小，概率统计情景下则是东向HI_T最小。极端情景下场内东北向和西向累积非致癌风险$HI_{T,\ max}$较大，场外则是西向$HI_{T,\ max}$最大，东南向和西北向的$HI_{T,\ max}$较小。但这六种典型健康风险物质在平均情景、概率统计情景和极端情景下对填埋场内外各方向不同距离造成的累积非致癌健康风险HI_T仍均小于1。其中，平均情景下的累积非致癌风险$HI_{T,\ ave}$不超过3.76×10^{-3}，概率统计情景下的累积非致癌风险$HI_{T,\ 95\%}$不超过2.08×10^{-2}，极端情景下的累积非致癌风险$HI_{T,\ max}$不超过0.38。这表明六种典型健康风险物质对填埋场工作人员和附近居民所造成的累积非致癌风险处于可忽略的水平。

其次，6种典型健康风险物质在平均情景、概率统计情景和极端情景下各方向不同距离造成的单一致癌健康风险如图4-44所示（书后另见彩图）。其中，由于特定网格用于计算非致癌健康风险和致癌健康风险的物质浓度相同，概率统计情景下致癌健康风险为0的区域与非致癌健康风险为0的区域相同，均是各物质95%累积概率浓度为0的对应区域，如表4-22所列。

对于乙苯，在平均情景下，填埋场内部和外部各方向不同距离的单一致癌风险R_{ave}范围分别为2.13×10^{-9}～6.36×10^{-8}和2.63×10^{-10}～3.19×10^{-8}，北向的R_{ave}最高。概率统计情景下，填埋场内部和外部各方向不同距离的单一致癌风险$R_{95\%}$分别为1.99×10^{-9}～

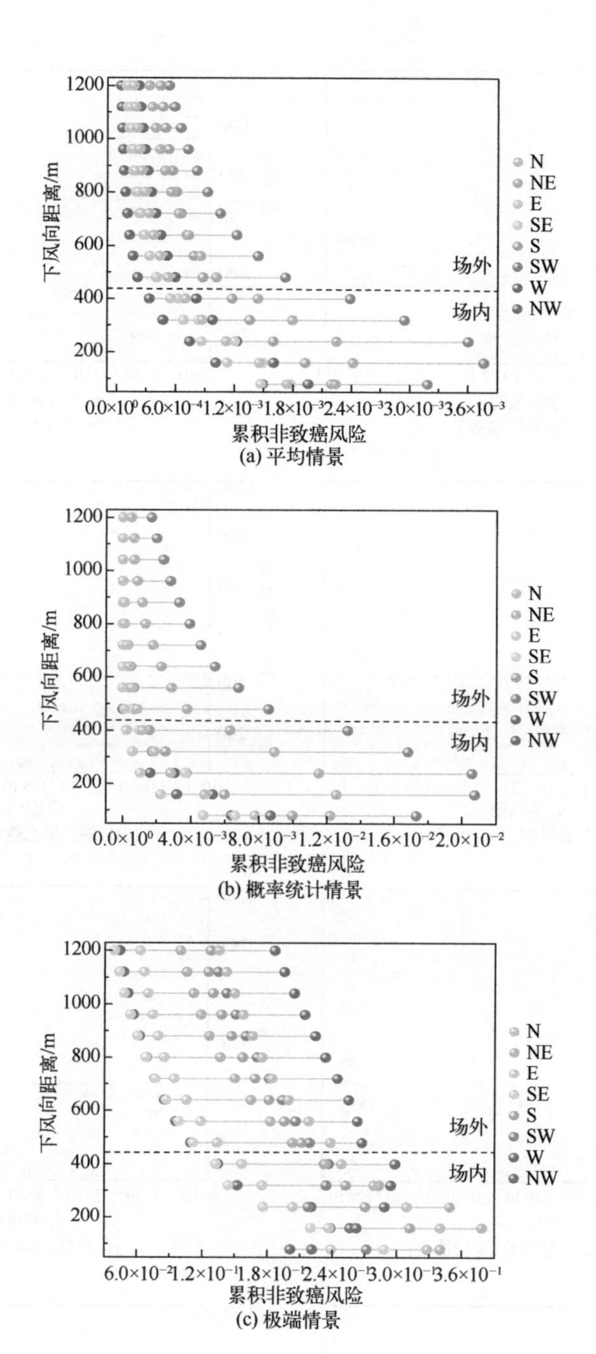

图 4-43　典型健康风险物质在平均、概率统计和极端情景下的累积非致癌健康风险

5.64×10^{-8}和 0～2.66×10^{-8}，西南方向的 $R_{95\%}$最高。可以看出，平均情景和概率统计情景下的单一致癌健康风险均小于 1×10^{-6}，即乙苯在平均情景和概率统计情景下对填埋场工作人员和附近居民造成的单一致癌健康风险可以忽略。极端情景下，填埋场内部各方向不同距离的单一致癌风险 R_{max} 在 8.82×10^{-7}～1.81×10^{-4} 之间，场内除了南向 400m 处外，R_{max} 均大于 1×10^{-6}，北向和西北向的 R_{max} 甚至超过 1×10^{-4}，这表明在极端情景下乙苯会对填埋场工作人员造成轻微和中度的单一致癌风险。极端情景下，填埋场外部各

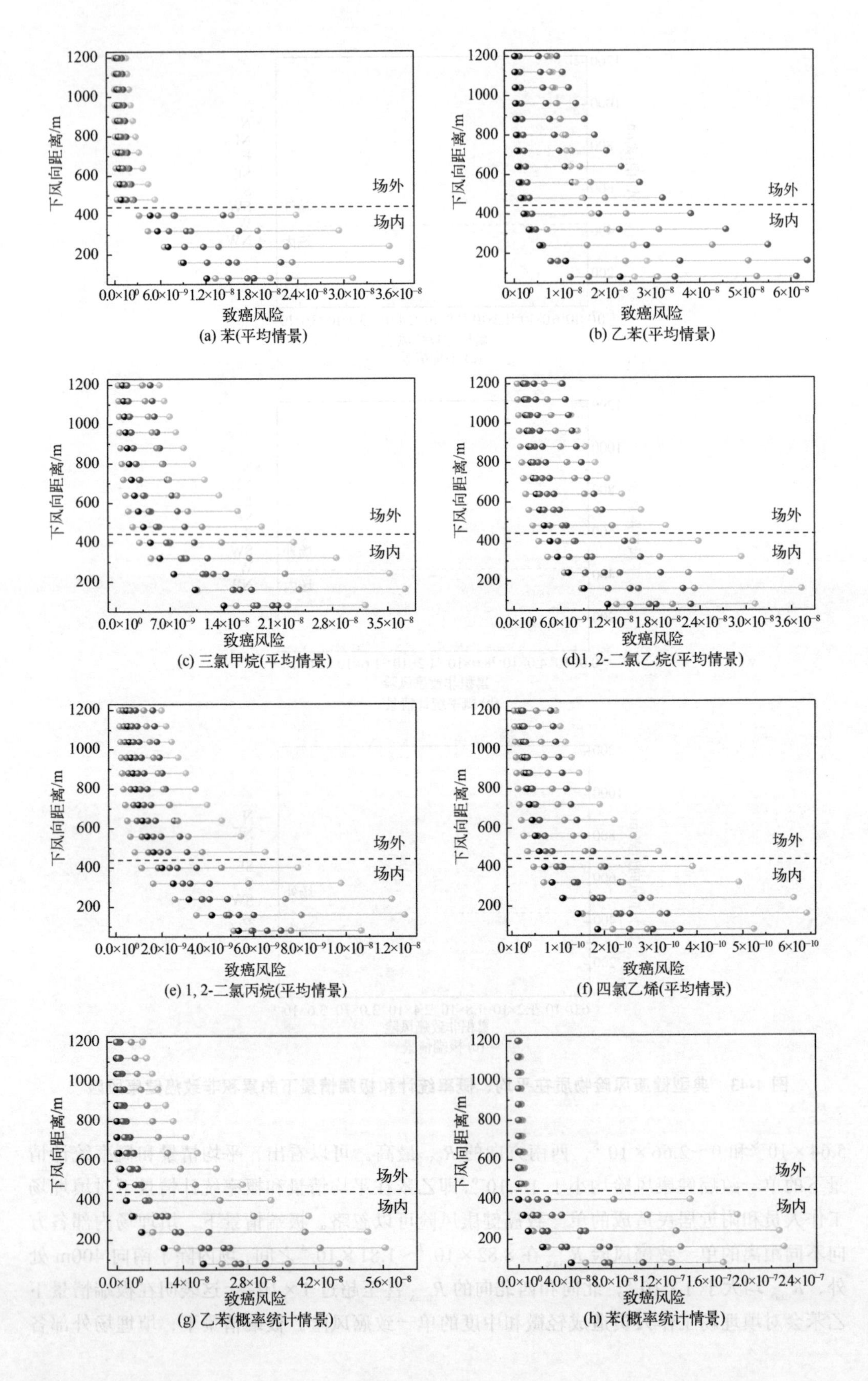

(a) 苯(平均情景)

(b) 乙苯(平均情景)

(c) 三氯甲烷(平均情景)

(d)1, 2-二氯乙烷(平均情景)

(e) 1, 2-二氯丙烷(平均情景)

(f) 四氯乙烯(平均情景)

(g) 乙苯(概率统计情景)

(h) 苯(概率统计情景)

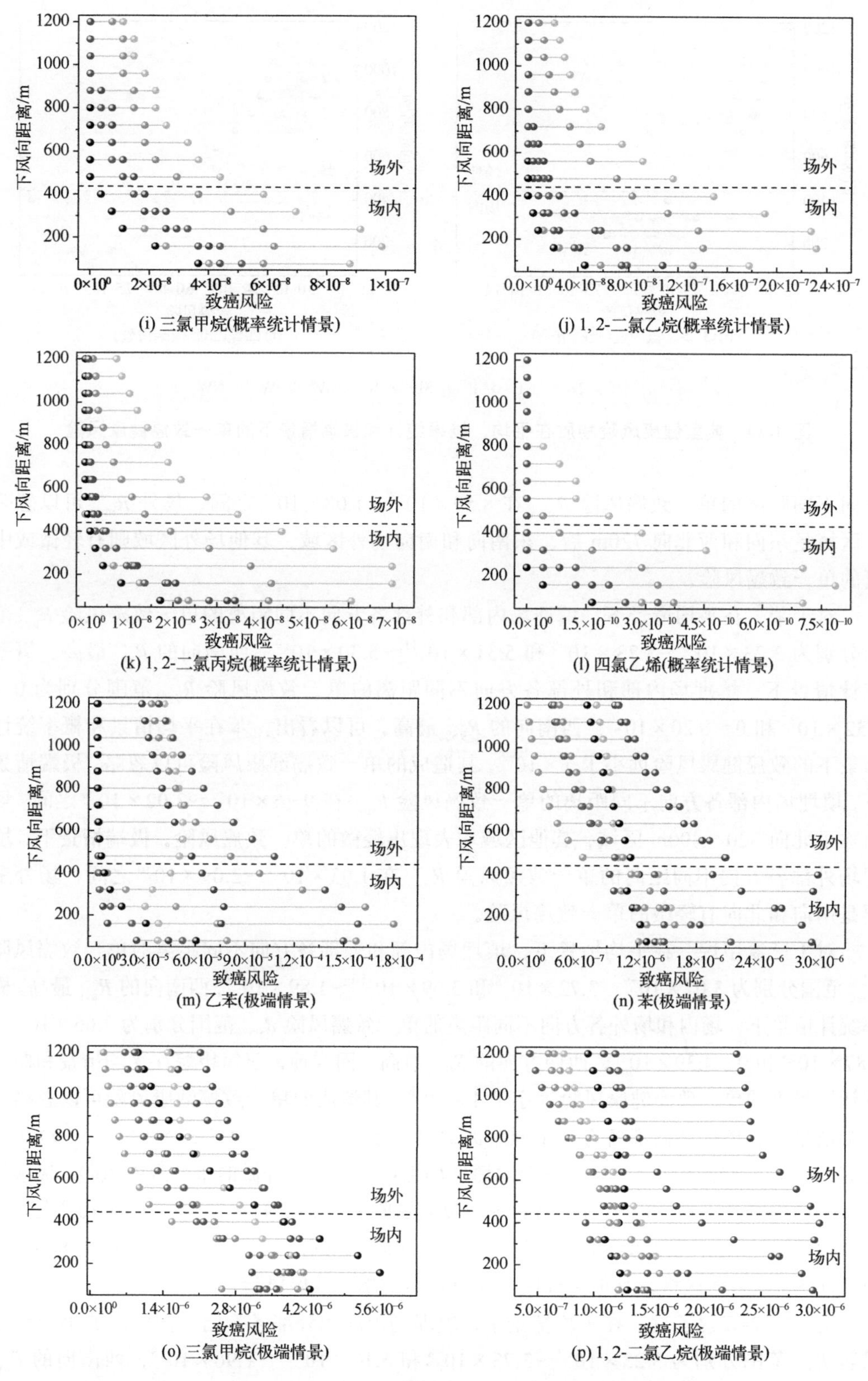
下风向距离/m
致癌风险
场外
场内
(i) 三氯甲烷(概率统计情景)
(j) 1, 2-二氯乙烷(概率统计情景)
(k) 1, 2-二氯丙烷(概率统计情景)
(l) 四氯乙烯(概率统计情景)
(m) 乙苯(极端情景)
(n) 苯(极端情景)
(o) 三氯甲烷(极端情景)
(p) 1, 2-二氯乙烷(极端情景)

图 4-44

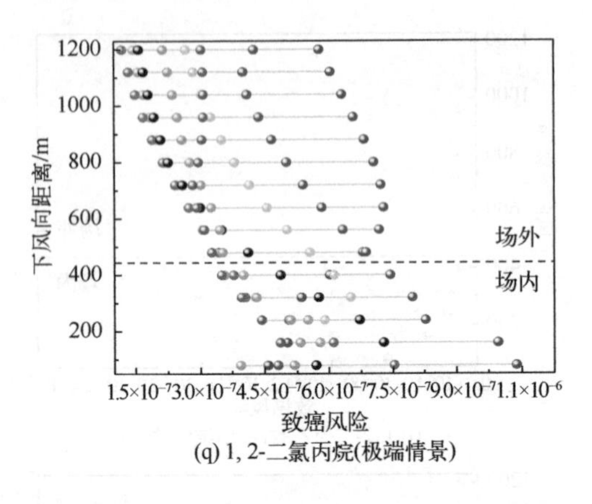

(q) 1, 2-二氯丙烷(极端情景)

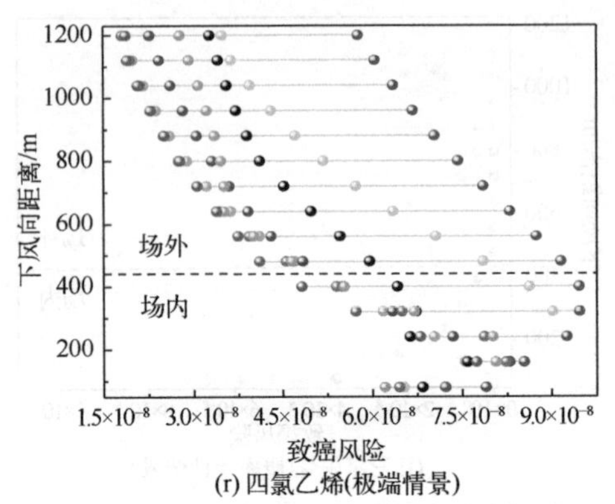

(r) 四氯乙烯(极端情景)

N NE E SE S SW W NW

图 4-44 典型健康风险物质在平均、概率统计和极端情景下的单一致癌健康风险

方向不同距离的单一致癌风险 R_{max} 在 8.59×10^{-8}～1.08×10^{-4} 之间，场外 R_{max} 可以忽略的区域是东向和西北向 720m 后、东南向和南向场外区域，其他场外区域则有轻微或中度的单一致癌风险。

对于苯，在平均情景下，填埋场内部和外部各方向不同距离的单一致癌风险 R_{ave} 范围分别为 3.23×10^{-9}～3.73×10^{-8} 和 5.31×10^{-11}～5.30×10^{-9}，西南向的 R_{ave} 最高。概率统计情景下，填埋场内部和外部各方向不同距离的单一致癌风险 $R_{95\%}$ 范围分别为 0～2.32×10^{-7} 和 0～6.20×10^{-9}，西南向的 $R_{95\%}$ 最高。可以看出，苯在平均情景和概率统计情景下的致癌健康风险远小于 1×10^{-6}，其造成的单一致癌健康风险可以忽略。极端情景下，填埋场内部各方向不同距离的单一致癌风险 R_{max} 在 9.26×10^{-7}～3.02×10^{-6} 之间，场内除了北向 320～400m 区域，其他区域均表现出轻微的单一致癌风险。极端情景下，填埋场外部各方向不同距离的单一致癌风险 R_{max} 在 1.03×10^{-7}～2.09×10^{-6} 之间，场外主要是南向和北向有轻微的单一致癌风险。

对于三氯甲烷，在平均情景下，填埋场内部和外部各方向不同距离的单一致癌风险 R_{ave} 范围分别为 3.07×10^{-9}～3.72×10^{-8} 和 3.69×10^{-10}～1.89×10^{-8}，西南向的 R_{ave} 最高。概率统计情景下，场内和场外各方向不同距离的单一致癌风险 $R_{95\%}$ 范围分别为 3.66×10^{-9}～9.87×10^{-8} 和 0～4.39×10^{-8}，西南方向的 $R_{95\%}$ 最高。同样地，三氯甲烷在平均情景和概率统计情景下的单一致癌健康风险远小于 1×10^{-6}，其造成的单一致癌健康风险可以忽略。极端情景下，填埋场内部各方向不同距离的单一致癌风险 R_{max} 在 1.57×10^{-6}～5.59×10^{-6} 之间，可见三氯甲烷在极端情景下会对填埋场工作人员造成轻微的单一致癌风险。极端情景下，填埋场外部各方向不同距离的单一致癌风险 R_{max} 在 2.41×10^{-7}～3.62×10^{-6} 之间，场外致癌风险 R_{max} 可以忽略的区域是北向和东北向 1040m、东向 1200m、东南向 880m 和西北向 560m 后的区域，其他场外区域均有轻微的单一致癌风险。

对于 1, 2-二氯乙烷，在平均情景下，填埋场内部和外部各方向不同距离的单一致癌风险 R_{ave} 范围分别为 3.23×10^{-9}～3.73×10^{-8} 和 5.12×10^{-10}～1.96×10^{-8}，西南向的 R_{ave} 最高。概率统计情景下，填埋场内部和外部各方向不同距离的单一致癌风险 $R_{95\%}$ 范围分

别为 $0\sim2.32\times10^{-7}$ 和 $0\sim1.58\times10^{-7}$，西南向的 $R_{95\%}$最高。可见，1, 2-二氯乙烷在平均情景和概率统计情景下的单一致癌风险也不超过风险限值 1×10^{-6}，可以忽略。极端情景下，填埋场内部各方向不同距离的单一致癌风险 R_{max} 在 $9.26\times10^{-7}\sim3.02\times10^{-6}$ 之间。和苯一样，1, 2-二氯乙烷极端情景下场内除了北向 320～400m 区域，其他区域均表现出轻微致癌风险。极端情景下，填埋场外部各方向不同距离的单一致癌风险 R_{max} 在 $4.26\times10^{-7}\sim2.94\times10^{-6}$ 之间，其中北向与南向及西向场外全域、东北和东南向 400～560m、东向 400～1120m、西南向 400～880m 和西北向 400～800m 区域有轻微的单一致癌风险。

对于 1, 2-二氯丙烷，在平均情景下，填埋场内部和外部各方向不同距离的单一致癌风险 R_{ave} 范围分别为 $1.13\times10^{-9}\sim1.25\times10^{-8}$ 和 $1.71\times10^{-10}\sim6.52\times10^{-9}$，西南向的 R_{ave} 最高。概率统计情景下，填埋场内部和外部各方向不同距离的单一致癌风险 $R_{95\%}$范围分别为 $1.18\times10^{-9}\sim7.00\times10^{-8}$ 和 $0\sim3.47\times10^{-8}$，西南向的 $R_{95\%}$最高。同样，1, 2-二氯丙烷在平均情景和概率统计情景下的单一致癌风险远小于风险限值 1×10^{-6}，可以忽略。极端情景下，填埋场内部和外部各方向不同距离的单一致癌风险 R_{max} 范围分别为 $3.51\times10^{-7}\sim1.04\times10^{-6}$ 和 $1.19\times10^{-7}\sim7.29\times10^{-7}$，除了填埋场内部南向 0～80m 区域，其他区域的单一致癌健康风险均可以忽略。

对于四氯乙烯，在平均情景下，填埋场内部和外部各方向不同距离的单一致癌风险 R_{ave} 范围分别为 $4.78\times10^{-11}\sim6.41\times10^{-10}$ 和 $6.86\times10^{-12}\sim3.17\times10^{-10}$，西南向的 R_{ave} 最高。概率统计情景下，填埋场内部和外部各方向不同距离的单一致癌风险 $R_{95\%}$分别为 $0\sim7.85\times10^{-10}$ 和 $0\sim2.07\times10^{-10}$，西南向的 $R_{95\%}$最高。极端情景下，填埋场内部和外部各方向不同距离的单一致癌风险 R_{max} 范围分别为 $4.82\times10^{-8}\sim9.47\times10^{-8}$ 和 $1.81\times10^{-8}\sim9.16\times10^{-8}$，南向的 R_{max} 最高。可以看出，在六种典型健康风险物质中，四氯乙烯由于较低的落地浓度和最小的 IUR（$2.6\times10^{-7}m^3/\mu g$），在各个场景下的致癌风险均处于最低水平，且都小于 1×10^{-6}。因此，四氯乙烯在平均情景、概率统计情景和极端情景下对填埋场工作人员和附近居民造成的单一致癌健康风险均可以忽略。

综上所述，六种典型健康风险物质在平均情景和概率统计情景下的单一致癌风险均可忽略，四氯乙烯和 1, 2-二氯丙烷在极端情景下的单一致癌风险也可忽略，乙苯、苯、三氯甲烷和 1, 2-二氯乙烷都在极端情景下不同范围内表现出了轻微或中度的单一致癌风险。针对乙苯、苯、三氯甲烷和 1, 2-二氯乙烷对填埋场及其周边区域可能造成的健康风险，进一步统计了它们在填埋场及其周边区域造成的健康风险概率，即对迁移扩散三维数值模拟研究域内的所有网格进行风险限值判定，统计其单一致癌风险超过风险限值（1×10^{-6}）的概率，结果如图 4-45 所示（书后另见彩图）。可以看出，乙苯、苯、三氯甲烷和 1, 2-二氯乙烷对填埋场及其周边区域造成的单一健康风险概率范围分别为 0.1%～0.2%、0.1%～0.2%、0.1%～1%和 0.1%～0.7%。乙苯的单一致癌健康风险影响距离在西南方向超过了 4km，在其他方向基本不超过 2km。此外，苯的单一致癌健康风险影响距离不超过 650m，三氯甲烷不超过 3km，1, 2-二氯乙烷不超过 2km。综合图 4-42 和图 4-43，整体上，六种典型健康风险物质潜在的致癌性健康风险从大到小依次是三氯甲烷、1, 2-二氯乙烷、乙苯、苯、1, 2-二氯丙烷和四氯乙烯，这主要由各物质的 IUR（表 4-20）和落地浓度决定。

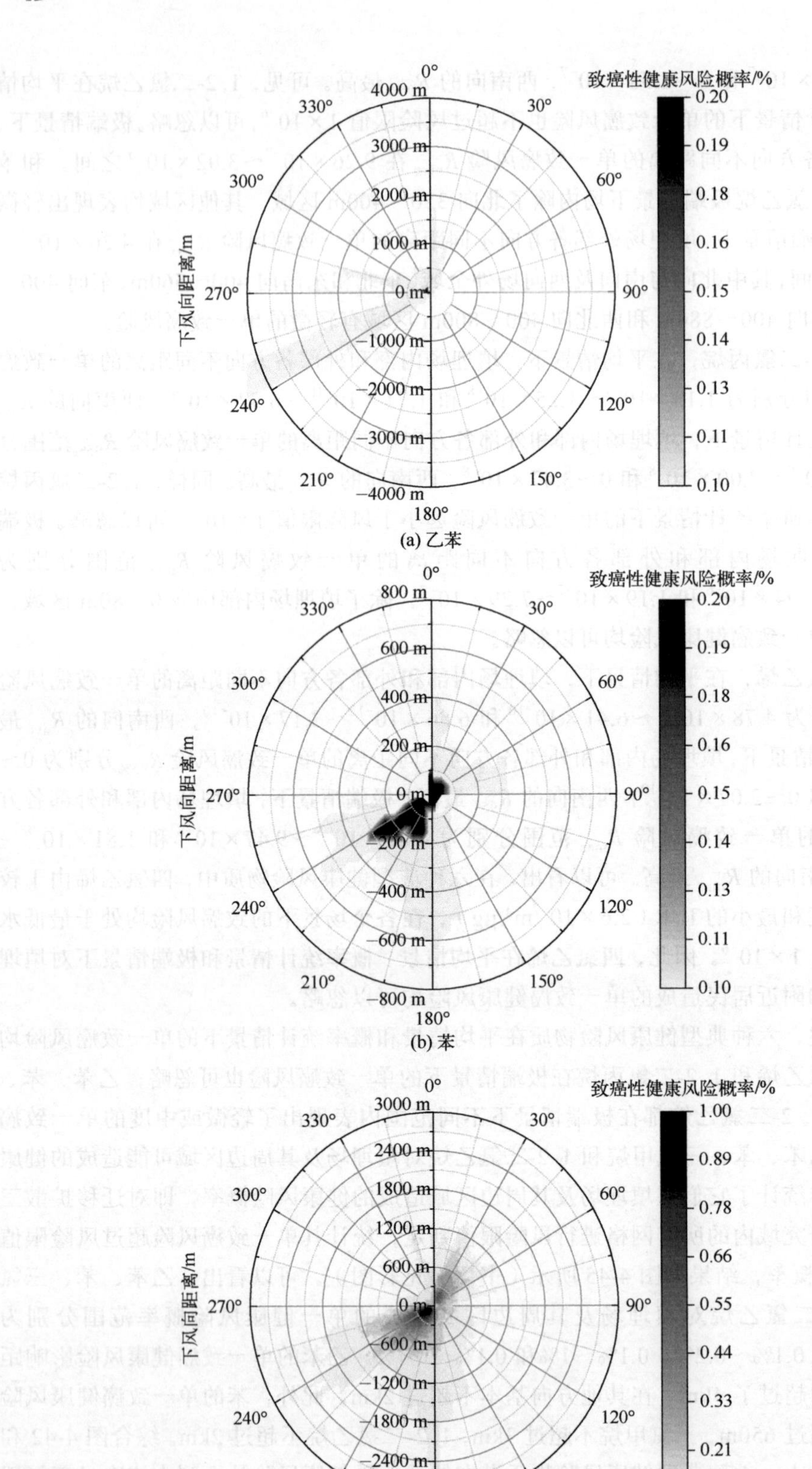
致癌性健康风险概率/%
0.20
0.19
0.18
0.16
0.15
0.14
0.13
0.11
0.10
0°
30°
60°
90°
120°
150°
180°
210°
240°
270°
300°
330°
4000 m
3000 m
2000 m
1000 m
0 m
−1000 m
−2000 m
−3000 m
−4000 m
下风向距离/m
800 m
600 m
400 m
200 m
−200 m
−400 m
−600 m
−800 m
1.00
0.89
0.78
0.66
0.55
0.44
0.33
0.21
3000 m
2400 m
1800 m
1200 m
600 m
−600 m
−1200 m
−1800 m
−2400 m
−3000 m

(a) 乙苯

(b) 苯

(c) 三氯甲烷

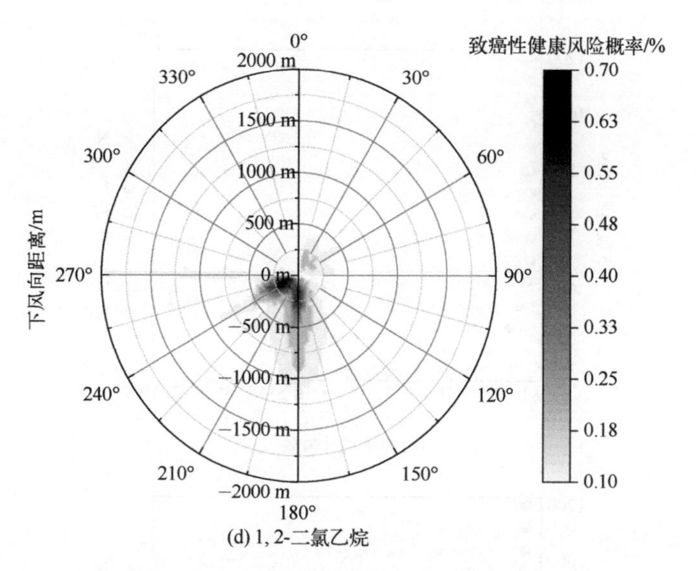

(d) 1, 2-二氯乙烷

图 4-45　乙苯、苯、三氯甲烷和 1, 2-二氯乙烷在填埋场及其周边区域造成的单一致癌健康风险概率

六种典型健康风险物质的累积致癌风险如图 4-46 所示（书后另见彩图）。由图可知，在平均情景和概率统计情景下均是西南方向的累积致癌风险 R_T 最高，东向和西北向的累积致癌风险 R_T 较小。同时可以看到，平均情景和概率统计情景下的累积致癌风险 R_T 仍小于风险限值 1×10^{-6}。其中，场内 $R_{T,\ ave}$ 介于 1.45×10^{-8}～1.54×10^{-7} 之间，场外 $R_{T,\ ave}$ 介于 1.37×10^{-9}～6.53×10^{-8} 之间，场内 $R_{T,\ 95\%}$ 介于 6.82×10^{-9}～6.89×10^{-7} 之间，场外 $R_{T,\ 95\%}$ 介于 0～2.27×10^{-7} 之间。所以，平均情景和概率统计情景下的累积致癌风险可以忽略。在极端情景下，研究域内的累积致癌风险均超过了 1×10^{-6}，有些区域甚至超过了 1×10^{-4}。具体地，场内 $R_{T,\ max}$ 在 6.60×10^{-6}～1.89×10^{-4} 之间，场外 $R_{T,\ max}$ 介于 1.38×10^{-6}～1.13×10^{-4} 之间。其中，北向 0～480m 和东北向 0～400m 区域的 $R_{T,\ max}$ 超过了 1×10^{-4}，即极端情景下这两个区域有中度的累积致癌风险，其他区域则有轻微的累积致癌风险。

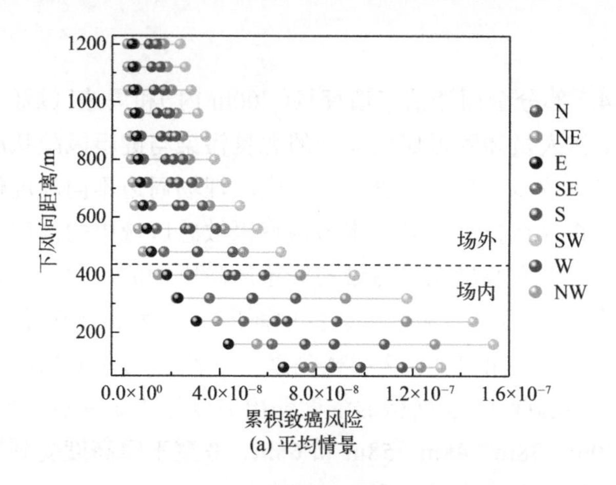

(a) 平均情景

图 4-46

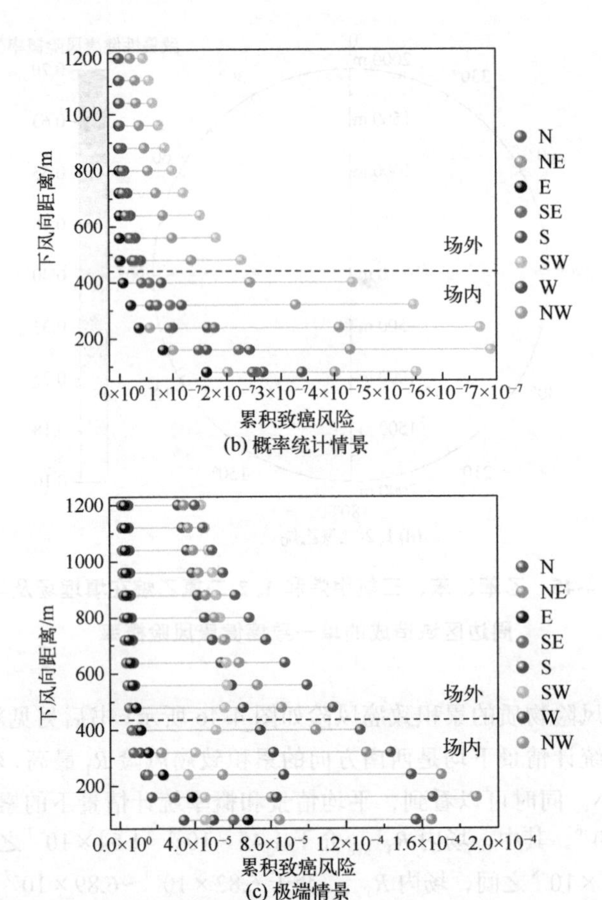

图 4-46　典型健康风险物质在平均、概率统计和极端情景下的累积致癌健康风险

4.4.3　建筑物不同高度的恶臭污染与健康风险变化规律解析

4.4.1 部分和 4.4.2 部分全面评估了填埋场(400m 内)和周边区域(400～1200m)1.5m 呼吸带高度填埋场工作人员和附近居民受到的恶臭污染与健康风险状况。然而，针对大中城市多层和高层建筑较多的特点，进一步研究填埋场周边不同高度住户受到的恶臭污染与健康风险影响是否存在显著差异。本节内容以敏感区域中的高层住宅楼作为环境保护目标，进一步探究了不同高度恶臭污染与健康风险影响的变化规律。根据迁移扩散三维数值模拟差分网格设置（4.3.1 部分），自地面层起至垂直于地面方向的第 10 层网格的中心高度已达 68m，基本相当于 22 层楼高度，已涵盖绝大多数高层住宅楼的高度范围。因此，以自地面层起前 10 层网格的浓度输出高度作为研究点，分别是 1.5m、6m、12m、18m、24m、30m、38m、48m、58m 和 68m，考察不同高度受到填埋场作业面污染物迁移扩散后的恶臭污染和健康风险影响。

乙醇、二甲二硫醚和甲硫醚在平均情景、概率统计情景和极端情景下对上述环境保护目标造成的恶臭污染随高度的变化规律如图4-47所示。由图可知，平均情景和概率统计情景下3种典型恶臭物质不同高度的阈稀释倍数D_{ave}和$D_{95\%}$均小于1。其中，D_{ave}范围分别为乙醇3.46×10^{-2}～6.94×10^{-2}、二甲二硫醚4.62×10^{-3}～9.59×10^{-3}、甲硫醚1.21×10^{-3}～2.53×10^{-3}，$D_{95\%}$分别为乙醇0.22～0.43、二甲二硫醚4.66×10^{-3}～1.02×10^{-2}、甲硫醚2.71×10^{-3}～5.24×10^{-3}。因此，乙醇、二甲二硫醚和甲硫醚在平均情景和概率统计情景下对环境保护目标不同高度造成的恶臭污染可忽略。在极端情景下，乙醇不同高度的阈稀释倍数D_{max}均大于1，介于1.96～4.33之间；二甲二硫醚在18～38m高度的阈稀释倍数D_{max}大于1，在1.5～12m高度的阈稀释倍数D_{max}接近1；甲硫醚在极端情景下不同高度的阈稀释倍数D_{max}均小于1，介于0.12～0.32之间。所以，在极端情景下，乙醇会对环境保护目标不同高度造成显著的恶臭污染，二甲二硫醚主要在10～40m高度造成不可忽略的恶臭污染，甲硫醚对环境保护目标不同高度造成的恶臭污染可忽略。

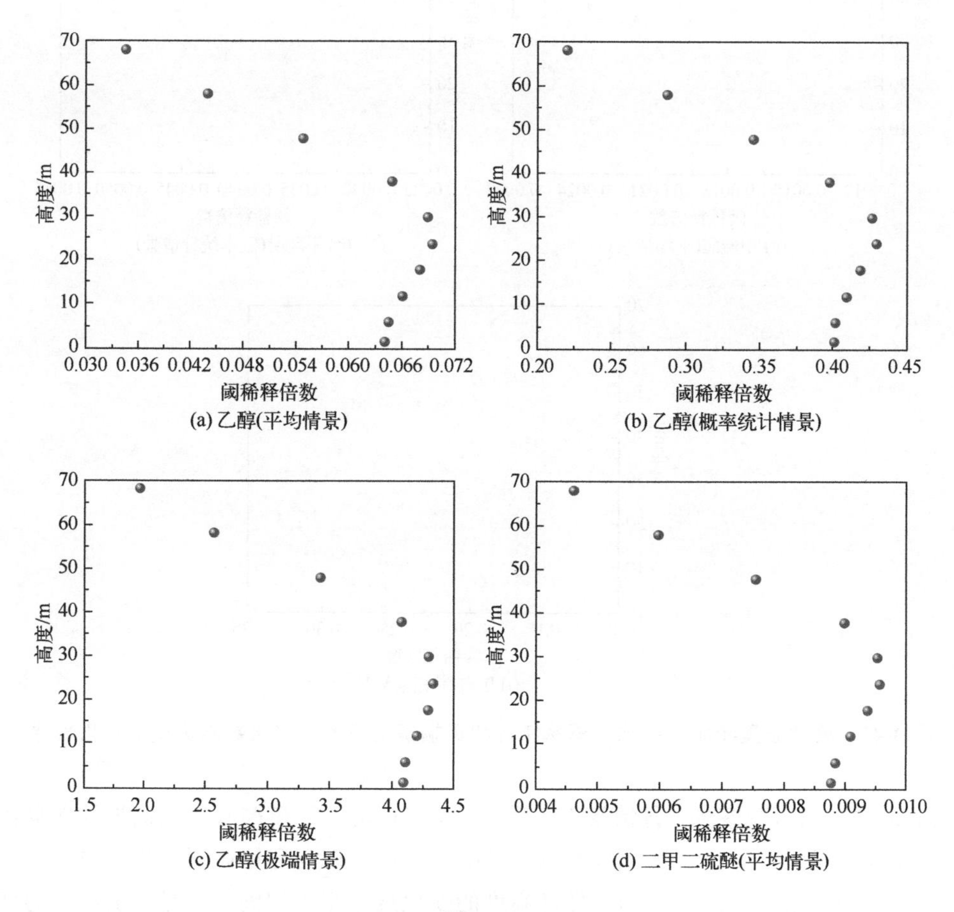

图4-47

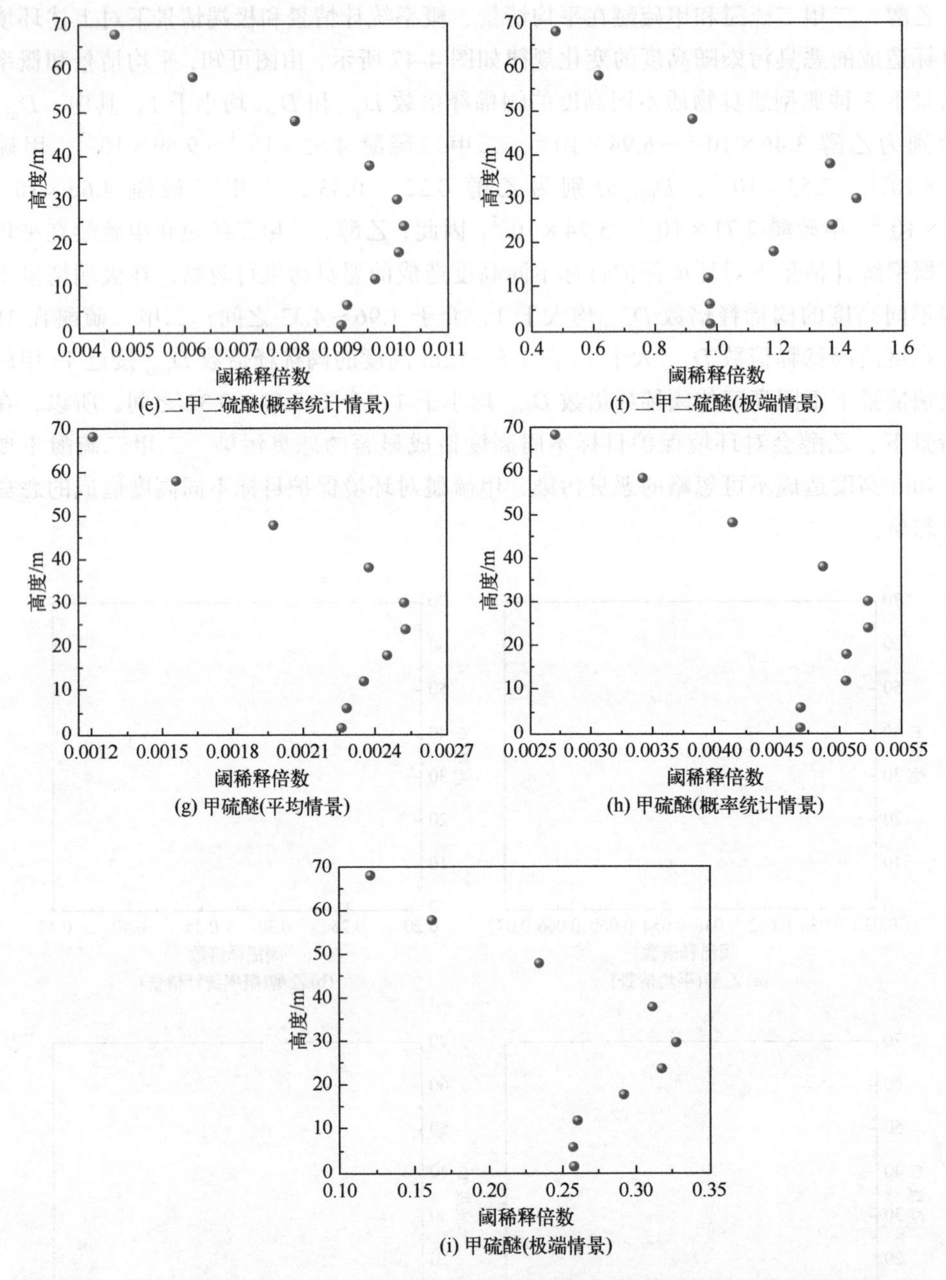

图 4-47 典型恶臭物质在平均、概率统计和极端情景下阈稀释倍数随高度的变化规律

由图 4-47 也可观察到，各情景下乙醇、二甲二硫醚和甲硫醚在不同高度的恶臭污染水平处于同一量级。此外，还可以看到，乙醇、二甲二硫醚和甲硫醚在平均情景、概率统计情景和极端情景下的阈稀释倍数随高度的变化规律基本相同，均是先随高度的增加而逐渐增大，在约 30m 高度处达到某一峰值后，随高度的增加而迅速减小，偶尔相邻网格层的恶臭污染水平可能相同。具体地，从 1.5m 呼吸带高度至 24m 或 30m 高度的恶臭污染逐渐增强，从 24m 或 30m 至 68m 高度的恶臭污染逐渐减弱。其中，乙醇在不同情

景下均在 24m 高度达到恶臭污染峰值，二甲二硫醚和甲硫醚在平均情景和概率统计情景下同样在 24m 高度达到恶臭污染峰值，而在极端情景下，二甲二硫醚和甲硫醚则在 30m 高度达到恶臭污染峰值。

六种典型健康风险物质在平均情景、概率统计情景和极端情景下对环境保护目标造成的累积健康风险随高度的变化规律如图 4-48 所示。可以看出，平均情景、概率统计情景和极端情景下不同高度的累积非致癌风险 HI_T 远小于 1，其中 $HI_{T,ave}$ 介于 6.45×10^{-4}～

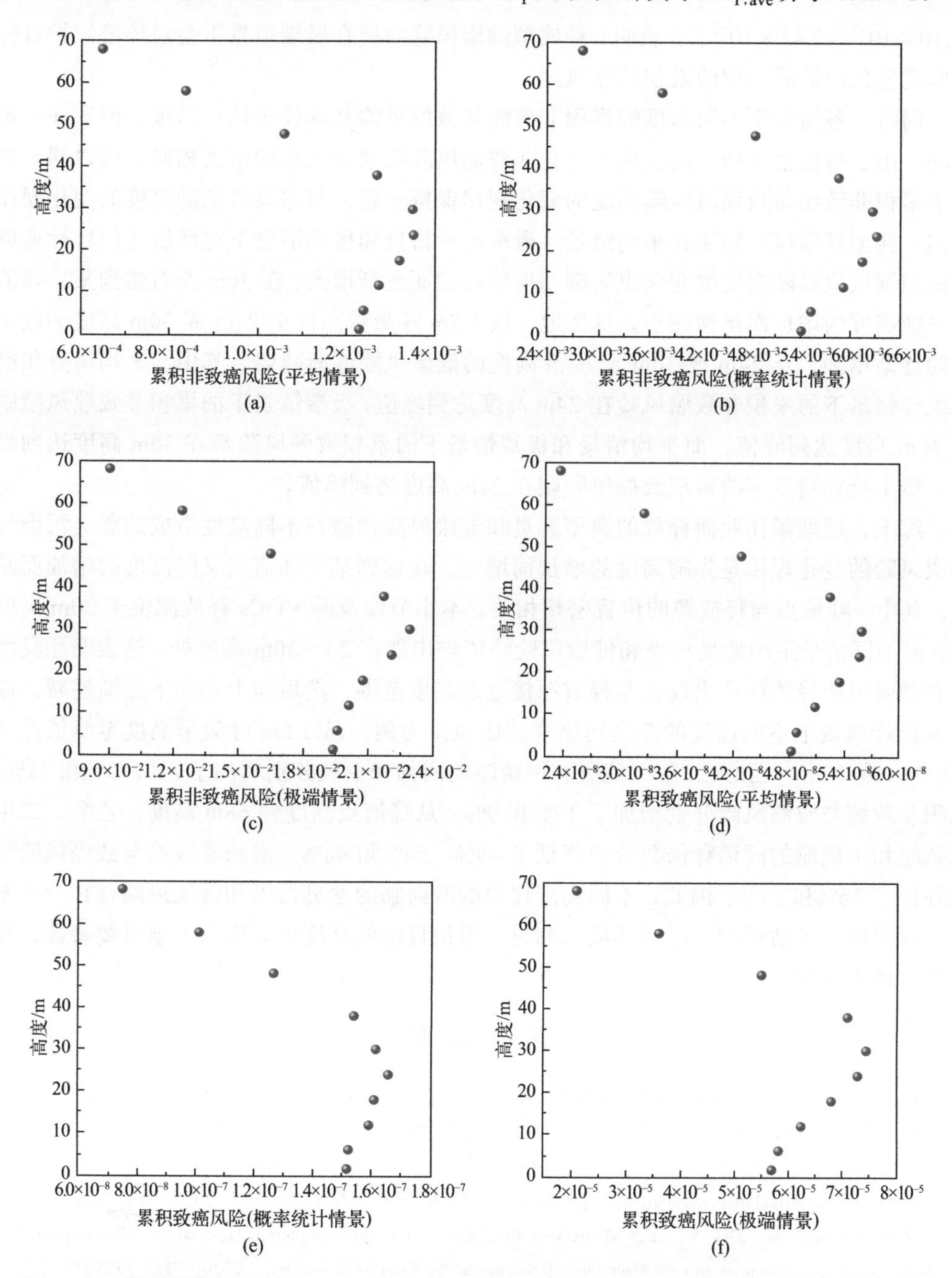

图 4-48　典型健康风险物质平均、概率统计和极端情景下累积健康风险随高度的变化规律

1.35×10^{-3}之间，$HI_{T,95\%}$介于2.81×10^{-3}～6.32×10^{-3}之间，$HI_{T,max}$介于0.09～0.23之间。表明6种典型健康风险物质对环境保护目标不同高度造成的累积非致癌风险可以忽略。平均情景和概率统计情景下，不同高度的累积致癌风险$R_{T,ave}$和$R_{T,95\%}$均小于1×10^{-6}，范围分别为2.37×10^{-8}～5.60×10^{-8}（$R_{T,ave}$）和7.48×10^{-8}～1.65×10^{-7}（$R_{T,95\%}$），表明6种典型健康风险物质在平均情景和概率统计情景下对环境保护目标不同高度住户造成的累积致癌风险可以忽略。极端情景下，不同高度的累积致癌风险$R_{T,max}$均大于2×10^{-5}（2.10×10^{-5}～7.45×10^{-5}），表明6种典型健康风险物质在极端情景下会对环境保护目标不同高度住户造成轻微的累积致癌风险。

同时，各情景下不同高度的累积非致癌与致癌风险基本处于同一量级，但存在一定波动。由于各情景下同一高度用于计算非致癌风险与致癌风险的浓度相同，所以同一情景下累积非致癌与致癌风险随高度的变化规律保持一致。与恶臭污染随高度的变化规律相同，典型健康风险物质在平均情景、概率统计情景和极端情景下对环境保护目标造成的累积健康风险随高度的变化也先随高度的增加而逐渐增大，在30m左右达到某一峰值后又随高度的增加而迅速减小。具体地，从1.5m呼吸带高度至24m或30m高度的健康风险逐渐增强，从24m或30m至68m高度的健康风险逐渐减弱。其中，平均情景和概率统计情景下的累积非致癌风险在24m高度达到峰值，极端情景下的累积非致癌风险则在30m高度达到峰值；而平均情景和极端情景下的累积致癌风险都在30m高度达到峰值，概率统计情景下的累积致癌风险则在24m高度达到峰值。

综上，填埋场作业面释放的典型恶臭和健康风险物质在不同高度造成的恶臭污染与健康风险的变化规律是先随高度的增加而增大，在达到某一峰值后又随高度的增加而减小。其中，峰值点与释放源的位置密切相关。本小节涉及的VOCs释放源位于30m高度处，而不同情景下的恶臭污染和健康风险峰值均出现在24～30m高度处，这表明恶臭污染和健康风险峰值往往出现在与释放源接近的高度范围，然后向上和向下逐渐递减。以概率统计情景下不同高度的恶臭污染和健康风险为例，从1.5m呼吸带高度至峰值点高度（24m或30m），乙醇、二甲二硫醚和甲硫醚的阈稀释倍数分别增加了8%、13%和11%，累积非致癌与致癌风险分别增加了17%和9%；从峰值点高度到68m高度，乙醇、二甲二硫醚和甲硫醚的阈稀释倍数分别降低了49%、54%和48%，累积非致癌与致癌风险分别降低了56%和55%。因此，不同高度住户的所面临的恶臭污染和健康风险存在一定差异，在模拟和评估保护目标的环境影响时，保护目标的高度也应作为一项重要参数，在评估时纳入研究。

参考文献

[1] 谭豪波. 城市生活垃圾初期降解过程恶臭污染特征及迁移扩散规律研究[D]. 北京：北京师范大学，2017.

[2] 李荣. 填埋场作业面VOCs扩散的恶臭污染与健康风险评估[D]. 北京：北京师范大学，2022.

[3] Zhao Y，Xu Y J，Xu A K，et al. Assessing transfer distances and separation areas of odorous compounds from probability analysis with numerical dispersion modeling[J]. Journal of Environmental Management，2020，268：11669.

[4] Xu A K，Chang H M，Zhao Y，et al. Dispersion simulation of odorous compounds from waste collection vehicles: Mobile point source simulation with ModOdor[J]. Science of the Total Environment，2020，711：135109.

[5] Liu Y J，Zhao Y，Lu W J，et al. ModOdor: 3D numerical model for dispersion simulation of gaseous contaminants from

waste treatment facilities[J]. Environmental Modelling and Software，2019，113：1-19.

[6] Chang H M, Zhao Y, Tan H B, et al. Parameter sensitivity to concentrations and transport distance of odorous compounds from solid waste facilities[J]. Science of the Total Environment，2019，651：2158-2165.

[7] Chang H M，Tan H B，Zhao Y，et al. Statistical correlations on the emissions of volatile odorous compounds from the transfer stage of municipal solid waste[J]. Waste Management，2019，87：701-708.

[8] Zhao Y，Lu W J，Wang H T. Volatile trace compounds released from municipal solid waste at the transfer stage: Evaluation of environmental impacts and odour pollution[J]. Journal of Hazardous Materials，2015，300：695-701.

第5章 生活垃圾处理设施恶臭污染控制技术

5.1 概述

恶臭污染物及其相关 VOCs 类物质成分复杂、来源广泛，是目前大气污染治理领域的重点和难点。恶臭污染的治理技术主要包括物理法、化学法、生物法等。其中，生物法包括生物过滤法、生物吸收法和生物除臭剂法等，其优点是工艺简单、操作简便、无二次污染；缺点是筛选培养特定的菌种难度较大、见效慢、生物滤池占地面积大等。化学法主要是利用恶臭污染物质的化学反应特性，将其转化为无臭物质。化学法主要有燃烧法、氧化法、等离子体分解法等。

此外，在开发和完善单一处理技术的同时，还应加强组合技术的研发和集成。尤其对于生活垃圾设施所产生的恶臭污染，治理过程中需综合考虑 VOCs 种类、浓度和季节特性，所处地理位置，自然环境，工艺流程，设施的管理水平等，选择最合适的技术方法和工艺组合，以确保恶臭污染治理达标。

5.2 典型恶臭污染控制技术

5.2.1 生物滤池技术

目前关于固体废物处理设施中恶臭气体的处理技术主要包括物理法、化学法和生物法 3 种技术方式，其中以生物法最为常用，并且对环境产生的二次污染也较小。在生物法中，微生物滤池法是一种可以有效处理填埋场中恶臭污染物的方法。由于垃圾渗滤液的成分复杂，多种微生物发酵会产生浓度高、成分复杂的恶臭气体，其主要成分为硫化氢、氨气、甲硫醇、甲硫醚、二硫化碳、甲烷等气体，这些恶臭气体会对人体和环境都带来较大影响。利用生物滤池的方法处理恶臭气体，主要是通过微生物实现不同恶臭物质的转换，把恶臭物质吸附、吸收和生物转化为无臭的物质。常规的去除恶臭气体的生物反应器，主要采用细菌作为微生物的主体，细菌可利用水溶性好的污染物。但处理疏水性或水溶性差的污染物时，真菌降解的效率高于细菌。恶臭气体中的污染物是复杂的，既包含疏水性物质又包含亲水性物质，单一地利用单种细菌或真菌都难以达到同时有效去除填埋场中恶臭气体的目的，因此宜使用细菌和真菌相结合的处理方式。由于固体废物处理处置设施中恶臭气体产生的不确定性、复杂性，以及恶臭气体的采集方式和分析方法的局限性，利用生物滤池技术治理固体废物处理处置设施中的恶臭污染具有重要的现实意义。

5.2.1.1 技术原理

（1）除臭系统组成

作为一种经济、运行难度小、高效便利的生物除臭工艺，生物滤池被广泛应用于垃圾处理处置设施的恶臭处理。生物滤池除臭系统主要由集气系统、生物滤池与滤料、喷淋系统、传感器等组成。

（2）除臭工艺流程及原理

生物滤池通过滤料层将恶臭气体等污染物吸收，并通过附着在滤料上的微生物对污染物进行降解去除。生物滤池运行时，待处理的恶臭气体由风机通过集气系统管道送入预洗池，在水雾喷淋下，预洗池中的惰性填料在其表面形成大面积水膜，水膜与恶臭气体接触后，可去除其中部分颗粒物和易溶于水中的污染物等物质；其后恶臭气体以一定流速穿过负载有微生物的滤料层，滤料层上部喷淋系统使滤料保持一定湿度，恶臭气体等污染物在通过滤料的过程中首先由气相扩散到液相中，通过微生物的细胞壁和细胞膜来吸收可溶于水的污染物，剩余的不溶于水的污染物将附着在滤料表面或微生物体外，最终被微生物分泌的胞外酶分解去除；进入微生物细胞后，污染物质可作为微生物的营养物质或能量源被分解、利用，最终达到去除恶臭气体的目的。

5.2.1.2 影响因素

（1）滤料的种类

在生物滤池处理恶臭气体的过程中，常用的滤料一般分为可降解滤料和不可降解滤料。影响生物滤池处理效果的一般为可降解滤料，因其滤料层在处理过程中表面积不断减小，从而增大了阻力。与可降解滤料的作用效果相反，不可降解滤料不易堵塞压实，在生物滤池除臭过程中的滤层阻力较小，符合预期设想，以珍珠岩、硅藻土为代表。但是，不可降解滤料的孔隙度很小，在日常的作业操作中应注意扬长避短，善于利用不可降解滤料的处理效果，适当地增加碳源，维护好滤层中微生物赖以生长繁殖的环境。因其初始调试时间较长，所以运行维护成本较高。

此外，生物滤池中的滤料一般使用含纤维物质如泥炭土、树皮、干草等，这些含纤维物质在作用过程中会形成一种有利于透气的疏松结构，为微生物提供适宜的生存环境。但是，使用单一类型的滤料，生物滤池在运行一段时间会产生滤料透气性变差、滤料堵塞等问题，生物滤池中滤料的使用寿命一般仅为3～5年。因此，多数通过生物滤池方法去除恶臭气体技术的研究，主要集中于对生物滤池中混合滤料的开发，如屈艳芬等采用以混合肥料、沸石和有机料聚集而成的复合有机滤料进行恶臭气体的试验研究，表明复合有机滤料对恶臭气体有良好去除的效果。Xiao 等通过搭建模拟生物滤池反应器，在反应器内部填充有机与无机混合滤料，考察生物滤池反应器在特定工况下对 NH_3 和 H_2S 气

体的去除效果，并通过高通量测序技术对混合滤料中的微生物群落结构和关键微生物种群类型进行解析，筛选出去除恶臭气体的优势菌种，为开发相关的生物菌剂以及为实际生物滤池除臭工艺中去除 NH_3 和 H_2S 气体提供理论依据和数据支持。

（2）滤料的含湿量

滤料含湿量越高，恶臭气体的去除效果越明显。当滤料的含湿量降低时，恶臭气体的去除率也随之降低，而含湿量过高时恶臭气体的去除效果也很难实现。因此，生物滤池中滤料的含湿量成为生物滤池方法去除填埋场中恶臭气体效果好坏的重要影响因素。效果较好的滤料含湿量应控制在40%～60%之间。

（3）滤料层的厚度

滤料层的厚度大小会直接影响生物滤池的阻力大小。滤料层的厚度过大会给生物滤池除臭系统加大能耗负担，同时也会增加恶臭气体流短路的危险状况。考虑到这一点，在实际操作过程中滤料层的厚度选取便显得尤为重要，不仅要选取能使滤料层布气均匀的材质，还要选取适合滤层高度的滤料。在实际工程建设中生物滤池滤料层的厚度一般设在1～1.5m。

（4）生物滤池停留时间

生物滤池停留时间分为两种，分别是有效停留时间和空床停留时间。有效停留时间主要考虑的影响因素是工作风压。工作风压是人力较难精准把控的，而其他的因素如滤料的孔隙度、密度，虽然会影响有效停留时间，但在工程上可以有选择地避开其影响作用。对于可溶于水的污染物质，因空床停留的需求时间比较短，可以通过人力合理控制。一般而言，通过选择所需空床停留时间设计生物滤池的作用效果是较为科学的做法。

5.2.1.3　典型案例

本案例针对车间中恶臭气体处理。通过管道集气系统收集污泥发酵过程中产生的恶臭气体，采用生物滤池进行末端除臭处理。恶臭气体的集气系统由风机、玻璃钢管道、阀门、吸气口等组成；发酵车间主要物流进出口安装电动卷闸，除出料及检修外，卷闸常闭。生物滤池系统采用玻璃钢预制件外壳，由预洗池和滤料池组成。预洗池占地面积为12.0m×2.0m，内部填充聚丙烯（PP）多面空心球填料，预洗池上部安装喷淋系统。滤料池占地面积 12.0m×12.0m，分上下两层滤料层，采用火山岩+树皮滤料，每层滤料上部安装喷淋系统。设计滤料空床停留时间为26s，滤料层厚度为1.1m。经过车间封闭、负压抽风、生物滤池除臭后，项目中生活污泥发酵产生的臭气得到了有效控制。

5.2.2 生物覆盖层技术

由于垃圾组分异质性强，自然条件差异大，且工况复杂，垃圾填埋处理过程中的恶臭污染控制仍然是巨大的挑战。对填埋场而言，垃圾覆土和表面绿化措施也是有效控制恶臭散发、净化空气的重要方法，即生物覆盖层法。该方法通常在垃圾堆体上覆盖天然或人工合成材料以达到吸收、降解或阻隔恶臭气体的目的，包括每日覆盖、中间覆盖和封场覆盖。

传统的覆盖材料主要为黏土，在黏土储量丰富的填埋场应用较为广泛，但大量使用会侵占填埋库容。高密度聚乙烯（HDPE）膜除了作为封场的覆盖材料外，近些年来也常被用作填埋场作业面污染控制的覆盖材料，以达到减缓或阻隔恶臭气体扩散的目的。但填埋场作业面夜间覆膜后，恶臭气体仍在膜下不断集聚，继而在次日启动作业时集中释放，难以起到对恶臭物质的降解与脱除作用。

生物覆盖层技术是一种可用于减少垃圾填埋场甲烷和恶臭气体排放的经济高效技术。近些年来，利用废物资源化产物制备的生物覆盖层种类逐渐增多，以用于替代填埋场的传统覆盖材料，例如垃圾堆肥产物、矿化垃圾、蚯蚓粪便、活性污泥堆肥产物及与其他材料的混合物等。生物覆盖层系统通常由高度多孔的气体分布层组成，其内部一般富含微生物菌群，对部分恶臭物质具有较好的降解效果。已有实验表明，以添加了生物炭的污泥堆肥产物作为填埋场覆盖层时，对 H_2S、NH_3 和含硫挥发性有机物均具有较好处理效果，消减效果达到80%以上。

根据设计的不同，生物覆盖层通常可以分为被动式生物覆盖层或生物窗，以及主动式生物滤床（含开放型和封闭型），使空气与垃圾填埋气共同进入系统，以提供氧化环境。覆盖层中的甲烷氧化菌可将 CH_4 氧化为 CO_2，同时由于甲烷单加氧酶的底物特异性，一些恶臭气体如硫化物、卤代烃和芳烃可以共同代谢并完全降解为 CO_2；在厌氧环境下，卤代烃会发生降解脱卤，降解产物可在好氧条件下进一步降解为 CO_2，最终达到脱除恶臭物质的目的。

5.2.2.1 技术原理

（1）H_2S 去除机理

生物覆盖技术去除 H_2S 的机理可概括为物理吸附、化学氧化、生物转化。生物转化发挥主要作用的微生物是硫氧化菌（sulfur oxidizing bacteria，SOB），其氧化硫化物过程主要可分为硫化物氧化为单质硫、单质硫氧化为亚硫酸盐和亚硫酸盐氧化为硫酸盐三步（图 5-1）。

（2）生物覆盖层中的自养反硝化过程

通过构建具有自养反硝化功能的生物覆盖层，可以实现对 H_2S 的优良去除效果。这主要是由于其含有大量的 NO_3^-，而 NO_3^- 对 H_2S 去除的影响主要有 3 个方面（图 5-2）：

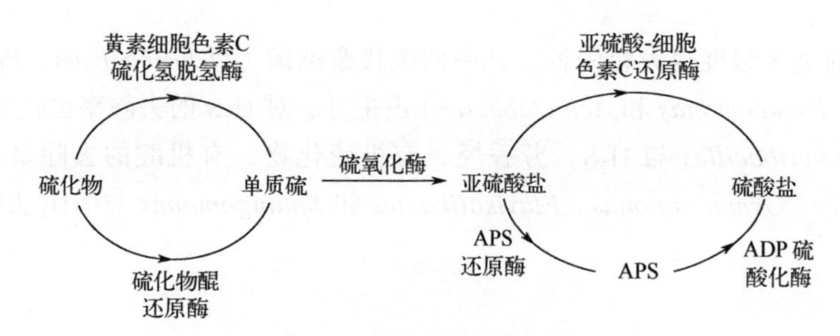

图 5-1　硫化物氧化途径

APS—磷酸腺苷硫酸盐；ADP—二磷酸腺苷

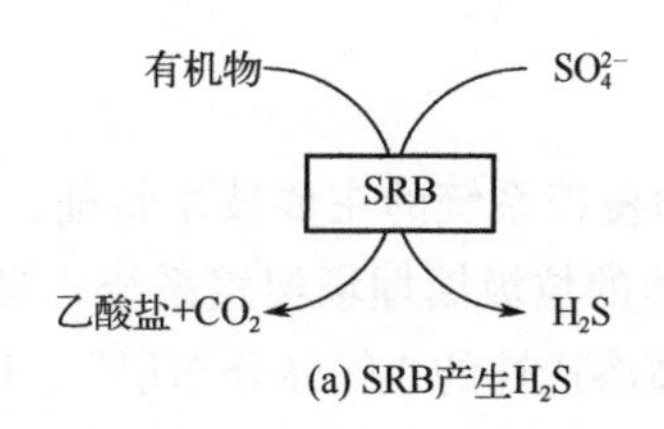

(a) SRB产生H_2S

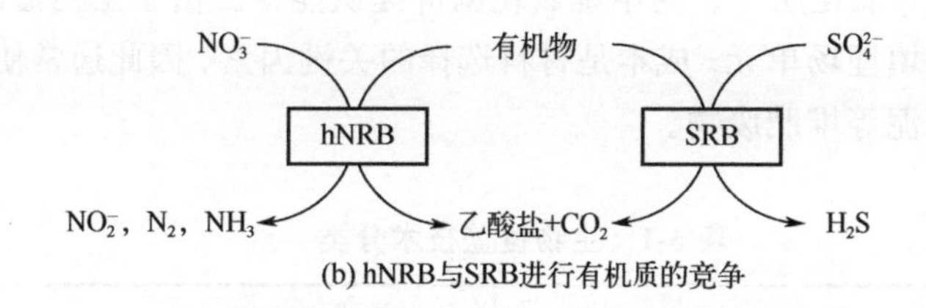

(b) hNRB与SRB进行有机质的竞争

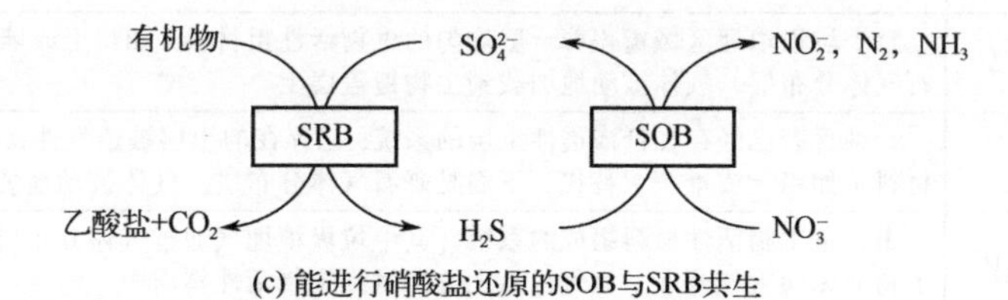

(c) 能进行硝酸盐还原的SOB与SRB共生

图 5-2　NO_3^-对 SOB 和 SRB 的影响

① NO_3^-比 SO_4^{2-}得电子能力更强，因此易刺激覆盖土中异养硝酸盐还原菌（heterotrophic nitrate reducing bacteria，hNRB）的生长，与产生 H_2S 的硫酸盐还原菌（sulfate-reducing bacteria，SRB）发生对生长基质的竞争；

② 一些 SRB 可以利用 NO_3^-作为电子受体，因此在 NO_3^-的刺激作用下 hNRB 可成为优势菌，减少了 SO_4^{2-}还原为 H_2S 的量；

③ 一些无色硫细菌可以在厌氧条件下，利用 NO_3^-作为最终电子受体，以 H_2S 或其他硫化物作为电子供体，进行生化反应并从中获得能量生长。

在该过程中，NO_3^-通过反硝化作用转化为 N_2，H_2S 则被生物氧化去除。这种覆盖技术不仅效果优良，而且比石灰改性土、细石混凝土构成的覆盖层使用成本更低。

（3）生物覆盖层的微生物种群研究

相比于常规填埋覆土，生物覆盖层对恶臭气体的消减量更高，在相关研究中达 85%

以上，相应的臭气强度也大幅降低，其中的硫代谢细菌（*Ochrobactrum*、*Paracoccus*、*Comamonas*、*Pseudomonas* 和 *Acinetobacter*）占主导，对 H_2S 的去除率也较高，*Alicyclobacillus* 和 *Tuberibacillus* 与 H_2S、芳香烃、有机硫化物、有机酸的去除呈正相关，而 *Rhodanobacter*、*Gemmatimonas*、*Flavisolibacter* 和 *Sphingomonas* 与 NH_3 去除的相关性较强。

5.2.2.2 技术特征

（1）技术分类

表 5-1 中描述了不同类型生物覆盖系统的主要技术特征。其中，全表面生物覆盖层是一种用于优化 CH_4 生物氧化环境的垃圾填埋场覆盖系统，具有强大的生物过滤功能。覆盖层通常包括一个基础的具有高渗透性的“气体分布层”，用以均布垃圾填埋气通量，以及一个覆盖的“CH_4 氧化层”，为甲烷氧化菌群提供能量。由于生物覆盖层通常分布在整个填埋场区域或填埋场单元，成本是材料选择的关键因素，因此通常使用园林废物、餐厨垃圾、秸秆、污泥等堆肥废物。

表 5-1 生物覆盖技术分类

种类	描述
全表面生物覆盖层	整个垃圾填埋区域覆盖着一层均匀的生物活性粗材料（如粗土或堆肥），下面是一层砾石气体分布层。气体被动地加载到生物覆盖层上
生物窗系统	一种含有已经存在低渗透性土层的系统。已存在的土层被透气性良好、具有生物活性的材料（如粗土或堆肥）替代，下面是砾石气体分布层。气体被动地装载到生物窗中
被动敞开式生物滤床	由大量生物活性材料组成的系统，其中垃圾填埋气通过气体分布层从下面被动地输入。生物滤床向大气开放，氧气可从上方扩散到生物活性物质中
被动封闭式生物滤床	由大量生物活性材料组成的系统，其中垃圾填埋气通过气体分布层从由下至上被动地输入。生物滤床是封闭的（例如，在一个容器中），因此氧气是装载气体的一部分
主动敞开式生物滤床	由大量生物活性材料组成的系统，其中垃圾填埋气通过气体分布层从下面由泵主动地输入。生物滤床向大气开放，氧气可从上方扩散到生物活性物质中
主动封闭式生物滤床	由大量生物活性材料组成的系统，其中垃圾填埋气通过气体分布层从由下至上由泵主动输入。生物滤床是封闭的（例如在一个容器中），因此氧气是装载气体的一部分（可能由第二个泵提供）
生物活性拦截沟	由环绕在垃圾填埋场周边的深沟组成的系统，用于收集和氧化从垃圾填埋场水平迁移的垃圾填埋气中的 CH_4。该沟渠可在底部填充气体分布材料，在顶部填充生物活性材料。气体被动地输送到沟渠中
联合解决方案	结合了上述部分类型的系统。例如，使用全表面生物覆盖层减少逃逸性排放，同时使用生物滤床处理从气体提取系统收集的填埋气

生物覆盖技术的另一个关键因素是生物覆盖层以下的土层渗透性。如果气体渗透性过低，无法使产生的垃圾填埋气流向生物覆盖层，则在较不紧密的土层的点或区域（例如填埋区斜坡等）可能会发生 CH_4 排放热点。生物窗系统通过构建用生物覆盖层替代土层的区域，即所谓的生物窗（图 5-3），来解决现有低渗透性土层的问题。该技术减少了

垃圾填埋气逸出的区域，从而降低了气体在生物覆盖层中的滞留时间。因此，生物窗系统对覆盖不透气性材料的垃圾填埋场的填埋气控制有重要作用。对于全表面生物覆盖和生物窗，气体都是被动加载到生物覆盖层上的。

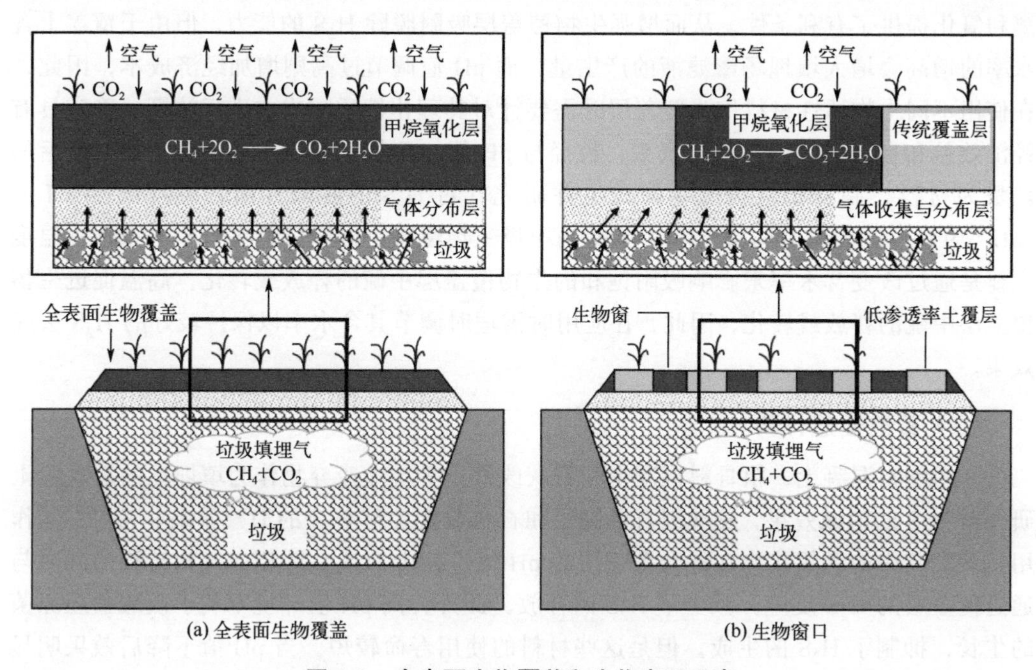

图 5-3　全表面生物覆盖和生物窗口示意

与生物覆盖层相同，生物滤床利用甲烷氧化菌降低垃圾填埋场的 CH_4 排放。作为含有固定床的反应器，生物滤床使用填料支撑和维持甲烷氧化菌生物膜，可以实现高 CH_4 去除率。与生物覆盖层不同，生物滤床需要供气，通常由气体收集系统或排水系统提供。气体可以由垃圾填埋场内气体产生导致的气压升高来被动地供应，也可以由气泵更有效地主动供应。生物滤床可以是敞开式的（允许氧气从大气中扩散），也可以是封闭式的，其中供气应包含所有相关气体（CH_4 和 O_2）（图 5-4）。封闭床系统的使用可能受到总气体负荷的限制。在高气体负荷率下，生物滤床的总尺寸必须相当大，这可能会导致高昂的成本。

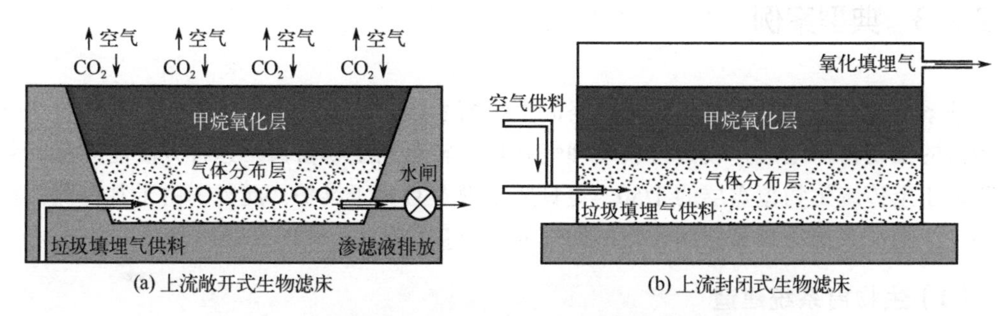

图 5-4　上流敞开式生物滤床和上流封闭式生物滤床示意

（2）影响因素

生物覆盖层的粒径、含水率和 pH 值都会影响其 H_2S 吸附脱除性能。随着粒径的减小，生物覆盖层吸附脱除 H_2S 性能呈现增强趋势，较高的含水率和碱性环境为 H_2S 的解离和氧化提供了有利条件，从而增强生物覆盖层吸附脱除 H_2S 的能力。但由于覆盖土含水率的增高会增大填埋场渗滤液的产生量，而 pH 值调节过高则增加经济成本，因此，在使用不同生物活性材料作为覆盖层时需要针对其理化性质与成本进行核算，确定具有经济效益和良好去除能力的含水率、粒径与 pH 值。例如，有研究者使用生物处理后的垃圾为材料，制备了垃圾生物覆盖土并研究其对 H_2S 的脱除性能，发现原始 pH 值（pH=7.9）、含水率 40%和粒径≤4mm 是垃圾生物覆盖土最适宜脱除 H_2S 的条件。温度主要是通过改变含水率来影响吸附饱和的生物覆盖层中硫的释放或转化，高温促进生物覆盖层中硫的释放或转化，因此，在应用时需适时调节其含水率以保持较好的 H_2S 去除效果。

（3）其他覆盖材料

利用细石混凝土、粗骨料混凝土和石灰改性土等工业废弃物作为填埋场的替代覆土研究对 H_2S 的消减效果，发现细石混凝土和石灰改性土对 H_2S 的消减效果非常好。其作用机理是其中的钙氧化物在提升覆盖层的 pH 值、减少 H_2S 从液相向气相转移的同时与通过覆盖层的 H_2S 反应，减少了 H_2S 的释放。此外，高 pH 值环境不利于硫酸盐还原菌的生长，抑制了 H_2S 的生成。但是这些材料的使用寿命较短，当 pH 值下降后效果明显减弱，也无法有效释放填埋库容。另外，当覆盖材料中含有 Fe^{3+}时，Fe^{3+}作为电子受体刺激铁还原菌的生长，与硫酸盐还原菌形成竞争关系的同时使环境 pH 降至酸性，可长时间抑制 H_2S 的排放。

矿化垃圾具有巨大的比表面积、良好的导水率和透气性，包含了大量经过多年高浓度污染物驯化的优势菌群，是一种良好的生物材料。有研究者发现矿化垃圾覆盖层对整个垃圾稳定化过程中产生的 H_2S 具有良好的去除效果。覆盖层中氧气的渗入会促进硫氧化菌的生长，在其作用下，吸附在覆盖层中的硫化物大量向硫酸盐转化，H_2S 恶臭得到了有效控制。

5.2.2.3 典型案例

该案例使用带有管道气体收集网络的生物窗系统。该系统由分支状网络气体收集管和中心的生物窗口组成，收集垃圾填埋气并将其转移到生物窗口。这种方法能够将安装面积减小至传统生物覆盖层的 1/50，更具成本效益且易于维护。此外，由于其监测面积减小，生物窗系统更容易控制垃圾填埋气的排放量。

（1）生物窗系统建造

研究者在韩国光阳市的垃圾填埋场修建了一个中试规模的生物窗系统，如图 5-5 所

示。在试验地点（15m × 30m）挖出树形沟渠（宽 0.5m，深 0.6m）用作气体收集系统[图 5-5（a）]。在沟渠中铺设无纺布片后，将碎石（粒径 2～3cm）放置其上（0.1m），然后是聚乙烯穿孔管（ϕ 0.23m），如图 5-5（b）所示。将砾石（粒径 2～3cm）铺在管道周围，并用无纺布覆盖[图 5-5（b）]。在试验地点的中间区域，即气体收集管道汇聚的地

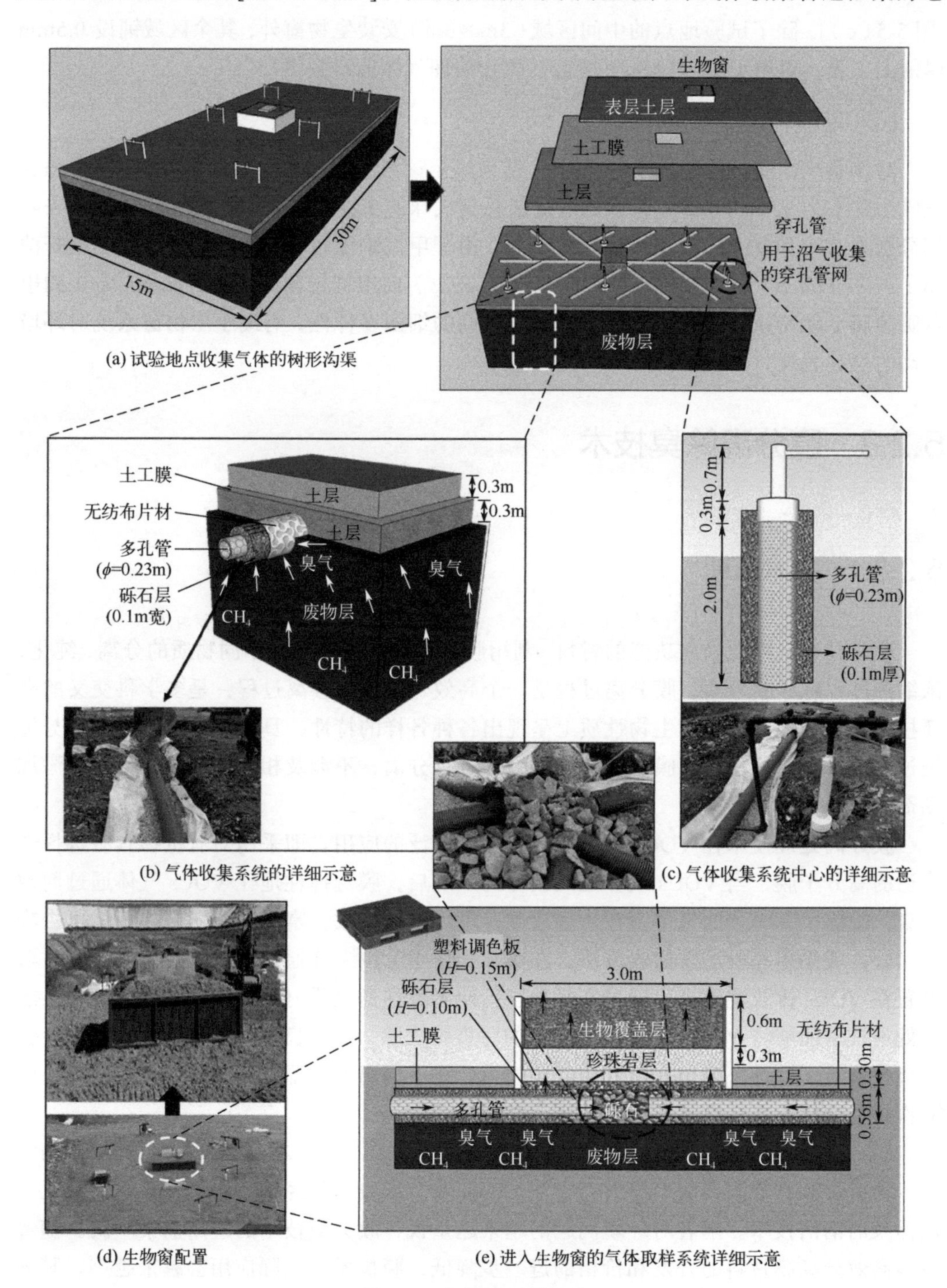

(a) 试验地点收集气体的树形沟渠

(b) 气体收集系统的详细示意

(c) 气体收集系统中心的详细示意

(d) 生物窗配置

(e) 进入生物窗的气体取样系统详细示意

图 5-5　生物窗系统示意

方，在铺设了大石头（粒径 10～20cm）之后，用砾石（粒径 2～3cm）覆盖[图 5-5（b）]。为了对进入生物窗的填埋气进行采样，安装了 6 个采样口[图 5-5（c）]。为了安装采样口，将垃圾填埋场表面挖掘到 2.5m 深。安装聚乙烯穿孔管（ϕ 0.22m × 2m）和聚氯乙烯（PVC）管（ϕ 5cm × 1m），并在穿孔管周围填充碎石。然后将气体采样口与集气管相连[图 5-5（c）]。除了试验地点的中间区域（3m × 3m）安装生物窗外，其余区域铺设 0.5mm 厚的土工膜，再用土层（30cm）覆盖，防止填埋气体的泄漏[图 5-5（d）]。

（2）恶臭控制效果

对该系统性能进行了 224d 的评估，结果显示该系统能够去除恶臭化合物，复杂恶臭气味去除率为 93%～100%，特别是对复杂恶臭气味的主要贡献者硫化氢和甲硫醇的去除率分别为 97%和 91%。宏基因组分析表明，由于甲烷浓度较高，细菌优势属由不动杆菌属（*Acinetobacter*）和假单胞菌属（*Pseudomonas*）向甲基杆菌属（*Methylobacter*）和甲基暖菌属（*Methylocaldum*）转移。保持了较高的细菌多样性，有助于生物窗系统对环境波动的稳健表现。

5.2.3 膜分离除臭技术

5.2.3.1 技术原理

膜是具有选择性分离功能的材料，利用膜的选择性分离实现不同物质的分离、纯化、浓缩的过程称作膜分离。膜分离过程是一个高效、环保的分离过程，是多学科交叉的高新技术，在物理、化学和生物性质上呈现出各种各样的特性，具有较多的优势。它与传统过滤的不同之处在于，膜可以在分子级别进行分离，不涉及相的变化，并且无需添加助剂。

膜分离处理技术在 VOCs 处理中也有比较广泛的应用。即采用对有机物具有选择性渗透的高分子膜，当 VOCs 气体进入膜分离系统后，膜选择性地让 VOCs 气体通过而被富集，脱除了 VOCs 的气体留在未渗透侧，可以达标排放；富集了 VOCs 的气体可去冷凝回收，或采用有机溶剂回收方法。在实际操作中，则主要通过将合成或天然的膜材料设置在 VOCs 排放通道中，通过空气加压，使废气在通过膜材料时得到有效的过滤。这一处理技术能够将 VOCs 排放物中 90%的污染物去除，具有良好的处理效果。同时，膜分离技术对于处理环境具有较好的适应能力，在不同温度、湿度和压力中都能发挥良好的作用，适用于非持续性的 VOCs 排放净化作业。

膜分离法适用于中高浓度（VOCs 含量高于 1×10^{-3}）的废气的处理。尤其对于高浓度、小流量和有较高回收价值的有机溶剂的回收，该技术的经济性较好，且是一种无二次污染的清洁技术。随着对环境问题的越来越重视，膜分离技术的应用前景广阔。随着更多高效分离膜材料的开发和价格的进一步降低，膜技术的实际应用会越来越广。膜分

离技术相较于其他吸附、冷凝技术的优缺点如表 5-2 所列，可以看出，根据 VOCs 的浓度和流速大小，应当选择适宜的处置技术。

表 5-2　膜分离技术和冷凝技术、吸附技术的优缺点对比

处置技术	适用范围	优点	缺点	备注
吸附技术	回收气量大、浓度低的 VOCs	去除效率高、设备简单、操作方便	吸附剂需定期更换、后期运行麻烦、占地面积较大、投资大	利用活性炭、沸石、硅胶等多孔材料进行吸附
冷凝技术	回收气量适中、浓度高的 VOCs	设备要求低、操作方便、安全性高、回收物纯度高、无二次污染	工艺复杂、需与其他处置技术联合使用	利用 VOCs 中不同物质的露点温度的差异以达到液化分离的目的
膜分离技术	回收浓度高、低流速的 VOCs	流程简单、回收率高、节能、无二次污染	分离速度慢、膜需定期更换、投资大、单独应用无法完全分离	利用膜的选择渗透性对 VOCs 进行分离和提纯

5.2.3.2　典型案例

（1）半透膜在高浓度氨氮废水处理中的应用

对高浓度氨氮废水处理主要采用吹脱法、汽提法等方式，但普遍存在高耗能、低效率和二次污染等问题。而新型的“膜法脱氨”技术，则由疏水多孔膜提供传质界面，再将调碱后的氨氮废水和吸收剂如稀酸等分别流经膜两侧，污水中的氨透膜后被稀酸吸收，从而使废水中的氨氮浓度降低达到排放标准。

多孔中空纤维膜具有高性能及强疏水性，而聚四氟乙烯的特性使其成为理想的膜材料。聚四氟乙烯又被称为“塑料王”，具有非常优异的化学稳定性、疏水性和力学性能。经过多年研发，中国科学院大连化学物理研究所开发出的内/外径分别为 0.4mm/0.8mm 的聚四氟乙烯中空纤维微孔膜，现已实现大规模稳定生产，并具有优异的疏水性和抗污染特性。在对高浓度氨氮废水处理过程中，采用石灰代替液碱调节 pH 值，大幅度降低了高浓度废水处理成本，具备低能耗、高脱氨效率、低运营成本、装置紧凑等优势。

（2）半透膜在堆肥设施中的应用

半透膜材料是采用高纯度聚四氟乙烯粉料，经由选择压延改性后进行拉伸，将孔径严格控制在 0.15～0.35μm 之间，并采用特殊工艺加入纳米除臭分子层后，经特殊工艺改性并辅以高性能表面材料加工处理而成。其在防水、透气、保温的基础上增加了隔离 VOCs、NH_3 等功能，可有效阻隔臭气以减少 VOCs 和 NH_3 的排放，达到《恶臭污染物排放标准》（GB 14554—1993）二级标准。半透膜的分子过滤微孔结构可以从外部保护堆体，使其不受雨雪淋湿等气候因素的影响，但空气和水分则可以渗透，而将气味、灰尘、细菌和病菌留在膜覆盖层内侧（堆体内）。尤其好氧发酵挥发的氨溶解于内膜表面的水层，达到有效控制氮素损失的效果。此外，半透膜覆盖好氧堆肥系统具有环境控湿功能，可避免因水分减少导致微生物停止发酵。该技术已被广泛应用于城市生活垃圾、污水污泥、养殖废弃物等的堆肥化处理。

5.2.4 等离子体除臭技术

5.2.4.1 技术原理

物质的状态一般被视为固体、液体和气体。等离子体通常被称为物质的第四种状态。等离子体是一种完全或部分电离的气体，对气体施加强电场会导致气体原子和分子的电离，离子、电子和自由基是由这种电离产生的，处于这种状态的气体称为等离子体。

除了自然产生的等离子体，人造等离子体也可以使用不同类型的等离子体反应堆来生产。根据电子数密度和电子温度，人工等离子体系统分为热等离子体（TP）和低温等离子体（NTP）或非平衡等离子体。TP 中的电子和其他元素具有相似的温度（约 10000 K），因此它被称为平衡等离子体，100～10000W/cm^3 的高密度是制造 TP 的必要条件。TP 已被用于材料工业的各种用途，如等离子切割、喷涂、气相沉积、材料加工和固体废物处理等。

低温等离子体又称冷等离子体，其能量主要传递给电子，而不是气体原子和分子。因此，当电子获得高能量和温度（T_e）时，气体保持冷态，T_e 范围为 10000～100000 K，相当于 1～10eV。气体放电中的重粒子具有 300～1000K 的温度范围。高能电子在冷等离子体中引发化学反应。NTP 还具有重要用途，如生成臭氧层等，并经常用于净化空气中的 NO_x、SO_2、VOCs 和二氧化碳加氢。

一般来说，低温等离子体的产生需要两个电极、高压电源、介质材料、电极之间的间隙以及一个通过这个间隙的气体流动等要素。在反应器电极之间施加电场导致自由电子的产生。电场为这些电子提供很高的能量，进一步加速电子的产生，并使其快速运动与气体中的原子和分子碰撞，使其电离、激发或解离。作为反应通道的产物，产生的离子和自由基如羟基（·OH）和氧（O·）在自然界中不稳定，具有高反应性的特点，很适合与环境污染物反应，在低温下转化为二氧化碳（CO_2）、水（H_2O）以及更多的降解产物。

低温等离子体能够在室温和大气压下产生活性物质，在气体成分中引发一连串的化学反应，这使等离子体成为一种非常有前途的环境应用工具。与热等离子相比，它需要的能量更少，因为只有电子被加热，而不是整个气体体积。在常温常压下产生冷等离子体一直是一些环境应用的主题，主要包括柴油废气净化、水处理、控制喷漆产生的空气污染物、造纸厂、食品和木材加工厂、制药厂和许多其他应用。

5.2.4.2 技术特征

（1）设备基础

低温等离子体可以通过电晕放电、滑动弧光放电和介质阻挡放电（DBD）三种途径

产生；也可以根据电场的行为分为直流（DC）放电和交流（AC）放电两种类型。以下部分仅介绍介质阻挡放电。

DBD 作为冷等离子体发生器在废气处理方面的成本效益越来越重要。一般而言，DBD 在污染治理领域具有各种优势：第一，DBD 可以在室温甚至高压下工作；第二，可以在反应室中生成许多电离物种进行传播和反应；第三，可以制备大块均质等离子体以获得更好的反应效率。更进一步讲，DBD 具有操作简单、经济、可扩展性等优点，吸引了更多研究者使用 DBD 反应器。

DBD 由两个平面或圆柱形电极和电极之间的至少一个绝缘层/屏障组成。在电极之间的放电间隙上施加强电场会导致从阴极到阳极的电子雪崩的形成。在阳极的介质阻挡层表面形成电流击穿，这些流线架起了向阴极移动的缝隙。图 5-6（a）、（b）分别表示电子雪崩和流注雪崩的形成。在小尺寸流片的情况下，大量的丝状物（微放电）随机分布在电极之间的放电间隙中。然而，如果这些雪崩的规模足够大，它们就会相互干扰，形成一个宽的正电荷区域。介质材料起到阻止电极之间形成电弧的作用。增加电介质材料的导电性，会限制流向系统的电流，并将放电扩散到整个电极区域[图 5-6（c）]。图 5-6（d）显示了增大介质电导率对限制流注形成的影响。抑制流注形成的另一种方法是减小放电间隙，如图 5-6（e）所示。较小的间隙会降低电场，限制流注通过电极之间的距离传播。

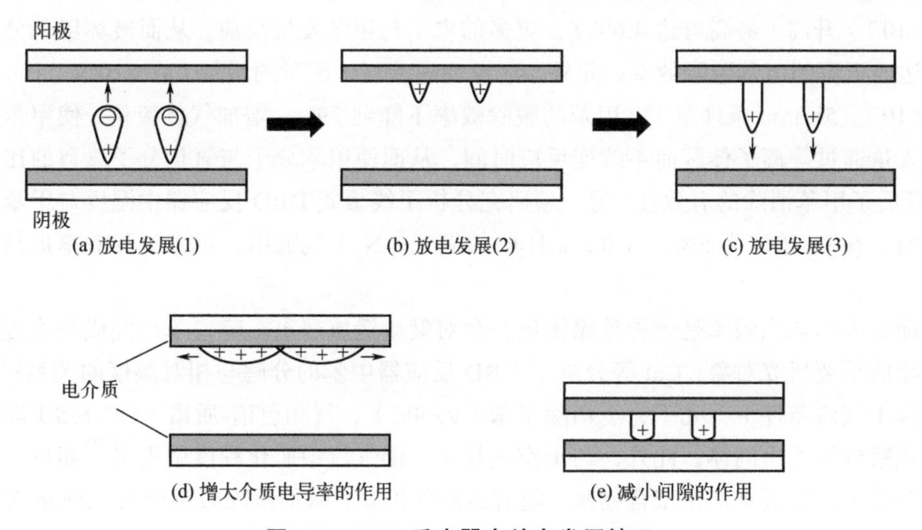

图 5-6　DBD 反应器内放电发展情况

电介质层的材料可以是玻璃、石英、陶瓷，也可以是釉质或聚合物在电极上做薄涂层。DBD 等离子体反应器的一些主要应用是臭氧产生、化学气相沉积、表面改性和污染控制。

双介质阻挡放电（DDBD）电抗器的两个电极分别被一种介质材料覆盖，称为双介质阻挡结构。Woo 等报道了单势垒放电和双势垒放电具有相似的放电电流时间分布。此外，DDBD 电抗器放电的衰减更快，因此由于收集到的表面电荷避免了过大的放电电流过渡到火花，DDBD 反应器的放电电压降低。如果去除电极的影响，电流剖面看起来与电流水平稍低的单介质阻挡放电（SDBD）类似。这就是 DDBD 反应器中的外部电场被阴极栅栏上收集到的表面电荷所降低的原因。此外，当双势垒的影响反映在由于活性物种在反应区中的积累而在活性区域中具有更大的一致性时，丝状结构消失。显然，DDBD 反应器中的放电比 SDBD 反应器中的放电更稳定和均匀。在 DDBD 电抗器中，放电的衰减速度比 SDBD 电抗器快，因此需要较低的电压，积累表面电荷也可以防止过多的放电电流转变为火花。对于可能形成活性中间体的 VOCs，双势垒是首选配置，因为它在化学上将电极与反应环境隔离。然而，对于不同等离子体参数对 DDBD 反应器中 VOCs 分解过程的影响，目前还没有一个完整而清晰的认识。

（2）技术分类

1）单一等离子体系统

关于应用低温等离子体从空气中去除单一 VOC 的研究已经取得了一些进展。甲苯的分析和研究主要集中在实验室水平的挥发性有机化合物消除上。因此，以下各段将提及其中几篇研究文章。

Byeon 等研究了甲苯在 DBD 反应器中的分解过程，其条件包括输入电压（5.0～8.5kV）、频率（60～1000 Hz）、甲苯浓度[（50～200）$\times 10^{-6}$]和湿空气中的气体流量（1～5 L/min）。实验发现，随着输入电压（1000 Hz）的增加，甲苯的去除效率（1L/min、100×10^{-6}）升高（最高可达 4.6%）。更多的电子与甲苯发生反应，从而破坏甲苯分子的键，达成更高的甲苯脱除效率。此外，还发现随着气体流量的增加（在 8.5kV、1000Hz、100×10^{-6}、5L/min 条件下），甲苯的脱除效率下降到 29%。增加气体流量，使甲苯的额外加入量通过等离子体区而不改变反应时间，从而使甲苯分子与氧化分子总数的比值降低，降低了甲苯消除的有效性。另一项研究分析了线板式 DBD 反应器中湿度对甲苯分解的影响。在 O_2 浓度为 5%、含 0.2% H_2O 的氮气（N_2）气流中，甲苯消除效率最高可达 73%。

随着人们认识到苯是一种致癌物质，会对健康造成严重影响，苯已经成为冷等离子体消除的重要研究对象。Cal 等分析了 DBD 反应器中苯的分解与相对湿度的关系：在湿气流和干气流条件下，几乎完全消除了苯（99.9%），气相色谱-质谱（GC-MS）联用仪没有观察到烃类中间体。此外，与干空气相比，湿气流中矿化程度强得多。相反，在高相对湿度下介质板会产生聚合物膜，随着时间的推移，苯的消除效率降低。Zhao 等在实验室水平和放大 DBD 系统中，控制输入功率、初始气体流量等条件研究了破坏苯的可行性：在相对湿度 42%的湿空气中，流量 10 L/min 时可达到 100%的去除效率，在流量增加到 90 L/min 时去除效率迅速下降至 13.5%。他们发现，较低的初始浓度、较低的流速以及较高的输入功率等因素有利于除苯效率的提高。单一 DBD 系统在 9kV 时，去除率最高，达到 58.2%；随着 DBD 系统增加到 2、3 串联，则分别在 4.46kW、6.69kW 下达到 78.35%、89.9%的最大去除率。此外，还在 DBD 内壁沉积了一些颜色为棕色的残留物（2-硝基苯酚、对苯二酚、苯酚、庚酸、间苯二酚、4-硝基儿茶酚、3-硝基苯酚和 4-苯氧基苯酚）。Lee 等也利用 DBD 反应器对空气中 100×10^{-6} 的苯进行了研究。Lee 等认为，O_2 在有与苯化合物反应倾向的等离子体的帮助下，可生成氧自由基，通过一链反应生成

二氧化碳、水和苯的阳离子。

三氯乙烯（TCE）是一种氯化烯烃，它可以通过冷等离子体相当容易地消除，并且不需要额外的能量。Magureanu 等在 1～15mm 的放电间隙条件下，对 DBD 反应器中三氯乙烯的去除进行了研究。在较短的放电间隙（1～3mm）下，TCE 的转化率在 67%～100%之间，而当间距设置为 5mm 时转化率下降到 53%～97%之间。他们发现，间隙越短，TCE 的转换效率越高。埃文斯等进行了一项实验和计算研究，使用不同含水率的 Ar/O_2 混合物生成无声放电等离子体去除三氯乙烯。他们的结论是，ClO·在氧化 TCE 的反应中起到重要作用。·OH 会部分分解湿混合物中的 ClO·，导致 TCE 分解速率降低。Hsiao 等讨论了温度对 TCE 减量和残渣产生的影响。他们的研究认为，温度是消除 TCE 和产生 CO_x 的重要影响因素，同时温度还会影响 TCE 的能量产率。Magureanu 等对 TCE 在金纳米颗粒上的氧化进行了实验研究。他们发现，最低功率水平（1.1W）可产生 80% 的 TEC 转化，最高功率水平（>3W）则能达到 100%的效率。本研究中 SDBD 反应器存在的主要问题是对 CO_2 的选择性约为 25%，对 CO 则为 70%。Han 等分析了氧气浓度对副产物分布的影响，认为 TCE 分子与电子碰撞产生氯自由基，并在此基础上分析得出氯自由基链式反应是一种合理的主要的分解机理。

2）等离子体-催化剂联合系统

研究表明，冷等离子体可以有效去除 VOCs。然而，现有研究一致认为，冷等离子体在 VOCs 减量方面仍存在局限性，即有害化合物的释放会导致不完全氧化（CO、NO_x 等）、能耗低、矿化度低等。为了克服这些问题，等离子体-催化剂联合系统得到了相应的发展。

冷等离子体与催化剂的结合可分为反映其位置的等离子体内催化（IPC）和等离子体后催化（PPC）两个区域。IPC 为催化剂直接暴露于活性等离子体，如图 5-7（a）所示，PPC 为催化剂在等离子体反应器中的下游位置，如图 5-7（b）所示。

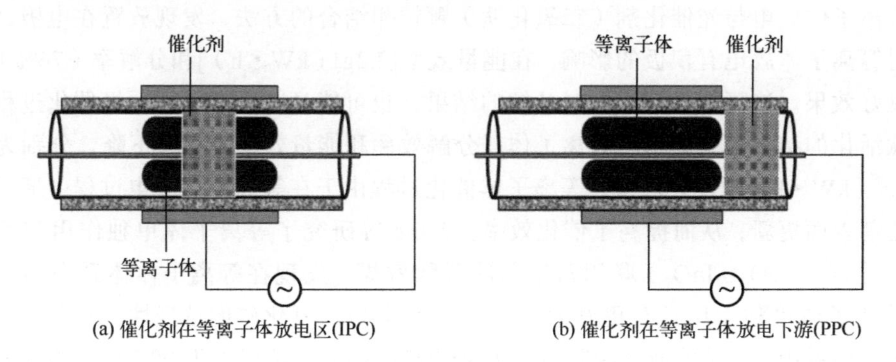

图 5-7　催化剂的放置

从字面上可以理解为，IPC 是由冷等离子体和催化剂在一个反应器中集成而产生的。引入催化剂的 3 种方式是作为球团、泡沫或通过涂覆电极。等离子体放电区可以被催化剂完全或部分填充。这种排列方式可以使等离子体和催化剂同时发生复杂的相互作用以增强性能。两个方面可以阐述这些机理：等离子体处理污染物过程中催化剂的作用及等离子体的排出对催化剂的作用。

① 等离子体处理污染物过程中催化剂的作用。在冷等离子体反应器中引入催化剂颗粒后，由于接触点的接近，平均电场将得到增强。在电场增强的情况下，电子接触响应不充分以及旋转和振动而产生的简并能量将会降低，分子利用等离子体能量碰撞解离和进行电离反应，从而起到污染物清除剂的作用。随着污染物浓度的增加，与污染物分子对抗的电子和自由基数量会增加，可以提高污染物还原的能量效率。另外，催化剂对污染物分子具有不可阻挡的吸附倾向，会导致污染物在活性等离子体区域的浓度升高，停留时间延长，并增加污染物分子和等离子体区域产生的活性化学物质之间会发生碰撞的有效性。

② 等离子体的排出对催化剂的作用。就 IPC 而言，其与传统催化的显著区别包括较高浓度的短期存活的活性物种（即激发的化学物种、自由基和带电离子），以及催化剂表面存在等离子体放电电压和穿过催化剂的电流。前者改变了催化反应的气相反应物状态，而后者改变了催化剂的化学和物理性质。

许多冷等离子体技术（电晕放电、DBD 和表面放电）可以通过不同的方法与催化剂集成，如包装材料上的清漆（粉末、颗粒和蜂窝状）或沉积在电极上。本节中的大多数重点关注化合物，如甲苯、苯和三氯乙烯，其在等离子体-催化剂联合系统中的最大消除效果与催化剂和实验条件的影响关系分析都有所报道。

催化剂可以提高甲苯的脱除效率，因为在催化剂的活性区域或表面与其他化学实体的边界上，·OH 能有效地与甲苯反应。利用等离子体-催化联合系统，Song 等提出了一种新的方法——利用填充在 DBD 系统中的大孔 γ-Al_2O_3，发现高输入电压和高温（100°C）设置对甲苯的去除是有利的，这与使用非吸附玻璃微珠相反。γ-Al_2O_3 微珠的使用有助于减少冷等离子体处理过程中产生的少数副产物，如 O_3 和 HNO_3。Malik 等建议采用比表面积较大的氧化铝填料，在不影响甲苯破坏效果的前提下，可以减少臭氧的产生。Li 等采用等离子体放电与光催化剂（二氧化钛）颗粒相结合的方法，发现放置在电极之间的颗粒对等离子体放电有积极的影响，在能量效率[7.2g/（kW·h）]和分解率（76%）上均体现良好效果。这可能是气相同时分解的结果，也可能是冷等离子体诱导催化过程中二氧化钛活化的结果。只使用冷等离子体，分解效率和能量效率则显著下降，分别为 44% 和 3.2g/（kW·h）。作者认为，等离子体催化过程由于在等离子体放电过程中通过脱附使催化剂表面更新，从而提高了催化效率。Wang 等研究了等离子体单独作用和等离子体与催化剂（CeO_2-MnO_x）联用对甲苯的脱除效果，发现在等离子体体系中加入催化剂比等离子体单独作用具有更好的甲苯脱除效率和二氧化碳的选择性。在等离子体-催化剂联合体系中，甲苯的最大脱除效率为 95.94%，CO_2 的选择性为 90.73%。脱除效率和选择性最高的原因是 CeO_2-MnO_x 催化剂具有高的 Brunauer-Rmmett-Teller（BET）比表面积。Dou 等研究了等离子体-催化剂（Cu-Ce-Zr 负载的 ZSM-5/TiO_2/Al_2O_3）复合体系中甲苯的分解，发现随着输入功率的增加，CuCeZr/TiO_2 中更多的氧空位、更大的孔径和更多的晶格氧导致对甲苯更有效和显著的去除效果，以及更高的能量产率和二氧化碳选择性。他们还发现，与等离子体-催化剂联合系统相比，NTP 单独使用时产生的能量较少。

等离子体-催化剂联合系统对苯的脱除也有较坚实的研究基础。Ogata 等研究了填充

Al_2O_3 和 $BaTiO_3$ 球团的反应器中苯的去除，并将结果与填充 $BaTiO_3$ 的反应器相联系。填充 $BaTiO_3$ 和 Al_2O_3 的反应器由于气相反应和表面分解所追求的 Al_2O_3 上的苯吸附协同作用，导致苯的高度分解。此外，研究表明将沸石混合填料（钛酸钡与沸石的混合）填充进等离子体反应器有利于苯的分解。与氧化铝相比，沸石结构具有更高的吸收体积，从而使苯分子的分解效率更高。研究还指出，与沸石晶体孔内相比，吸附在沸石晶体孔外的苯发生了更有效的分解。Karuppiah 等用改进的过渡金属氧化物电极在 DBD 等离子体反应器中研究了苯的氧化消减，其内电极是用光催化剂 TiO_2 和/或光催化剂 MnO_x 与 CoO_x 修饰的，由烧结金属纤维（SMF）构成。结果表明，过渡金属氧化物催化剂能有效地提高苯的脱除效率，其中以 TiO_2/SMF/MnO_x 催化剂效果最好。

Magureanu 等用过渡金属氧化物包覆的烧结金属纤维内电极研究了等离子体催化 DBD 反应器处理三氯乙烯（TCE）。与采用单独 SMF 电极的反应器相比，MnO_x/SMF 反应器的 TCE 转化率和 CO_2 选择性均有显著提高，MnO_2 原位衰减臭氧的能力在催化剂表面生成了强氧化原子氧化活性物种。这些物种可能会增强 TCE 的氧化，从而提高 CO_2 的选择性。Magureanu 等在另一项研究中将金（Au）纳米粒子在 SBA-15 中固化，发现催化剂中 Au 的添加量最小（质量分数为 0.5%）时 CO_2 选择性增加，催化性能最强。与 MnO_2 相比，Au/SBA-15 将等离子体中产生的臭氧分解为降解 TCE 的氧自由基。研究认为，孤立的金阳离子反映了等离子体中产生的臭氧存在时可暴露催化行为的活性区。Morent 等将带有 TiO_2 圆柱形颗粒的混合等离子体催化系统用于工控机，以探究彻底氧化 TCE 的最小可能能耗。研究指出，TiO_2 的吸收和/或光活化有助于解释等离子体-催化剂体系强化脱除率的机理，即 TCE 分子在 TiO_2 表面的吸附增加了 TCE 在放电中的停留时间。Vandenbroucke 等研究了直流辉光放电与位于炉子下游的 Pd/γ-Al_2O_3 的结合使用。在催化剂温度为 100℃时，该组合体现了 TCE 消除的协同反应，混合系统的去除效率相比等离子体和催化剂单独作用时提高了 12%～22%。

这些研究探讨了单独使用冷等离子体以及等离子体-催化剂联用体系处理甲苯、苯和三氯乙烯等单一 VOC，然而当前鲜有进行冷等离子体去除混合 VOCs 的研究。Subrahmanyam 等研究了一种基于 DBD 的等离子体驱动催化剂（PDC）系统，测试不同催化剂去除空气中的甲苯、异丙醇和三氯乙烯的效果。Schiavon 等分别研究了应用 DBD 去除乙醇和乙酸乙酯的混合物及甲苯、苯和正辛烷的混合物。然而，SDBD 反应器不仅不能完全矿化环境中的污染物，还会产生有毒的副产物。同时，固体副产物容易沉积在反应器内表面和电极上，进而影响 SDBD 反应器的性能。

5.2.4.3　典型案例

该案例采用低温等离子体技术对污水污泥堆肥设施所产生的 VOCs 的治理效果进行了现场试验研究。试验装置（图 5-8）由反应气体供应系统、DDBD 等离子体反应器、交流电源和分析仪器（GC-MS）组成。配置的圆柱形 DDBD 电抗器与高压放电电极接触。

DDBD 反应器中两种介质之间的等离子体放电间隙为 6mm。利用空压机将 VOCs 混合气体在压缩空气中稀释后送入反应器。采用交流等离子体发生器（南京苏曼电子公司 CTP-2000K）产生等离子体放电，输入功率为 65.8 W，恒定气体流量为 4 L/min。在不同的处理时间进行采样。

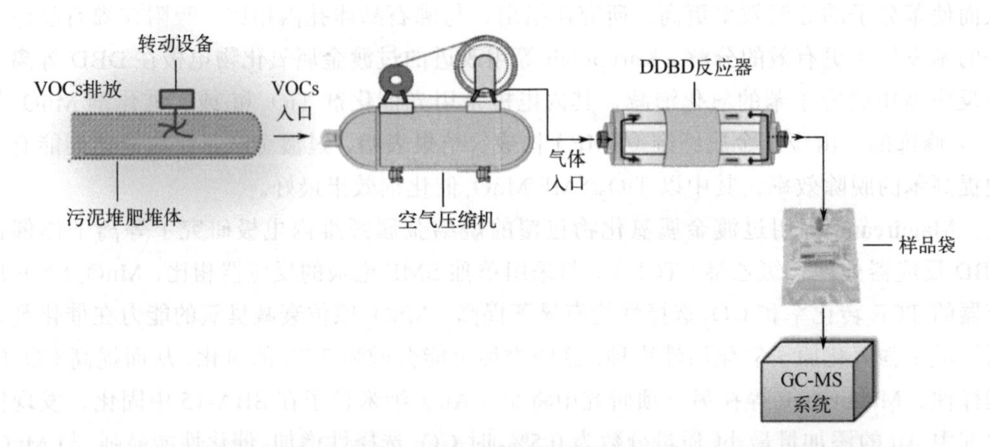

图 5-8　冷等离子体技术在减少城市污泥堆肥设施挥发性有机物中的应用示意

大量的 VOCs 减排研究已经证明，在脱除效率和选择性方面，非热等离子体（NTP）与多相催化剂的组合能够比等离子体单独系统表现得更好。因此，在实验室规模的基础上，采用了类似的催化剂（铂-锡/氧化铝、HZSM-5 和 $BaTiO_3$）来处理 VOCs 混合物，并与冷等离子体系统相结合。在 DDBD 反应器中，每种类型的催化剂都以细粉的形式被放置在两个介质石英管之间的等离子体放电区内。每种催化剂用量为 2g，催化剂床层高度和等离子体放电间隙固定为 6mm。

从城市污泥堆肥过程中采集的空气样品中检出 VOCs 26 种，被分为 6 类。表 5-3 汇总了 VOCs 中单个物种的集中程度。

表 5-3　不同处理时间下城市污泥堆肥产生的 VOCs 的累积排放浓度　单位：$\mu g/m^3$

取样时间	含硫化合物	卤化物	含氧有机物	芳烃	烷烃	烯烃	总和
处理前	2.81	79.06	540.55	76.09	55.56	0.00	754.07
处理期间	27.12	3425.54	409.26	68.61	17.50	2.57	3950.60
处理后 0.5h	3.21	2606.78	429.99	59.87	17.51	2.57	3119.93
处理后 2h	3.92	173.17	234.50	30.99	0.00	1.56	444.14
处理后 5h	3.36	190.13	265.58	53.77	47.58	0.88	561.30
总和	40.42	6474.68	1879.88	289.33	138.15	7.58	8830.04

利用其中一种非热等离子体技术从 SS 堆肥设施中去除 VOCs。DDBD 系统在环境温度 17～25℃、相对湿度 30%～63.5%条件下运行。研究发现，低温等离子体处理对 VOCs 有明显的去除效果（图 5-9），平均减少 54%以上。其中，处理期间的气体样品修复效率最高（73%）。而处理后 2h 修复效率最低（34%）。

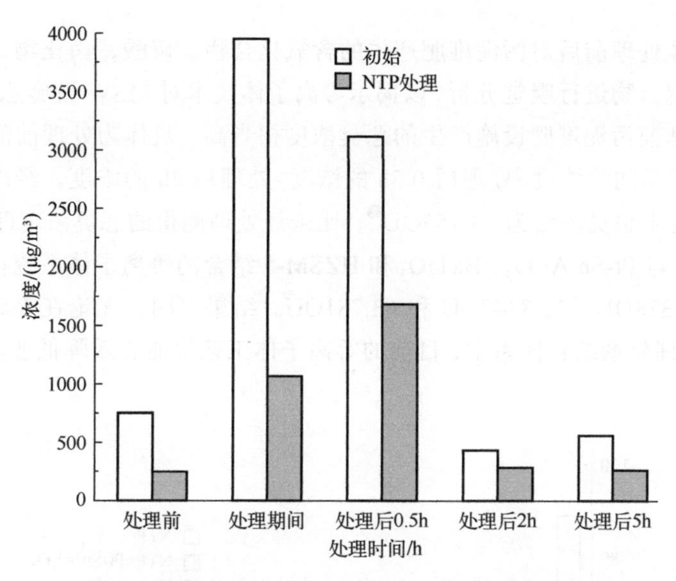

图 5-9　污泥不同堆肥处理时非热等离子体系统对总挥发性化合物的消减

在各系统的比较中，等离子体-催化剂联合体系对 VOCs 混合物的去除效率更高，如图 5-10 所示。在联合系统中，检测出的 VOCs 平均减少幅度为 55.6%～68.0%。与等离子体系统一样，处理期间气体样品的修复效率最高，而处理后 2h 的修复效率最低。本研究选用的 3 种催化剂即 Pt-Sn/Al_2O_3、HZSM-5 和 $BaTiO_3$，分别具有双金属性、高吸附性和铁电性。这些信息在 Mustafa 等之前的研究中得到了描述。组合体系中催化剂的使用不仅提高了反应表面积，而且保持了气体放电的不均匀特性。而且，它可以作为等离子体放电区的介质源发挥作用。

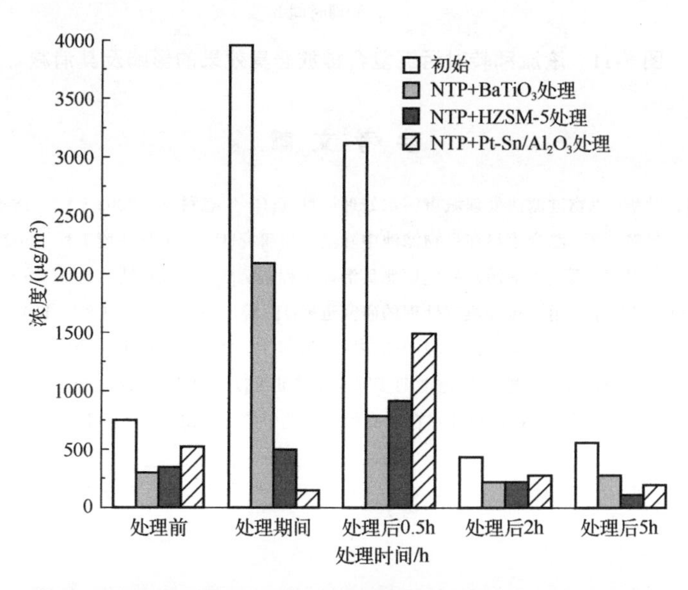

图 5-10　等离子体-催化剂复合体系在不同处理时间对 VOCs 去除效果的影响

冷等离子体处理前后对污泥堆肥产生的含氧化合物、硫酸、卤化物、芳烃、烷烃、烯烃等 VOCs 混合物进行嗅觉分析，以揭示等离子体技术对 MSW 设施恶臭污染的影响。冷等离子体处理前污泥堆肥设施产生的恶臭浓度相当高，具体为处理前的浓度> 处理后 5h 的浓度>处理期间的浓度>处理后 0.5h 的浓度>处理后 2h 的浓度。经冷等离子体处理后，处理前系统中恶臭浓度为 13.755OU[1]，比未经处理测得的恶臭浓度即 125.911OU 显著下降。此外，与 Pt-Sn/Al_2O_3、$BaTiO_3$ 和 HZSM-5 结合的等离子体系统在处理前的恶臭浓度分别为 32.328OU、32.8347OU 和 63.781OU。结果表明，无论在等离子体单独体系还是等离子体-催化剂结合体系中，目前的等离子体工艺都能有效降低恶臭浓度，如图 5-11 所示。

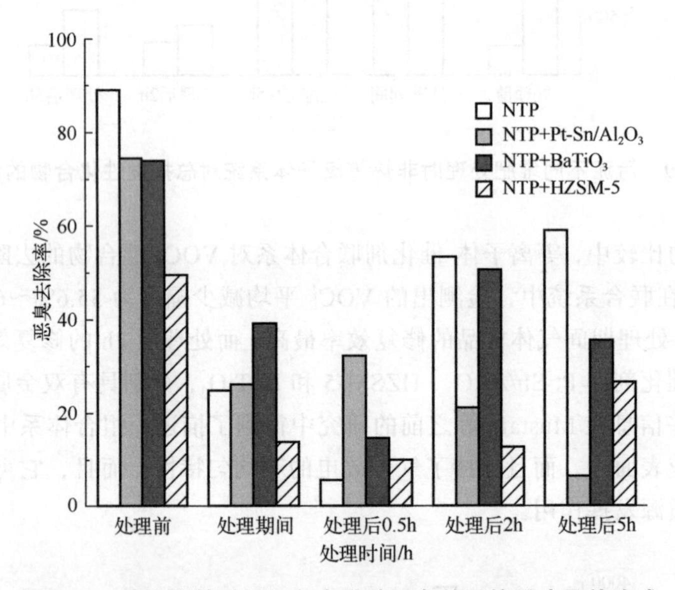

图 5-11　滚流翻转对污泥复合排放恶臭效果的影响及其消减

参 考 文 献

[1] 屈艳芬，叶锦韶，尹华. 生物过滤法处理城市污水处理厂臭气[J]. 生态科学，2005（1）: 18-20.

[2] 肖作义，段耀庭，赵鑫，等. 混合填料在生物滤池中除臭效果研究[J]. 安全与环境工程，2020（6）: 1671-1556.

[3] 张纪文，徐遵主，陆朝阳，等. 生活污水处理厂恶臭治理工程实例[J]. 环境科技，2020（6）: 35-38.

[4] 时燕，杨超. 生物除臭技术应用于垃圾臭气处理的研究进展[J]. 轻工科技，2017（8）: 110-111.

[5] 陈俊，彭淑婧，马华敏，等. 南京某生活垃圾中转站臭气治理[J]. 中国给水排水，2015，31（20）: 101-103.

[6] 于文清，隋文志，赵晓峰，等. 堆肥-生物滤池两步除臭工艺研究[J]. 现代化农业，2012（11）: 30-34.

[7] 李建军，张甜甜，孙国萍，等. 生物过滤技术在恶臭污染治理中的应用研究. 环境工程学报，2008，5（2）: 712-715.

[1] OU 指的是臭味浓度，是英文单词 odor unit 的缩写，无量纲单位，指使用无臭味气体对采集到的臭气样品进行稀释，直到达到嗅辨阈值的稀释倍数，也就是稀释所用到的无臭味气体的量与臭气样品的量的比值。

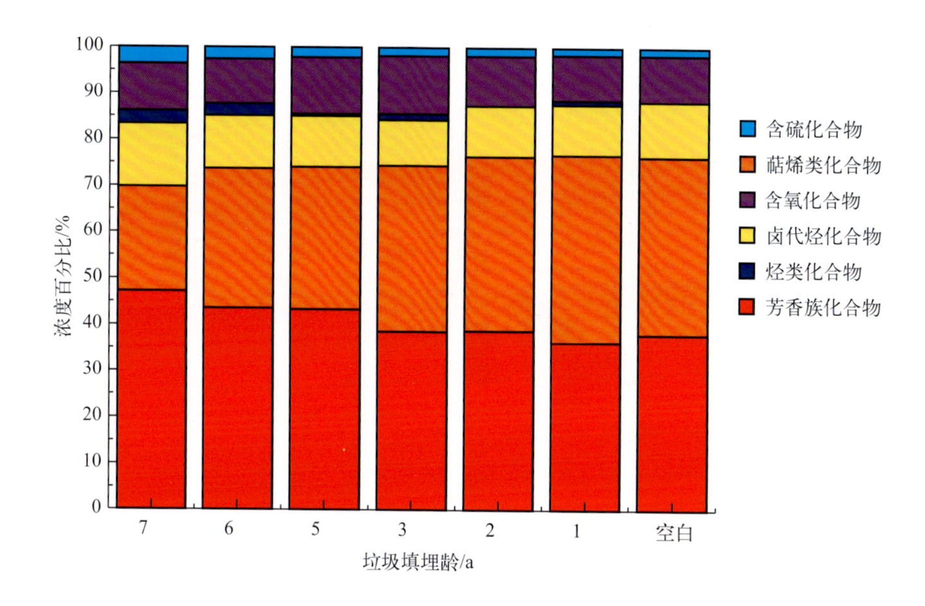

图 2-30　不同填埋龄垃圾恶臭物质浓度分布

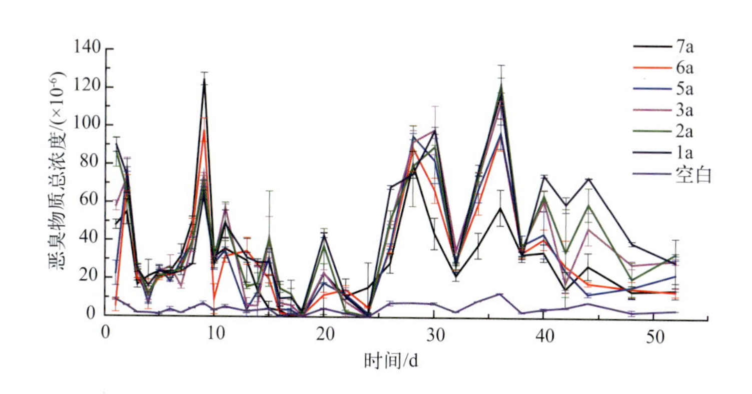

图 2-31　不同填埋龄垃圾恶臭物质总浓度随时间的变化情况

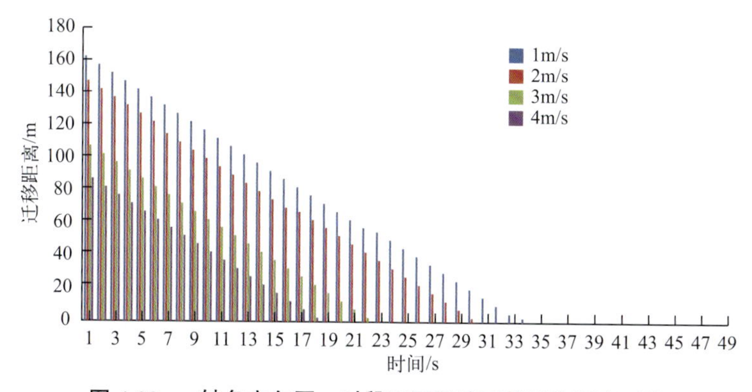

图 4-23　*x* 轴负方向同一时段不同风速下的迁移距离对比

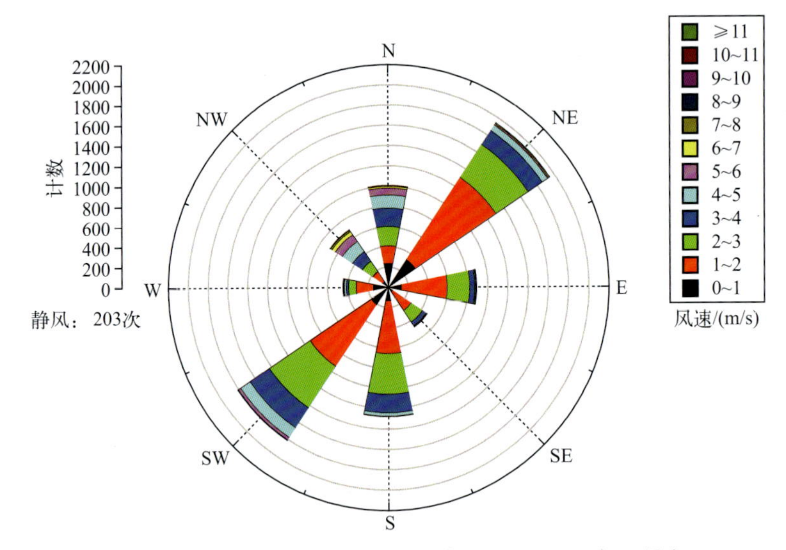

图 4-28　北京市风玫瑰图（2019 年 5 月～ 2020 年 4 月）

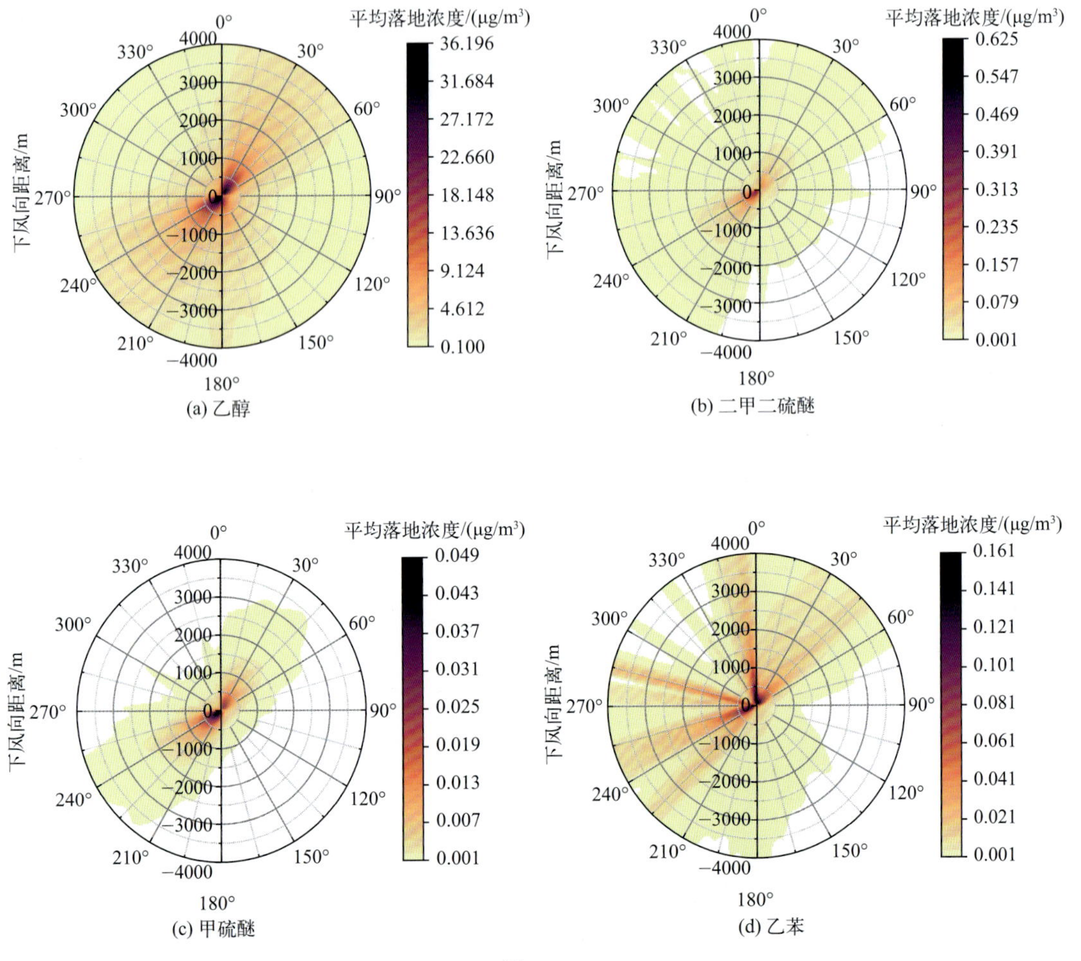

图 4-31

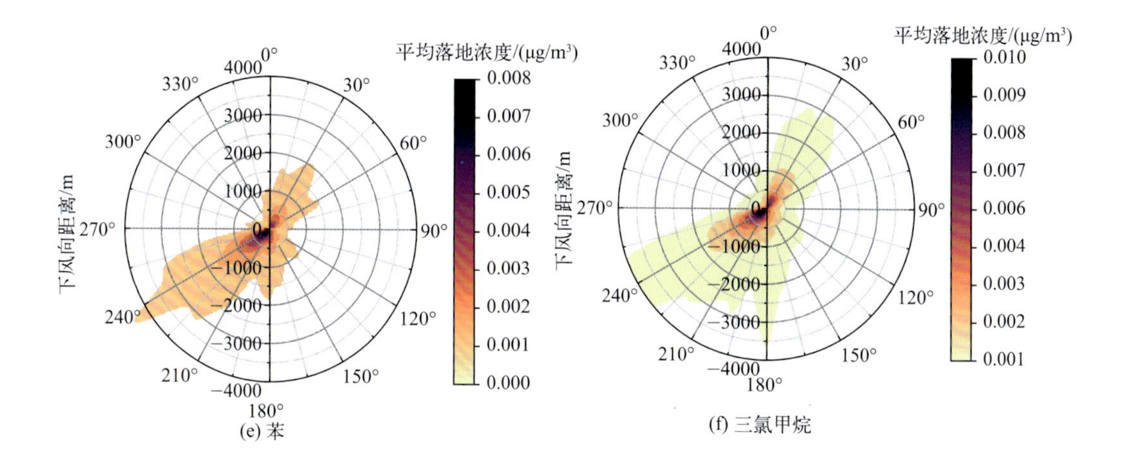

(e) 苯

(f) 三氯甲烷

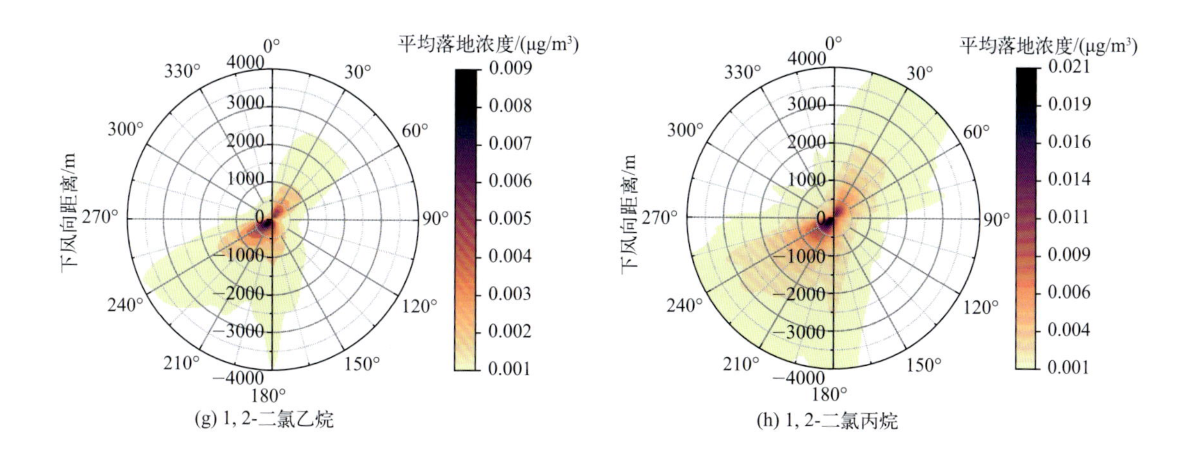

(g) 1, 2-二氯乙烷

(h) 1, 2-二氯丙烷

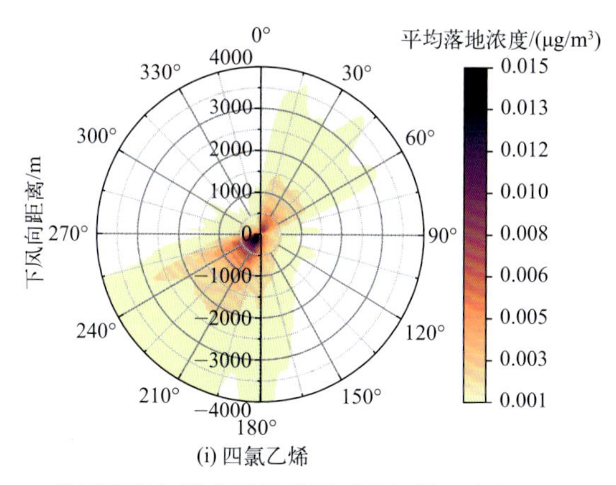

(i) 四氯乙烯

图 4-31　典型恶臭与健康风险物质迁移扩散三维数值模拟平均落地浓度分布

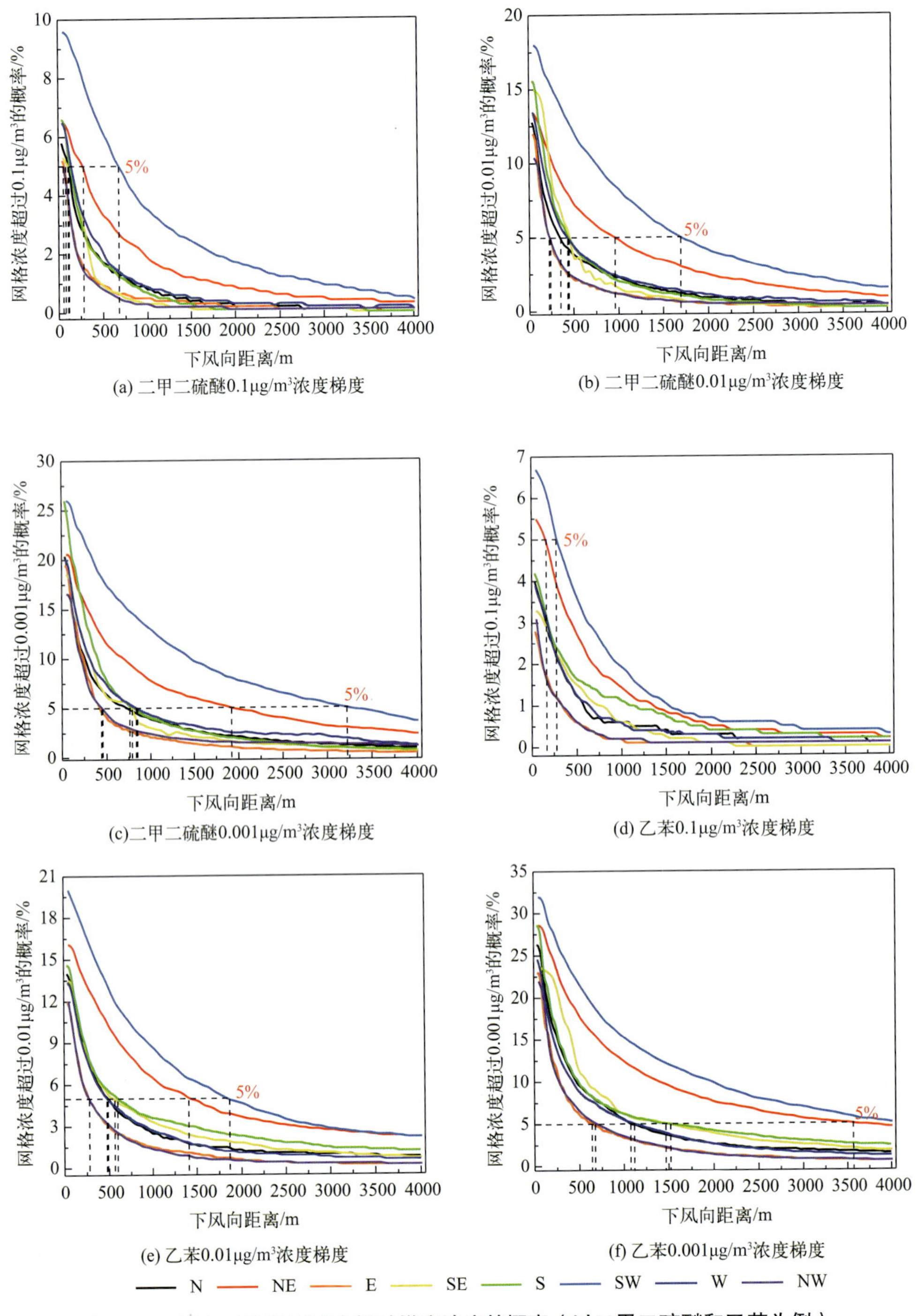

图 4-35　研究网格模拟浓度超过梯度浓度的概率（以二甲二硫醚和乙苯为例）

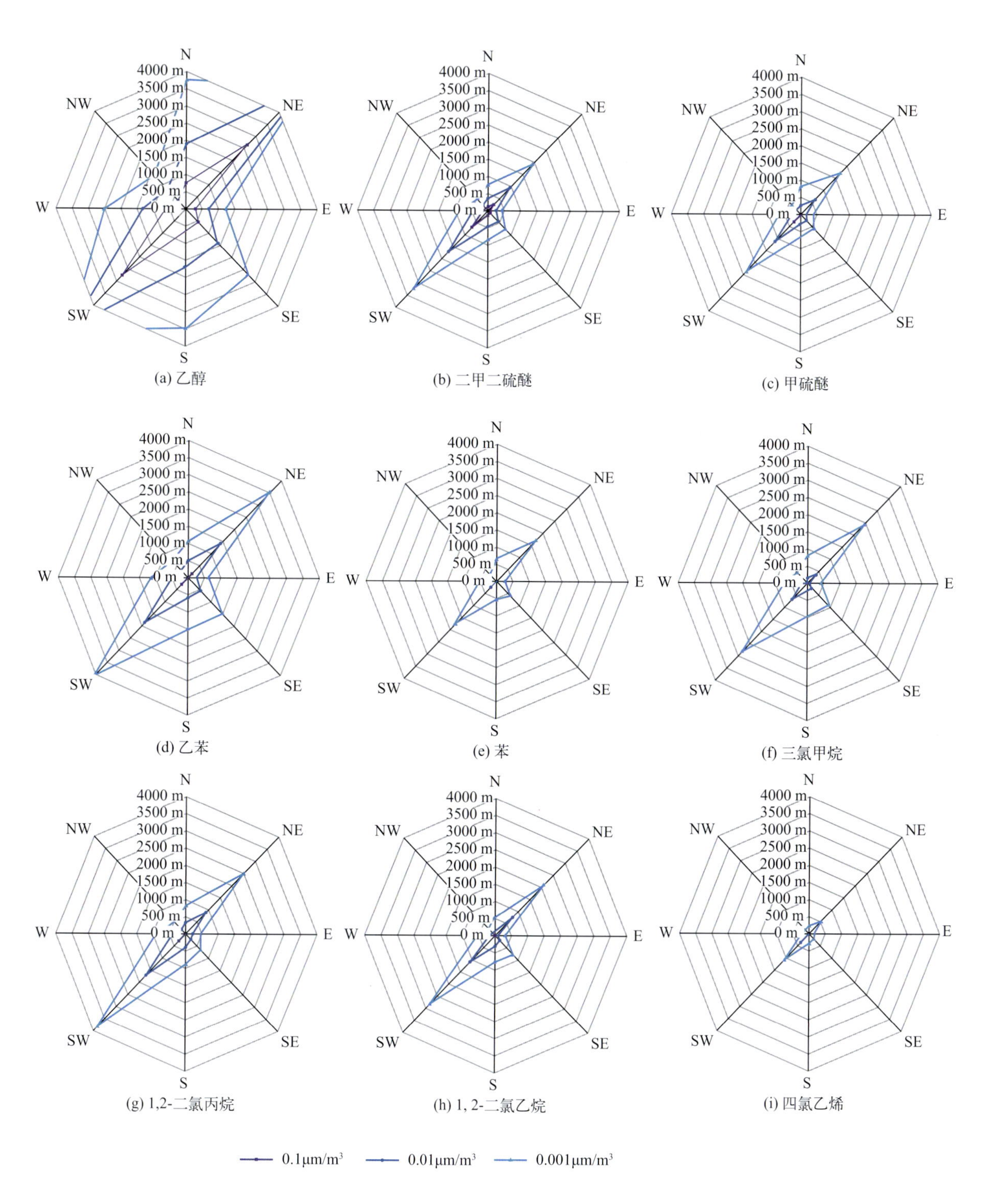

图 4-36　典型恶臭与健康风险物质不同浓度梯度下的 95% 累积概率迁移扩散范围

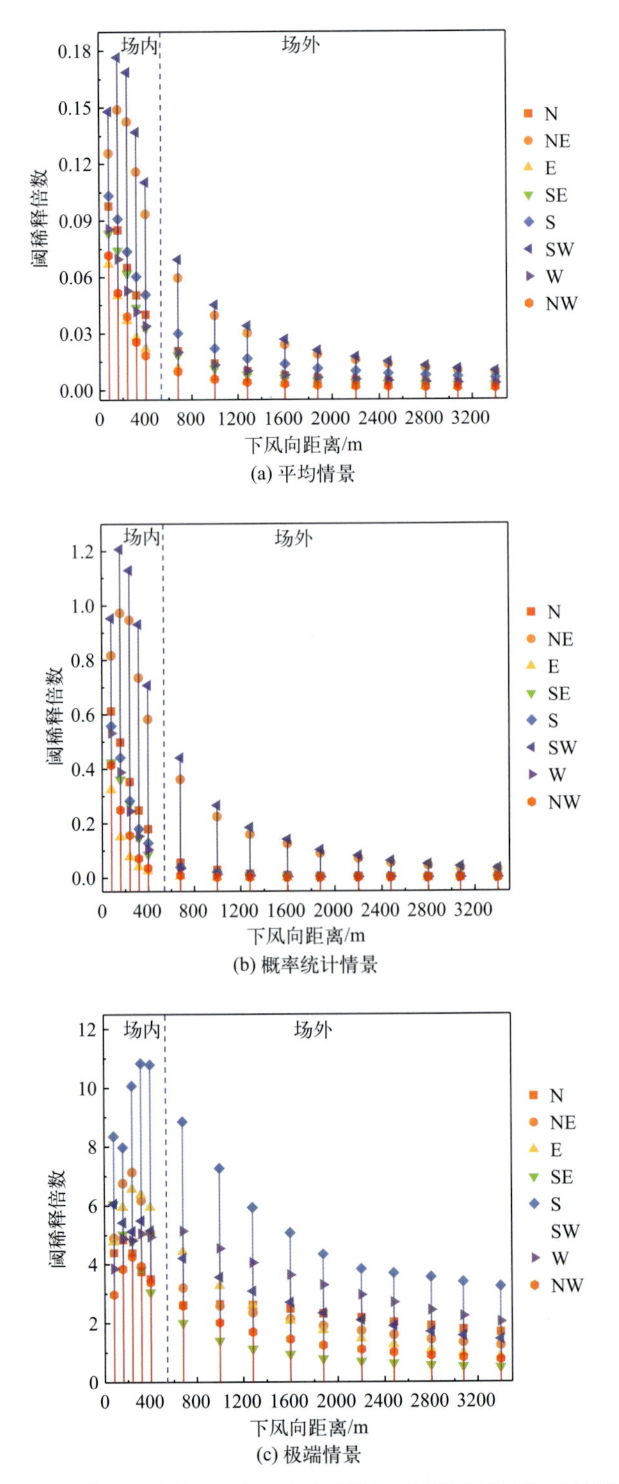

(a) 平均情景

(b) 概率统计情景

(c) 极端情景

图 4-38　乙醇在平均情景、概率统计情景和极端情景下的阈稀释倍数

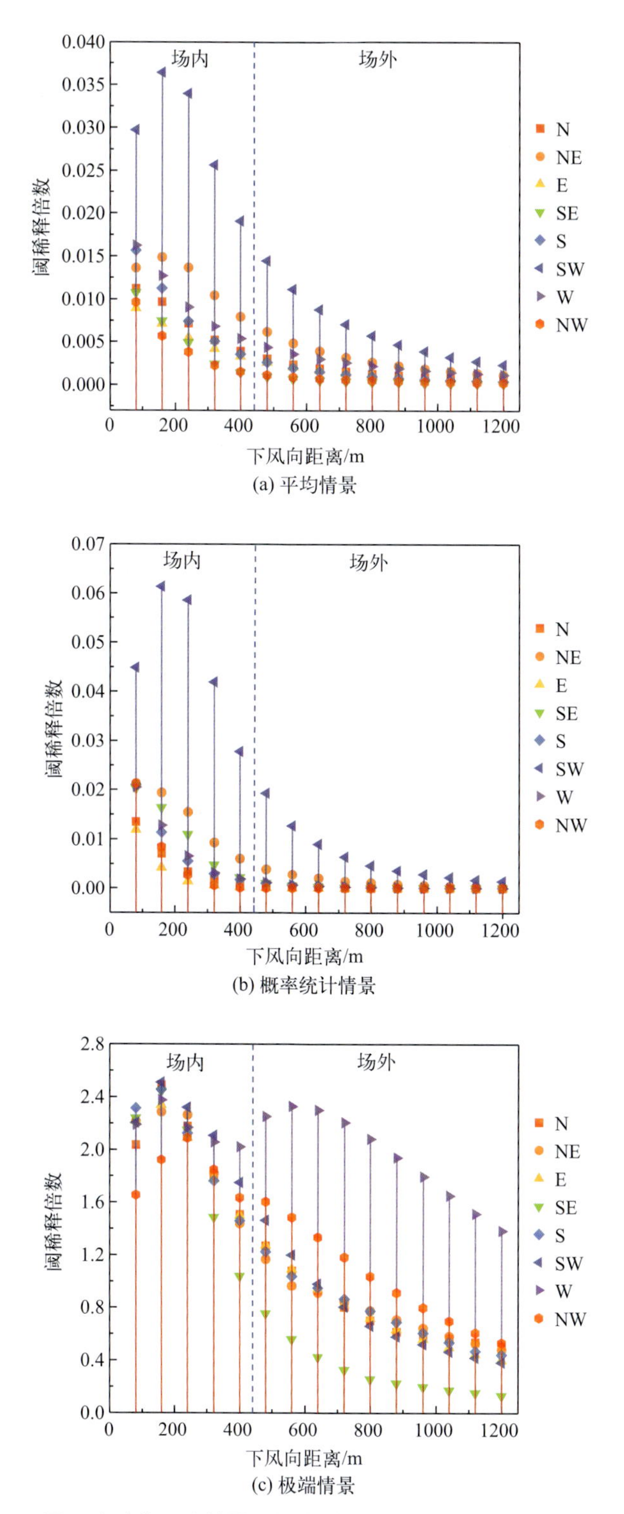

图 4-39　二甲二硫醚在平均情景、概率统计情景和极端情景下的阈稀释倍数

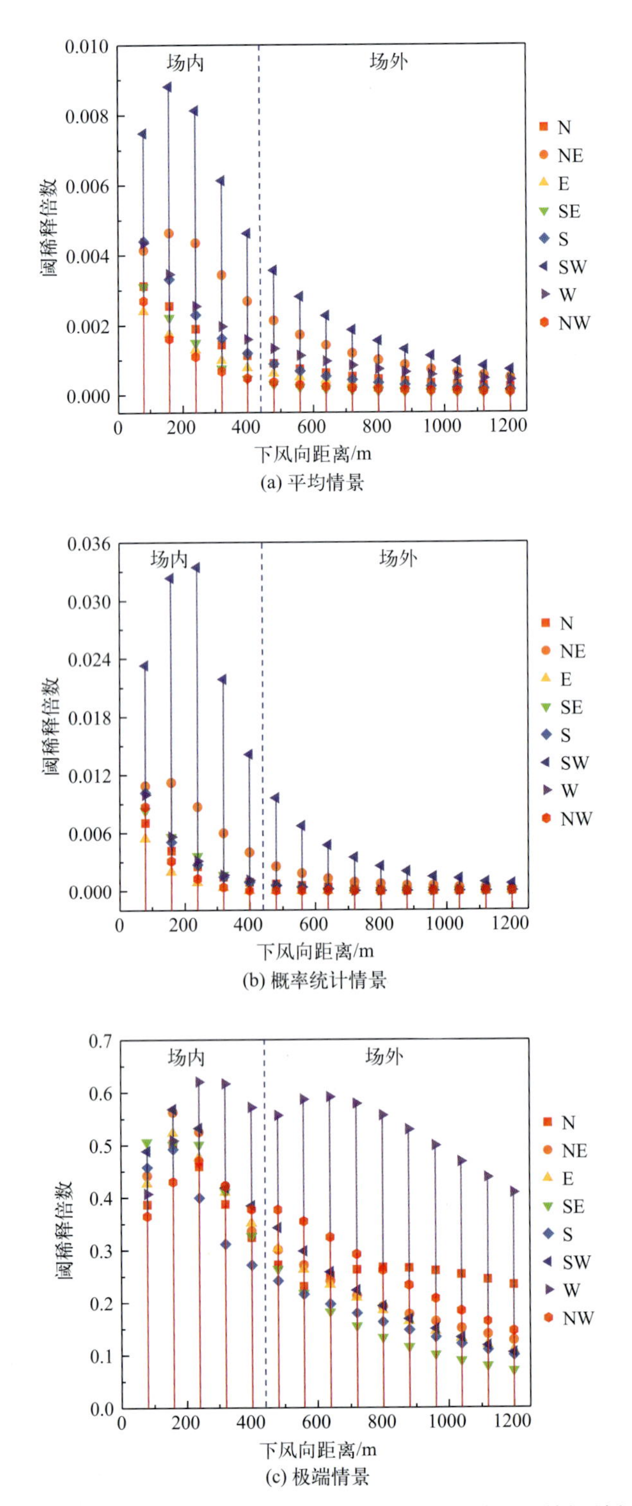

图 4-40　甲硫醚在平均情景、概率统计情景和极端情景下的阈稀释倍数

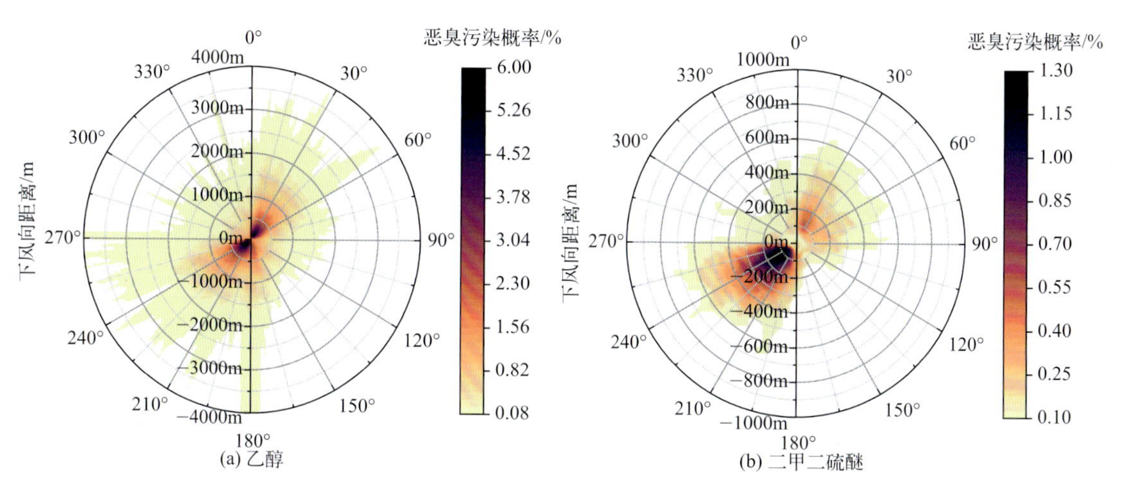

图 4-41 乙醇和二甲二硫醚在填埋场及其周边区域造成的恶臭污染概率

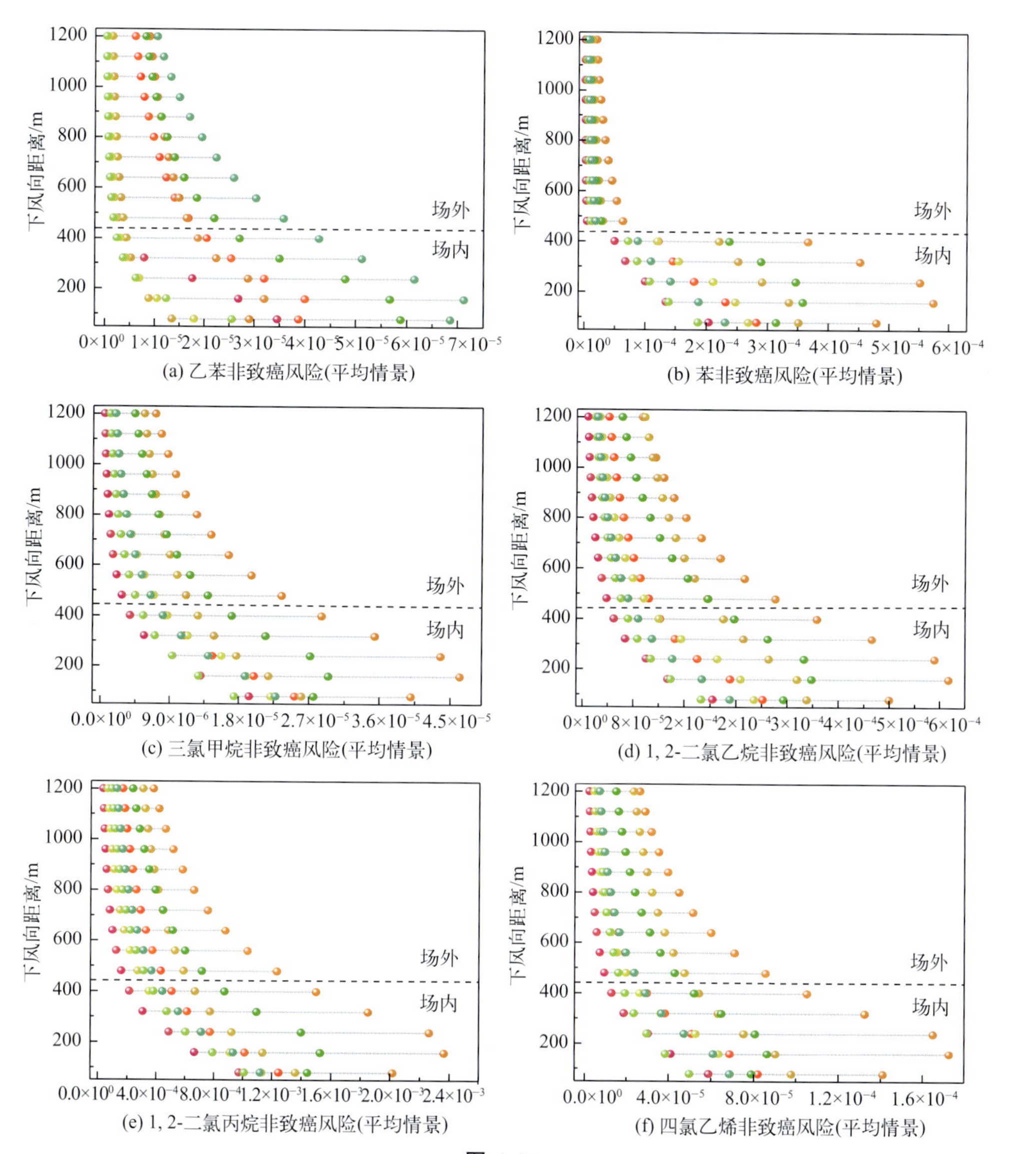

图 4-42

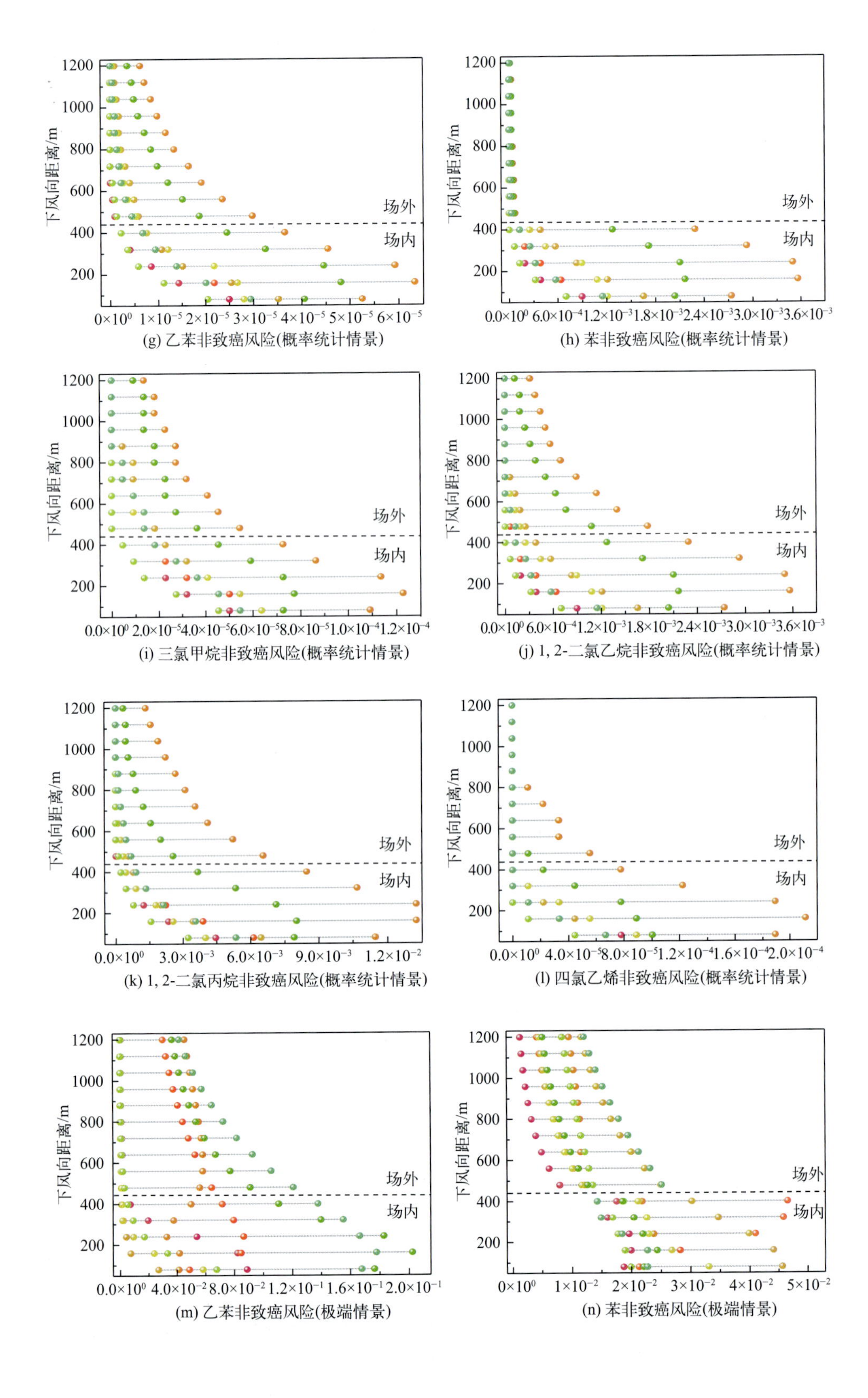

(g) 乙苯非致癌风险(概率统计情景)

(h) 苯非致癌风险(概率统计情景)

(i) 三氯甲烷非致癌风险(概率统计情景)

(j) 1, 2-二氯乙烷非致癌风险(概率统计情景)

(k) 1, 2-二氯丙烷非致癌风险(概率统计情景)

(l) 四氯乙烯非致癌风险(概率统计情景)

(m) 乙苯非致癌风险(极端情景)

(n) 苯非致癌风险(极端情景)

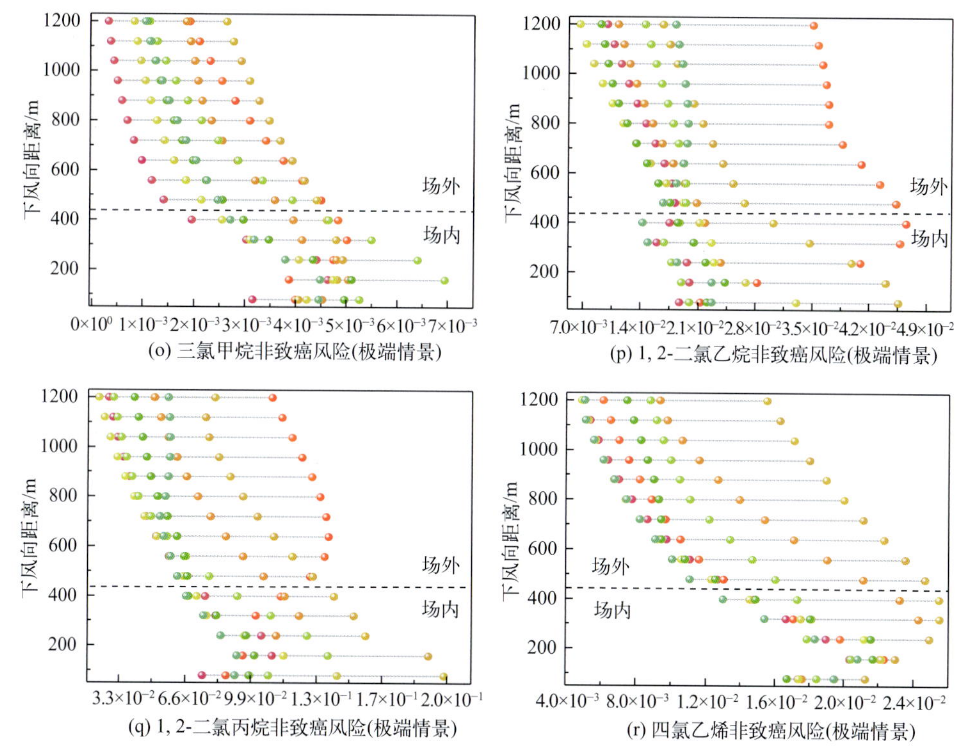

图 4-42　典型健康风险物质在平均、概率统计和极端情景下的单一非致癌健康风险

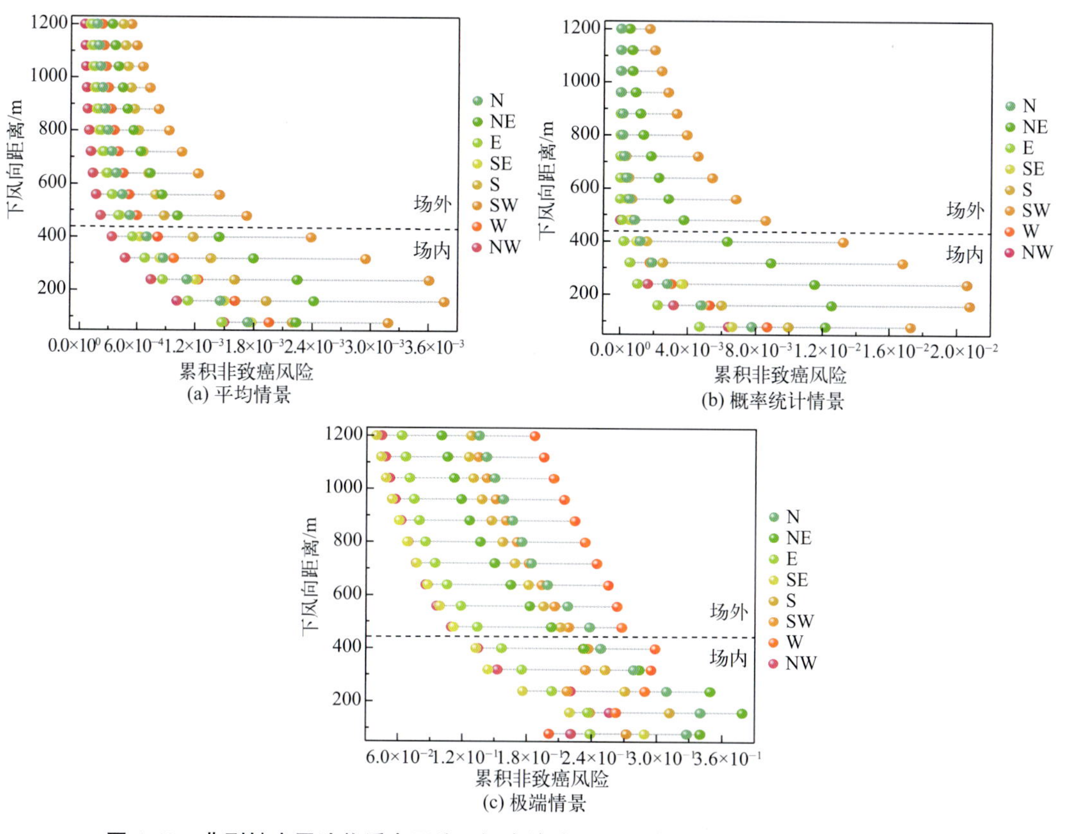

图 4-43　典型健康风险物质在平均、概率统计和极端情景下的累积非致癌健康风险

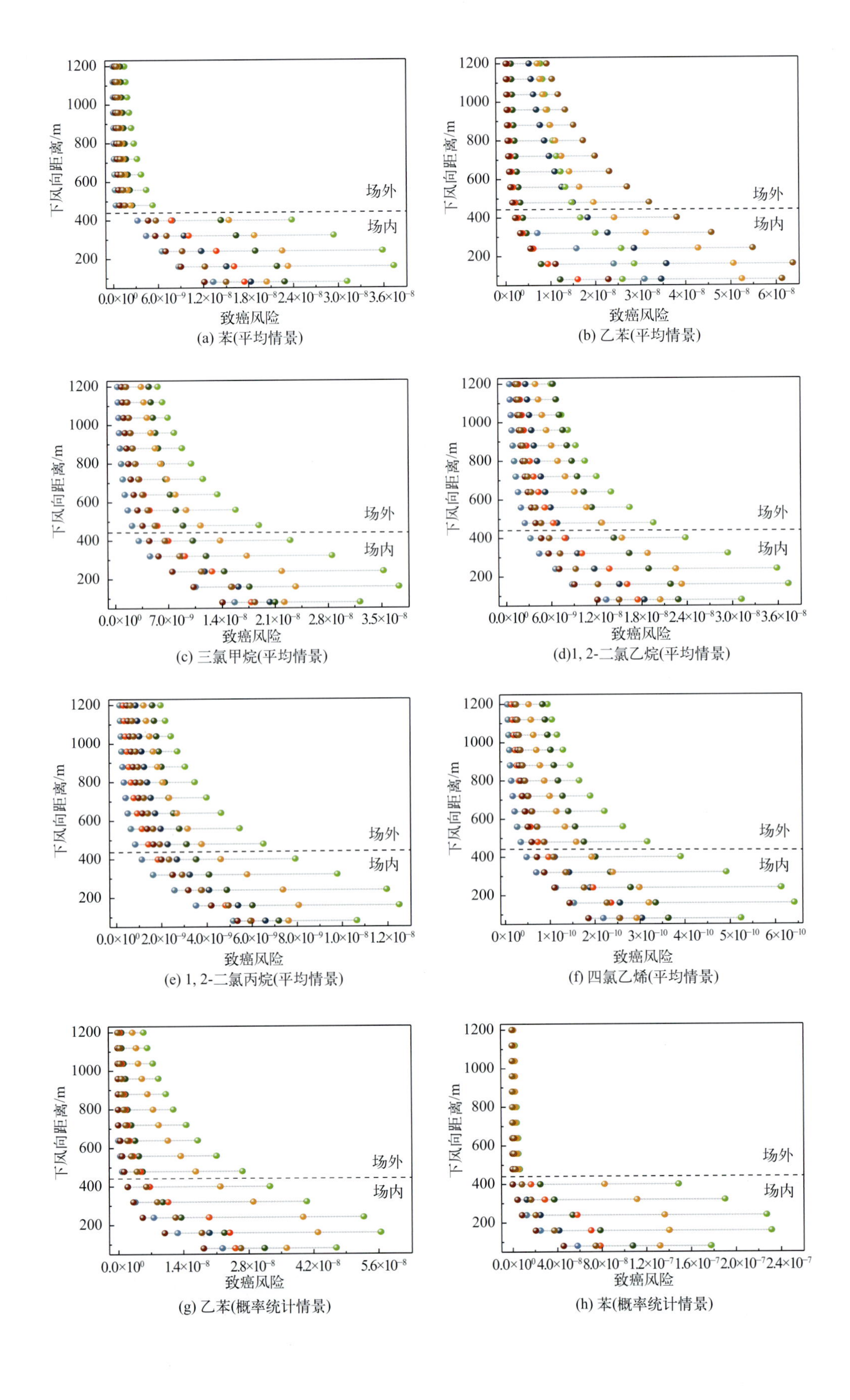
下风向距离/m
致癌风险
场外
场内
(a) 苯(平均情景)
(b) 乙苯(平均情景)
(c) 三氯甲烷(平均情景)
(d)1, 2-二氯乙烷(平均情景)
(e) 1, 2-二氯丙烷(平均情景)
(f) 四氯乙烯(平均情景)
(g) 乙苯(概率统计情景)
(h) 苯(概率统计情景)

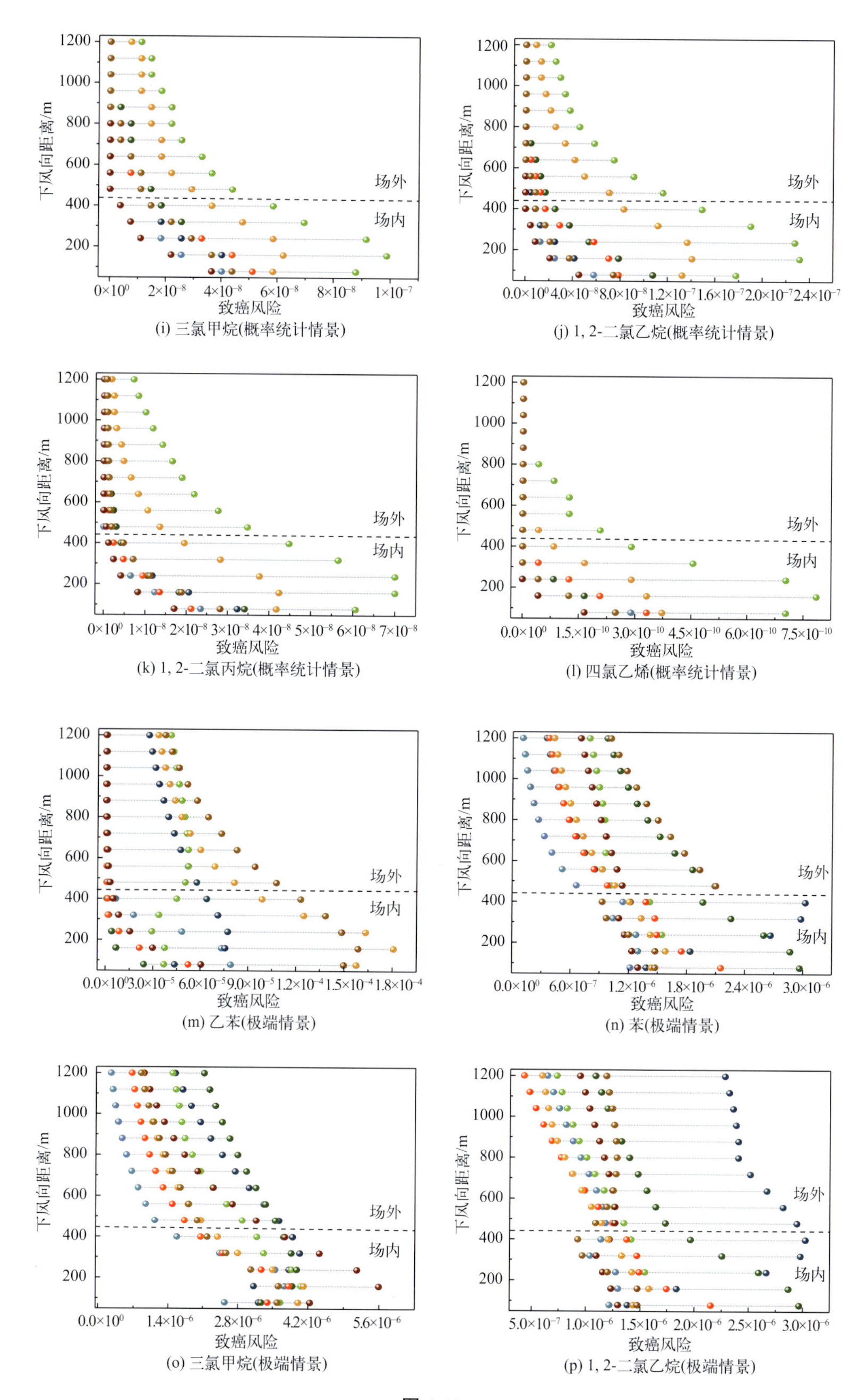

下风向距离/m
致癌风险
场外
场内
(i) 三氯甲烷(概率统计情景)
(j) 1, 2-二氯乙烷(概率统计情景)
(k) 1, 2-二氯丙烷(概率统计情景)
(l) 四氯乙烯(概率统计情景)
(m) 乙苯(极端情景)
(n) 苯(极端情景)
(o) 三氯甲烷(极端情景)
(p) 1, 2-二氯乙烷(极端情景)

图 4-44

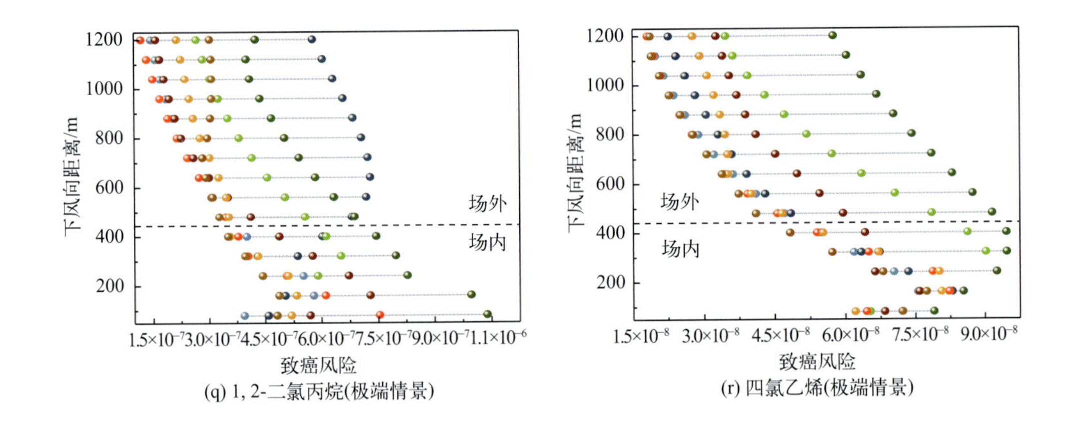

(q) 1, 2-二氯丙烷(极端情景)

(r) 四氯乙烯(极端情景)

N NE E SE S SW W NW

图 4-44 典型健康风险物质在平均、概率统计和极端情景下的单一致癌健康风险

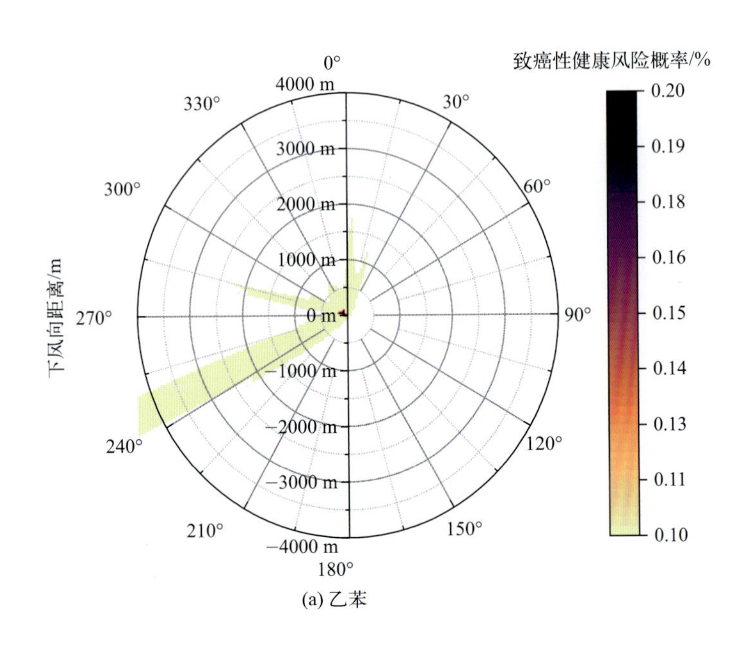

(a) 乙苯

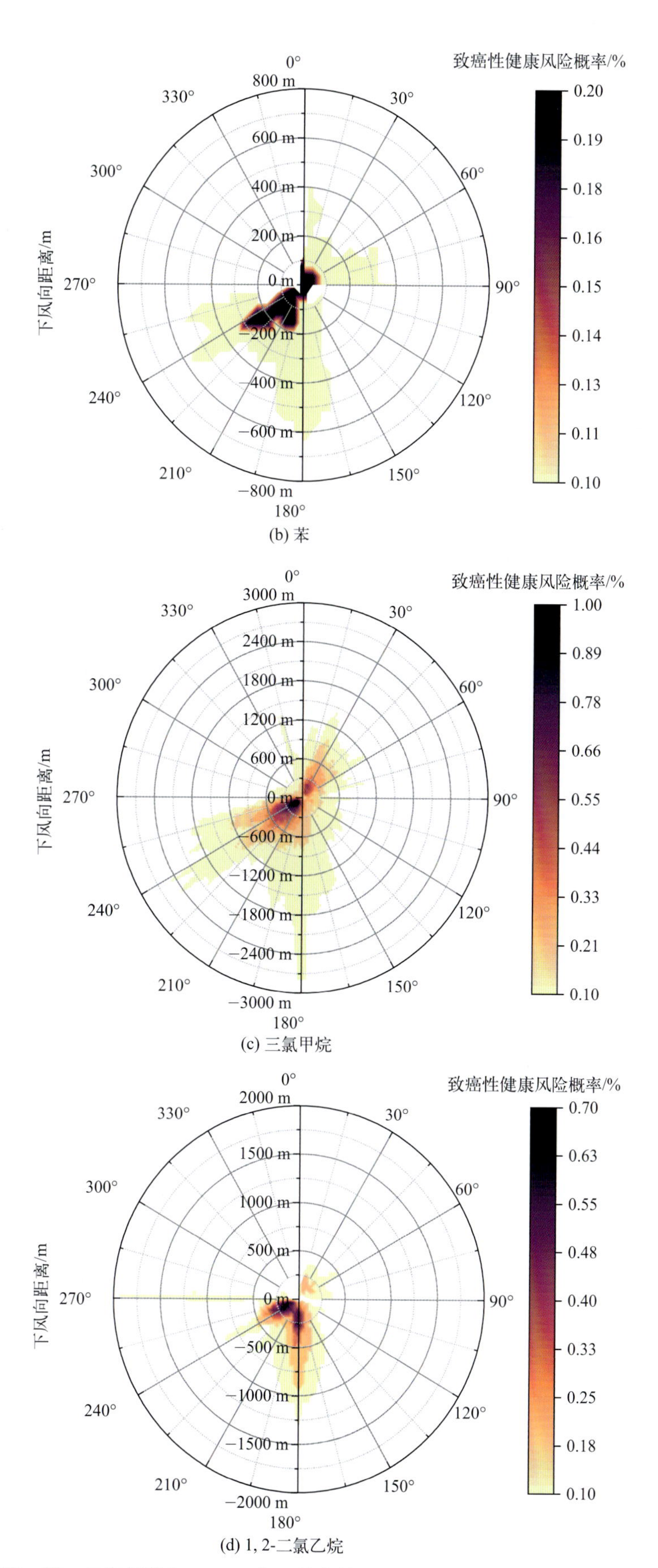

图 4-45 乙苯、苯、三氯甲烷和 **1, 2-** 二氯乙烷在填埋场及其周边区域造成的单一致癌健康风险概率

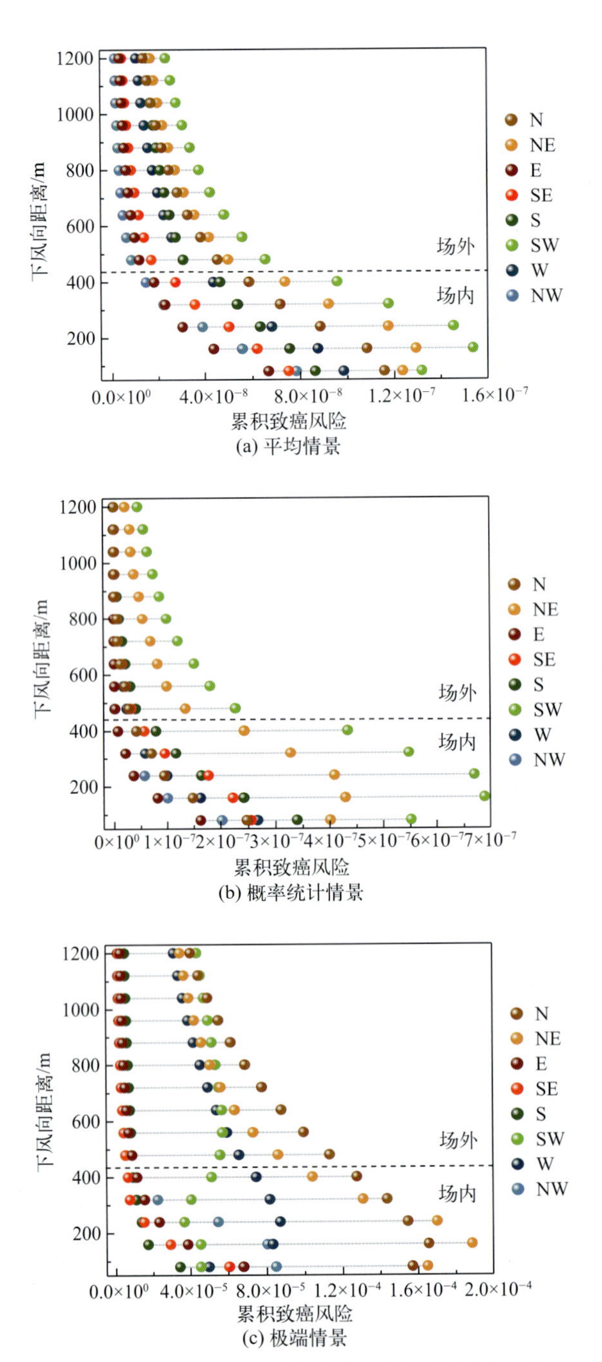

(a) 平均情景

(b) 概率统计情景

(c) 极端情景

图 4-46　典型健康风险物质在平均、概率统计和极端情景下的累积致癌健康风险